美国著名奥数教练蒂图·安德雷斯库系列丛书(第三辑)

几何不等式相关问题

Topics in Geometric Inequalities

〔美〕蒂图·安德雷斯库(Titu Andreescu)
〔保〕奥列格·马史卡洛夫(Oleg Mushkarov) 著

向 禹 译

哈尔滨工业大学出版社
HARBIN INSTITUTE OF TECHNOLOGY PRESS

黑版贸登字 08-2021-074 号

内 容 简 介

本书作为 AwesomeMath 夏季课程《113 个几何不等式:来自 AwesomeMath 夏季课程》的续作,扩展了前一本书的主题.从三角形不等式和折线等基础问题开始,逐步深入到诸如平均值方法、二次型、有限 Fourier 变换、等高线、Erdös–Mordell 与 Brunn–Minkowski 不等式,以及等周定理等复杂的工具.

本书适合大学生、中学生及几何不等式研究人员参考阅读.

图书在版编目(CIP)数据

几何不等式相关问题/(美)蒂图·安德雷斯库
(Titu Andreescu),(保)奥列格·马史卡洛夫
(Oleg Mushkarov)著;向禹译. —哈尔滨:哈尔滨工
业大学出版社,2024.4
书名原文:Topics in Geometric Inequalities
ISBN 978 - 7 - 5767 - 1330 - 5

Ⅰ.①几… Ⅱ.①蒂… ②奥… ③向… Ⅲ.①平面几
何 Ⅳ.①O123.1

中国国家版本馆 CIP 数据核字(2024)第 073686 号

JIHE BUDENGSHI XIANGGUAN WENTI

策划编辑　刘培杰　张永芹
责任编辑　刘家琳　李　烨
封面设计　孙茵艾
出版发行　哈尔滨工业大学出版社
社　　址　哈尔滨市南岗区复华四道街 10 号　邮编 150006
传　　真　0451 - 86414749
网　　址　http://hitpress. hit. edu. cn
印　　刷　哈尔滨市石桥印务有限公司
开　　本　787 mm×1 092 mm　1/16　印张 21.75　字数 423 千字
版　　次　2024 年 4 月第 1 版　2024 年 4 月第 1 次印刷
书　　号　ISBN 978 - 7 - 5767 - 1330 - 5
定　　价　58.00 元

美国著名奥数教练蒂图·安德雷斯库

前言

　　作为 AwesomeMath 夏季课程《113 个几何不等式：来自 AwesomeMath 夏季课程》的续作，这本书扩展了前一本书中讨论的主题，扩充了问题解决者的竞争"武器库"。从另一个角度探索几何学的美，即定义和分解这些与视觉和数值问题相关的力学。人们可能想知道，复杂的图形如何通过线性变换来描述，于是许多富有创意的和强大的技巧产生了。这些来自多个领域的技巧，如代数、微积分和纯几何，为读者提供了在数学竞赛中的各种有用的方法。本书首先介绍了三角形不等式和折线等基础问题，然后逐步深入介绍了平均值方法、二次型、有限 Fourier 变换、等高线、Erdös-Mordell 与 Brunn-Minkowski 不等式，以及等周定理等复杂的工具。尽管本书的重点是介绍竞赛相关的问题，但丰富的理论和结论伴随着上述主题，为读者提供了对几何不等式相关领域问题的深刻探索。为了帮助学生更好地吸收这些技巧，我们将按难易程度依次列出这些问题及解答。通常有三种解决方案可以将数学中的许多相互关联的领域联系起来，这些领域以意想不到的几何主题汇聚在一起。几何不等式的研究可以加强读者分析和发明创造方法的能力，这些都是参赛者在数学竞赛中取得成功所必需的技能。我们希望本书能阐明一些未被重视的几何论点，丰富读者的数学"工具箱"。

　　非常感谢 Mircea Becheanu，Gabriel Dospinescu 和 Christian Yankov，他们在本书的很多主题中给出了一些有用的结论。同时感谢 Chris Jeuell 和 Adrian Andreescu 对本书的改进。

　　请读者好好享受这本书吧！

Titu Andreescu, Oleg Mushkarov

目录

第 1 章 三角形不等式   **1**

1.1 折线 1

1.2 最短路径 16

1.3 平均法 22

1.4 习题 28

第 2 章 代数方法   **31**

2.1 代数不等式 31

2.2 点积 39

2.3 复数 47

2.4 有限 Fourier 变换 53

2.5 二次型 62

2.6 习题 74

第 3 章 分析学方法   **78**

3.1 应用微积分 78

3.2 部分偏差 85

3.3 等高线 91

3.4 集合间的距离 103

3.5 习题 113

第 4 章 三角形中的基本不等式   **117**

4.1 基本不等式的分析证明 117

4.2 基本不等式的一个代数证明 120

4.3 基本不等式的几何证明 122

4.4 三角形中的紧不等式 123

4.5 证明代数不等式 128

4.6 习题 130

第 5 章 Erdös-Mordell 不等式 **134**

5.1 Erdös-Mordell 不等式的一些证明 134

5.2 Erdös-Mordell 型不等式的例子 139

5.3 Erdös-Mordell 不等式的一般形式 148

5.4 多边形的 Erdös-Mordell 不等式 151

5.5 习题 153

第 6 章 面积不等式 **156**

6.1 圆内接和圆外切多边形 156

6.2 Malfatti 大理石问题 166

6.3 Brunn-Minkowski 不等式 175

6.4 习题 184

第 7 章 等周问题 **186**

7.1 等周定理 186

7.2 等周问题 190

7.3 习题 193

第 8 章 提示与答案 **195**

8.1 三角形不等式 195

8.2 代数方法 211

8.3 分析学方法 227

8.4 三角形中的基本不等式 257

8.5 Erdös-Mordell 不等式 275

8.6 面积不等式 289

8.7 等周问题 303

参考文献 **313**

第1章

三角形不等式

1.1 折线

三角形不等式及其折线推广是证明平面和空间距离不等式的最基本工具之一. 在这一章中, 我们考虑了这类不等式的几个经典例子以及平面上最短路径的一些相关实际问题. 第 3 节介绍了所谓的平均法, 用于求解折线长度的不等式.

三角形不等式指出, 对任意三个点 A, B, C, 我们有

$$AB + BC \geqslant CA.$$

归纳可得, 对平面 (空间) 上任意 n 个点 $A_1, A_2, \cdots, A_n, n \geqslant 3$ (图 1.1), 成立以下一般形式的三角形不等式:

$$A_1A_2 + A_2A_3 + \cdots + A_{n-1}A_n \geqslant A_1A_n. \tag{1.1}$$

式 (1.1) 中等号成立当且仅当点 $A_2, \cdots, A_{n-1}$ 按照此顺序排列在线段 A_1A_n 上.

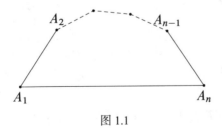

图 1.1

我们也可以用向量来拟合三角形不等式, 即对平面 (空间) 上的任意向量 $a_1, a_2, \cdots, a_n$, 我们有

$$|a_1| + |a_2| + \cdots + |a_n| \geqslant |a_1 + a_2 + \cdots + a_n|.$$

等号成立当且仅当向量 $\boldsymbol{a}_1, \boldsymbol{a}_2, \cdots, \boldsymbol{a}_n$ 是同向平行的.

例 1.1　设 M 是 $\triangle ABC$ 的一个内点, 证明:

(1) $MA + MB < CA + CB$;

(2) $MA + MB + MC < \max(AB + BC, BC + CA, CA + AB)$.

证　(1) 设 N 是直线 AM 与 BC 的交点 (图 1.2), 那么由三角形不等式, 有 $BM < MN + NB$ 以及 $AN < CA + CN$. 于是

$$\begin{aligned} MA + MB &< AM + MN + BN \\ &= AN + BN < CA + CN + NB \\ &= CA + CB. \end{aligned}$$

(2) 不失一般性, 设 $AB \leqslant BC \leqslant CA$. 过点 M 作三角形各边的平行线, 分别记这些平行线与边 BC, CA, AB 的交点为 A_1 和 A_2, B_1 和 B_2, C_1 和 C_2 (图 1.3), 那么 $\triangle A_1 A_2 M, \triangle M B_1 B_2, \triangle C_2 M C_1$ 是相似的, 它们的最短边分别是 $MA_1, MB_2, C_1 C_2$. 再结合三角形不等式有

$$\begin{aligned} MA + MB + MC &< (AB_2 + B_2 M) + (MA_1 + A_1 B) + (MA_2 + A_2 C) \\ &< (AB_2 + B_2 B_1) + (A_1 A_2 + A_1 B) + (CB_1 + A_2 C) \\ &= BC + CA. \end{aligned}$$

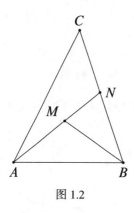

图 1.2

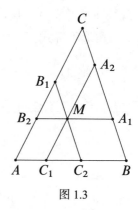

图 1.3

这里我们已经利用了 $MA_2 = B_1 C$ 的事实 (为什么?).　□

例 1.2　设 M 是线段 AB 上一点, K 是平面 (空间) 上一点. 证明:

(1) 如果 M 是 AB 的中点, 那么

$$KM \leqslant \frac{KA + KB}{2}.$$

(2) 如果 $\dfrac{MB}{AB} = \lambda, 0 < \lambda < 1$,那么

$$KM \leqslant \lambda \cdot KA + (1 - \lambda)KB.$$

(3) 如果 G 是 $\triangle ABC$ 的重心,那么

$$KG \leqslant \frac{KA + KB + KC}{3}.$$

等号成立当且仅当点 A, B, C, K 共线,且 K 不在线段 AB, BC, CA 上.

证 (1) 设点 K 关于 AB 的对称点为 N,则四边形 $ANBK$ 是平行四边形(图 1.4),那么

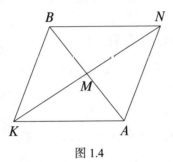

图 1.4

$$KM = \frac{1}{2}KN \leqslant \frac{1}{2}(KB + BN) = \frac{1}{2}(KB + KA).$$

注意到,这也是 (2) 的一种特殊情形,即 $\lambda = \dfrac{1}{2}$.

(2) 设 A_1 和 B_1 分别是线段 KA 和 KB 上的点,使得 $MA_1 \parallel KB$ 且 $MB_1 \parallel KA$(图 1.5),那么

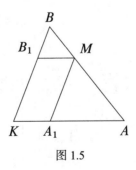

图 1.5

$$MB_1 = \frac{MB}{AB} \cdot KA = \lambda \cdot KA, \quad MA_1 = \frac{MA}{AB} \cdot KB = (1 - \lambda)KB.$$

再由三角形不等式可得

$$KM \leqslant MB_1 + B_1K = MB_1 + MA_1 = \lambda \cdot KA + (1 - \lambda)KB.$$

此不等式也可以利用等式

$$\overrightarrow{KM} = \lambda \overrightarrow{KA} + (1 - \lambda)\overrightarrow{KB}$$

和向量三角形不等式得到. (1) 和 (2) 中的等号成立当且仅当向量 $\overrightarrow{KA}$ 和 $\overrightarrow{KB}$ 是共线的, 即点 A, B, K 共线, 且 K 不在线段 AB 上.

(3) 设 M 是线段 AB 的中点, 我们有 $\dfrac{GM}{CG} = \dfrac{1}{3}$. 于是, 由 (1) 和 (2) 可得

$$KG \leqslant \frac{1}{3}(KC + 2KM) \leqslant \frac{1}{3}(KC + KA + KB),$$

等号成立当且仅当向量 $\overrightarrow{KA}, \overrightarrow{KB}, \overrightarrow{KC}$ 是共线的, 即点 A, B, C, K 共线, 且 K 不在线段 AB, BC, CA 上.

另一种证明此不等式的方法是利用等式

$$\overrightarrow{KA} + \overrightarrow{KB} + \overrightarrow{KC} = 3\overrightarrow{KG}$$

和向量三角形不等式. □

例 1.3　（Heron 问题）点 A 和 B 在某直线 l 的同一侧, 在 l 上求一点 C, 使得 $CA + CB$ 最小.

解　设 B' 是 B 关于 l 的对称点（图 1.6）, 那么 $BC = B'C$, 且对 $\triangle ACB'$ 由三角形不等式得

$$AC + CB = AC + CB' \geqslant AB',$$

等号成立当且仅当 C 是直线 l 与线段 AB' 的交点 C_0. □

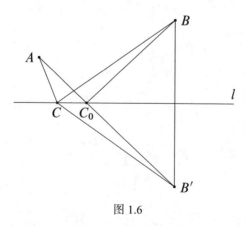

图 1.6

注　上述问题约在 2 000 年前就被 Heron 所研究, 他指出, 由 A 经直线 l 到 B 的最短距离恰好是一束从 A 发出被 B 接收的光线的路径. 由此他断言, 当光线经过镜面反射时, 入射角等于反射角.

例 1.4 （Ptolemy 不等式）对平面上的任意四个点 A, B, C, D，我们有

$$AC \cdot BD \leqslant AB \cdot CD + BC \cdot AD.$$

等号成立当且仅当 $ABCD$ 是圆内接四边形.

证法一 我们不妨假定 B 在 $\angle ADC$ 内. 在射线 DA, DB, DC 上分别取点 A_1, B_1, C_1，使得

$$DA_1 = \frac{1}{DA}, DB_1 = \frac{1}{DB}, DC_1 = \frac{1}{DC}.$$

于是 $\triangle ABC \backsim \triangle A_1B_1C_1$，所以

$$A_1B_1 = \frac{AB}{DA \cdot DB}, B_1C_1 = \frac{BC}{DB \cdot DC}, C_1A_1 = \frac{CA}{DC \cdot DA}.$$

再由三角形不等式

$$A_1B_1 + B_1C_1 \geqslant A_1C_1$$

即得到待证的不等式. 等号成立当且仅当 B_1 在线段 A_1C_1 上，即

$$\angle BAD + \angle BCD = \angle A_1B_1D + \angle C_1B_1D = 180°. \qquad \square$$

证法二 见例 2.18 中利用复数的解答. $\qquad \square$

例 1.5 （Pompeiu 定理）设点 M 在等边 $\triangle ABC$ 所在的平面上，证明：线段 AM, BM, CM 是一个三角形的三边长. 再证明此三角形是退化的当且仅当 M 在 $\triangle ABC$ 的外接圆上.

证法一 对点 A, M, B, C，由 Ptolemy 不等式有

$$AB \cdot CM \leqslant AM \cdot BC + BM \cdot AC.$$

由于 $AB = BC = CA$，我们得到 $CM \leqslant AM + BM$. 类似地，有 $BM \leqslant CM + AM$ 且 $AM \leqslant BM + CM$. 如果我们让其中一个不等式取等，不妨设是第一个式子取等，那么当且仅当 $AMBC$ 是圆内接四边形，即 M 在 $\triangle ABC$ 的外接圆上. $\qquad \square$

证法二 设 M_1 是 M 绕 A 旋转 $60°$ 的象（图 1.7），那么 $AM = MM_1, CM_1 = BM$，且 $\triangle MM_1C$ 就是所求的三角形. 注意到，此三角形是退化的当且仅当点 M_1, C, M 共线，这就意味着 M 在 $\triangle ABC$ 的外接圆上.（为什么？） $\qquad \square$

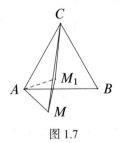

图 1.7

例 1.6　（1995 年 IMO 试题）设 $ABCDEF$ 是一个凸六边形，满足 $AB = BC = CD, DE = EF = FA$，且 $\angle BCD = \angle EFA = 60°$. 设 G 和 H 是此六边形的内点，满足 $\angle AGB = \angle DHE = 120°$，证明：$AG + GB + GH + DH + HE \geqslant CF$.

证　$\triangle BCD$ 和 $\triangle EFA$ 是全等的，因此 BE 是四边形 $ABDE$ 的一条对称轴. 设 C', F' 分别是 C, F 关于 BE 的对称点. 点 G 和 H 分别在 $\triangle ABC'$ 和 $\triangle DEF'$ 的外接圆上，因为有 $\angle AGB = 120° = 180° - \angle AC'B$，所以由 Ptolemy 定理，我们有 $AG + GB = C'G$ 且 $DH + HE = HF'$. 因此

$$AG + GB + GH + DH + HE = C'G + GH + HF' \geqslant C'F' = CF,$$

等号成立当且仅当 G 和 H 都在 $C'F'$ 上. □

注　由 Ptolemy 不等式（例 1.4）有

$$AG + GB \geqslant C'G, \quad DH + HE \geqslant HF',$$

所以即便没有条件 $\angle AGB = \angle DHE = 120°$，结论也成立.

例 1.7　在四边形 $ABCD$ 中，$AB = 3, CD = 2, \angle AMB = 120°$，其中 M 是 CD 的中点，求其周长最小的情形.

解　设 C' 和 D' 分别是 C 和 D 关于直线 BM 和 AM 的对称点（图 1.8），那么 $\triangle C'MD'$ 是等边三角形，因为

$$C'M = D'M = \frac{1}{2}CD, \quad \angle C'MD' = 180° - 2\angle CMB - 2\angle DMA = 60°.$$

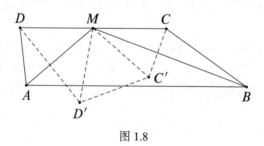

图 1.8

因此

$$AD + \frac{1}{2}CD + CB = AD' + D'C' + C'B \geqslant AB.$$

于是 $AD + CB \geqslant AB - \dfrac{1}{2}CD = 2$. 所以 $AB + BC + CD + DA \geqslant 7$，等号成立当且仅当 C' 和 D' 都在 AB 上.

在后一种情况中，$\angle ADM = \angle AD'M = 120°$，$\angle BCM = \angle BC'M = 120°$，且 $\angle AMD = 60° - \angle CMB = \angle CBM$. 因此 $\triangle AMD \backsim \triangle MBC$，这意味着

$$AD \cdot BC = \left(\frac{CD}{2}\right)^2 = 1.$$

此外，$AD + BC = 2$，于是，我们断言 $AD = BC = 1$. 因此，具有最小周长的四边形 $ABCD$ 是一个等腰梯形，其边长分别为 $AB = 3, BC = AD = 1, CD = 2$（图 1.9）. □

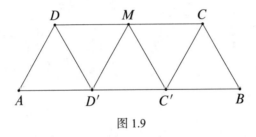

图 1.9

接下来的问题是由 Giovanni Fagnano 在 1775 年首次提出的.

例 1.8　（Fagnano 问题）证明：在所有内接于一个给定的锐角三角形的三角形中，直角三角形的周长最小.

证　设 $\triangle ABC$ 是一个给定的锐角三角形，M, N, P 分别是边 AB, BC, CA 上的任意点，E 和 F 分别是 M 到 AC 和 BC 上的垂足（图 1.10）.

四边形 $MFCE$ 内接于以 CM 为直径的圆，所以 $EF = CM \sin \angle C$. 设 Q 和 R 分别是 MP 和 MN 的中点，那么

$$MN + NP + PM = 2FR + 2QR + 2QE$$
$$\geqslant 2EF = 2CM \sin \angle C.$$

设 AA_1, BB_1, CC_1 是 $\triangle ABC$ 的高，再设 E_1 和 F_1 分别是 C_1 到 AC 和 BC 的垂足（图 1.11），那么 $E_1F_1 = CC_1 \sin \angle C$. 分别用 Q_1 和 R_1 表示 C_1B_1 和 C_1A_1 的中点，那么

$$\angle E_1Q_1B_1 = 2\angle E_1C_1B_1 = 2\angle C_1B_1B = \angle C_1B_1A_1,$$

这说明 $E_1Q_1 \parallel A_1B_1$. 同理，有 $F_1R_1 \parallel A_1B_1$. 于是 E_1, Q_1, R_1, F_1 是共线的，且

$$A_1B_1 + B_1C_1 + C_1A_1 = 2Q_1R_1 + 2Q_1E_1 + 2R_1F_1$$
$$= 2E_1F_1 = 2CC_1 \sin \angle C.$$

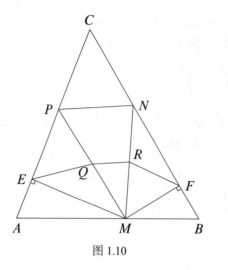
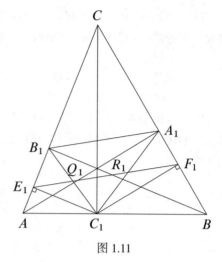

图 1.10   图 1.11

所以

$$MN + NP + PM = 2CM \sin \angle C$$

$$\geqslant 2CC_1 \sin \angle C = A_1B_1 + B_1C_1 + C_1A_1.$$

因此,所有内接于 $\triangle ABC$ 的 $\triangle MNP$ 中,直角 $\triangle A_1B_1C_1$ 的周长最小. $\square$

注 Fagnano 问题中的三角形不是锐角三角形的情形也可以解决. 不妨假定 $\angle ACB \geqslant 90°$. 不难看出,此时要想 $\triangle MNP$ 的周长最小,应有点 N, P, C 重合,而 M 是 $\triangle ABC$ 中 C 对应的垂足,此时,$\triangle MNP$ 是退化的.

我们现在对凸多边形考虑 Fagnano 问题的推广问题. 对任意 $n \geqslant 4$,存在凸 n 边形,使得其不存在周长最小的内接 n 边形.

例 1.9 设 $\mathcal{A}$ 是一个凸 n 边形,且顶点为 $A_1, A_2, \cdots, A_n$,再设 $\mathcal{B}$ 是一个内接 n 边形,其顶点 $B_i \in A_iA_{i+1}, 1 \leqslant i \leqslant n, A_{n+1} = A_1$. 那么 $\mathcal{B}$ 是 $\mathcal{A}$ 中所有内接 n 边形的周长最小者,当且仅当 $\angle B_nB_1A_1 = \angle B_2B_1A_2, \angle B_1B_2A_2 = B_3B_2A_3, \cdots, \angle B_{n-1}B_nA_n = \angle B_1B_nA_1$.

证 假定 $\mathcal{B}$ 是 $\mathcal{A}$ 中所有内接 n 边形的周长最小者,但是不满足所给的条件,不妨假定 $\angle B_nB_1A_1 \neq \angle B_2B_1A_2$. 考虑点 B_2 关于直线 A_1A_2 的对称点为 B_2'(图 1.12),设直线 $B_2'B_n$ 与 A_1A_2 的交点为 B. 由于 $\angle B_2BM = \angle B_2'BM = \angle B_nB_1A_1 \neq \angle B_2B_1A_2$,那么点 B 和 B_1 是不重合的. 在线段 BB_1 上取点 B_1',使得 B_1' 在线段 A_1A_2 上,考虑点 $B_1', B_2, \cdots, B_n$.

由例 1.1 的 (1),有 $B_2'B_1' + B_1'B_n < B_2'B_1 + B_1B_n$,于是 $B_2'B_1' + B_1'B_n < B_2B_1 + B_1B_n$,这说明

$$B_1'B_2 + B_2B_3 + \cdots + B_{n-1}B_n + B_nB_1' < B_1B_2 + B_2B_3 + \cdots + B_{n-1}B_n + B_nB_1,$$

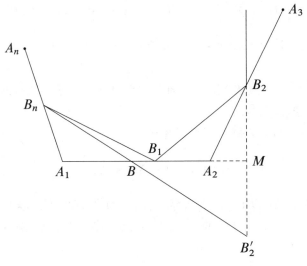

图 1.12

矛盾.

反之,设

$$\angle B_n B_1 A_1 = \angle B_2 B_1 A_2 = \beta_1, \ \angle B_1 B_2 A_2 = \angle B_3 B_2 A_3 = \beta_2, \cdots,$$

$$\angle B_{n-1} B_n A_n = \angle B_1 B_n A_1 = \beta_n.$$

考虑内接于 $\mathcal{A}$ 的任意一个 n 边形 $C_1 C_2 \cdots C_n$. 分别过顶点 $A_1, A_2, \cdots, A_n$ 作 $B_n B_1, B_1 B_2, \cdots, B_{n-1} B_n$ 的平行线 $l_1, l_2, \cdots, l_n$. 设 C_1' 和 C_1'' 分别是 C_1 在直线 l_1 和 l_2 上的投影,C_2' 和 C_2'' 分别是 C_2 在直线 l_2 和 l_3 上的投影,以此类推,C_n' 和 C_n'' 分别是 C_n 在直线 l_n 和 l_1 上的投影. 我们有

$$C_1 C_2 + C_2 C_3 + \cdots + C_{n-1} C_n + C_n C_1$$

$$\geqslant C_1'' C_2' + C_2'' C_3' + \cdots + C_{n-1}'' C_n' + C_n'' C_1'$$

$$= (A_2 C_1 \cos \beta_1 + A_2 C_2 \cos \beta_2) + \cdots + (C_1 A_1 \cos \beta_1 + C_n A_1 \cos \beta_n)$$

$$= (A_2 B_1 \cos \beta_1 + B_1 A_1 \cos \beta_1) + \cdots + (A_1 B_n \cos \beta_n + A_n B_n \cos \beta_n)$$

$$= B_1 B_2 + B_2 B_3 + \cdots + B_{n-1} B_n + B_n B_1.$$

因此

$$C_1 C_2 + C_2 C_3 + \cdots + C_{n-1} C_n + C_n C_1 \geqslant B_1 B_2 + B_2 B_3 + \cdots + B_{n-1} B_n + B_n B_1,$$

等号成立当且仅当

$$C_1 C_2 \parallel B_1 B_2, C_2 C_3 \parallel B_2 B_3, \cdots, C_{n-1} C_n \parallel B_{n-1} B_n, C_n C_1 \parallel B_n B_1.$$

如果 n 是奇数，那么等号当 $C_1 = B_1, C_2 = B_2, \cdots, C_n = B_n$ 时成立. □

接下来的问题是由 Fermat 首次在给 Torricelli 的一封私信中提出的，由 Torricelli 所解决.

例 1.10　（Fermat 问题）给定平面上的点 A, B, C，求出所有的点 X，使得 X 到 A, B, C 的距离之和最小.

解法一　对平面上的每个点 X，我们令

$$t(X) = XA + XB + XC.$$

易知如果 X 在 $\triangle ABC$ 外，那么存在点 X'，使得 $t(X') < t(X)$. 因为在这种情形下，存在直线 AB, BC, CA 中的一条，不妨设为 AB，使得 $\triangle ABC$ 和点 X 在此直线的两侧（图 1.13）.

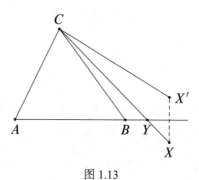

图 1.13

考虑 X 关于 AB 的对称点 X'，我们有 $AX' = AX, BX' = BX$，且线段 CX 交直线 AB 于点 Y，那么 $XY = X'Y$. 由三角形不等式得

$$CX' < CY + X'Y = CY + XY = CX,$$

这意味着 $t(X') < t(X)$.

我们现在限制 X 在 $\triangle ABC$ 的内部或者边界上. 不失一般性，我们假定 $\angle C \geqslant \angle A \geqslant \angle B$，那么 $\angle A$ 和 $\angle B$ 都是锐角. 用 φ 表示绕 A 逆时针旋转 $60°$ 的变换. 对平面上的点 M，设 $M' = \varphi(M)$，那么 $\triangle AMM'$ 是等边三角形. 特别地，$\triangle ACC'$ 是等边三角形. 考虑 $\triangle ABC$ 内的任意一点 X，有 $AX = XX'$，$\varphi(X) = X'$ 和 $\varphi(C) = C'$，则意味着 $CX = C'X'$. 所以

$$t(X) = BX + XX' + X'C',$$

即 $t(X)$ 等于折线 $BXX'C$ 的长.

我们现在考虑三种情形.

情形 1 $\angle C < 120°$ 时. 那么 $\angle BCC' = \angle C + 60° < 180°$. 由于 $\angle A < 90°$,我们有 $\angle BAC' < 180°$,所以线段 BC' 与边 AC 交于点 D（图 1.14）.

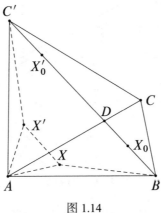

图 1.14

设 BC' 与 $\triangle ACC'$ 的外接圆交于 X_0,由于 $\angle AX_0C' = \angle ACC' = 60°$,因此 X_0 在线段 BD 上,而 X_0' 在线段 $C'X_0$ 上. 进一步

$$t(X_0) = BX_0 + X_0X_0' + X_0'C' = BC',$$

所以 $t(X_0) \leqslant t(X)$ 对 $\triangle ABC$ 内的任意点 X 都成立. 等号成立当且仅当 X 和 X' 都在 BC' 上,这只有 $X = X_0$ 时才成立. 注意到,以上构造的 X_0 满足

$$\angle AX_0C = \angle AX_0B = \angle BX_0C = 120°.$$

这个点称为 $\triangle ABC$ 的第一 Fermat 点或者 Fermat-Torricelli 点.

情形 2 $\angle C = 120°$ 时. 此时,线段 BC' 包含 C,且

$$t(X) = BX + XX' + X'C' = BC'$$

恰好就是 X 与 C 重合的时候.

注 情形 1 和情形 2 也可以应用 Pompeiu 定理（例 1.5）. 显然,$\triangle ACC'$ 是等边三角形,且

$$t(X) = AX + BX + CX \geqslant C'X + BX \geqslant C'B.$$

情形 3 $\angle C > 120°$ 时,BC' 与边 AC 没有公共点（图 1.15）. 如果 $AX \geqslant AC$,那么由三角形不等式可得

$$t(X) = AX + BX + CX \geqslant AC + BC.$$

11

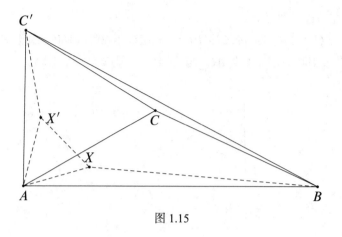

图 1.15

如果 $AX < AC$，那么 X' 在 $\triangle ACC'$ 内，且

$$t(X) = BX + XX' + X'C' \geqslant BC + CC' = BC + AC.$$

由于 C 在四边形 $BC'X'X$ 内（图 1.15）. 在这两种情形下，等号都在点 X 与 C 重合时成立.

综上所述，如果 $\triangle ABC$ 中所有的角都小于 $120°$，那么 $t(X)$ 在 X 是 $\triangle ABC$ 的 Fermat-Torricelli 点时最小. 如果 $\triangle ABC$ 中有一个角不小于 $120°$，那么 $t(X)$ 在 X 恰好是这个角的顶点时最小.　　　□

解法二　以下关于 Fermat 问题的解答来自于 Torricelli. 我们知道，从一个等边三角形内任意一点到其各边的距离和等于三角形的高.

假定 $\triangle ABC$ 中所有角都小于 $120°$，设三角形的 Fermat-Torricelli 点为 P. 分别过 A, B, C 作 AP, BP, CP 的垂线，相交得到一个等边 $\triangle DEF$（图 1.16），那么有 $\angle FDE = 180° - \angle APB = 60°$.

设 h 表示 $\triangle DEF$ 的高，那么我们有

$$PA + PB + PC = h.$$

设 M 是 $\triangle ABC$ 内部或边界上任意一点，那么从 M 到 $\triangle DEF$ 各边的距离之和等于 h，并且此和不超过 $MA + MB + MC$. 所以

$$PA + PB + PC = h \leqslant MA + MB + MC,$$

因此，Fermat 问题的解就是这里的点 P.　　　□

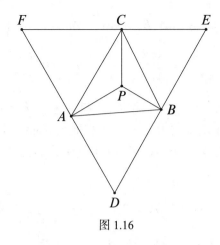

图 1.16

解法三 见习题 2.14 中利用点积的解法. □

注 Fermat 问题的推广就是超过三个点的问题,这显然是很有趣的问题,但其难度要大得多. 在习题 1.16 中,我们将会对函数 $t(X) = mXA + nXB + pXC$ 讨论 Fermat 问题的一般化,其中 m, n, p 是任意正实数.

例 1.11 设 $\mathcal{P}$ 是一个凸 n 边形,$\mathcal{P}'$ 是以 $\mathcal{P}$ 的中点为顶点的 n 边形. 设 $\mathcal{P}$ 和 $\mathcal{P}'$ 的周长分别为 P 和 P'. 证明:如果下列条件中任意一个成立,那么就有 $P' \leqslant P \cos\left(\dfrac{\pi}{n}\right)$.

(1) n 边形 $\mathcal{P}'$ 是等角的;

(2) n 边形 $\mathcal{P}$ 是等边的.

证 设 $\mathcal{P}$ 和 $\mathcal{P}'$ 的顶点分别为 $A_1, A_2, \cdots, A_n$ 和 $B_1, B_2, \cdots, B_n$.

(1) **证法一** 设 C_k 表示 A_k 到直线 $B_{k-1}B_k$ 的投影,且设 $\angle A_k B_k C_k = \alpha_k, 1 \leqslant k \leqslant n(B_0 = B_n)$. 那么(图 1.17)

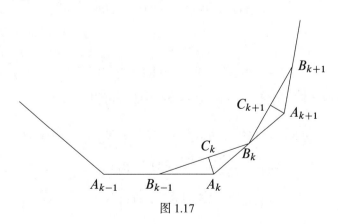

图 1.17

13

$$B_k C_k + B_k C_{k+1} = A_k B_k \cos \alpha_k + B_k A_{k+1} \cos \left(\frac{2\pi}{n} - \alpha_k \right)$$

$$= \frac{A_k A_{k+1}}{2} \left(\cos \alpha_k + \cos \left(\frac{2\pi}{n} - \alpha_k \right) \right).$$

将这些不等式对 $k = 1, 2, \cdots, n$ 相加,我们得到 $P' \leqslant P \cos \left(\dfrac{\pi}{n} \right)$.

证法二　我们将利用例 1.7 中解法的思想证明下面的引理.

引理 1　设 $ABCD$ 是一个四边形, M 是边 CD 的中点,且设 $\angle AMB = \alpha \geqslant 90°$,那么

$$AD + DC \cos(\pi - \alpha) + CB \geqslant (AM + BM) \cos \frac{\pi - \alpha}{2}.$$

引理 1 的证明　设 D' 和 C' 分别是 D 和 C 关于 AM 和 BM 的投影(图 1.18),那么 $D'M = C'M = \dfrac{CD}{2}$,且 $\angle C'MD' = 2\alpha - \pi$. 因此

$$D'C' = DC \cos(\pi - \alpha).$$

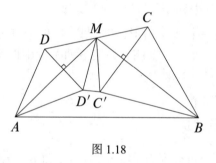

图 1.18

由广义三角形不等式有

$$AD' + D'C' + C'B \geqslant AB,$$

我们得到

$$AD + DC \cos(\pi - \alpha) + CB \geqslant AB. \tag{1.2}$$

再对 $\triangle AMB$ 应用余弦定理和 AM-GM 不等式可得

$$AB^2 = AM^2 + BM^2 + 2AM \cdot BM \cos(\pi - \alpha)$$

$$\geqslant \frac{1 + \cos(\pi - \alpha)}{2} (AM + BM)^2$$

$$= \left(\cos \frac{\pi - \alpha}{2} (AM + BM) \right)^2,$$

结合式 (1.2) 即得待证不等式. $\qquad\qquad\qquad\qquad\qquad\qquad\qquad\qquad\qquad$ □

现在我们来证明原不等式. 对四边形 $B_k A_{k+1} A_{k+2} B_{k+1}$ 应用引理 1 可得

$$\frac{1}{2} A_{k+3} A_{k+2} + A_{k+2} A_{k+1} \cos \frac{2\pi}{n} + \frac{1}{2} A_{k+1} A_k$$

$$\geqslant (B_{k+2} B_{k+1} + B_{k+1} B_k) \cos \frac{\pi}{n}.$$

这里我们已经利用了 n 边形 $\mathcal{P}'$ 是等角的, 即

$$\angle B_{k+2} B_{k+1} B_k = \frac{(n-2)\pi}{n}.$$

将以上不等式对 $k = 1, 2, \cdots, n$ 相加, 我们得到

$$P \left(1 + \cos \frac{2\pi}{n} \right) \geqslant 2P' \cos \frac{\pi}{n},$$

由于

$$1 + \cos \frac{2\pi}{n} = 2 \cos^2 \frac{\pi}{n},$$

因此, 我们就得到了待证不等式.

(2) 设 $A_k A_{k+1} = a$, $\angle B_{k-1} B_k B_{k+1} = \beta_k$, $1 \leqslant k \leqslant n$. 利用与 (1) 中证法一相同的记号, 我们得到

$$P' = \sum_{k=1}^{n} (B_k C_k + B_k C_{k+1})$$

$$= \sum_{k=1}^{n} (A_k B_k \cos(\pi - \alpha_k - \beta_k) + B_k A_{k+1} \cos \alpha_k)$$

$$= \frac{a}{2} \sum_{k=1}^{n} (\cos(\pi - \alpha_k - \beta_k) + \cos \alpha_k).$$

现在对区间 $\left(0, \dfrac{\pi}{2} \right)$ 上的凹函数 $\cos x$ 应用 Jensen 不等式, 并结合条件

$$\sum_{k=1}^{n} \beta_k = (n-2)\pi$$

可得

$$P' \leqslant \frac{a}{2} \sum_{k=1}^{n} (\cos(\pi - \alpha_k - \beta_k) + \cos \alpha_k)$$

$$\leqslant na \cos \left[\frac{1}{2n} \sum_{k=1}^{n} (\pi - \beta_k) \right]$$

$$= na \cos \frac{\pi}{n} = P \cos \frac{\pi}{n}. \qquad\qquad\qquad\qquad\qquad$$ □

1.2　最短路径

在本节中,我们将重点讨论以下类型的问题:找到联结平面中给定点的最短路径系统. 这些问题存在于设计真实世界的结构中, 例如, 建筑物内供暖和给排水管道的布线,跟踪电路中逻辑门之间的布局以最大限度地减少传播时间,确定尽可能短的石油或天然气管道的路径,同时考虑管道穿越或避开的地形,以及其他最小网络问题.

我们从以下实际问题出发.

例 1.12　求两个圆形湖之间的最短路径.

解　设 L_1 和 L_2 分别是两个湖的边界圆,O_1 和 O_2 分别是其圆心(图 1.19). 我们的目的是在 L_1 上取点 M,在 L_2 上取点 N,使得线段 MN 最短. 注意到,这等价于使折线 O_1MNO_2 的长度最短(为什么?). 而我们知道此折线的长度不小于线段 O_1O_2 的长度.

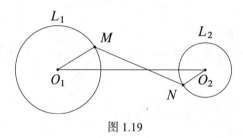

图 1.19

因此,两个湖之间的最短路径就是线段 M_0N_0,其中 M_0, N_0 分别是线段 O_1O_2 与 L_1 和 L_2 的交点(图 1.20). □

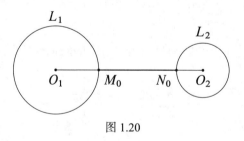

图 1.20

接下来,我们考虑的问题涉及集合变换,比如轴对称或者绕定点的旋转. 主要目的是将所给问题变换成一个求联结两点间的最短折线问题,其中一种典型问题就是以下的 Heron 问题的变形(见例 1.3).

例 1.13　两个圆形湖 L_1 和 L_2 在一条高速公路 l 的同一侧,某公司需要在 l 上建一个加油站 G,以及一条从 L_1 的边界经过加油站 G 到 L_2 的边界的公路,设计出最短长度的公路.

解 我们设高速公路是一条直线,L_1 和 L_2 是湖的边界圆,那么我们的目的就是求出最短的折线 AGB,其中 A 和 B 分别在 L_1 和 L_2 上,而 G 在 l 上(图 1.21). 设 O_1 和 O_2 分别是 L_1 和 L_2 的圆心,L_2' 是 L_2 关于 l 的轴对称圆.

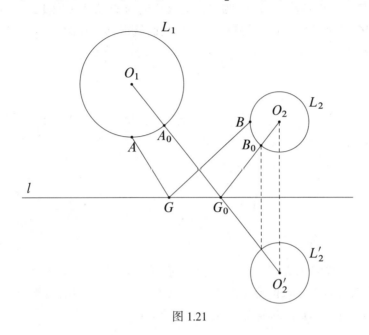

图 1.21

对湖 L_1 和 L_2' 应用例 1.12 的结论,那么折线 AGB 的最小值在 G 与 G_0、A 与 A_0、B 与 B_0 分别重合时取到,其中 G_0 是 l 与 O_1O_2' 的交点,A_0 是圆 L_1 与 G_0O_1 的交点,B_0 是圆 L_2 与 G_0O_2 的交点. □

下面我们来考虑更复杂的例子.

例 1.14 给定三座城市 A, B, C,设计出联结它们的最短道路系统.

解 直观想法可能认为最短道路系统是 $\triangle ABC$ 中两条较短的边(图 1.22).

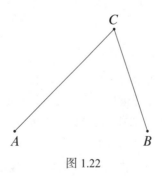

图 1.22

　　然而,我们将证明这并不一定是正确答案. 考虑一个联结 A, B, C 的任意的道路系统(你可以让它任意弯曲),那么,我们可以利用其中的某些道路系统从 A 到 C,也可以从 B 到 C. 显然,我们可以假定这两条路都在 $\triangle ABC$ 内或其边界上,否则我们可以找到一条联结这些城市的更短路径. 这些路径交于点 C,可能还有其他的交点. 设 P 是从 A 到 C 的路径上最靠近 A 的交点(图 1.23),那么线段 PA, PB, PC 比所给的道路系统更短,于是我们就得到了在例 1.10 中已经解决过的 Fermat 问题.

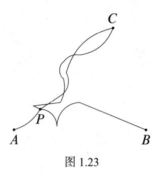

图 1.23

　　因此,联结城市 A, B, C 的最短道路系统,要么是线段 PA, PB, PC,其中 P 是 $\triangle ABC$ 的 Fermat-Torricelli 点(图 1.24);要么是 $\triangle ABC$ 中的两条较短的边(图 1.22),这取决于 $\triangle ABC$ 的最大内角是否小于 120°.　　　　　□

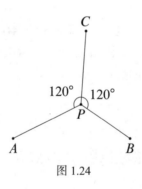

图 1.24

　　考虑到上述例子,人们很容易提出这样一个一般化问题:如何设计联结任意数量城市的最短道路系统? 上述相同的推理表明,要解决这个问题,只考虑由线段组成的道路系统就足够了,这样任何两个城市都可以通过唯一的路径联结. 在数学中,更确切地说,是在图论中,这样的折线段系统称为树. 于是,我们的问题就化归到由 Jarnik 和 Kössler 在 1934 年提出的欧氏 Steiner 树问题:给定平面上的一系列点,在允许添加辅助点的情况下,找到跨越这些点的最小树.

每个添加进来的构造最小树的点称为 Steiner 点. 由例 1.14 可知, 在三个点 A, B, C 的情形中, 如果 $\triangle ABC$ 的最大内角小于 120°, 那么我们需要添加一个 Steiner 点, 即 $\triangle ABC$ 的 Fermat-Torricelli 点. 接下来, 我们将证明, 如果我们在一个正方形的顶点处有四个城市, 那么联结这些点的最短道路系统是一个以这些顶点添加两个 Steiner 点的树.

例 1.15 给定四个城市 A, B, C, D, 其中 $ABCD$ 是一个正方形, 设计出联结这些城市的最短道路系统.

解 考虑任意一个联结 A, B, C, D 的道路系统, 我们可以假定从 A 到 C 的道路和从 B 到 D 的道路都在正方形的内部或边界上, 因此这两条路径交于某些点, 分别设 P 和 Q 是从 A 到 C 的这些交点中的第一个和最后一个 (图 1.25).

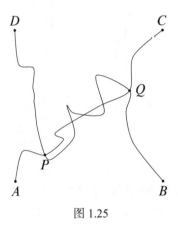

图 1.25

显然, 由线段 AP, DP, PQ, BQ 和 CQ 构成的树 (图 1.26) 比最初的道路系统更短. 因此, 我们需要求出这种折线的最小树. 为了达到这一点, 我们将利用 Pompeiu 定理 (见例 1.5).

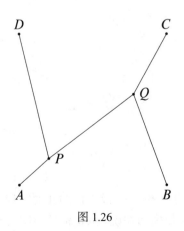

图 1.26

19

在正方形外构造等边 $\triangle ADE$ 和 $\triangle BCF$（图 1.27），那么

$$PA + PD \geqslant PE, QB + QC \geqslant QF,$$

将这些不等式相加，我们得到

$$PA + PD + PQ + QB + QC \geqslant EP + PQ + QF \geqslant EF.$$

因此，当 P 和 Q 是线段 EF 与 $\triangle ADE$ 和 $\triangle BCF$ 的异于 E 和 F 的交点时，我们可以得到最小树（图 1.27）.

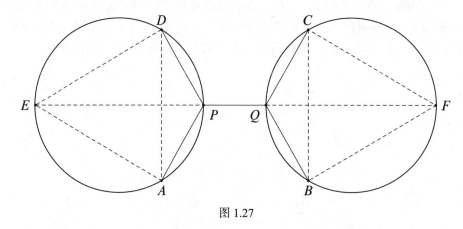

图 1.27

在正方形的情形时，我们有两棵联结这些顶点的最小树（图 1.28），每棵树都有两个 Steiner 点. 注意到，每个 Steiner 点处的线段的夹角都是 120°.　　□

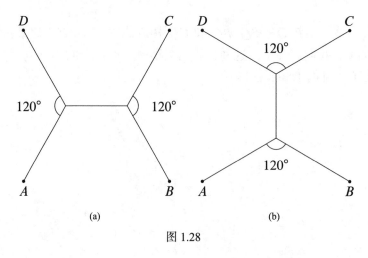

(a)　　　　　　　(b)

图 1.28

上述关于三个或四个点的 Steiner 极小树的几何结构（图 1.24 和图 1.28）的结论对任意多个点都是成立的. 确切地说，Steiner 极小树具有以下性质：

(1) 所有的原生点都联结一、二或三个其他点.

(2) 所有的 Steiner 点都联结三个其他点.

(3) 任意两条边相交的角度至少是 120°, 而 Steiner 点处的交角恰好是 120°.

(4) n 个点的 Steiner 极小树至多有 $n - 2$ 个 Steiner 点.

在一般的情形下, 求解 Steiner 极小树是一个非常复杂的问题, 因为所给的点可以是在平面上的任意位置. 这个问题是由 Melzak[41] 在 1961 年首次解决的, 从那以后, 就出现了很多解决 Steiner 树问题的精确算法. 然而 Garey, Graham 和 Johnson[23] 证明了这个问题是一个 NP 问题, 也就是说, 在多项式时间内, 不存在已知的算法来解决它. 例如, 著名的快速排序算法可以在多项式时间内排序 n 个数, 因为至多只需要 An^2 次操作即可, 其中 A 是某个常数. 在 [29] 中记载了一个最精确的算法, 也就是著名的 GeoSteiner 3.1 版本, 并由 Warme, Winter 和 Zachariasen[56] 在 2001 年所贯彻实施, 它可以解决 2 000 个点的问题.

例 1.16 （1973 年 IMO 试题）一名士兵需要探测一个正三角形区域内的地雷, 地雷探测器的感应范围是三角形高的一半. 假定士兵从三角形的一个顶点开始, 求他能够完成任务的最短路径.

解 设等边三角形区域为 $\triangle ABC$, 其高为 h, 且士兵的路径从 A 开始. 分别考虑以 B 和 C 为圆心的圆 k_1 和 k_2, 其半径均为 $\dfrac{h}{2}$（图 1.29）, 为了探测点 B 和 C, 士兵的路径必须与 k_1 和 k_2 有公共点. 设路径的总长为 t, 且路径先与 k_2 交于点 M, 再与 k_1 交于点 N. 设 D 是 k_2 与 $\triangle ABC$ 中顶点 C 处的高的交点, l 是过 D 且平行于 AB 的直线. 将常数 $\dfrac{h}{2}$ 加到 t 上, 利用三角形不等式, 我们得到

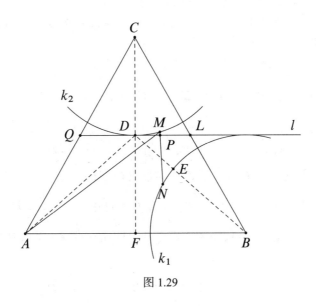

图 1.29

$$t + \frac{h}{2} \geqslant AM + MN + NB = AM + MP + PN + NB \geqslant AP + PB,$$

其中 P 是 MN 与 l 的交点. 另外, Heron 问题 (例 1.3) 指出 $AP + PB \geqslant AD + DB$, 其中等号在点 P, D 重合时成立. 这意味着 $t + \frac{h}{2} \geqslant AD + DB$, 即 $t \geqslant AD + DE$, 其中 E 是 DB 与 k_1 的交点.

因此, 士兵从 A 出发先和 k_2 相交, 再和 k_1 相交的最短路径就是折线 ADE. 剩下的只需要证明沿着此路径行进时, 此士兵就可以探测到 $\triangle ABC$ 界定的整个区域. 设 F, Q, L 分别是 AB, AC, BC 的中点. 由于 $DL < \frac{h}{2}$, 因此以 D 为圆心、$\frac{h}{2}$ 为半径的圆盘盖住了 $\triangle QLC$. 也就是说, 在位置 D 的时候, 士兵可以探测 $\triangle QLC$ 界定的区域. 当士兵沿着线段 AD 行进时, 他可以探测到四边形 $AFDQ$ 界定的区域; 当他沿着 DE 行进时, 他可以探测到四边形 $FBLD$ 界定的区域. 因此, 沿着路径 ADE 行进时, 士兵可以探测到 $\triangle ABC$ 界定的整个区域. 所以, 路径 ADE 就是本问题的一个解, 另一个解就是路径 ADE 关于直线 CD 的对称路径. 以上讨论也说明了不存在从 A 出发的其他解. □

1.3　平均法

在本节中, 我们考虑一个有用的充分条件来比较两条折线的长度. 它指出, 如果某条折线在平面上任意一条直线上的正交投影都比另一条折线在此直线上的正交投影长, 那么此折线的长度大于另一条折线的长度. 我们将使用所谓的平均法来证明这一点, 我们将在下面定理的证明中解释这一点.

对平面上的线段 AB 和直线 l, 我们用 $l(AB)$ 表示 AB 在 l 上的正交投影.

定理 1　给定平面上的两个有限线段集合 $A_1B_1, A_2B_2, \cdots, A_nB_n$ 和 C_1D_1, $C_2D_2, \cdots, C_mD_m$.

(1) 如果对平面上的任意直线 l, 我们有

$$l(A_1B_1) + \cdots + l(A_nB_n) \geqslant l(C_1D_1) + \cdots + l(C_mD_m),$$

那么

$$A_1B_1 + \cdots + A_nB_n \geqslant C_1D_1 + \cdots + C_mD_m.$$

(2) 设 l_i 是垂直于 $A_iB_i (1 \leqslant i \leqslant n)$ 的直线, 如果

$$l_i(A_1B_1) + \cdots + l_i(A_nB_n) \geqslant l_i(C_1D_1) + \cdots + l_i(C_mD_m)$$

对任意 $1 \leqslant i \leqslant n$ 成立, 那么此不等式对平面上的任意直线 l 都成立. 特别地, 由定理 1, 我们还有

$$A_1B_1 + \cdots + A_nB_n \geqslant C_1D_1 + \cdots + C_mD_m.$$

证 (1) 以下证明来自 [49] 并且使用了积分记号. 我们固定平面上的一个坐标系, 如果向量 $\overrightarrow{AB}$ 和直线 l 与 x 轴构成的夹角分别为 α 和 φ, 那么

$$l(AB) = AB|\cos(\varphi - \alpha)|.$$

因此, $l(AB)$ 关于 φ 的平均值为

$$\frac{1}{\pi} \int_0^\pi AB|\cos(\varphi - \alpha)| \,\mathrm{d}\varphi = \frac{2AB}{\pi},$$

这是与 α 无关的量.

假定线段 $A_1B_1, A_2B_2, \cdots, A_nB_n$ 在任意直线 l 上的正交投影的长度之和都比线段 $C_1D_1, C_2D_2, \cdots, C_mD_m$ 在 l 上的正交投影的长度之和要大, 那么同样的不等式对它们的平均值也成立, 因此由上述等式就证明得了待证不等式.

(2) 下面的证明来自于 Nairi Scdrakjan[51]. 注意到, 如果 C 是线段 AB 上的点, l 是一条直线, 那么 $l(AB) = l(AC) + l(CB)$. 如果 $A_1A_2\cdots A_n$ 是一个凸多边形, 那么它在直线 l 上的正交投影是一条线段, 用 $l(A_1A_2\cdots A_n)$ 表示此线段的长度, 容易看出

$$l(A_1A_2) + \cdots + l(A_nA_1) = 2l(A_1A_2\cdots A_n).$$

再注意到, 如果线段 AB 与 CD 平行, 那么

$$CD \cdot l(AB) = AB \cdot l(CD).$$

接下来, 我们需要使用下面的引理, 其证明留给读者做练习.

引理 2 设 $a_1, a_2, \cdots, a_k$ 是平面上的任意线段, 且其中没有互相平行的. 那么存在一个中心对称的凸 $2k$ 边形, 使得它的边长依次为

$$\frac{a_1}{2}, \frac{a_2}{2}, \cdots, \frac{a_k}{2}, \frac{a_1}{2}, \frac{a_2}{2}, \cdots, \frac{a_k}{2},$$

且对每个 $1 \leqslant i \leqslant k$, 有长为 $\dfrac{a_i}{2}$ 的边与线段 a_i 平行.

现在就可以证明原定理了. 如果线段 A_iB_i 和 A_jB_j 平行, 那么我们用长度为 $A_iB_i + A_jB_j$ 且平行于 A_iB_i 的线段代替它们. 因此, 我们可以假定线段 $A_1B_1, A_2B_2, \cdots, A_nB_n$ 满足引理 2 的条件, 用 P_A 表示引理中以 O 为对称中心的凸多边形. 类似地, 用 P_C 表示用线段 $C_1D_1, C_2D_2, \cdots, C_mD_m$ 定义的以 O 为对称中心的凸多边形. 我们来证明 P_C 在 P_A 内部. 假定此结论不成立, 并且设 $M \in P_C$ 是 P_A 的一个外点 (图 1.30).

设 M' 是 M 关于 O 的对称点, 则

$$\sum_{k=1}^n l_i(A_kB_k) = 2l_i(P_A) \leqslant 2MM' \leqslant 2l_i(P_C) = \sum_{k=1}^m l_i(C_kD_k),$$

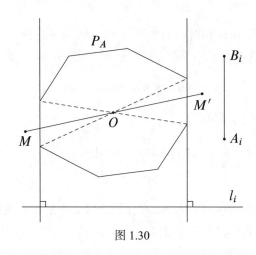

图 1.30

矛盾,因此 P_C 在 P_A 内部,所以

$$A_1B_1 + \cdots + A_nB_n \geqslant C_1D_1 + \cdots + C_mD_m.$$

例 1.17 证明:对平面上的任意五个点 A, B, C, D, E,有

$$AB + CD + DE + EC \leqslant AC + AD + AE + BC + BD + BE.$$

证 由定理 1 的 1,只需要对这些点在某条直线上的投影证明上述不等式即可,也就是考虑它们共线的情形. 由于此不等式关于 C, D, E 是对称的,我们不妨假定 E 在 C, D 之间,此时 $DE + EC = CD$. 那么由三角形不等式可得

$$AE + ED + AE + BC + BD + BE \geqslant CD + AB + CD$$
$$= AB + CD + DE + EC,$$

这就得到了待证不等式.

例 1.18 设平面向量 a, b, c, d 满足

$$a + b + c + d = 0.$$

证明:

$$|a| + |b| + |c| + |d| \geqslant |a + d| + |b + d| + |c + d|.$$

证 设平面上的点 A, B, C, D 满足 $\overrightarrow{AB} = a, \overrightarrow{BC} = b, \overrightarrow{CD} = c$,那么 $\overrightarrow{DA} = d$,我们需要证明不等式

$$AB + BC + CD + DA \geqslant AC + BD + 2MN,$$

其中 M 和 N 分别是线段 BD 和 AC 的中点，由定理 1 的 1，只需要考虑点 A, B, C, D 共线的情形. 考虑直线上以 A 为原点的坐标轴，我们不妨假定 B, C, D 的坐标 b, c, d 满足 $b, c, d \geqslant 0$ 且 $d \geqslant b$，那么我们要证明的不等式就变成了

$$|c - b| + |c - d| \geqslant c - 2b + |d + b - c|.$$

如果 $d + b \geqslant c$，那么

$$|c - b| + |c - d| \geqslant |(c - b) - (c - d)|$$
$$= d - b = c - 2b + |d + b - c|.$$

如果 $d + b \leqslant c$，那么

$$|c - b| + |c - d| = c - b + c - d$$
$$\geqslant c - 2b + (c - d - b)$$
$$= c - 2b + |d + b - c|. \qquad \square$$

例 1.19 平面上有限条线段的长度之和为 π，证明：存在一条直线，使得所有直线在此直线上正交投影的长度之和满足：

(1) 小于 2；

(2) 大于 2.

证 设 $A_1 B_1, \cdots, A_n B_n$ 是所给的线段，我们可以假定 $n \geqslant 2$，且其中没有线段是平行的. 考虑在定理 1 的 2 中构造的多边形 P_A，那么 P_A 的周长等于 π.

(1) 设 O 是 P_A 的对称中心，用 d 表示它的较小的对边距离（图 1.31）. 那么以 O 为圆心、d 为直径的圆在 P_A 内，因此其周长小于 P_A 的周长. 于是 $\pi d < \pi$，即 $d < 1$. 另外，线段 $A_1 B_1, \cdots, A_n B_n$ 在直线 l 上的正交投影（图 1.31）等于 $2d$.

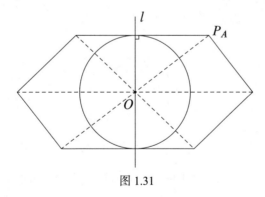

图 1.31

(2) 考虑 P_A 的过点 O 的对角线，设 d_1 是较长的对角线（图 1.32）. 那么 P_A 在以 O 为圆心，d_1 为直径的圆内，于是 P_A 的周长小于圆的周长，于是 $\pi d_1 > \pi$，即

$d_1 > 1$. 线段 $A_1B_1, \cdots, A_nB_n$ 在直线 l_1 上的正交投影的长度之和等于 $2d_1$, 所以此和是大于 2 的. $\qquad\square$

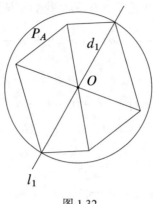

图 1.32

例 1.20 一个多边形的所有边和所有对角线都小于 1, 证明其周长小于 π.

证 设 P 是所给多边形的周长, 那么由定理 1 中 1 的证明, 我们知道此多边形的各边在任意直线上的正交投影之和为 $\dfrac{2P}{\pi}$. 由题设可知, 此多边形在任意直线上的正交投影的长度之和小于 2, 即 $\dfrac{2P}{\pi} < 2$, $P < \pi$. $\qquad\square$

回顾等宽凸集[59] 的定义: 如果一个凸集满足其在任意直线上的投影长度都相等, 那么此集合叫作等宽凸集, 此长度就称为此集合的宽度. 最典型的等宽凸集就是圆盘, 但实际上有很多非圆形的等宽凸集. 一个非平凡的例子就是所谓的 Reuleaux 三角形[59]. 要构造这个例子, 需要取一个等边 $\triangle ABC$, 以 A 为圆心画 $\overset{\frown}{BC}$, 以 B 为圆心画 $\overset{\frown}{CA}$, 以 C 为圆心画 $\overset{\frown}{AB}$, 那么所得到的图形 (图 1.33) 就是一个等宽凸集.

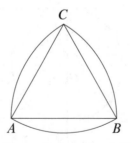

图 1.33 Reuleaux 三角形

我们现在利用平均法来证明著名的 Barbier 定理[59].

定理 2 宽度为 d 的等宽凸集的周长等于 πd.

26

证 设 $\mathcal{M}$ 是一个宽度为 d 的等宽凸集,且其周长可以用凸多边形任意逼近. 因此,对任意 $\varepsilon > 0$,存在一个凸多边形 $\mathcal{A} = A_1 A_2 \cdots A_n$,其顶点都在 $\mathcal{M}$ 的边界上,使得 $\mathcal{A}$ 在任意直线上的投影长度介于 $d - \varepsilon$ 和 $d + \varepsilon$ 之间.

此外

$$\sum_{k=1}^{n} l(A_k A_{k+1}) = 2l(\mathcal{A}),$$

再利用一条线段在一条直线上投影的平均值公式,我们得到 $\mathcal{A}$ 的周长

$$P = \sum_{k=1}^{n} A_k A_{k+1} = \frac{1}{2} \sum_{k=1}^{n} \int_0^\pi l(A_k A_{k+1}) \, \mathrm{d}\varphi = \int_0^\pi l(\mathcal{A}) \, \mathrm{d}\varphi.$$

那么,不等式 $d - \varepsilon < l(\mathcal{A}) < d + \varepsilon$ 就意味着

$$\pi(d - \varepsilon) < \int_0^\pi l(\mathcal{A}) \, \mathrm{d}\varphi < \pi(d + \varepsilon),$$

因此,$\pi(d - \varepsilon) < P < \pi(d + \varepsilon)$. 令 $\varepsilon \to 0$,我们得到 $\mathcal{M}$ 的周长等于 πd. $\qquad \square$

最后,我们做一点注记,平均法可以用来解决空间问题,因为我们可以用和在平面上一样的方法,在空间中定义一个向量投影的平均长度[49]. 这里我们只讨论以下四面体的有趣性质,以及其对多面体的一般结论.

例 1.21 如果一个四面体在另一个四面体内,那么内部四面体的边长之和与外部四面体的边长之和的比值不超过 $\dfrac{4}{3}$,且这个比值可以任意接近 $\dfrac{4}{3}$. 特别地,内部四面体的边长之和可以大于外部四面体的边长之和.

我们将证明一个更一般的结论.

例 1.22 如果一个有 m 个顶点的多面体在另一个有 n 个顶点的多面体内,那么内部多面体的所有顶点的两两距离之和与外部多面体的所有顶点的两两距离之和的比值满足:当 m 是偶数时,比值不超过 $\dfrac{m^2}{4(n-1)}$;当 m 是奇数时,比值不超过 $\dfrac{m^2 - 1}{4(n-1)}$.

证 只需要对多面体在一条直线上的投影证明上述结论即可. 当多面体的顶点都在一条直线上时,结论可以根据下面的引理得到.

引理 3 设 k 个点都在一条长度为 d 的线段上,且端点也在这些点中,那么这些点中两两距离之和的最小值等于 $(k-1)d$,当 k 为偶数时,最大值是 $\dfrac{k^2 d}{4}$;当 k 为奇数时,最大值是 $\dfrac{(k^2 - 1)d}{4}$.

引理 3 的证明 设 A, B 是所给线段的端点. 对线段上的固定点 X,我们有 $AX + BX = d$,因此所给点的两两距离之和为 $(k-1)d + \Sigma$,其中 Σ 是在所给点

27

中删去 A 和 B 以后剩下的 $k-2$ 个点的两两距离之和. Σ 的最小值是 0,当所有 $k-2$ 个点都在 AB 的一个端点时取到.　　　　　　　　□

1.4　习题

1.1　设 $ABCD$ 是一个圆内接四边形,证明:

(1) $|AB-CD|+|AD-BC| \geqslant 2|AC-BD|$;

(2) 如果 $\angle A \geqslant \angle D$,那么 $AB+BD \leqslant AC+CD$.

1.2　给定平面上的四个点 A,B,C,D,设 E 和 F 分别是 AB 和 CD 的中点,证明:

$$\max\left(\frac{|AC-BD|}{2},\frac{|AD-BC|}{2}\right) \leqslant EF \leqslant \frac{AD+BC}{2}.$$

1.3　证明:从一个凸四边形的对角线的交点到其各边的距离之和不超过四边形的半周长.

1.4　给定一个凸多边形 $\mathcal{P}$,考虑由 $\mathcal{P}$ 的各边中点构成的多边形 $\mathcal{M}$,证明:$\mathcal{M}$ 的周长不小于 $\mathcal{P}$ 的半周长.

1.5　对实数 x,y,求函数

$$f(x,y)=\sqrt{(x-4)^2+1}+\sqrt{(x-2)^2+(y-2)^2}+\sqrt{y^2+4}$$

的最小值.

1.6　对 $\triangle ABC$ 内的每一个点 X,用 $m(X)$ 表示线段 XA,XB,XC 中的最小长度. 对怎样的点 $X,m(X)$ 能取到最大值.

1.7　给定一个角,其顶点为 A,点 P 在其内部,求作一条过点 P 的直线与角的两边交于点 B 和 C,满足:

(1) $\triangle ABC$ 的周长是最小的;

(2) 和式 $\dfrac{1}{PC}+\dfrac{1}{PB}$ 是最大的.

1.8　以 $\triangle ABC$ 的边 AB 向三角形外作一个中心为 O 的正方形,设 M 和 N 分别是边 BC 和 AC 的中点,证明:

$$OM+ON \leqslant \frac{\sqrt{2}+1}{2}(AC+BC).$$

并说明等号成立的充要条件是 $\angle ACB=135°$.

1.9　设 $ABCD$ 是一个矩形,X 是平面上任意一点,求比值

$$\frac{XA+XC}{XB+XD}$$

的最小值和最大值.

1.10 两个同心圆的半径分别为 r 和 R,且 $R > r$. 凸四边形 $ABCD$ 内接于小圆,且 AB, BC, CD, DA 的延长线分别交大圆于 C_1, D_1, A_1, B_1,证明:

(1) 四边形 $A_1B_1C_1D_1$ 的周长不小于四边形 $ABCD$ 周长的 $\dfrac{R}{r}$ 倍;

(2) 四边形 $A_1B_1C_1D_1$ 的面积不小于四边形 $ABCD$ 面积的 $\left(\dfrac{R}{r}\right)^2$ 倍.

1.11 设 $\triangle ABC$ 满足 $\angle A = 60°$,且点 P 满足 $PA = 1, PB = 2, PC = 3$,证明:

$$[ABC] \leqslant \frac{\sqrt{3}}{8}\left(13 + \sqrt{73}\right).$$

1.12 (空间 Ptolemy 不等式)设 A, B, C, D 是空间中四个不共面的点,则

$$AB \cdot CD + BC \cdot AD > AC \cdot BD.$$

1.13 复平面上两点 A 和 B 之间的弦距离定义为

$$d(A, B) = \frac{|a - b|}{\sqrt{1 + |a|^2} \cdot \sqrt{1 + |b|^2}},$$

其中 a, b 分别是点 A, B 的复坐标. 证明:对任意三个不共线的点 A, B, C,有不等式

$$d(A, B) < d(B, C) + d(C, A)$$

成立.

1.14 给定 $\triangle ABC$,设 A' 是平面上异于 A, B, C 的点,分别记 L 和 M 是从 A 到直线 $A'B$ 和 $A'C$ 的垂足,求点 A' 的位置,使得线段 LM 的长度是最大的.

1.15 设点 A 和 B 在一条给定直线 l 的两侧,在 l 上求点 X,使得 $|AX - BX|$ 最大.

1.16 设 $\triangle ABC$ 不是钝角三角形,m, n, p 是给定的正数. 在平面上求点 X,使得

$$s(X) = mAX + nBX + pCX$$

是最小的.

1.17 设 $M, A_1, A_2, \cdots, A_n, n \geqslant 3$ 是平面上的不同点,证明:

$$\frac{A_1A_2}{MA_1 \cdot MA_2} + \frac{A_2A_3}{MA_2 \cdot MA_3} + \cdots + \frac{A_{n-1}A_n}{MA_{n-1} \cdot MA_n} \geqslant \frac{A_1A_n}{MA_1 \cdot MA_n}.$$

其中等号何时成立?

1.18 求出加油站的位置,使得其到给定的:

(1) 凸四边形的顶点所在的四个城市的距离之和最小;

(2) 一个中心对称的 n 边形的顶点所在的城市的距离之和最小.

1.19　一个四边形的顶点坐标为 $A = (0,0), B = (2,0), C = (2,2), D = (0,4)$. 求从点 $E = (0,1)$ 开始，在点 $F = (2,1)$ 处结束，依次与四边形的边 AD, DC, BC, AB 相交的最短路径.

1.20　两座城市 A 和 B 被一条具有平行岸边的河流所隔开，设计从 A 经过河流，在河上建立垂直于岸边的桥梁，再到 B 的最短路径.

1.21　设 A, B, C, D 按顺序排列在一条直线上，证明：对平面上任意一个不在此直线上的点 E，我们有

$$AE + ED + |AB - CD| > BE + CE.$$

1.22　设 $\triangle ABC$ 和 $\triangle A_1B_1C_1$ 是平面上的两个三角形，证明

$$AA_1 + AB_1 + AC_1 + BA_1 + BB_1 + BC_1 + CA_1 + CB_1 + CC_1$$
$$\geqslant AB + BC + CA + A_1B_1 + B_1C_1 + C_1A_1.$$

1.23　设平面上有限个向量的长度之和等于 π，证明：其中存在某些向量的长度之和大于 1.

1.24　设平面上有一些凸多边形，周长分别为 $P_1, P_2, \cdots, P_n$，使得不存在直线分隔它们（即不存在与这些多边形不相交的直线，使得此直线两边都有多边形）. 证明：存在一个周长不超过 $P_1 + P_2 + \cdots + P_n$ 的多边形包含所有多边形.

第 2 章

代数方法

本章中，我们考虑五种证明几何不等式的代数方法. 前三种方法是初等方法，分别利用代数不等式、向量的点积、复数；后两种方法是高等方法，涉及二次型和有限 Fourier 变换.

2.1 代数不等式

很多关于最大值和最小值的集合问题可以通过适当的代数不等式来解决. 相反地，很多代数不等式也可以表述为几何问题. 例如，AM-GM 不等式 $a + b \geqslant 2\sqrt{ab}, a, b > 0$ 等价于几何不等式 $P^2 \leqslant 16A$，其中 P 和 A 分别是一个矩形的周长和面积.

在本节中，我们将利用经典的代数不等式证明一些几何不等式. 我们假定读者熟悉代数–几何不等式（AM-GM），根号平均–算术平均不等式（RM-AM），Minkowski 不等式等. 对于代数不等式的更多信息，读者可以参考书籍 [5][28][42].

例 2.1 证明：在所有给定面积相等的三角形中，等边三角形的周长最小.

证 考虑任意边长为 a, b, c 的三角形，其周长为 $2s = a + b + c$. 由 Heron 公式，其面积 A 为

$$A = \sqrt{s(s-a)(s-b)(s-c)}.$$

那么，由 AM-GM 不等式可得

$$\sqrt[3]{(s-a)(s-b)(s-c)} \leqslant \frac{(s-a)+(s-b)+(s-c)}{3} = \frac{s}{3}.$$

所以，

$$A = \sqrt{s(s-a)(s-b)(s-c)} \leqslant \sqrt{s\left(\frac{s}{3}\right)^3} = \frac{\sqrt{3}}{9}s^2,$$

等号成立当且仅当 $s-a=s-b=s-c$，即 $a=b=c$．因此，任意面积为 A 的三角形的周长不小于 $2\sqrt{3\sqrt{3}A}$，且最小周长只在正三角形时取到．　　　　□

例 2.2　给定正整数 m,n，且点 M 在一个以 O 为顶点的锐角内，过 M 的一条直线与角的两边分别交于 A 和 B，求直线的位置，使得 $OA^m\cdot OB^n$ 最小．

解　取 OA 上的点 K 和 OB 上的点 L，使得 $MK\parallel OB,ML\parallel OA$（图 2.1），那么 $\triangle KMA\backsim\triangle OBA$ 且 $\triangle MLB\backsim\triangle AOB$，这意味着

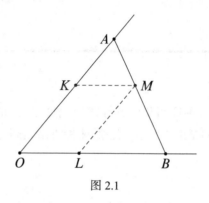

图 2.1

$$OB=\frac{AB}{AM}\cdot MK,\quad OA=\frac{AB}{BM}\cdot ML.$$

所以

$$OA^m\cdot OB^n=\frac{ML^m\cdot MK^n}{\left(\dfrac{BM}{AB}\right)^m\cdot\left(\dfrac{AM}{AB}\right)^n}.$$

由于 MK 和 ML 不依赖于过 M 的直线，于是 $OA^m\cdot OB^n$ 在 $\left(\dfrac{BM}{AB}\right)^m\cdot\left(\dfrac{AM}{AB}\right)^n$ 最大时取到最小值．令 $x=\dfrac{BM}{AB},y=\dfrac{AM}{AB}$，那么 $x+y=1$，且对 $x_1=x_2=\cdots=x_m=\dfrac{x}{m}$ 和 $x_{m+1}=\cdots=x_{m+n}=\dfrac{y}{q}$ 由均值不等式可得

$$\frac{1}{m+n}=\frac{x+y}{m+n}\geqslant\sqrt[m+n]{\left(\frac{x}{m}\right)^m\left(\frac{y}{n}\right)^n}.$$

因此

$$x^m y^n\leqslant\frac{m^m n^n}{(m+n)^{m+n}},$$

且 $x^m\cdot y^n$ 在 $\dfrac{x}{m}=\dfrac{y}{n}$ 时取到最大值，即 $\dfrac{BM}{AM}=\dfrac{m}{n}$．所以过 M 的直线需要满足 $AM:MB=n:m$．我们留给读者自己去证明满足此性质的直线是唯一的．　　　　□

注 如果 $m = n = 1$，那么由例 2.2 和

$$[AOB] = \frac{OA \cdot OB \cdot \sin \angle AOB}{2}$$

可知过一个角内的点 M 的直线可以截出一个面积最小的三角形，当且仅当 M 是线段 AB 的中点. 此结论的一个简单应用就是 6.1 节的定理 18.

例 2.3 过一个给定的 $\triangle ABC$ 内一点 M 作三条直线. 第一条直线交边 AB 和 BC 于点 C_1 和 A_2，第二条直线交边 BC 和 CA 于点 A_1 和 B_2，第三条直线交 CA 和 AB 于点 B_1 和 C_2. 证明：

$$\frac{1}{[A_1 A_2 M]} + \frac{1}{[B_1 B_2 M]} + \frac{1}{[C_1 C_2 M]} \geqslant \frac{18}{[ABC]},$$

等号何时成立？

证 如图 2.2 所示，设

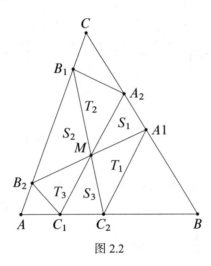

图 2.2

$$[A_1 A_2 M] = S_1, [B_1 B_2 M] = S_2, [C_1 C_2 M] = S_3,$$
$$[A_1 C_2 M] = T_1, [B_1 A_2 M] = T_2, [C_1 B_2 M] = T_3,$$

那么 $S_1 S_2 S_3 = T_1 T_2 T_3$，且运用两次 AM-GM 不等式可得

$$\begin{aligned}
\frac{1}{S_1} + \frac{1}{S_2} + \frac{1}{S_3} &\geqslant \frac{3}{\sqrt[3]{S_1 S_2 S_3}} = \frac{3}{\sqrt[6]{S_1 S_2 S_3 T_1 T_2 T_3}} \\
&\geqslant \frac{18}{S_1 + S_2 + S_3 + T_1 + T_2 + T_3} \\
&\geqslant \frac{18}{[ABC]},
\end{aligned}$$

等号成立当且仅当

$$S_1 = S_2 = S_3 = T_1 = T_2 = T_3 = \frac{[ABC]}{6},$$

即 M 是 $\triangle ABC$ 的重心,且三条直线都经过了三角形的中线（图 2.3）.　　□

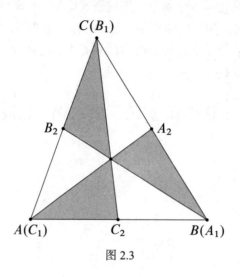

图 2.3

例 2.4　设点 M 和 N 分别在 $\triangle ABC$ 的边 AC 和 BC 上,L 是线段 MN 上的一个点,证明:

$$\sqrt[3]{[ABC]} \geqslant \sqrt[3]{[AML]} + \sqrt[3]{[BNL]},$$

等号何时成立?

证　设 $\dfrac{CM}{MA} = x, \dfrac{CN}{NB} = y$（图 2.4）,那么

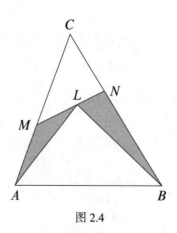

图 2.4

$$\frac{[AML]}{[ABC]} = \frac{[AML]}{[CMN]} \cdot \frac{[CMN]}{[ABC]} = \frac{[AML]}{[CMN]} \cdot \frac{xy}{(1+x)(1+y)}$$
$$= \frac{[CML]}{[CMN]} \cdot \frac{1}{1+x} \cdot \frac{y}{1+y}.$$

类似地

$$\frac{[BNL]}{[ABC]} = \frac{[CNL]}{[CMN]} \cdot \frac{1}{1+y} \cdot \frac{x}{1+x}.$$

由 AM-GM 不等式可得

$$\sqrt[3]{\frac{[AML]}{[ABC]}} + \sqrt[3]{\frac{[BNL]}{[ABC]}} \leqslant \frac{1}{3}\left(\frac{[CML]}{[CMN]} + \frac{1}{1+x} + \frac{y}{1+y}\right) +$$
$$\frac{1}{3}\left(\frac{[CNL]}{[CMN]} + \frac{1}{1+y} + \frac{x}{1+x}\right) = 1,$$

这样就得到了待证不等式. 容易验证等号成立当且仅当点 M, N, L 满足

$$\frac{CM}{MA} = \frac{NB}{CN} = \frac{LN}{LM}. \qquad \square$$

例 2.5 设 X, Y, Z 是一个单位正方体的三条两两异面的边所在的直线上的点, 证明: $\triangle XYZ$ 的周长不小于 $3\sqrt{\dfrac{3}{2}}$, 等号何时成立?

证 考虑单位正方体 $ABCD\text{-}A_1B_1C_1D_1$, 不失一般性, 我们不妨假定 X, Y, Z 分别在直线 C_1D_1, AD, BB_1 上 (图 2.5). 接下来, 我们使用原点为 A, 坐标轴分别为 AB, AD, AA_1 的空间直角坐标系. 那么点 X, Y, Z 的坐标分别为 $X = (x, 1, 1), Y = (0, y, 0), Z = (1, 0, z)$, $\triangle XYZ$ 的周长为

$$P = \sqrt{1 + y^2 + z^2} + \sqrt{(1-x)^2 + 1 + (1-z)^2} + \sqrt{x^2 + (1-y)^2 + 1}.$$

那么问题就转化为求右边表达式的最小值, 其中 x, y, z 的范围都是 $(-\infty, +\infty)$. 利用这个表达式的本质, 我们可以由 Minkowski 不等式得

$$P \geqslant \sqrt{(1 + 1 + 1)^2 + (y + 1 - z + x)^2 + (z + 2 - x - y)^2}$$
$$= \sqrt{9 + (1 + x + y - z)^2 + (2 - (x + y - z))^2}.$$

再由 RM-AM 表达式, 我们得到

$$(1 + x + y - z)^2 + (2 - (x + y - z))^2 \geqslant \frac{9}{2},$$

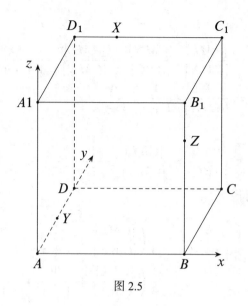

图 2.5

所以

$$P \geqslant \sqrt{9 + \frac{9}{2}} = 3\sqrt{\frac{3}{2}},$$

容易验证等号成立当且仅当 $x = y = z = \frac{1}{2}$, 也就是 $\triangle XYZ$ 在 X, Y, Z 是正方形的对应边的中点时, 其周长取得最小值. □

例 2.6 对 $\triangle ABC$ 内部或边界上的点 X, 设 X 到直线 BC, AC, AB 的距离分别为 x, y, z. 求出点 X 的位置, 使得和式 $x^2 + y^2 + z^2$ 是:

(1) 最小的;

(2) 最大的.

解 (1) 设 $BC = a, CA = b, AB = c$, 那么

$$ax + by + cz = 2[ABC],$$

由 Cauchy-Schwarz 不等式可得

$$4[ABC]^2 = (ax + by + cz)^2 \leqslant (a^2 + b^2 + c^2)(x^2 + y^2 + z^2).$$

于是

$$x^2 + y^2 + z^2 \geqslant \frac{4[ABC]^2}{a^2 + b^2 + c^2},$$

所以 $x^2 + y^2 + z^2$ 在点 X 满足

$$\frac{x}{a} = \frac{y}{b} = \frac{z}{c}$$

36

时取得最小值. 在任意三角形中, 满足此性质的点是唯一的, 我们称它为 Lemoine (或拟中线) 点, 并把它定义为每条中线关于它相应的内角平分线的反射线的交点.

(2) 我们将证明当 X 与三角形的最小内角的顶点重合时, $x^2 + y^2 + z^2$ 最大. 设 $a = BC$ 是 $\triangle ABC$ 最短的边, 那么

$$a(x + y + z) \leqslant ax + by + cz = 2[ABC],$$

所以 $x + y + z \leqslant h_a$, 其中 h_a 是 $\triangle ABC$ 的过顶点 A 的高的长度. 此外

$$x^2 + y^2 + z^2 \leqslant (x + y + z)^2,$$

所以 $x^2 + y^2 + z^2 \leqslant h_a^2$, 等号成立当且仅当 X 与 A 重合. □

例 2.7 设 n 是一个正整数, S_n 表示从一个锐角 $\triangle ABC$ 中切出来的 n 个矩形的面积之和, 使得每个矩形有一条边与 AB 平行. 证明:

$$S_n \leqslant \frac{n}{n+1}[ABC],$$

并求出取等条件.

解 设 $r_1, r_2, \cdots, r_n$ 表示 $\triangle ABC$ 中任意不相交的矩形, 且都有一条边与 AB 平行 (图 2.6). 考虑它们的上边所在的直线, 假定距离 AB 最近的直线分别交 AC 和 BC 于点 M_1 和 N_1, 那么 $r_1, r_2, \cdots, r_n$ 中在 $M_1 N_1$ 下方的部分包含在矩形 $A_1 B_1 N_1 M_1$ 中, 其中 A_1 和 B_1 分别是 M_1 和 N_1 在 AB 上的正交投影. 因此它们的面积之和最大等于 $A_1 B_1 N_1 M_1$ 的面积. 注意 $r_1, r_2, \cdots, r_n$ 中最多只有 $n-1$ 个部分在 $M_1 N_1$ 上方, 因为 $A_1 B_1 N_1 M_1$ 至少包含了其中一部分. 对 $\triangle M_1 N_1 C$ 进行同样的操作, 如图 2.6 所示, 我们可以得出存在 n 个矩形, 其面积之和不小于 $r_1, r_2, \cdots, r_n$ 的面积之和 (如果我们重复上述构造过程 k 次, 其中 $k < n$, 那么我们在矩形 $M_k N_k C$ 中添加了 $n-k$ 个用同样方式构造的任意新构造的矩形). 所以我们可以假定矩形 $r_1, r_2, \cdots, r_n$ 中的每一个都在另一个的上方, 如图 2.6 所示. 记直线 $M_k N_k$ 与 $M_{k-1} N_{k-1}$ 的距离为 $x_k, 1 \leqslant k \leqslant n$ (M_0 与 A 重合, N_0 与 B 重合), 而 C 到 MN 的距离记为 x_{n+1}. 设 CC_0 是 $\triangle ABC$ 中过点 C 的高, 且 $h = CC_0$, 那么 $\triangle M_{k-1} A_k M_k \backsim \triangle AC_0 C$, 于是, 我们得到

$$[M_{k-1} A_k M_k] = \frac{x_k^2}{h^2}[AC_0 C].$$

类似地,

$$[N_{k-1} B_k N_k] = \frac{x_k^2}{h^2}[BC_0 C],$$

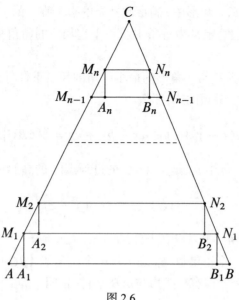

图 2.6

$$[M_n N_n C] = \frac{x_{n+1}^2}{h^2}[ABC].$$

设 S_n 表示矩形 $A_k B_k N_k M_k, 1 \leqslant k \leqslant n$ 的面积之和,那么

$$S_n = [ABC] - [M_n N_n C] - \sum_{k=1}^{n}([M_{k-1}A_k M_k] + [N_{k-1}B_k N_k])$$

$$= [ABC]\left(1 - \frac{1}{h^2}\sum_{k=1}^{n+1}x_k^2\right).$$

考虑到

$$\sum_{k=1}^{n+1} x_k = h,$$

由 RM-AM 不等式,我们得到

$$\sum_{k=1}^{n+1} x_k^2 \geqslant \frac{1}{n+1}\left(\sum_{k=1}^{n+1}x_k\right)^2 = \frac{h^2}{n+1}.$$

因此

$$S_n \leqslant \frac{n}{n+1}[ABC],$$

等号成立当且仅当 $x_1 = x_2 = \cdots = x_{n+1} = \dfrac{h}{n+1}$,即点 $M_1, M_2, \cdots, M_n$ 和 $N_1, N_2, \cdots, N_n$ 分别将 AC 和 BC 等分成 $n+1$ 个部分. $\quad\square$

例 2.8 （2004 年 IMO 试题）设整数 $n \geqslant 3$,正实数 $t_1, t_2, \cdots, t_n$ 满足

$$(t_1 + t_2 + \cdots + t_n)\left(\frac{1}{t_1} + \frac{1}{t_2} + \cdots + \frac{1}{t_n}\right) < n^2 + 1.$$

证明:对任意 $1 \leqslant i < j < k \leqslant n, t_i, t_j, t_k$ 是一个三角形的三条边.

证 由对称性可知,只需要证明 $t_1 + t_2 > t_3$. 我们有

$$\left(\sum_{i=1}^{n} t_i\right)\left(\sum_{i=1}^{n} \frac{1}{t_i}\right) = n^2 + \sum_{i<j}\left(\frac{t_i}{t_j} + \frac{t_j}{t_i} - 2\right). \tag{2.1}$$

右边和式的每一项都是正的,因此左边和式不小于 $n^2 + T$,其中

$$T = \left(\frac{t_1}{t_3} + \frac{t_3}{t_1} - 2\right) + \left(\frac{t_2}{t_3} + \frac{t_3}{t_2} - 2\right).$$

我们注意到 T 作为 t_3 的函数,对 $t_3 \geqslant \max(t_1, t_2)$ 是递增的. 如果 $t_1 + t_2 = t_3$,那么由 Cauchy-Schwarz 不等式可得

$$T = (t_1 + t_2)\left(\frac{1}{t_1} + \frac{1}{t_2}\right) - 1 \geqslant 3.$$

因此,如果 $t_1 + t_2 \leqslant t_3$,那么我们有 $T \geqslant 1$,且式 (2.1) 右边不小于 $n^2 + 1$,矛盾. □

注 可以证明,如果题目中的数字 $n^2 + 1$ 替换为 $\left(n + \sqrt{10} - 3\right)^2$,那么结论仍然是正确的,而且这是能保证结论成立的最优数.

2.2 点积

设 a 和 b 是平面上的两个向量,它们的点积（或标量积,内积）定义为

$$a \cdot b = |a| \cdot |b| \cos \angle(a, b),$$

其中 $|a|$ 是 a 的长. 特别地,我们有

$$|a \cdot b| \leqslant |a| \cdot |b|,$$

这是 Cauchy-Schwarz 不等式的向量形式. 注意到,点积具有以下有用的代数性质:

$$a \cdot b = b \cdot a, a \cdot (rb + c) = ra \cdot b + a \cdot c, ra \cdot sb = rsa \cdot b,$$

其中 r, s 是任意实数. 我们还会用到向量形式的三角形不等式:

$$|a_1 + a_2 \cdots + a_n| \leqslant |a_1| + |a_2| + \cdots + |a_n|,$$

这是 Minkowski 不等式的向量形式 [42].

例 2.9 在一个给定圆的所有内接三角形中, 求出边长的平方和最大的三角形.

解 设 $\triangle ABC$ 内接于以 O 为圆心、R 为半径的圆内, 设 $\boldsymbol{a} = \overrightarrow{OA}, \boldsymbol{b} = \overrightarrow{OB}, \boldsymbol{c} = \overrightarrow{OC}$, 那么

$$AB^2 + BC^2 + CA^2 = |\boldsymbol{a} - \boldsymbol{b}|^2 + |\boldsymbol{b} - \boldsymbol{c}|^2 + |\boldsymbol{c} - \boldsymbol{a}|^2$$
$$= 2|\boldsymbol{a}|^2 + 2|\boldsymbol{b}|^2 + 2|\boldsymbol{c}|^2 - 2\boldsymbol{a} \cdot \boldsymbol{b} - 2\boldsymbol{b} \cdot \boldsymbol{c} - 2\boldsymbol{c} \cdot \boldsymbol{a}.$$

此外

$$|\boldsymbol{a} + \boldsymbol{b} + \boldsymbol{c}|^2 = |\boldsymbol{a}|^2 + |\boldsymbol{b}|^2 + |\boldsymbol{c}|^2 + 2\boldsymbol{a} \cdot \boldsymbol{b} + 2\boldsymbol{b} \cdot \boldsymbol{c} + 2\boldsymbol{c} \cdot \boldsymbol{a},$$

于是

$$AB^2 + BC^2 + CA^2 = 3\left(|\boldsymbol{a}|^2 + |\boldsymbol{b}|^2 + |\boldsymbol{c}|^2\right) - |\boldsymbol{a} + \boldsymbol{b} + \boldsymbol{c}|^2$$
$$\leqslant 3\left(|\boldsymbol{a}|^2 + |\boldsymbol{b}|^2 + |\boldsymbol{c}|^2\right) = 9R^2,$$

等号成立当且仅当 $\boldsymbol{a} + \boldsymbol{b} + \boldsymbol{c} = \boldsymbol{0}$, 这意味着 $\triangle ABC$ 的重心与 $\triangle ABC$ 的外接圆圆心重合, 也就是说, $\triangle ABC$ 是等边三角形. □

例 2.10 对平面上任意六个点 A, B, C, D, E, F, 证明以下不等式成立:

$$2\left(AB^2 + BC^2 + CD^2 + DE^2 + EF^2 + FA^2\right) \geqslant AD^2 + BE^2 + CF^2.$$

证 设 $\overrightarrow{AB} = \boldsymbol{a}, \overrightarrow{BC} = \boldsymbol{b}, \overrightarrow{CD} = \boldsymbol{c}, \overrightarrow{DE} = \boldsymbol{d}, \overrightarrow{EF} = \boldsymbol{e}$, 我们需要证明不等式

$$2[|\boldsymbol{a}|^2 + |\boldsymbol{b}|^2 + |\boldsymbol{c}|^2 + |\boldsymbol{d}|^2 + |\boldsymbol{e}|^2 + (\boldsymbol{a} + \boldsymbol{b} + \boldsymbol{c} + \boldsymbol{d} + \boldsymbol{e})^2]$$
$$\geqslant (\boldsymbol{a} + \boldsymbol{b} + \boldsymbol{c})^2 + (\boldsymbol{b} + \boldsymbol{c} + \boldsymbol{d})^2 + (\boldsymbol{c} + \boldsymbol{d} + \boldsymbol{e})^2,$$

这等价于

$$(\boldsymbol{a} + \boldsymbol{c} + \boldsymbol{e})^2 + (\boldsymbol{a} + \boldsymbol{d})^2 + (\boldsymbol{b} + \boldsymbol{e})^2 + (\boldsymbol{a} + \boldsymbol{b} + \boldsymbol{d} + \boldsymbol{e})^2 \geqslant 0. \quad □$$

现在我们利用点积的方法解决 Fermat 问题 (例 1.10).

例 2.11 (Fermat 问题) 给定平面上的点 A, B, C, 求出所有的点 X, 使得 X 到 A, B, C 的距离之和最小.

解 设 O 和 X 是平面上的任意两点, 分别用 $\boldsymbol{a}, \boldsymbol{b}, \boldsymbol{c}, \boldsymbol{x}$ 表示向量 $\overrightarrow{OA}, \overrightarrow{OB}, \overrightarrow{OC}, \overrightarrow{OX}$, 又设 $\boldsymbol{i}, \boldsymbol{j}, \boldsymbol{k}$ 分别是从 O 出发, 沿着 $\boldsymbol{a}, \boldsymbol{b}, \boldsymbol{c}$ 方向的单位向量, 那么

$$|\boldsymbol{a}| = \boldsymbol{a} \cdot \boldsymbol{i} = (\boldsymbol{a} - \boldsymbol{x}) \cdot \boldsymbol{i} + \boldsymbol{x} \cdot \boldsymbol{i} \leqslant |\boldsymbol{a} - \boldsymbol{x}| + \boldsymbol{x} \cdot \boldsymbol{i}.$$

类似地

$$|b| \leqslant |b - x| + x \cdot j, |c| \leqslant |c - x| + x \cdot k.$$

相加可得

$$|a| + |b| + |c| \leqslant |a - x| + |b - x| + |c - x| + x \cdot (i + j + k).$$

如果 a, b, c 在 O 处的交角为 $120°$，那么 $i + j + k = 0$，所以

$$|a| + |b| + |c| \leqslant |a - x| + |b - x| + |c - x|$$

对任意 x 成立. 也就是说

$$OA + OB + OC \leqslant XA + XB + XC,$$

因此，O 就是所求的点. 这个结论当三角形中有一个角 $\angle C > 120°$ 时不成立，因为此时不存在点 O，使得 a, b, c 的交角是 $120°$. 此时，我们定义 $k = -(i + j)$，并将 O 置于 C 处，于是 $c = 0$. 注意到 $|k| \leqslant 1$，因为单位向量 i 与 j 的夹角大于 $120°$. 由于 $|0| \leqslant |0 - x| + x \cdot k$，因此，第三个不等式仍然是成立的，而另外两个不等式则保持不变. 也就是说，在这种情形下，所求的点就是 C. □

例 2.12 设 A, B, C, M 是任意点，x, y, z 是任意实数，且其和为 1. 证明：

(1) $xMA^2 + yMB^2 + zMC^2 \geqslant xyAB^2 + yzBC^2 + zxCA^2$；

(2) $xMB^2MC^2 + yMC^2MA^2 + zMA^2MB^2 \geqslant xyAB^2MC^2 + yzBC^2MA^2 + zxCA^2MB^2$.

证 (1) 待证不等式可由以下等式得到：

$$(x + y + z)\left(xMA^2 + yMB^2 + zMC^2\right) - xyAB^2 - yzBC^2 - zxCA^2$$

$$= (x + y + z)\left(xMA^2 + yMB^2 + zMC^2\right) - xy\left(\overrightarrow{MB} - \overrightarrow{MA}\right)^2 -$$

$$yz\left(\overrightarrow{MC} - \overrightarrow{MB}\right)^2 - zx\left(\overrightarrow{MA} - \overrightarrow{MC}\right)^2$$

$$= \left(x\overrightarrow{MA} + y\overrightarrow{MB} + z\overrightarrow{MC}\right)^2.$$

(2) 考虑由以下等式定义的点 M_1, A_1, B_1, C_1（图 2.7）：

$$M_1A_1 = MB \cdot MC, M_1B_1 = MC \cdot MA, M_1C_1 = MA \cdot MB,$$

$$A_1C_1 = MB \cdot AC, B_1C_1 = MA \cdot BC, A_1B_1 = MC \cdot AB.$$

那么待证不等式可对点 M_1, A_1, B_1, C_1 应用 1 得到. □

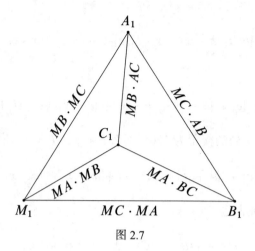

图 2.7

例 2.13 （2001 年 IMO 预选题）设 $\triangle ABC$ 的重心为 G，在 $\triangle ABC$ 所在平面上求点 P 的位置，使得

$$AP \cdot AG + BP \cdot BG + CP \cdot CG$$

最小，并将此最小值用 $\triangle ABC$ 的边长来表示.

解法一 设 a, b, c 分别表示顶点 A, B, C 所对边的边长，我们将证明表达式

$$AP \cdot AG + BP \cdot BG + CP \cdot CG$$

当 P 在重心 G 时取得最小值，且最小值为

$$AG^2 + BG^2 + CG^2$$
$$= \frac{1}{9}\big[(2b^2 + 2c^2 - a^2) + (2c^2 + 2a^2 - b^2) + (2a^2 + 2b^2 - c^2)\big]$$
$$= \frac{1}{3}(a^2 + b^2 + c^2).$$

我们首先给出一个利用点积的求解方法. 对平面上的任意一点 X，令 $\overrightarrow{GX} = \boldsymbol{x}$，那么 $\boldsymbol{a} + \boldsymbol{b} + \boldsymbol{c} = \boldsymbol{0}$，且我们有

$$AP \cdot AG + BP \cdot BG + CP \cdot CG$$
$$= |\boldsymbol{a} - \boldsymbol{p}||\boldsymbol{a}| + |\boldsymbol{b} - \boldsymbol{p}||\boldsymbol{b}| + |\boldsymbol{c} - \boldsymbol{p}||\boldsymbol{c}|$$
$$\geqslant |(\boldsymbol{a} - \boldsymbol{p}) \cdot \boldsymbol{a}| + |(\boldsymbol{b} - \boldsymbol{p}) \cdot \boldsymbol{b}| + |(\boldsymbol{c} - \boldsymbol{p}) \cdot \boldsymbol{c}|$$
$$\geqslant |(\boldsymbol{a} - \boldsymbol{p}) \cdot \boldsymbol{a} + (\boldsymbol{b} - \boldsymbol{p}) \cdot \boldsymbol{b} + (\boldsymbol{c} - \boldsymbol{p}) \cdot \boldsymbol{c}|$$
$$\geqslant |\boldsymbol{a}|^2 + |\boldsymbol{b}|^2 + |\boldsymbol{c}|^2 = \frac{1}{3}(a^2 + b^2 + c^2),$$

其中最后一步用到了上面的等式. 假定等号成立,那么

$$|a - p||a| = |(a - p) \cdot a|,$$
$$|b - p||b| = |(b - p) \cdot b|,$$
$$|c - p||c| = |(c - p) \cdot c|.$$

这些条件意味着点 P 在直线 GA, GB, GC 上,即 P 与 G 重合.

解法二 设 k 是经过点 B, G, C 的圆,中线 AL 交 k 于点 G 和 K. 设 $\theta = \angle BGK, \varphi = \angle CGK, \chi = \angle BGC$(图 2.8). 对 $\triangle BGL$ 利用正弦定理,结合 $BL = CL$,我们得到

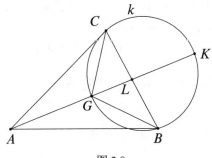

图 2.8

$$\frac{BG}{CG} = \frac{\sin \varphi}{\sin \theta}.$$

类似地,

$$\frac{AG}{BG} = \frac{\sin \chi}{\sin \varphi}.$$

我们还有 $BK = 2R \sin \theta, CK = 2R \sin \varphi, BC = 2R \sin \chi$,其中 R 是 k 的半径. 因此

$$\frac{CG}{BK} = \frac{BG}{CK} = \frac{AG}{BC}. \tag{$*$}$$

设 P 是 $\triangle ABC$ 所在平面上的点,由 Ptolemy 不等式(例 1.4)可得

$$PK \cdot BC \leqslant BP \cdot CK + BK \cdot CP,$$

等号成立当且仅当 P 在 k 上. 考虑到式 $(*)$,我们有

$$PK \cdot AG \leqslant BP \cdot BG + CG \cdot CP.$$

将不等式两边都加上 $AP \cdot AG$,可得

$$(AP + PK) \cdot AG = AP \cdot AG + BP \cdot BG + CP \cdot CG.$$

43

由于 $AK \leqslant AP + PK$,由三角形不等式,我们有

$$AK \cdot AG \leqslant AP \cdot AG + BP \cdot BG + CP \cdot CG,$$

等号成立当且仅当 P 同时在线段 AK 和圆 k 上,也就是 P 与 G 重合.　　　□

注　这个问题也可以用习题 1.16 的解答中的情形 (b) 的讨论来解决. 这里 $\triangle A_0 B_0 C_0$ 的边长分别等于 AG, BG, CG,我们将具体的证明留给读者.

对 $n \geqslant 2$,设 $A_1, A_2, \cdots, A_n$ 是平面上的任意 n 个点,实数 $m_1, m_2, \cdots, m_n$ 的和为正,那么存在唯一的点 G,使得

$$m_1 \overrightarrow{GA_1} + m_2 \overrightarrow{GA_2} + \cdots + m_n \overrightarrow{GA_n} = \mathbf{0}.$$

这个点称为质点系 $A_1(m_1), A_2(m_2), \cdots, A_n(m_n)$ 的重心. 如果 $m_1 = m_2 = \cdots = m_n$,那么 G 就是 n 边形 $A_1 A_2 \cdots A_n$ 的重心.

例 2.14　设 G 是质点系 $A_1(m_1), A_2(m_2), \cdots, A_n(m_n)$ 的重心,证明:

$$I(X) = m_1 XA_1^2 + m_2 XA_2^2 + \cdots + m_n XA_n^2$$

的最小值在 X 是重心 G 时取到.

证　设 $m = m_1 + m_2 + \cdots + m_n > 0$,那么

$$
\begin{aligned}
I(X) &= \sum_{i=1}^{n} m_i XA_i^2 = \sum_{i=1}^{n} m_i \left(\overrightarrow{XG} + \overrightarrow{GA_i} \right)^2 \\
&= mXG^2 + 2\overrightarrow{XG} \cdot \sum_{i=1}^{n} m_i \overrightarrow{GA_i} + I(G) \\
&= I(G) + mXG^2.
\end{aligned}
$$

因此 $I(X)$ 的最小值在 $XG = 0$ 时取到,即 X 与 G 重合.　　　□

注　上述例子中定义的量 $I(X)$ 称为质点系 $A_1(m_1), A_2(m_2), \cdots, A_n(m_n)$ 的转动惯量.

例 2.15　设质点系 $A_1, A_2, \cdots, A_n$ 的质量分别为 $m_1, m_2, \cdots, m_n > 0$,且它们是一个圆内接 n 边形的顶点,G 是质点系的中心. 直线 $GA_1, GA_2, \cdots, GA_n$ 再次交外接圆于点 $B_1, B_2, \cdots, B_n$. 证明:

(1) $m_1 GB_1 + m_2 GB_2 + \cdots + m_n GB_n \geqslant m_1 GA_1 + m_2 GA_2 + \cdots + m_n GA_n$;

(2) $m_1 GB_1^2 + m_2 GB_2^2 + \cdots + m_n GB_n^2 \geqslant m_1 GA_1^2 + m_2 GA_2^2 + \cdots + m_n GA_n^2$.

解　设 O 是外接圆的圆心,R 是其半径. 在例 2.14 的解答中取 X 为点 O,可得

$$\sum_{i=1}^{n} m_i GA_i^2 = m \left(R^2 - OG^2 \right).$$

因此 G 在圆内, 所以 $GA_i \cdot GB_i = R^2 - OG^2, 1 \leqslant i \leqslant n$.

(1) 由 Cauchy-Schwarz 不等式可得

$$
\begin{aligned}
\sum_{i=1}^{n} m_i GB_i \cdot \sum_{i=1}^{n} m_i GA_i &= \sum_{i=1}^{n}\left(\sqrt{m_i} GB_i\right)^2 \cdot \sum_{i=1}^{n}\left(\sqrt{m_i} GA_i\right)^2 \\
&\geqslant \left(\sum_{i=1}^{n} m_i \sqrt{GA_i \cdot GB_i}\right)^2 \\
&= m^2\left(R^2 - OG^2\right) \\
&= m \sum_{i=1}^{n} m_i GA_i^2 \\
&= \sum_{i=1}^{n} \sqrt{m_i^2} \cdot \sum_{i=1}^{n}\left(\sqrt{m_i} GA_i\right)^2 \\
&\geqslant \left(\sum_{i=1}^{n} m_i GA_i\right)^2,
\end{aligned}
$$

这等价于待证不等式.

(2) 由 Cauchy-Schwarz 不等式, 我们得到

$$
\begin{aligned}
\sum_{i=1}^{n} m_i GB_i^2 \cdot \sum_{i=1}^{n} m_i GA_i^2 &\geqslant \left(\sum_{i=1}^{n} m_i GA_i \cdot GB_i\right)^2 \\
&= \left(\sum_{i=1}^{n} m_i\left(R^2 - OG^2\right)\right)^2 \\
&= \left(m\left(R^2 - OG^2\right)\right)^2 \\
&= \left(\sum_{i=1}^{n} m_i GA_i^2\right)^2,
\end{aligned}
$$

这等价于待证不等式. □

注 如 [51] 中所注, 不等式

$$
\sum_{i=1}^{n} m_i GB_i^\alpha \geqslant \sum_{i=1}^{n} m_i GA_i^\alpha
$$

对 $0 \leqslant \alpha \leqslant 2$ 成立. 显然, 由 Cauchy-Schwarz 不等式可得

$$
\sum_{i=1}^{n} m_i GB_i^\alpha \cdot \sum_{i=1}^{n} m_i GA_i^\alpha \geqslant \left[\sum_{i=1}^{n} m_i\left(\sqrt{GB_i \cdot GA_i}\right)^\alpha\right]^2
$$

$$= \left(m \left(\sqrt{R^2 - OG^2} \right)^{\alpha} \right)^2$$

$$= m^2 \left(\sum_{i=1}^{n} \frac{m_i}{m} GA_i^2 \right)^{\alpha}.$$

注意到,函数 $f(x) = x^{\frac{\alpha}{2}} (0 < \alpha \leqslant 2)$ 在区间 $[0, +\infty)$ 上是凹函数,由 Jensen 不等式可得

$$\left(\sum_{i=1}^{n} \frac{m_i}{m} GA_i^2 \right)^{\frac{\alpha}{2}} \geqslant \sum_{i=1}^{n} \frac{m_i}{m} GA_i^{\alpha}.$$

因此

$$\sum_{i=1}^{n} m_i GB_i^{\alpha} \cdot \sum_{i=1}^{n} m_i GA_i^{\alpha} \geqslant m^2 \left(\sum_{i=1}^{n} \frac{m_i}{m} GA_i^2 \right)^{\alpha} \geqslant \left(\sum_{i=1}^{n} m_i GA_i^{\alpha} \right)^2,$$

这等价于待证不等式.

例 2.16　设四面体 $ABCD$ 内接于一个半径为 R 的球,证明:

(1) $DA^2 + DB^2 + DC^2 + 4R^2 \geqslant AB^2 + BC^2 + CA^2$;

(2) $DA^2 + DB^2 + DC^2 + AB^2 + BC^2 + CA^2 \leqslant 16R^2$.

证　设 x, y, z, t 是任意实数,我们将证明

$$xyAB^2 + yzBC^2 + zxCA^2 + xtDA^2 + ytDB^2 + ztDC^2$$
$$\leqslant (x + y + z + t)^2 R^2. \tag{**}$$

设 O 是四面体 $ABCD$ 的外心,那么

$$xyAB^2 + yzBC^2 + zxCA^2 + xtDA^2 + ytDB^2 + ztDC^2$$
$$= xy(\overrightarrow{OB} - \overrightarrow{OA})^2 + yz(\overrightarrow{OC} - \overrightarrow{OB})^2 + zx(\overrightarrow{OC} - \overrightarrow{OA})^2 +$$
$$xt(\overrightarrow{OA} - \overrightarrow{OD})^2 + yt(\overrightarrow{OB} - \overrightarrow{OD})^2 + zt(\overrightarrow{OC} - \overrightarrow{OD})^2$$
$$= (x + y + z + t)^2 R^2 - (x\overrightarrow{OA} + y\overrightarrow{OB} + z\overrightarrow{OC} + t\overrightarrow{OD})^2$$
$$\leqslant (x + y + z + t)^2 R^2.$$

因此 (1) 和 (2) 分别是在式 (**) 中取 $x = y = z = 1, t = -1$ 和 $x = y = z = t = 1$ 得到的.　$\square$

例 2.17　设 $ABCD\text{-}A_1B_1C_1D_1$ 是一个正方体,K, L, M 分别是异面直线 AB, CC_1, D_1A_1 上的任意点,证明:

$$KL + LM + LK \geqslant 3\sqrt{\frac{3}{2}},$$

等号何时成立?

证 设 K_0, L_0, M_0 分别是边 AB, CC_1, D_1A_1 的中点,再设 $\overrightarrow{K_0M_0}, \overrightarrow{M_0L_0}, \overrightarrow{L_0K_0}$ 方向的单位向量分别是 e_1, e_2, e_3,那么

$$\overrightarrow{BK} \cdot (e_3 - e_1) = \overrightarrow{A_1M} \cdot (e_1 - e_2) = \overrightarrow{C_1L} \cdot (e_2 - e_3) = 0.$$

容易验证

$$\overrightarrow{KM} \cdot e_1 + \overrightarrow{ML} \cdot e_2 + \overrightarrow{LK} \cdot e_3$$
$$= \left(\overrightarrow{KA} + \overrightarrow{AA_1} + \overrightarrow{A_1M_0}\right) \cdot e_1 +$$
$$\left(\overrightarrow{MD_1} + \overrightarrow{D_1C_1} + \overrightarrow{C_1L}\right) \cdot e_2 + \left(\overrightarrow{LC} + \overrightarrow{CB} + \overrightarrow{BK}\right) \cdot e_3$$
$$= \overrightarrow{BA_1} \cdot e_1 + \overrightarrow{A_1C_1} \cdot e_2 + \overrightarrow{C_1B} \cdot e_3.$$

因此,和式

$$\overrightarrow{KM} \cdot e_1 + \overrightarrow{ML} \cdot e_2 + \overrightarrow{LK} \cdot e_3$$

为常数,且

$$KM + ML + LK \geqslant \overrightarrow{KM} \cdot e_1 + \overrightarrow{ML} \cdot e_2 + \overrightarrow{LK} \cdot e_3$$
$$= \overrightarrow{K_0M_0} \cdot e_1 + \overrightarrow{M_0L_0} \cdot e_2 + \overrightarrow{L_0K_0} \cdot e_3$$
$$= K_0M_0 + M_0L_0 + L_0M_0$$
$$= 3\sqrt{\frac{3}{2}},$$

等号成立当且仅当 $K = K_0, L = L_0, M = M_0$. □

2.3 复数

本节中,我们将展示如何利用复数来证明几何不等式. 为了做到这一点,我们总是会假定在平面上给定了直角坐标系,对于点 Z,我们会赋予坐标 (x, y) 以及复数 $z = x + \mathrm{i}y, \mathrm{i}^2 = -1$(图 2.9),这个复数称为 Z 的复坐标.

给定复数 $z = x + \mathrm{i}y$,我们记 $\bar{z} = x - \mathrm{i}y$ 为它的共轭,$|z|$ 是它的模,其定义为

$$|z| = \sqrt{z \cdot \bar{z}} = \sqrt{x^2 + y^2}.$$

三角形不等式可以改写为

$$|z_1 + z_2 + \cdots + z_n| \leqslant |z_1| + |z_2| + \cdots + |z_n|.$$

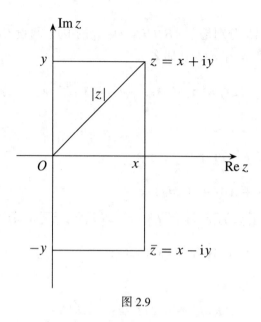

图 2.9

读者可以参看 [3] 中关于复数的代数性质, 以及复数在几何上的应用.

例 2.18　(广义 Ptolemy 不等式) 如果 $\triangle ABC$ 和 $\triangle A'B'C'$ 是相似三角形, 且具有相同的朝向, 那么

$$AA' \cdot BC \leqslant BB' \cdot CA + CC' \cdot AB.$$

证　设顶点 A, B, C 的复坐标分别为 a, b, c, 顶点 A', B', C' 的复坐标分别为 a', b', c'. 由于 $\triangle ABC \backsim \triangle A'B'C'$, 我们有[3]

$$a'(b-c) + b'(c-a) + c'(a-b) = 0.$$

此外

$$a(b-c) + b(c-a) + c(a-b) = 0.$$

将以上两式相减, 我们得到

$$(a'-a)(b-c) + (b'-b)(c-a) + (c'-c)(a-b) = 0.$$

通过取模, 可得

$$|a'-a||b-c| \leqslant |b'-b||c-a| + |c'-c||a-b|,$$

这就是待证不等式. □

注 (1) 当 $\triangle A'B'C'$ 退化为一个点时,我们就得到了普通的 Ptolemy 不等式.

(2) 例 2.18 说明了对任意同向相似的 $\triangle ABC$ 和 $\triangle A'B'C'$,我们可以构造一个边长为 $AA' \cdot BC, BB' \cdot CA$ 和 $CC' \cdot AB$ 的三角形.

接下来的例子中,我们将展示代数不等式与三角形不等式的结合,可以得到一些有趣的几何不等式.

例 2.19 设 P 是 $\triangle ABC$ 所在平面上异于其顶点的任意一个点,证明:

(1) $\dfrac{AB}{PC} + \dfrac{BC}{PA} + \dfrac{CA}{PB} \geq \dfrac{AB \cdot BC \cdot CA}{PA \cdot PB \cdot PC}$;

(2) $\dfrac{PA^2}{AB \cdot AC} + \dfrac{PB^2}{BA \cdot BC} + \dfrac{PC^2}{CA \cdot CB} \geq 1$.

证 设 P 是复平面的原点,$\triangle ABC$ 的顶点的复坐标分别为 a, b, c.

(1) 由代数恒等式

$$ab(a-b) + bc(b-c) + ca(c-a) = -(a-b)(b-c)(c-a),$$

我们得到

$$|ab(a-b)| + |bc(b-c)| + |ca(c-a)| \geq |(a-b)(b-c)(c-a)|.$$

两边分别除以 $|abc|$,我们就得到了待证不等式. 分析取等条件,我们令

$$z_1 = ab(a-c)(b-c), z_2 = bc(b-a)(c-a), z_3 = ca(c-b)(a-b),$$

可知等号成立的条件是 z_1, z_2, z_3 都是正实数,且

$$z_1 + z_2 + z_3 = 1.$$

那么

$$-\frac{z_1 z_2}{z_3} = \left(\frac{b}{c-a}\right)^2, -\frac{z_2 z_3}{z_1} = \left(\frac{c}{a-b}\right)^2, -\frac{z_3 z_1}{z_2} = \left(\frac{a}{b-c}\right)^2,$$

所以

$$\frac{b}{c-a}, \frac{c}{a-b}, \frac{a}{b-c}$$

是纯虚数. 因此 $AP \perp BC$ 且 $BP \perp CA$,这说明 P 是 $\triangle ABC$ 的垂心.

(2) 我们利用等式

$$a^2(b-c) + b^2(c-a) + c^2(a-b) = -(a-b)(b-c)(c-a).$$

取模,可以得到

$$|a|^2|b-c| + |b|^2|c-a| + |c|^2|a-b| \geq |a-b||b-c||c-a|.$$

两边同时除以 $|a-b||b-c||c-a|$,我们就得到了待证不等式. $\quad\square$

注 如果 P 与 $\triangle ABC$ 的外心 O 重合,那么上述不等式就等价于 Euler 不等式 $R \geqslant 2r$. 如果 s 是 $\triangle ABC$ 的半周长,那么在两种情况下,我们都有

$$R^2 \geqslant \frac{AB \cdot BC \cdot CA}{AB + BC + CA} = \frac{4R[ABC]}{2s} = \frac{4R \cdot s \cdot r}{2s} = 2Rr,$$

因此 $R \geqslant 2r$.

例 2.20 对 $\triangle ABC$ 所在平面上的任意点 M,证明不等式

$$AM^3 \sin A + BM^3 \sin B + CM^3 \sin C \geqslant 6MG \cdot [ABC],$$

其中 G 是 $\triangle ABC$ 的重心.

证 等式

$$x^3(y-z) + y^3(z-x) + z^3(x-y) = (x-y)(y-z)(z-x)(x+y+z)$$

对任意复数 x, y, z 都成立. 利用三角形不等式,我们得到

$$|x|^3|y-z| + |y|^3|z-x| + |z|^3|x-y| \geqslant |x-y||y-z||z-x||x+y+z|.$$

设 a, b, c, m 分别是 A, B, C, M 的复坐标. 在上述不等式中,我们作代换 $x = m - a, y = m - b, z = m - c$,可得

$$AM^3 \cdot BC + BM^3 \cdot CA + CM^3 \cdot AB \geqslant 3AB \cdot BC \cdot CA \cdot MG.$$

由公式

$$[ABC] = \frac{AB \cdot BC \cdot CA}{4R}$$

和正弦定理,我们就得到了待证不等式. □

例 2.21 设 $ABCD$ 是一个半径为 R 的圆内接四边形,证明:

$$[ABCD] \geqslant \frac{AB \cdot BC \cdot CD \cdot DA \cdot AC \cdot BD}{8R^4}.$$

证 设四边形外接圆的圆心是复平面的原点,顶点 A, B, C, D 的复坐标分别为 a, b, c, d. 由 Euler 等式,我们有

$$\sum_{\text{cyc}} \frac{a^3}{(a-b)(a-c)(a-d)} = 1.$$

由三角形不等式,可得

$$\sum_{\text{cyc}} \frac{|a|^3}{|a-b||a-c||a-d|} \geqslant 1.$$

因此

$$\sum_{cyc} R^3 \cdot BD \cdot CD \cdot BC \geqslant AB \cdot BC \cdot CD \cdot DA \cdot AC \cdot BD.$$

利用等式 $BD \cdot CD \cdot BC = 4R \cdot [BCD]$ 以及对于其他边乘积的类似关系,我们得到

$$4R^4([ABC] + [BCD] + [CDA] + [DAB]) \geqslant AB \cdot BC \cdot CD \cdot DA \cdot AC \cdot BD,$$

这等价于

$$[ABCD] \geqslant \frac{AB \cdot BC \cdot CD \cdot DA \cdot AC \cdot BD}{8R^4}. \qquad \square$$

例 2.22 设 M 是正方形 $ABCD$ 所在平面上的一点,且设 $MA = x, MB = y, MC = z, MD = t$. 证明:$xy, yz, zt, tx$ 是一个四边形的边长.

证 我们不妨假定顶点 A, B, C, D 的复坐标分别为 $1, i, -1, -i$,以及 M 的坐标为 w,那么我们有等式

$$1(w - i)(w + 1) + i(w + 1)(w + i) - 1(w + i)(w - 1) - i(w - 1)(w - i) = 0,$$

利用三角形不等式,我们得到

$$|w - i||w + 1| + |w + 1||w + i| + |w + i||w - 1| \geqslant |w - 1||w - i|,$$

也就是 $yz + zt + tx \geqslant xy$. 同理,我们可以证明

$$xy + zt + tx \geqslant yz, xy + yz + tx \geqslant zt, xy + yz + zt \geqslant tx. \qquad \square$$

例 2.23 证明:任意 $\triangle ABC$ 中,以下广义的 Euler 不等式成立:

$$\frac{R}{2r} \geqslant \frac{m_a}{h_a} \geqslant 1.$$

证 设 $\triangle ABC$ 的外心是复平面的原点,z_1, z_2, z_3 分别是 A, B, C 的复坐标,a, b, c 是三角形的边长. 待证不等式等价于 $2rm_a \leqslant Rh_a$,即

$$\frac{2[ABC]}{s} m_a \leqslant R \frac{2[ABC]}{a}.$$

因此,我们需要证明 $am_a \leqslant Rs$. 利用复数,我们有

$$2am_a = 2|z_2 - z_3| \left| z_1 - \frac{z_2 + z_3}{2} \right| = \left| (z_2 - z_3)(2z_1 - z_2 - z_3) \right|$$

$$= |z_2(z_1 - z_2) + z_1(z_2 - z_3) + z_3(z_3 - z_1)|$$

$$\leqslant |z_2||z_1 - z_2| + |z_1||z_2 - z_3| + |z_3||z_3 - z_1|$$

$$= R(a + b + c) = 2Rs,$$

所以 $am_a \leqslant Rs$. 留给读者自己练习,证明等号只对等边三角形成立. $\qquad \square$

例 2.24 （2002 年 IMO 预选题）设 $\triangle ABC$ 内存在一点 F 满足 $\angle AFB = \angle BFC = \angle CFA$. 设直线 BF 和 CF 分别交边 AC 和 AB 于点 D 和 E. 证明: $AB + AC \geqslant 4DE$.

证 设 $AF = x, BF = y, CF = z$, 令 $\omega = \cos\dfrac{2\pi}{3} + \mathrm{i}\sin\dfrac{2\pi}{3}$. 我们不妨假定点 F, A, B, C, D, E 的复坐标为 $0, x, y\omega, z\omega^2, d, e$. 容易得到

$$Df = \frac{xz}{x+z}, EF = \frac{xy}{x+y},$$

这意味着

$$d = -\frac{xz}{x+z}\omega, e = -\frac{xy}{x+y}\omega.$$

因此, 我们需要证明不等式

$$|x - y\omega| + |z\omega^2 - x| \geqslant 4\left| -\frac{xz}{x+z}\omega + \frac{xy}{x+y}\omega^2 \right|.$$

由于 $|\omega| = 1, \omega^3 = 1$, 我们有 $|z\omega^2 - x| = |\omega(z\omega^2 - x)| = |z - x\omega|$. 所以, 我们需要证明

$$|x - y\omega| + |z - x\omega| \geqslant 4\left| \frac{xz}{x+z} - \frac{xy}{x+y}\omega \right|.$$

进一步, 我们将证明更强的不等式:

$$|(x - y\omega) + (z - x\omega)| \geqslant 4\left| \frac{xz}{x+z} - \frac{xy}{x+y}\omega \right|,$$

或者 $|p - q\omega| \geqslant |r - s\omega|$, 其中

$$p = z + x, q = y + x, r = \frac{4zx}{z+x}, s = \frac{4xy}{x+y}.$$

显然, $p \geqslant r > 0$ 且 $q \geqslant s > 0$, 于是

$$\begin{aligned}
|p - q\omega|^2 - |r - s\omega|^2 &= (p - q\omega)\overline{(p - q\omega)} - (r - s\omega)\overline{(r - s\omega)}\\
&= (p^2 - r^2) + (pq - rs) + (q^2 - s^2) \geqslant 0.
\end{aligned}$$

不难验证等号成立当且仅当 $\triangle ABC$ 是等边三角形, 因为在取等的条件下, 我们有 $p = r, q = s$, 这意味着 $x = y = z$, 所以 $AB = BC = CA$. □

例 2.25 设 $A_1 A_2 \cdots A_n$ 是一个单位圆的内接正多边形, 当点 P 在圆上运动时, 求乘积式 $PA_1 \cdot PA_2 \cdot \cdots \cdot PA_n$ 的最大值.

解 设单位圆的圆心是复平面的原点. 旋转多边形 $A_1 A_2 \cdots A_n$,使得其顶点的坐标恰好是 1 的 n 次单位根:$\varepsilon_1, \varepsilon_2, \cdots, \varepsilon_n$. 设单位圆上点 P 的复坐标为 z,那么 $|z| = 1$,且等式

$$z^n - 1 = \prod_{j=1}^{n} (z - \varepsilon_j)$$

使得

$$|z^n - 1| = \prod_{j=1}^{n} |z - \varepsilon_j| = \prod_{j=1}^{n} PA_j.$$

由于 $|z^n - 1| \leqslant |z|^n + 1 = 2$,那么 $\prod_{j=1}^{n} PA_j$ 的最大值为 2,且在 $z^n = -1$ 时取到,也就是 P 是 $\overset{\frown}{A_j A_{j+1}}, j = 1, \cdots, n$ 的中点,其中 $A_{n+1} = A_1$. $\qquad\square$

2.4 有限 Fourier 变换

设 $z_0, z_1, \cdots, z_{n-1}$ 是一个复数序列,令

$$\omega_k = \cos\frac{2k\pi}{n} + i\sin\frac{2k\pi}{n} = e^{\frac{2k\pi i}{n}}, 0 \leqslant k \leqslant n - 1,$$

那么这些数的有限 Fourier 变换定义为

$$\widehat{z}_m = \frac{1}{\sqrt{n}} \sum_{k=0}^{n-1} z_k \omega_k^{-m}, m = 0, 1, \cdots, n - 1. \tag{2.2}$$

根据等式

$$\sum_{k=0}^{n-1} \omega_k^m = \begin{cases} 0, & \text{如果 } m \text{ 不是 } n \text{ 的倍数} \\ n, & \text{如果 } m \text{ 是 } n \text{ 的倍数} \end{cases}, \tag{2.3}$$

我们可以利用反变换公式

$$z_m = \frac{1}{\sqrt{n}} \sum_{k=0}^{n-1} \widehat{z}_k \omega_k^m, \tag{2.4}$$

重新得到我们的序列. 我们还有以下离散形式的 Parseval 等式[50]:

$$\sum_{k=0}^{n-1} |\widehat{z}_k|^2 = \sum_{k=0}^{n-1} |z_k|^2. \tag{2.5}$$

利用公式 $|z|^2 = z \cdot \bar{z}$ 与等式 (2.2) 和 (2.3),我们可得

$$\sum_{k=0}^{n-1} |\widehat{z}_k|^2 = \frac{1}{n} \sum_{k} \sum_{l,m} z_l \bar{z}_m \omega_k^{m-l}$$

$$= \frac{1}{n} \sum_{l,m} z_l \overline{z}_m \sum_k \omega_k^{m-l}$$

$$= \sum_{l=m} z_l \overline{z}_m = \sum_{k=0}^{n-1} |z_k|^2.$$

我们接下来考虑序列

$$z = (z_0, z_1, \cdots, z_{n-1})$$

所谓的循环变换. 给定一个复数序列 $a = (a_0, a_1, \cdots, a_{n-1})$，那么 z 的由 a 定义的循环变换是序列 $z' = (z'_0, z'_1, \cdots, z'_{n-1})$，其定义为

$$z'_k = \sum_{l=0}^{n-1} z_{k+l-n} a_l, \ 0 \leqslant k \leqslant n-1, \tag{2.6}$$

其中 $z_{-1} = z_{n-1}, z_{-2} = z_{n-2}$，依此类推. 设 A 是 $n \times n$ 循环矩阵，其定义为

$$A = \begin{bmatrix} a_0 & a_1 & a_2 & \cdots & a_{n-1} \\ a_{n-1} & a_0 & a_1 & \cdots & a_{n-2} \\ a_{n-2} & a_{n-1} & a_0 & \cdots & a_{n-3} \\ \vdots & \vdots & \vdots & & \vdots \\ a_1 & a_2 & a_3 & \cdots & a_0 \end{bmatrix},$$

那么 $z' = Az$，其中 z 看成一个列向量. 多项式

$$f(z) = a_0 + a_1 z + \cdots + a_{n-1} z^{n-1}$$

称为循环变换 A 的表征多项式，其重要性将由下面的广义 Parseval 等式所显现.

定理 3　设 $z = (z_0, z_1, \cdots, z_{n-1})$ 和 $a = (a_0, a_1, \cdots, a_{n-1})$ 是任意复数序列，$z' = (z'_0, z'_1 \cdots, z'_{n-1})$ 是 z 由 a 定义的循环变换，那么

$$\widehat{z'_k} = f(\omega_k) \widehat{z}_k, 0 \leqslant k \leqslant n-1, \tag{2.7}$$

其中 $f(z)$ 是 A 的表征多项式. 特别地，成立以下等式：

$$\sum_{k=0}^{n-1} |z'_k|^2 = \sum_{k=0}^{n-1} |f(\omega_k)|^2 |\widehat{z}_k|^2. \tag{2.8}$$

证　由等式 (2.2) (2.4) 和 (2.6)，我们得到

$$\widehat{z'_m} = \frac{1}{\sqrt{n}} \sum_{k=0}^{n-1} z'_k \omega_k^{-m}$$

$$= \frac{1}{\sqrt{n}} \sum_{k=0}^{n-1} \sum_{l=0}^{n-1} z_{k+l-n} a_l \omega_k^{-m}$$

$$= \frac{1}{n} \sum_{k=0}^{n-1} \sum_{l=0}^{n-1} \sum_{i=0}^{n-1} \widehat{z}_i \omega_i^{k+l-n} a_l \omega_k^{-m}$$

$$= \frac{1}{n} \sum_{l=0}^{n-1} \sum_{i=0}^{n-1} \left(\sum_{k=0}^{n-1} \omega_k^{i-m} \right) \widehat{z}_i \omega_i^{l-n} a_l.$$

由式 (2.3)，可得 $\sum_{k=0}^{n-1} \omega_k^{i-m} = \begin{cases} 0, & i \neq m \\ 1, & i = m \end{cases}$，上述等式意味着

$$\widehat{z}_m' = \sum_{l=0}^{n-1} \widehat{z}_m \omega_m^{l-n} a_l = \widehat{z}_m f(\omega_m).$$

最后，等式 (2.8) 可由式 (2.7) 和 Parseval 等式 (2.5) 得到：

$$\sum_{k=0}^{n-1} |z_k'|^2 = \sum_{k=0}^{n-1} |\widehat{z}_k'|^2 = \sum_{k=0}^{n-1} |f(\omega_k)|^2 |\widehat{z}_k|^2. \qquad \square$$

我们现在来考虑广义 Parseval 等式的一些应用[53].

例 2.26 设 $A_0 A_1 \cdots A_{n-1}$ 是平面上的一个 n 边形，其重心为 G，M_k 是边 $A_k A_{k+1}, 0 \leqslant k \leqslant n-1$ 的中点. 证明：

$$\sum_{k=0}^{n-1} GM_k^2 \leqslant \cos^2 \left(\frac{\pi}{n} \right) \sum_{k=0}^{n-1} GA_k^2, \tag{2.9}$$

等号成立当且仅当所给的 n 边形与一个重心为 G 的正 n 边形是仿射等价的.

证 取一个原点为 G 的复坐标系，$z_0, z_1, \cdots, z_{n-1}$ 和 $z_0', z_1', \cdots, z_{n-1}'$ 分别是点 $A_0, A_1, \cdots, A_{n-1}$ 和 $M_0, M_1, \cdots, M_{n-1}$ 的复坐标. 那么

$$z_k' = \frac{z_k + z_{k+1}}{2}, 0 \leqslant k \leqslant n-1,$$

且序列 $z' = (z_0', z_1', \cdots, z_{n-1}')$ 是 $z = (z_0, z_1, \cdots, z_{n-1})$ 由向量 $\boldsymbol{a} = \left(\frac{1}{2}, \frac{1}{2}, 0, \cdots, 0 \right)$ 所决定的循环变换，其表征多项式为

$$f(z) = \frac{1+z}{2}.$$

由式 (2.7)，我们得到等式

$$\sum_{k=0}^{n-1} |z_k'|^2 = \sum_{k=0}^{n-1} \frac{|1+\omega_k|^2}{4} \cdot |\widehat{z}_k|^2. \tag{2.10}$$

由于多边形 $A_1 A_2 \cdots A_n$ 的中心 G 在原点,我们有

$$\sum_{k=0}^{n-1} z_k = 0.$$

考虑到式 (2.2),上式可以写成 $\widehat{z}_0 = 0$. 因此,式 (2.5) (2.8) 和 (2.10) 意味着

$$\sum_{k=0}^{n-1} |z'_k|^2 = \sum_{k=1}^{n-1} \frac{|1 + \omega_k|^2}{4} \cdot |\widehat{z}_k|^2$$

$$\leqslant \max_{1 \leqslant k \leqslant n-1} \frac{|1 + \omega_k|^2}{4} \cdot \sum_{k=1}^{n-1} |\widehat{z}_k|^2 = \cos^2 \left(\frac{\pi}{n} \right) \sum_{k=1}^{n} |z_k|^2, \qquad (2.11)$$

于是不等式 (2.9) 得证. 这里我们已经应用了不等式

$$\frac{|1 + \omega_k|^2}{4} = \frac{\left(1 + \cos \dfrac{2k\pi}{n} \right)^2 + \sin^2 \left(\dfrac{2k\pi}{n} \right)}{4}$$

$$= \cos^2 \frac{k\pi}{n} \leqslant \cos^2 \frac{\pi}{n}, 1 \leqslant k \leqslant n-1.$$

我们现在来分析取等条件. 注意到

$$\frac{|1 + \omega_k|^2}{4} = \max_{1 \leqslant k \leqslant n-1} \frac{|1 + \omega_k|^2}{4} = \cos^2 \frac{\pi}{n}$$

只对 $k = 1$ 或 $k = n - 1$ 成立. 因此, 式 (2.11) 取等当且仅当 $\widehat{z}_k = 0$ 对 $k = 2, 3, \cdots, n - 2$ 成立,这也是式 (2.9) 的取等条件. 由于 $\omega_k^{n-1} = \overline{\omega}_k$,因此

$$z_k = \widehat{z}_1 \omega_k + \widehat{z}_{n-1} \overline{\omega}_k, 0 \leqslant k \leqslant n-1. \qquad (2.12)$$

令

$$z_k = x_k + \mathrm{i} y_k, \widehat{z}_1 = a + \mathrm{i} b, \widehat{z}_{n-1} = c + \mathrm{i} d,$$

其中 x_k, y_k, a, b, c, d 都是实数. 那么上述等式具有形式

$$x_k = (a + c) \cos \frac{2k\pi}{n} + (-b + d) \sin \frac{2k\pi}{n},$$

$$y_k = (b + d) \cos \frac{2k\pi}{n} + (a - c) \sin \frac{2k\pi}{n},$$

其中 $0 \leqslant k \leqslant n - 1$. 这就说明 n 边形 $A_0 A_1 \cdots A_{n-1}$ 是以复数 $\omega_0, \omega_1, \cdots, \omega_{n-1}$ 为顶点的正 n 边形在仿射变换

$$x = (a + c) x' + (-b + d) y',$$

$$y = (b+d)x' + (a-c)y'$$

下的象. 相反地, 通过将上述关系式倒推, 我们可以发现此正 n 边形的任意一个仿射变换都可以写成式 (2.12) 的形式, 于是定理得证. $\qquad\square$

注 1 如果 $n = 3$, 我们就得到了等式 (2.9). 如果 $n = 4$, 式 (2.9) 中等号成立当且仅当 $A_0 A_1 A_2 A_3$ 是一个平行四边形.

注 2 几何不等式 (2.9) 等价于下面的代数不等式: 设 $x_0, x_1, \cdots, x_{n-1}$ 是任意实数, 且满足

$$x_0 + x_1 + \cdots + x_{n-1} = 0.$$

那么

$$\cos^2\left(\frac{\pi}{n}\right) \sum_{k=0}^{n-1} x_k^2 \geqslant \sum_{k=0}^{n-1} x_k x_{k+1}. \tag{2.13}$$

设 G 是平面直角坐标系的原点, 不等式 (2.9) 中的点 A_k 的坐标为 (x_k, y_k), $0 \leqslant k \leqslant n-1$, 那么 $A_k A_{k+1}$ 的中点 M_k 的坐标为 $\left(\dfrac{x_k + x_{k+1}}{2}, \dfrac{y_k + y_{k+1}}{2}\right)$, 式 (2.9) 就变成了

$$\sum_{k=0}^{n-1} \left(\frac{x_k + x_{k+1}}{2}\right)^2 + \left(\frac{y_k + y_{k+1}}{2}\right)^2 \leqslant \cos^2\left(\frac{\pi}{n}\right) \sum_{k=0}^{n-1} (x_k^2 + y_k^2),$$

这就等价于式 (2.13).

以下例子是不等式 (2.9) 的一个巧妙的应用.

例 2.27 设 $\mathcal{P}$ 是平面上的一个 n 边形, $\mathcal{P}^{(1)}$ 是以 $\mathcal{P}$ 各边中点为顶点的 n 边形. 对 $\mathcal{P}^{(1)}$ 重复此过程, 我们得到 n 边形 $\mathcal{P}^{(2)}$, 依此类推. 证明: n 边形 $\mathcal{P}^{(m)}$ 当 $m \to \infty$ 时收敛到 n 边形 $\mathcal{P}$ 的重心.

证法一 考虑以 $\mathcal{P}$ 的重心为原点的复坐标系, $z_0, z_1, \cdots, z_{n-1}$ 和 $z_0^{(m)}, z_1^{(m)}, \cdots, z_{n-1}^{(m)}$ 分别是 n 边形 $\mathcal{P}$ 和 $\mathcal{P}^{(m)}$ 的顶点的复坐标, 那么对 $\mathcal{P}^{(m-1)}$ 和 $\mathcal{P}^{(m)}$ 运用式 (2.11), 我们得到

$$\sum_{k=0}^{n-1} \left|z_k^{(m)}\right|^2 \leqslant \cos^2\left(\frac{\pi}{n}\right) \sum_{k=1}^{n} \left|z_k^{(m-1)}\right|^2,$$

这意味着

$$\sum_{k=0}^{n-1} \left|z_k^{(m)}\right|^2 \leqslant \cos^{2m}\left(\frac{\pi}{n}\right) \sum_{k=1}^{n} |z_k|^2.$$

当 $m \to \infty$ 时, 由于 $\cos\dfrac{\pi}{n} < 1$, 式子右边趋于 0, 这说明

$$\lim_{m \to \infty} z_k^{(m)} = 0, 0 \leqslant k \leqslant n-1.$$

证法二 对 $\mathcal{P}^{(n-1)}$ 的任意顶点 $z^{(n-1)}$,我们有

$$z^{(n-1)} = \frac{z_l^{(n-2)} + z_j^{(n-2)}}{2}, l \neq j.$$

依此类推,我们可以得到

$$z^{(n-1)} = \frac{a_0 z_0 + a_1 z_1 + \cdots + a_{n-1} z_{n-1}}{2^{n-1}},$$

其中 $a_k (0 \leq k \leq n-1)$ 都是正整数,且其和为 2^{n-1}.

设 $r = \max\limits_{0 \leq k \leq n-1} |z_k|$,那么由等式 $z_0 + z_1 + \cdots + z_{n-1} = 0$ 和三角形不等式,我们得到

$$|z^{(n-1)}| = \frac{|(a_0-1)z_0 + (a_1-1)z_1 + \cdots + (a_{n-1}-1)z_{n-1}|}{2^{n-1}}$$

$$\leq \frac{|(a_0-1)||z_0| + |(a_1-1)||z_1| + \cdots + |(a_{n-1}-1)||z_{n-1}|}{2^{n-1}}$$

$$\leq \frac{r(a_0 - 1 + a_1 - 1 + \cdots + a_{n-1} - 1)}{2^{n-1}} = \frac{2^{n-1}-n}{2^{n-1}}r.$$

此不等式说明 n 边形 $\mathcal{P}^{(n-1)}$ 完全包含在以原点为圆心,$K \cdot r = 2^{1-n}(2^{n-1}-n)r$ 为半径的圆内. 重复此过程 m 次,我们发现 n 边形 $\mathcal{P}^{m(n-1)}$ 包含在圆 $|z| \leq K^m r$ 内,由于 $0 < K < 1$,当 $m \to \infty$ 时,它收敛到原点. $\square$

例 2.28 设 $A_0 A_1 \cdots A_{n-1}$ 是平面上的一个 n 边形,其中心为 G,证明:

$$4 \sin^2\left(\frac{\pi}{n}\right) \sum_{k=0}^{n-1} GA_k^2 \leq \sum_{k=0}^{n-1} A_k A_{k+1}^2 \leq 4 \sin^2\left(\frac{\pi}{n} \cdot \frac{n}{2}\right) \sum_{k=0}^{n-1} GA_k^2, \tag{2.14}$$

左边等号成立当且仅当多边形仿射等价于一个中心为 G 的正 n 边形,右边等号成立当且仅当:

(1) $n = 2p$, $A_1 = A_3 = \cdots = A_{2p-1}$ 且 $A_2 = A_4 = \cdots = A_{2p}$;

(2) $n = 2p + 1$,且多边形仿射等价于一个内接于单位圆的星形正 n 边形,且在这些星形正 n 边形中有最长的边.

证 考虑一个原点为 G 的复坐标系,设 $z_0, z_1, \cdots, z_{n-1}$ 是点 $A_0, A_1, \cdots, A_{n-1}$ 的复坐标. 考虑以下循环变换:

$$z_k' = z_{k+1} - z_k, 0 \leq k \leq n-1, z_n = z_0,$$

其表征多项式为 $f(z) = -1 + z$,且式 (2.5) (2.8) 和 (2.10) 意味着

$$\sum_{k=0}^{n-1} |z_{k+1} - z_k|^2 = \sum_{k=0}^{n-1} |z_k'|^2 = \sum_{k=0}^{n-1} |1 - \omega_k|^2 \cdot |\widehat{z}_k|^2$$

$$\leqslant \max_{0 \leqslant k \leqslant n-1} |1 - \omega_k|^2 \cdot \sum_{k=0}^{n-1} |\widehat{z}_k|^2$$

$$= \max_{1 \leqslant k \leqslant n-1} |1 - \omega_k|^2 \sum_{k=1}^{n} |z_k|^2, \qquad (2.15)$$

这里我们运用了不等式

$$\sum_{k=0}^{n-1} z_k = 0,$$

这也可以写为 $\widehat{z}_0 = 0$. 用同样的方式,我们得到

$$\sum_{k=0}^{n-1} |z_{k+1} - z_k|^2 = \sum_{k=0}^{n-1} |z_k'|^2 = \sum_{k=1}^{n-1} |1 - \omega_k|^2 \cdot |\widehat{z}_k|^2$$

$$\geqslant \min_{1 \leqslant k \leqslant n-1} |1 - \omega_k|^2 \cdot \sum_{k=1}^{n-1} |\widehat{z}_k|^2$$

$$= \min_{1 \leqslant k \leqslant n-1} |1 - \omega_k|^2 \sum_{k=1}^{n} |z_k|^2. \qquad (2.16)$$

此外,

$$|1 - \omega_k|^2 = \left(1 - \cos \frac{2k\pi}{n}\right)^2 + \sin^2 \frac{2k\pi}{n} = 4 \sin^2 \frac{k\pi}{n},$$

所以

$$\min_{1 \leqslant k \leqslant n-1} |1 - \omega_k|^2 = 4 \sin^2 \frac{\pi}{n}, \quad \max_{1 \leqslant k \leqslant n-1} |1 - \omega_k|^2 = 4 \sin^2 \left(\frac{\pi}{n} \cdot \left[\frac{n}{2}\right]\right).$$

那么待证不等式由式 (2.15) 和 (2.16) 即得.

式 (2.14) 中右边等号成立当且仅当式 (2.15) 中的等号成立. 如果 $n = 2p$,那么此时当且仅当

$$\widehat{z}_0 = \widehat{z}_1 = \cdots, \widehat{z}_{p-1} = \widehat{z}_{p+1} = \cdots = \widehat{z}_{n-1} = 0,$$

即 $z_k = \widehat{z}_p \omega_k^p = (-1)^k \widehat{z}_p$. 如果 $n = 2p + 1$,那么式 (2.15) 中等号成立当且仅当

$$z_k = \widehat{z}_p \omega_k^p + \widehat{z}_{p+1} \omega_k^{p+1} = \widehat{z}_p \omega_k^p + \widehat{z}_{p+1} \overline{\omega}_k^p,$$

这意味着,此 n 边形是一个顶点为 $\omega_0^p, \omega_1^p, \cdots, \omega_{n-1}^p$ 的星形正 n 边形的仿射象. 式 (2.14) 左边等号成立的情形在例 2.26 中已经说明了. $\qquad \square$

注 如果 $n = 3$,那么不等式 (2.14) 中的最大项都是相等的,且我们有著名的等式

$$A_0 A_1^2 + A_1 A_2^2 + A_2 A_0^2 = 3(GA_0^2 + GA_1^2 + GA_2^2).$$

如果 $n = 4$,那么我们有

$$2\left(\sum_{k=0}^{3} A_k A_{k+1}^2\right) \leqslant \sum_{k=0}^{3} GA_k^2 \leqslant 4\left(\sum_{k=0}^{3} A_k A_{k+1}^2\right),$$

左边等号成立当且仅当 $A_0 A_1 A_2 A_3$ 是一个平行四边形,右边等号成立当且仅当 A_0 与 A_2 重合,A_1 与 A_3 重合.

现在我们应用有限 Fourier 变换来证明平面上多边形的有向面积不等式. 设 $\mathcal{P}$ 是平面上的一个 n 边形,其顶点 $A_0, A_1, \cdots, A_{n-1}$ 的复坐标为 $z_0, z_1, \cdots, z_{n-1}$. 记 $\mathcal{P}$ 的有向面积为 $\mathrm{Area}(\mathcal{P})$. 如果 (x_k, y_k) 是顶点 $A_k, 0 \leqslant k \leqslant n-1$ 的复坐标,那么

$$\mathrm{Area}(\mathcal{P}) = \sum_{k=1}^{n} \mathrm{Area}(OA_k A_{k+1}) = \frac{1}{2}\sum_{k=1}^{n}(x_k y_{k+1} - y_k x_{k+1}).$$

此外,$z_k = x_k + \mathrm{i}y_k, 0 \leqslant k \leqslant n-1$,容易验证

$$x_k y_{k+1} - y_k x_{k+1} = \mathrm{Im}(\overline{z}_k z_{k+1}) = \frac{1}{2\mathrm{i}}(\overline{z}_k z_{k+1} - z_k \overline{z}_{k+1}).$$

因此,上述等式就意味着有下面关于 n 边形的有向面积公式:

$$\mathrm{Area}(\mathcal{P}) = \frac{1}{4\mathrm{i}}\sum_{k=0}^{n-1}(\overline{z}_k z_{k+1} - z_k \overline{z}_{k+1}). \tag{2.17}$$

关于 $\mathrm{Area}(\mathcal{P})$ 的公式可以用 $\mathcal{P}$ 的顶点的 Fourier 系数来表示. 由式 (2.3) 和 (2.4),我们有

$$\sum_{k=0}^{n-1} \overline{z}_k z_{k+1} = \sum_{\alpha,\beta,k} \overline{\widehat{z}}_\alpha \overline{\omega}_k^\alpha \widehat{z}_\beta \omega_{k+1}^\beta = \sum_{\alpha,\beta} \overline{\widehat{z}}_\alpha \widehat{z}_\beta \omega_1^\beta \sum_k \omega_k^\beta \overline{\omega}_k^\alpha = \sum_\alpha |\widehat{z}_\alpha|^2 \omega_\alpha.$$

取其虚部,我们得到

$$\mathrm{Area}(\mathcal{P}) = \frac{1}{2}\sum_{k=0}^{n-1} |\widehat{z}_\alpha|^2 \sin\frac{2k\pi}{n}. \tag{2.18}$$

这个公式的第一个应用就是下面关于有向面积的极大值性质.

例 2.29　设 $\mathcal{P}$ 是一个 n 边形,其顶点为 $A_0, A_1, \cdots, A_{n-1}$,且设 O 是平面上任意一点,那么

$$\mathrm{Area}(\mathcal{P}) \leqslant R\sum_{k=0}^{n-1} OA_k^2, \tag{2.19}$$

其中常数 R 按照如下方式给出:

(1) 如果 $k = 4p$,那么 $R = \dfrac{1}{2}$,且式 (2.19) 中等号成立当且仅当 $\mathcal{P}$ 的顶点的复坐标为 $z_k = \widehat{z}_p \omega_k^p = \widehat{z}_p \omega_p^k = \widehat{z}_p \mathrm{i}^k, 0 \leqslant k \leqslant n-1$,且 O 是原点,即 $\mathcal{P}$ 是中心为 O 内嵌 p 次的正方形.

(2) 如果 $k = 4p \pm 1$,那么 $R = \dfrac{1}{2} \cos \dfrac{\pi}{2n}$,式 (2.19) 中等号成立当且仅当 $\mathcal{P}$ 是一个顶点为 $z_k = \widehat{z}_p \omega_p^k$ 的星形 n 边形,而 O 是它的中心.

(3) 如果 $k = 4p + 2$,那么 $R = \dfrac{1}{2} \cos \dfrac{\pi}{n}$,式 (2.19) 中等号成立当且仅当 $\mathcal{P}$ 是一个顶点为 $z_k = \widehat{z}_p \omega_p^k + \widehat{z}_{p+1} \omega_{p+1}^k$ 的 n 边形,而 O 是它的中心.

证 由等式 (2.5) 和 (2.17) 可得

$$
\begin{aligned}
\mathrm{Area}(\mathcal{P}) &= \frac{1}{2} \sum_{k=0}^{n-1} |\widehat{z}_\alpha|^2 \sin \frac{2k\pi}{n} \\
&\leqslant \max_{0 \leqslant k \leqslant n-1} \left(\frac{1}{2} \sin \frac{2k\pi}{n} \right) \sum_{k=0}^{n-1} |\widehat{z}_k|^2 \\
&= \max_{0 \leqslant k \leqslant n-1} \left(\frac{1}{2} \sin \frac{2k\pi}{n} \right) \sum_{k=0}^{n-1} |z_k|^2.
\end{aligned} \tag{2.20}
$$

如果令

$$
R = \max_{0 \leqslant k \leqslant n-1} \left(\frac{1}{2} \sin \frac{2k\pi}{n} \right),
$$

那么我们就得到了不等式 (2.19),其中等号成立当且仅当式 (2.20) 中等号成立. 这也就是 $\widehat{z}_k = 0$ 的情形,其中 k 取不满足

$$
\frac{1}{2} \sin \frac{2k\pi}{n} = R
$$

的所有值.

作为练习,我们留给读者去验证上述例题列出的三种情形所确定的 R 值. $\quad\square$

注 我们来考虑三角形和四边形的特殊情形. 由式 (2.19) 可知对平面上任意 $\triangle A_0 A_1 A_2$ 和点 O,我们有

$$
\mathrm{Area}(A_0 A_1 A_2) \leqslant \frac{\sqrt{3}}{4} (OA_0^2 + OA_1^2 + OA_2^2),
$$

等号只对以 O 为中心的等边三角形成立. 对平面上任意四边形 $A_0 A_1 A_2 A_3$ 和点 O,我们有不等式

$$
\mathrm{Area}(A_0 A_1 A_2 A_3) \leqslant \frac{1}{2} (OA_0^2 + OA_1^2 + OA_2^2 + OA_3^2),
$$

等号只对以 O 为中心的正方形成立.

在接下来的例子中,我们来证明多边形等周不等式的一种特殊情形.

例 2.30 设 $\mathcal{P}$ 是一个周长为 L 的等边多边形,那么

$$L^2 \geqslant 4n \tan\left(\frac{\pi}{n}\right) \text{Area}(\mathcal{P}), \tag{2.21}$$

等号成立当且仅当 $\mathcal{P}$ 是一个正 n 边形.

证 记 $\mathcal{P}$ 的顶点的复坐标为 $z_0, z_1, \cdots, z_{n-1}$. 由于 $\mathcal{P}$ 是等边的,我们有

$$|z_{k+1} - z_k| = a, 1 \leqslant k \leqslant n-1.$$

因此 $L = na$,且

$$\sum_{k=0}^{n-1} |z_{k+1} - z_k|^2 = na^2 = \frac{L^2}{n}.$$

所以由式 (2.15),我们得到

$$L^2 = \sum_{k=1}^{n-1} 4n \sin^2\left(\frac{k\pi}{n}\right) |\widehat{z}_k|^2.$$

此外,在式 (2.17) 两边乘以 $4n \tan\left(\frac{\pi}{n}\right)$,我们得到

$$4n \tan\left(\frac{\pi}{n}\right) \text{Area}(\mathcal{P}) = \sum_{k=1}^{n-1} 4n \tan\left(\frac{\pi}{n}\right) \sin\left(\frac{k\pi}{n}\right) \cos\left(\frac{k\pi}{n}\right) |\widehat{z}_k|^2.$$

注意到,上述两个展开式中 $|\widehat{z}_1|^2$ 的系数相同. 因此,如果我们将它们相减,那些项就会消掉,那么我们得到

$$L^2 - 4n \tan\left(\frac{\pi}{n}\right) \text{Area}(\mathcal{P}) = \sum_{k=2}^{n-1} 4n \sin\left(\frac{k\pi}{n}\right) \left(\sin\left(\frac{k\pi}{n}\right) - \tan\left(\frac{\pi}{n}\right) \cos\left(\frac{k\pi}{n}\right)\right) |\widehat{z}_k|^2.$$

由于右边的所有系数都是正的, 因此,我们就可以得到不等式 (2.21) 是成立的. $\qquad\square$

2.5 二次型

本节中,我们将证明 n 边形的一个一般性不等式,它蕴含了 2003 年 IMO 的问题 3 的一些完美的一般化结果,其中 2003 年 IMO 的问题 3 指出:一个凸六边形的每一组对边都满足以下性质:它们的中点的距离等于它们的和的 $\frac{\sqrt{3}}{2}$ 倍. 证明:此六边形的所有内角都是相等的.

事实上,我们可以完整地描绘具有给定性质的六边形,每个这样的六边形都可以通过将一个等边三角形在同一高度剪掉它的三个角得到.

受上述问题的启发,自然想到研究凸 $2n$ 边形,使得每一组对边都满足性质:它们的中点的距离等于它们的边长之和的 $\frac{1}{2}\cot\frac{\pi}{2n}$ 倍. 这些多边形在 [46] 中称为半正多边形. 已经被证明的是,所有的半正 $2n$ 边形都有相同的角度,但是对 $n \geq 5$,并不是所有的半正多边形都可以通过剪掉正 n 边形的角得到. 在 [46] 中考虑的关键点是一个关于 $2n$ 边形的集合不等式(见下面的式 (2.22)),当 $n = 3$ 时就得到了 IMO 中的问题. 进一步,我们在这里会证明一个关于奇数边的类似的不等式,这将会得到 IMO 问题的一些奇数的版本. 在本节的最后,我们将展示几何不等式 (2.23),这将意味着,不等式 (2.22) 可以由二次型的标准理论来解决. 这也导致要求方程 $T_n(x) + 1 = 0$ 的最大实根,其中 $T_n(x)$ 是第二类的 n 次 Chebyshev 多项式. 有意思的是,不等式 (2.23) 还意味着多边形的 Erdös-Mordell 不等式以及其加权版本(见 5.4 节).

设 $A_1, A_2, \cdots, A_{2n}(n \geq 2)$ 是平面上的任意点. 用 a_k 表示线段 $A_k A_{k+1}(1 \leq k \leq 2n)$,$m_k$ 表示对边 $A_k A_{k+1}$ 与 $A_{n+k} A_{n+k+1}(1 \leq k \leq n)$ 的中点的距离,其中下标是模 $2n$ 的.

定理 4 如果 $n \geq 2$,那么成立以下不等式:

$$\sum_{k=1}^{n}(a_k + a_{n+k})^2 \geq 4\tan^2\left(\frac{\pi}{2n}\right)\sum_{k=1}^{n}m_k^2. \tag{2.22}$$

证 一方面,我们假定点 $A_1, A_2, \cdots, A_{2n}$ 在复平面上,并用复数 z_k 表示 A_k. 设 $w_k = z_{n+k} - z_k$,那么由三角形不等式可得

$$\sum_{k=1}^{n}(a_k + a_{n+k})^2 = \sum_{k=1}^{n}(|z_k - z_{k+1}| + |z_{n+k} - z_{n+k+1}|)^2$$

$$\geq \sum_{k=1}^{n}(z_k - z_{k+1} - z_{n+k} + z_{n+k+1})^2$$

$$= \sum_{k=1}^{n-1}|w_{k+1} - w_k|^2 + |w_n + w_1|^2.$$

此外

$$\sum_{k=1}^{n}m_k^2 = \sum_{k=1}^{n}\left|\frac{z_k + z_{k+1}}{2} - \frac{z_{n+k} + z_{n+k+1}}{2}\right|^2$$

$$= \frac{1}{4}\sum_{k=1}^{n-1}|w_k + w_{k+1}|^2 + \frac{1}{4}|w_n - w_1|^2.$$

因此, 只需要证明不等式

$$\left(\sum_{k=1}^{n-1}|w_{k+1}-w_k|^2\right)+|w_n+w_1|^2$$

$$\geqslant \tan^2\left(\frac{\pi}{2n}\right)\left(\sum_{k=1}^{n-1}|w_k+w_{k+1}|^2+\frac{1}{4}|w_n-w_1|^2\right).$$

注意到, 当 $n=2$ 时, 上述不等式取等号, 所以我们不妨假定 $n\geqslant 3$. 记 $w_k=x_k+\mathrm{i}y_k$, 简单计算可知, 上述不等式可以写成

$$\cos\left(\frac{\pi}{n}\right)\sum_{k=1}^{n}(x_k^2+y_k^2)\geqslant\sum_{k=1}^{n-1}(x_kx_{k+1}+y_ky_{k+1})-x_nx_1-y_ny_1,$$

此不等式是以下引理的结论.

引理 4　对任意整数 $n\geqslant 3$ 和任意实数 $x_1,x_2,\cdots,x_n$, 成立不等式

$$\cos\left(\frac{\pi}{n}\right)\sum_{k=1}^{n}x_k^2\geqslant\sum_{k=1}^{n-1}x_kx_{k+1}-x_nx_1. \tag{2.23}$$

等号成立当且仅当

$$x_k=\frac{\sin\dfrac{k\pi}{n}}{\sin\dfrac{\pi}{n}}x_1+\frac{\sin\dfrac{(k-1)\pi}{n}}{\sin\dfrac{\pi}{n}}x_n,2\leqslant k\leqslant n-1. \tag{2.24}$$

引理 4 的证明　所给的不等式由下面的等式得到:

$$\cos\left(\frac{\pi}{n}\right)\sum_{k=1}^{n}x_k^2-\sum_{k=1}^{n-1}x_kx_{k+1}+x_nx_1$$

$$=\sum_{k=1}^{n-2}\frac{\left(x_k\sin\dfrac{(k+1)\pi}{n}-x_{k+1}\sin\dfrac{k\pi}{n}+x_n\sin\dfrac{\pi}{n}\right)^2}{2\sin\dfrac{k\pi}{n}\sin\dfrac{(k+1)\pi}{n}}. \tag{2.25}$$

要证明这个等式, 我们只需要比较式 (2.25) 两边 x_k^2 和 x_kx_{k+1} 的系数. 比如 x_n^2 的系数是相等的, 因为

$$\sum_{k=1}^{n-2}\frac{\sin^2\dfrac{\pi}{n}}{2\sin\dfrac{k\pi}{n}\sin\dfrac{(k+1)\pi}{n}}$$

$$=\sum_{k=1}^{n-2}\frac{\sin\dfrac{\pi}{n}}{2}\left(\cot\frac{k\pi}{n}-\cot\frac{(k+1)\pi}{n}\right)$$

$$= \frac{\sin \dfrac{\pi}{n}}{2} \left(\cot \frac{\pi}{n} - \cot \frac{(n-1)\pi}{n} \right)$$

$$= \cos \frac{\pi}{n}.$$

等式 (2.25) 说明在式 (2.23) 中等号成立当且仅当

$$x_{k+1} = \frac{\sin \dfrac{(k+1)\pi}{n}}{\sin \dfrac{k\pi}{n}} x_k + \frac{\sin \dfrac{\pi}{n}}{\sin \dfrac{k\pi}{n}} x_n, 1 \leqslant k \leqslant n-2.$$

那么接下来就只需要对式 (2.24) 中定义的 x_k 进行归纳即可. □

我们现在来讨论定理 4 中式子的取等条件. 当 $n = 2$ 时, 等号只对平行四边形取到. 如果 $n \geqslant 3$, 那么等号成立当且仅当 $2n$ 边形 $A_1 A_2 \cdots A_{2n}$ 的各组对边是平行的, 且主对角线满足关系:

$$\overrightarrow{A_k A_{n+k}} = \frac{\sin \dfrac{k\pi}{n}}{\sin \dfrac{\pi}{n}} \overrightarrow{A_1 A_{n+1}} + \frac{\sin \dfrac{(k-1)\pi}{n}}{\sin \dfrac{\pi}{n}} \overrightarrow{A_n A_{2n}}. \tag{2.26}$$

特别地, 我们得到以下关于 2003 年 IMO 的问题 3 的一般化结论.

推论 2.1 在式 (2.22) 中使式子等号成立的任意六边形都是通过在一个三角形中用与三角形对边平行的线切去一个全等三角形得到的.

证 对凸六边形 $A_1 A_2 \cdots A_6$, 在式 (2.22) 中等号成立当且仅当其对边是平行的, 且

$$\overrightarrow{A_2 A_5} = \overrightarrow{A_1 A_4} + \overrightarrow{A_3 A_6}.$$

将此等式写成 $\overrightarrow{A_1 A_2} + \overrightarrow{A_3 A_4} + \overrightarrow{A_5 A_6} = \mathbf{0}$, 这说明

$$A_3 A_6 \parallel A_1 A_2 \parallel A_4 A_5, A_1 A_4 \parallel A_2 A_3 \parallel A_5 A_6, A_2 A_5 \parallel A_3 A_4 \parallel A_1 A_6.$$

分别用 A, B, C 表示直线 $A_1 A_2$ 和 $A_5 A_6$, $A_1 A_2$ 和 $A_3 A_4$, $A_3 A_4$ 和 $A_5 A_6$ 的交点. 那么容易得到 $\triangle A_1 A A_6$, $\triangle B A_2 A_3$, $\triangle A_4 A_5 C$ 是全等的. 相反地, 上述构造的六边形总是使得式 (2.22) 中的等号成立. □

回顾半正 $2n$ 边形的定义, 其任意对边的距离等于它们边长之和的 $\dfrac{1}{2} \cot \dfrac{\pi}{2n}$ 倍. 下面的定理给出了所有半正 $2n$ 边形的一个完整描述.

定理 5 一个边长为 $a_1, a_2, \cdots, a_{2n}$ 的凸 $2n$ 边形 M_{2n} 是半正的当且仅当:

(1) $n = 2$ 且 M_4 是一个菱形;

(2) $n \geq 3$, M_{2n} 的所有角都是相等的, 且

$$a_n = a_{n-1} - \sum_{k=1}^{n-2}(a_{k+1} - a_k)\frac{\sin\dfrac{k\pi}{n}}{\sin\dfrac{\pi}{n}},$$

$$a_{n+1} = a_{n-1} + \sum_{k=1}^{n-2}(a_{k+1} - a_k)\frac{\cos\dfrac{(2k+1)\pi}{2n}}{\cos\dfrac{\pi}{n}},$$

$$a_{n+k} = a_1 + a_{n+1} - a_k, \quad 2 \leq k \leq n.$$

证　我们首先证明一个有用的三角形中的不等式.

引理 5　设 $\triangle ABC$ 满足 $\angle C \geq \dfrac{\pi}{n}$, M 是 AB 的中点, 那么

$$AB \geq 2\tan\left(\frac{\pi}{2n}\right)CM,$$

在 $n \geq 3$ 的情形下, 等号成立当且仅当 $\angle C = \dfrac{\pi}{n}$ 且 $CA = CB$.

引理 5 的证明　由余弦定理与 AM-GM 不等式可得

$$AB^2 = CA^2 + CB^2 - 2CA \cdot CB \cdot \cos\angle C \geq (CA^2 + CB^2)\left(1 - \cos\frac{\pi}{n}\right).$$

因此

$$4CM^2 = 2(CA^2 + CB^2) - AB^2 \leq \frac{2AB^2}{1 - \cos\dfrac{\pi}{n}} = \cot^2\frac{\pi}{2n},$$

引理 5 得证.

给定一个半正 $2n$ 边形 $M_{2n} = A_1 A_2 \cdots A_{2n}$, 用 B_k 表示线段 $A_k A_{n+k}$ 与 $A_{k+1}A_{n+k+1}(1 \leq k \leq n)$ 的交点, 那么容易得到

$$\sum_{k=1}^{n} \angle A_k B_k A_{k+1} = \pi.$$

因此存在指标 l, 使得 $\angle A_l B_l A_{l+1} \geq \dfrac{\pi}{n}$. 对 $\triangle A_l B_l A_{l+1}$ 和 $\triangle A_{n+l} B_l A_{n+l+1}$, 由引理 5, 如果 $n \geq 3$, 可得

$$\angle A_l B_l A_{l+1} = \angle A_{n+l} B_l A_{n+l+1} = \frac{\pi}{n}, \quad A_l A_{n+l} = A_{l+1}A_{n+l+1},$$

那么

$$\sum_{k=1, k\neq l}^{n} \angle A_k B_k A_{k+1} = \frac{(n-1)\pi}{n}.$$

同理, 我们有 $\angle A_k B_k A_{k+1} = \dfrac{\pi}{n} (1 \leqslant k \leqslant n)$, 且所有主对角线 $A_k A_{n+k}$ 的长度相同. 特别地, M_{2n} 的所有角都是相等的. 于是, 当 $n \geqslant 3$ 时, 多边形 M_{2n} 是半正的当且仅当它具有以下三条性质:

(1) M_{2n} 的所有角都是相等的;

(2) M_{2n} 的所有主对角线长度相同;

(3) M_{2n} 的任意两条连续的主对角线的夹角等于 $\dfrac{\pi}{n}$.

记顶点 A_k 对应的复数是 z_k, 令

$$r_k = \frac{a_k}{a_1},$$

那么上述三条性质等价于以下关系式:

$$z_{k+1} - z_k = (z_2 - z_1) r_k e^{\frac{i(k-1)\pi}{n}}, \quad 1 \leqslant k \leqslant n,$$
$$z_{n+k} - z_k = (z_{n+1} - z_1) e^{\frac{i(k-1)\pi}{n}}, \quad 1 \leqslant k \leqslant n.$$

将第一个等式写为

$$z_{k+1} = z_1 + (z_2 - z_1) \sum_{j=1}^{k} r_j e^{\frac{i(j-1)\pi}{n}},$$

再结合第二个等式, 我们可得

$$\sum_{j=1}^{n} (r_{j+k} - r_j) e^{\frac{ij\pi}{n}} = 0. \tag{2.27}$$

从第 k 个等式中减去第一个等式, 再结合第 $k-1$ 个等式, 我们得到

$$r_{n+k} = r_1 + r_{n+1} - r_k. \tag{2.28}$$

此外, 等式 (2.27) 中 $k = 1$ 的情形等价于

$$r_{n+1} - r_n = \sum_{k=1}^{n-1} (r_{k+1} - r_k) \cos \frac{k\pi}{n},$$

$$r_n - r_{n-1} = -\sum_{k=1}^{n-2} (r_{k+1} - r_k) \frac{\sin \dfrac{k\pi}{n}}{\sin \dfrac{\pi}{n}}.$$

这些关系再结合式 (2.28) 就得到了定理 5 的 (2). $\square$

为了说明定理 5, 我们考虑 $n = 3$ 和 $n = 4$ 的情形.

例 2.31　给定一个半正多边形 $A_1A_2\cdots A_6$，考虑其两个包络 $\triangle B_1B_2B_3$ 和 $\triangle C_1C_2C_3$，分别由过 A_1A_2, A_3A_4, A_5A_6 和 A_2A_3, A_4A_5, A_6A_1 的直线所确定（图 2.10）. 定理 4 说明 $\triangle B_1B_2B_3$ 和 $\triangle C_1C_2C_3$ 都是等边三角形，它们有相同的中心，且它们相应的边之间的夹角是 60°. 相反地，我们很容易验证，任意两个这样的三角形的相交部分是一个半正六边形.

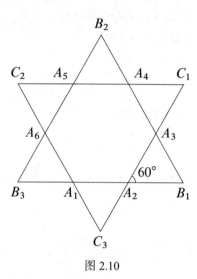

图 2.10

例 2.32　给定一个半正八边形 $A_1A_2\cdots A_8$，考虑其两个包络四边形 $B_1B_2B_3B_4$ 和 $C_1C_2C_3C_4$，分别由过边 $A_1A_2, A_3A_4, A_5A_6, A_7A_8$ 和 $A_2A_3, A_4A_5, A_6A_7, A_8A_1$ 的直线所确定（图 2.11）.

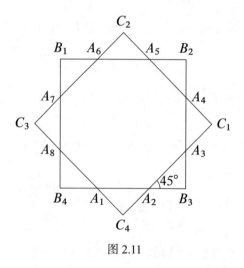

图 2.11

因此，定理 4 说明 $B_1B_2B_3B_4$ 和 $C_1C_2C_3C_4$ 是全等的正方形，且其相应的边的夹角为 45°. 相反地,任意两个这样的正方形的相交部分是一个半正八边形.

这两个例子蕴含着下面的问题: 是否一个半正 $2n$ 边形的外包围 n 边形是一个正 n 边形. 作为练习,我们留给读者证明,在一般情形下,此结论只对 $n = 3$ 或 $n = 4$ 成立.

现在我们来证明此结论的一个"老版本"的不等式 (2.22).

定理 6 设 $A_1, A_2, \cdots, A_{2n+1} (n \geq 1)$ 是平面上的任意点,a_k 是线段 $A_k A_{k+1}$ $(1 \leq k \leq 2n + 1)$ 的长度,m_k 是此线段的中点与顶点 A_{n+k} 的距离,其中的下标取模 $2n + 1$. 那么成立不等式:

$$\sum_{k=1}^{2n+1} a_k^2 \geq 4 \tan^2\left(\frac{\pi}{4n+2}\right) \sum_{k=1}^{2n+1} m_k^2. \tag{2.29}$$

证 待证的不等式只需要对满足 $B_{2k} = B_{2k+1} = A_{k+1}, 1 \leq k \leq 2n + 1$ 的 $4n + 2$ 个点 $B_1, B_2, \cdots, B_{4n+2}$ 应用不等式 (2.22) 即可. □

我们现在讨论不等式 (2.29). 首先,注意到对 $n = 1$,由三角形的中线长公式可知它是一个等式. 其次,如果 $n \geq 2$,考虑满足 $B_{2k} = B_{2k+1} = A_{k+1}, 1 \leq k \leq 2n+1$ 的 $4n + 2$ 个点 $B_1, B_2, \cdots, B_{4n+2}$,利用偶数边多边形的结论 (见式 (2.29)),我们断言在这种情形下,式 (2.29) 中等号成立当且仅当

$$\overrightarrow{A_{k+1}A_{k+n+1}} = \frac{\sin\dfrac{2k\pi}{2n+1}}{\sin\dfrac{\pi}{2n+1}} \overrightarrow{A_1 A_{n+2}} + \frac{\sin\dfrac{(2k-1)\pi}{2n+1}}{\sin\dfrac{\pi}{2n+1}} \overrightarrow{A_{n+1}A_1}, 1 \leq k \leq n,$$

$$\overrightarrow{A_{k+1}A_{k+n+2}} = \frac{\sin\dfrac{(2k+1)\pi}{2n+1}}{\sin\dfrac{\pi}{2n+1}} \overrightarrow{A_1 A_{n+2}} + \frac{\sin\dfrac{2k\pi}{2n+1}}{\sin\dfrac{\pi}{2n+1}} \overrightarrow{A_{n+1}A_1}, 1 \leq k \leq n - 1.$$

特别地,我们有如下结论.

推论 2.2 使得不等式 (2.29) 中等号成立的任意凸五边形 $A_1 A_2 A_3 A_4 A_5$ 都可以由平行四边形 $A_2 A_3 A_4 B$ 得到,只需要分别在射线 $A_4 B$ 和 $A_2 B$ 上取点 A_1 和 A_5,使得

$$\frac{A_1 A_4}{A_2 A_3} = \frac{A_2 A_5}{A_3 A_4} = 2\cos\frac{\pi}{5}.$$

证 注意到

$$\frac{\sin\dfrac{2\pi}{5}}{\sin\dfrac{\pi}{5}} = 2\cos\frac{\pi}{5},$$

因此,上述等式意味着使得不等式 (2.29) 中等号成立当且仅当

$$\overrightarrow{A_2 A_4} = 2\cos\frac{\pi}{5} \overrightarrow{A_1 A_4} + \overrightarrow{A_3 A_1},$$

$$\overrightarrow{A_2A_5} = 2\cos\frac{\pi}{5}\overrightarrow{A_1A_4} + 2\cos\frac{\pi}{5}\overrightarrow{A_3A_1},$$

$$\overrightarrow{A_3A_5} = \overrightarrow{A_1A_4} + 2\cos\frac{\pi}{5}\overrightarrow{A_3A_1}.$$

容易得到这些不等式等价于

$$\overrightarrow{A_1A_4} = 2\cos\frac{\pi}{5}\overrightarrow{A_2A_3},\ \overrightarrow{A_2A_5} = 2\cos\frac{\pi}{5}\overrightarrow{A_3A_4},$$

于是推论得证 (图 2.12).

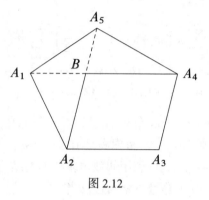

图 2.12

回顾半正 $2n$ 边形的定义, 其任意对边的距离等于它们边长之和的 $\frac{1}{2}\cot\frac{\pi}{2n}$ 倍. 半正 $2n$ 边形的完备描述已经在定理 2 中给出了.

类似地, 我们称一个凸的 $2n+1$ 边形 $A_1A_2\cdots A_{2n+1}$ 是半正的, 是指它的每条边 A_kA_{k+1} 的中点到其对顶点的距离等于 A_kA_{k+1} 长度的 $\frac{1}{2}\cot\frac{\pi}{4n+2}$ 倍. 很自然地, 我们要寻求类似定理 2 的关于奇数边的结论. 我们将证明奇数边的情形是非常严格的, 因为我们有:

定理 7　每一个奇数边的半正多边形都是正多边形.

证　这里的证明类似于定理 5. 考虑一个半正的 $2n+1$ 边形, 容易得到

$$\sum_{k=1}^{2n+1} \angle A_kA_{k+n+1}A_{k+1} = \pi. \tag{2.30}$$

因为有

$$\angle A_kA_{k+n+1}A_{k+1} = \pi - \angle A_{k+n+1}A_kA_{k+1} - \angle A_{k+n+1}A_{k+1}A_k,\ 1\leqslant k\leqslant n,$$

再注意到

$$\angle A_{k+n+1}A_{k+1}A_k + \angle A_{k+n+2}A_{k+1}A_{k+2}$$

$$= \angle A_k A_{k+1} A_{k+2} + \angle A_{k+n+2} A_{k+1} A_{k+n+1}, 1 \leqslant k \leqslant n.$$

所以

$$\sum_{k=1}^{2n+1} \angle A_k A_{k+n+1} A_{k+1}$$

$$= (2n+1)\pi - \sum_{k=1}^{2n+1} \angle A_k A_{k+1} A_{k+2} - \sum_{k=1}^{2n+1} \angle A_{k+n+2} A_{k+1} A_{k+n+1}.$$

而

$$\sum_{k=1}^{2n+1} \angle A_k A_{k+1} A_{k+2} = (2n-1)\pi,$$

十是等式 (2.30) 得证.

由式 (2.30) 可知,存在指标 l,使得

$$\angle A_l A_{l+n+1} A_{l+1} \geqslant \frac{\pi}{2n+1}.$$

因此,引理 5 说明

$$A_l A_{l+n+1} = A_{l+1} A_{l+n+1}, \angle A_l A_{l+n+1} A_{l+1} = \frac{\pi}{2n+1}.$$

那么

$$\sum_{k=1, k \neq l}^{2n+1} \angle A_k A_{k+n+1} A_{k+1} = \frac{2n}{2n+1}\pi.$$

同理,我们可得

$$\angle A_k A_{k+n+1} A_{k+1} = \frac{\pi}{2n+1}, A_k A_{k+n+1} = A_{k+1} A_{k+n+1}, 1 \leqslant k \leqslant 2n+1.$$

现在就容易得到所有的对角线 $A_k A_{k+n+1}$ 都是相等的,所以 $\triangle A_k A_{k+1} A_{k+n+1}$ 都是全等的. 因此,多边形 $A_1 A_2 \cdots A_{2n+1}$ 的所有边和所有角都是相等的,从而它是一个正 $2n+1$ 边形. □

现在我们来证明不等式 (2.23) 可以利用标准的二次型理论来证明（见 [24]）. 回顾关于变量 $x_1, x_2, \cdots, x_n$ 的二次型是一个二次齐次多项式

$$\sum_{i,j=1}^{n} a_{ij} x_i x_j,$$

71

其中 $A = (a_{ij})$ 是一个实的 $n \times n$ 矩阵. 任意这样的矩阵的特征值均为实数, 我们分别用 $\lambda_{\max}$ 和 $\lambda_{\min}$ 表示 A 的最大和最小特征值. 那么熟知以下不等式

$$\lambda_{\max}\left(\sum_{i=1}^{n} x_i^2\right) \geqslant \sum_{i,j=1}^{n} a_{ij} x_i x_j \geqslant \lambda_{\min}\left(\sum_{i=1}^{n} x_i^2\right) \tag{2.31}$$

对所有实数 $x_1, x_2, \cdots, x_n$ 都成立.

考虑二次型

$$q(x) = 2x_1 x_2 + 2x_2 x_3 + \cdots + 2x_{n-1} x_n - 2x_n x_1,$$

并用 A_n 表示其 $n \times n$ 对称矩阵:

$$A_n = \begin{bmatrix} 0 & 1 & 0 & 0 & \cdots & 0 & -1 \\ 1 & 0 & 1 & 0 & \cdots & 0 & 0 \\ 0 & 1 & 0 & 1 & \cdots & 0 & 0 \\ \vdots & \vdots & \vdots & \vdots & & \vdots & \vdots \\ 0 & 0 & 0 & 0 & \cdots & 0 & 1 \\ -1 & 0 & 0 & 0 & \cdots & 1 & 0 \end{bmatrix}.$$

要证明不等式 (2.24), 我们需要证明 A_n 的最大特征值为 $2\cos\dfrac{\pi}{n}$. 事实上, 我们这里要求出 A_n 的所有特征值. 为了求出所有特征值, 设 $A_n(x)$ 表示以下 $n \times n$ 行列式:

$$A_n(x) = \begin{vmatrix} x & 1 & 0 & 0 & \cdots & 0 & -1 \\ 1 & x & 1 & 0 & \cdots & 0 & 0 \\ 0 & 1 & x & 1 & \cdots & 0 & 0 \\ \vdots & \vdots & \vdots & \vdots & & \vdots & \vdots \\ 0 & 0 & 0 & 0 & \cdots & x & 1 \\ -1 & 0 & 0 & 0 & \cdots & 1 & x \end{vmatrix}.$$

设 $\Delta_n(x)$ 表示在 $A_n(x)$ 的第一行和第 n 行中删去 -1 所得的行列式. 熟知（见 [62]）第一类 Chebyshev 多项式 $T_n(x)$ 具有以下行列式形式:

$$T_n(x) = \begin{vmatrix} x & 1 & 0 & 0 & \cdots & 0 & 0 \\ 1 & 2x & 1 & 0 & \cdots & 0 & 0 \\ 0 & 1 & 2x & 1 & \cdots & 0 & 0 \\ \vdots & \vdots & \vdots & \vdots & & \vdots & \vdots \\ 0 & 0 & 0 & 0 & \cdots & 2x & 1 \\ 0 & 0 & 0 & 0 & \cdots & 1 & 2x \end{vmatrix}.$$

将 $T_n(x)$ 按照其第一行的元素展开,我们得到关系式

$$T_n(x) = x\Delta_{n-1}(2x) - \Delta_{n-2}(2x). \tag{2.32}$$

将 $A_n(x)$ 按照其第一行的元素展开,我们得到等式

$$A_n(x) = x\Delta_{n-1}(x) - \Delta_{n-2}(x) + 2(-1)^n. \tag{2.33}$$

结合式 (2.32) 和 (2.33) 可得

$$A_n(2x) = 2T_n(x) + 2(-1)^n. \tag{2.34}$$

我们现在要证明下面的引理,结合式 (2.31) 就证明了不等式 (2.23).

引理 6 对称矩阵 $\boldsymbol{A}_n$ 的最大和最小特征值分别为

$$\lambda_{\max} = 2\cos\frac{\pi}{n},$$

$$\lambda_{\min} = \begin{cases} -2\cos\dfrac{\pi}{n}, & \text{如果 } n \text{ 是偶数} \\ -2, & \text{如果 } n \text{ 是奇数} \end{cases}.$$

证 我们将求出对称矩阵 $\boldsymbol{A}_n$ 的所有特征值. 要求出 $\boldsymbol{A}_n$ 的所有特征值,首先,注意到 $T_n(-x) = (-1)^n T_n(x)$ (例如,可以由 $T_n(x)$ 的行列式表示得到),因此,由式 (2.34),我们需要求出方程 $T_n(x) = -1$ 的根. 其次,利用 Chebyshev 多项式的三角性质 $T_n(\cos\theta) = \cos n\theta$ [62],我们可知此方程的所有根为

$$x_k = \cos\frac{(2k-1)\pi}{n}, 1 \leqslant k \leqslant n.$$

如果 n 是偶数,那么方程 $T_n(x) = -1$ 有 $\dfrac{n}{2}$ 对重根(图 2.13).

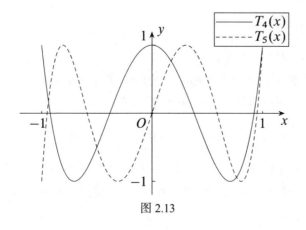

图 2.13

在这种情形下,方程的最大和最小根分别为

$$x_{\max} = \cos\frac{\pi}{n}, x_{\min} = \cos\frac{(n-1)\pi}{n} = -\cos\frac{\pi}{n}.$$

如果 n 是奇数,那么方程 $T_n(x) = -1$ 有一个根等于 -1,还有 $\dfrac{n-1}{2}$ 对重根. 此时

$$x_{\max} = \cos\frac{\pi}{n}, x_{\min} = -1,$$

于是引理得证. □

注 如果 n 是偶数,那么由式 (2.31) 和引理 6 就可以得到不等式

$$\cos\left(\frac{\pi}{n}\right)\sum_{k=1}^{n} x_k^2 \geq \left|\sum_{k=1}^{n-1} x_k x_{k+1} - x_n x_1\right|,$$

这比不等式 (2.23) 更强. 如果 n 是奇数,那么由式 (2.31) 和引理 6 就可以得到不等式

$$\left(\sum_{k=1}^{2n} x_k x_{k+1}\right) - x_{2n+1} x_1 \geq -\sum_{k=1}^{2n+1} x_k^2,$$

这个不等式是显然的,因为它可以写成

$$(x_1 + x_2)^2 + (x_2 + x_3)^2 + \cdots + (x_{2n} + x_{2n+1})^2 + (x_{2n+1} - x_1)^2 \geq 0.$$

2.6 习题

2.1 对 $\triangle ABC$ 内的任意点 X,分别记 x, y, z 为点 X 到直线 BC, CA, AB 的距离. 求出点 X 的位置,使得以下和式最小:

(1) $\dfrac{a}{x} + \dfrac{b}{y} + \dfrac{c}{z}$;

(2) $\dfrac{1}{ax} + \dfrac{1}{by} + \dfrac{1}{cz}$.

其中 $a = BC, b = CA, c = AB$.

2.2 设 A_1, B_1, C_1 分别是 $\triangle ABC$ 的边 BC, CA, AB 上的点. 令 $x = [AB_1C_1]$, $y = [A_1BC_1], z = [A_1B_1C], t = [A_1B_1C_1]$. 证明:

$$t^3 + (x + y + z)t^2 - 4xyz \geq 0.$$

2.3 (2004 年中国 TST) 设 $\angle XOY = 90°$, P 是 $\angle XOY$ 内一点,满足 $OP = 1$ 且 $\angle XOP = 60°$. 过点 P 的直线分别交 OX, OY 于点 M 和 N. 求 $OM + ON - MN$ 的最大值.

2.4 设 A, B 是锐角 $\angle XOY$ 内的两点,过 A 作一条直线,分别交两边 OX 和 OY 于点 D 和 E,使得四边形 $ODBE$ 的面积最小.

2.5 设 D 和 E 分别是 $\triangle ABC$ 的边 AB 和 BC 上的点.点 K 和 M 将线段 DE 三等分,直线 BK 和 BM 分别交边 AC 于点 T 和 P,证明:$AC \geqslant 3PT$.

2.6 设 X 是 $\triangle ABC$ 的一个内点,直线 AX, BX, CX 分别交边 BC, CA, AB 于点 A_1, B_1, C_1,证明:

$$[A_1B_1C_1] \geqslant \frac{1}{4}[ABC].$$

等号何时成立?

2.7 设 $ABCD$ 是一个凸四边形,点 K, L, M, N 分别在边 AB, BC, CD, DA 上,证明:

$$\sqrt[3]{[AKN]} + \sqrt[3]{[BKL]} + \sqrt[3]{[CLM]} + \sqrt[3]{[DMN]} \leqslant 2\sqrt[3]{[ABCD]}.$$

等号何时成立?

2.8 设凸六边形 $ABCDEF$ 的对角线交于一点.分别用 A_1, D_1 表示 AD 和 BF, CE 的交点,B_1, E_1 表示 BE 和 AC, DF 的交点,C_1, F_1 表示 CF 与 BD, AE 的交点.证明:

$$[A_1B_1C_1D_1E_1F_1] \leqslant \frac{1}{4}[ABCDEF].$$

等号何时成立?

2.9 设 G 是 $\triangle ABC$ 的重心,证明:

$$\sin \angle GBC + \sin \angle GCA + \sin \angle GAB \leqslant \frac{3}{2}.$$

等号何时成立?

2.10 平面 α 经过一个以 O 为顶点的三面角内的一点 M,分别交其三边于点 A, B, C.求出 α 的位置,使得四面体 $OABC$ 的体积最小.

2.11 凸 n 边形内接于一个半径为 R 的圆,对此圆上的一点 A,设 $a_i = AA_i$,而 b_i 表示从 A 到直线 $A_iA_{i+1}, 1 \leqslant i \leqslant n$ 的距离,其中 $A_{n+1} = A_1$.证明:

$$\frac{a_1^2}{b_1} + \frac{a_2^2}{b_2} + \cdots + \frac{a_n^2}{b_n} \geqslant 2nR.$$

2.12 证明:对任意点 A, B, C, D,成立以下不等式:

(1) $AB^2 + BC^2 + CD^2 + DA^2 \geqslant AC^2 + BD^2$;

(2) $DA \cdot DB + DB \cdot DC + DC \cdot DA \geqslant \dfrac{DA \cdot BC^2 + DB \cdot CA^2 + DC \cdot AB^2}{DA + DB + DC}$.

2.13　设 A, B, C, D, E, F 是平面上六个点，$A_1, B_1, C_1, D_1, E_1, F_1$ 分别是线段 AB, BC, CD, DE, EF, FA 的中点，证明不等式

$$4(A_1 D_1^2 + B_1 E_1^2 + C_1 F_1^2) \leqslant 3\big[(AB + DE)^2 + (BC + EF)^2 + (CD + AF)^2\big].$$

2.14　证明：如果 α, β, γ 和 $\alpha_1, \beta_1, \gamma_1$ 分别是两个三角形的内角，那么

$$\frac{\cos \alpha_1}{\sin \alpha} + \frac{\cos \beta_1}{\sin \beta} + \frac{\cos \gamma_1}{\sin \gamma} \leqslant \cot \alpha + \cot \beta + \cot \gamma.$$

2.15　设 A_1, B_1, C_1 分别是 $\triangle ABC$ 的边 BC, CA, AB 上的点，证明：对任意实数 x, y, z，成立以下不等式：

$$(x AB^2 + y BC^2 + z CA^2)(x A_1 B_1^2 + y B_1 C_1^2 + z C_1 A_1^2) \geqslant 4(xy + yz + zx)[ABC]^2.$$

2.16　点 $A_1, A_2, \cdots, A_n$ 在一个半径为 R 的圆上，且它们的重心恰好是圆心. 证明：对任意点 X，我们有

$$XA_1 + XA_2 + \cdots + XA_n \geqslant nR.$$

2.17　一个面积为 A 的 n 边形内接于一个半径为 R 的圆，在其每一条边上都任取一个点. 证明：所得的第二个 n 边形的周长不小于 $\dfrac{2A}{R}$.

2.18　设 a, b, c, d, e, f, g, h 是任意实数，证明：以下六个数

$$ac + bd, ae + bf, ag + bh, ce + df, cg + dh, eg + fh$$

中至少有一个是非负的.

2.19　求最小的正整数 n，使得对单位球面上的任意 n 个点，至少存在两个点的距离不超过 $\sqrt{2}$.

2.20　证明：对平行四边形 $ABCD$ 内的任意点 M，成立不等式

$$MA \cdot MC + MB \cdot MD \geqslant AB \cdot BC.$$

2.21　设 P 是 $\triangle ABC$ 内一点，分别用 R_1, R_2, R_3 表示 $\triangle PBC, \triangle PCA, \triangle PAB$ 的外接圆半径. 直线 PA, PB, PC 分别交边 BC, CA, AB 于点 A_1, B_1, C_1. 设

$$k_1 = \frac{PA_1}{AA_1}, k_2 = \frac{PB_1}{BB_1}, k_3 = \frac{PC_1}{CC_1}.$$

证明：

$$k_1 R_1 + k_2 R_2 + k_3 R_3 \geqslant R,$$

其中 R 是 $\triangle ABC$ 的外接圆半径.

2.22 设 A_1, B_1, C_1 分别是 $\triangle ABC$ 的边 BC, AC, AB 上的点,满足 $\triangle A_1B_1C_1 \backsim \triangle ABC$. 证明:

$$\sum_{\text{cyc}} AA_1 \sin A \leqslant \sum_{\text{cyc}} BC \sin A.$$

2.23 证明:给定一个 $\triangle ABC$,其边长为 a, b, c,点 P 在此平面上,我们有

$$\frac{PA \cdot PB}{ab} + \frac{PB \cdot PC}{bc} + \frac{PC \cdot PA}{ca} \geqslant 1.$$

2.24 设 n 边形 $A_1A_2 \cdots A_n$ 内接于一个半径为 R 的圆,证明:

$$\sum_{\text{cyc}} \frac{1}{A_1A_2 \cdot A_1A_3 \cdot \cdots \cdot A_1A_n} \geqslant \frac{1}{R^{n-1}}.$$

2.25 设点 $A_1, A_2, \cdots, A_n$ 在单位圆上,证明:存在此圆上的一点 P,使得

$$PA_1 \cdot PA_2 \cdot \cdots \cdot PA_n \geqslant 2.$$

2.26 设多边形 $A_1A_2 \cdots A_n$ 内接于一个以 O 为圆心、R 为半径的圆. 用 A_{ij} 表示线段 $A_iA_j, 1 \leqslant i \leqslant n$ 的中点,证明:

$$\sum_{1 \leqslant i < j \leqslant n} OA_{ij}^2 \leqslant \frac{n(n-2)}{4} R^2.$$

第
3
章

分析学方法

3.1 应用微积分

很多几何的最大和最小值问题都可以表述为求关于某些变量的函数的最大和最小值. 本节中,我们将考虑可以通过研究一些简单的单变量函数来证明几何不等式.

单变量函数的最值存在性通常是由下面的定理给出的.

最值定理 如果 $f(x)$ 是一个有限闭区间 $[a,b]$ 上的连续函数,那么它在 $[a,b]$ 上存在最大和最小值.

值得一提的是,f 可能不止在一个点处取到其最大值(最小值). 要找出这些点,我们需要利用以下两个定理之一.

单调性定理 设 $f(x)$ 是区间 I 上的连续函数,且设 f 在区间 I 内可微,那么 $f(x)$ 在区间 I 上递增当且仅当 $f'(x) \geqslant 0$ 对 I 内的所有 x 都成立. 进一步,如果 $f'(x) > 0$,那么 f 在 I 上严格递增.

类似地,不等式 $f'(x) \leqslant 0$ 意味着 $f(x)$ 在区间上单调递减. 作为以上定理的一个结论,有以下定理成立:

Fermat 定理 设 $f(x)$ 是区间 I 上的可微函数,如果 $f(x)$ 在区间 I 内的某一点 x_0 处取得极值,那么 $f'(x_0) = 0$.

特别地,如果 f 在区间 $[a,b]$ 上连续,在 (a,b) 内可导,且方程 $f'(x) = 0$ 在 (a,b) 内没有根,那么 f 在区间的端点取得其最大和最小值,而不会在其他点处取到.

介值定理 设 $f(x)$ 是闭区间 $[a,b]$ 上的连续函数,且 $f(a)f(b) < 0$,那么至少存在一点 $x_0 \in (a,b)$,使得 $f(x_0) = 0$.

我们从一个例子开始,它给出了著名的 Snell-Fermat 定律,也就是光在非均匀介质中的运动规律.

例 3.1 给定平面上的一条直线 l，两点 A 和 B 分别在此直线的两边. 一个粒子在包含 A 的半平面的运动速度为 v_1，在包含 B 的半平面的运动速度为 v_2. 求出从 A 到 B 的路径，使得粒子行进的时间最短.

解法一 考虑平面上的坐标系 xOy，使得 Ox 轴与 l 重合，而 OA 垂直于 l，那么 $A = (0, a)$，$B = (d, -b)$. 不失一般性，我们假定 $a > 0, b > 0, d > 0$（图 3.1）. 给定 l 上一点 $X(x, 0)$，我们有

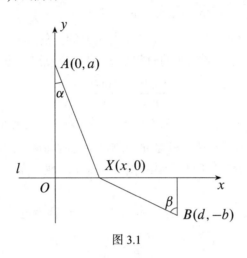

图 3.1

$$AX = \sqrt{a^2 + x^2}, BX = \sqrt{b^2 + (d - x)^2}.$$

粒子穿过折线 AXB 的时间 t 为

$$t(x) = \frac{AX}{v_1} + \frac{BX}{v_2} = \frac{\sqrt{a^2 + x^2}}{v_1} + \frac{\sqrt{b^2 + (d - x)^2}}{v_2}.$$

我们只需要对 $0 \leqslant x \leqslant d$ 研究函数 $t(x)$ 即可（如果 x 不在此区间内，那么 $t(x)$ 不可能取到最小值）. 我们有

$$t'(x) = \frac{x}{v_1 \sqrt{a^2 + x^2}} - \frac{d - x}{v_2 \sqrt{b^2 + (d - x)^2}},$$

注意到函数

$$\frac{x}{\sqrt{a^2 + x^2}} = \frac{1}{\sqrt{\dfrac{a^2}{x^2} + 1}}$$

在区间 $[0, d]$ 上单调递增. 类似地，函数

$$-\frac{d - x}{\sqrt{b^2 + (d - x)^2}}$$

也在区间 $[0,d]$ 上递增，所以 $t'(x)$ 在 $[0,d]$ 上递增．由于 $t'(0) < 0$ 且 $t'(d) > 0$，介值定理说明存在（唯一的）$x_0 \in (0,d)$，使得 $t'(x_0) = 0$．显然，当 $x \in [0,x_0)$ 时，$t'(x) < 0$；当 $x \in (x_0,d]$ 时，$t'(x) > 0$．由单调性定理可知，$t(x)$ 在 $[0,x_0]$ 上严格递增，在 $[x_0,d]$ 上严格递增．因此，$t(x)$ 在 x_0 处取到最小值．注意到，在点 $X_0 = (x_0,0)$ 处，条件 $t'(x_0) = 0$ 可以写成

$$\frac{\sin\alpha}{v_1} = \frac{x_0}{v_1\sqrt{a^2+x^2}} = \frac{d-x_0}{v_2\sqrt{b^2+(d-x_0)^2}} = \frac{\sin\beta}{v_2},$$

其中 α 是 AX 与 Oy 的夹角，而 β 是 BX 与 Oy 的夹角．因此，在 l 上存在唯一的点 X_0，使得粒子通过路径 AX_0B 的时间最短，且这个点满足方程

$$\frac{\sin\alpha}{v_1} = \frac{\sin\beta}{v_2}.$$

这个等式就是光线从一种均匀介质进入另一种均匀介质时发生折射的 Snell-Fermat 定律．此定律的基本原理就是光线总是沿着时间最短的路径行进．　□

解法二　这里的解法不涉及到微积分，由荷兰数学家、宇航员与物理学家 C.Huygens 给出[54].

如图 3.2 所示，设 $X_0 = (x_0,0)$ 是直线 l 上的点，且满足

$$\frac{\sin\alpha}{\sin\beta} = \frac{v_1}{v_2}.$$

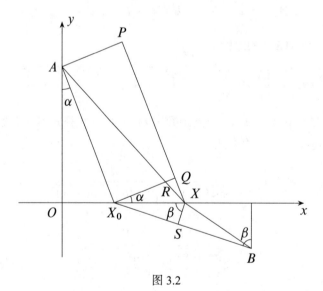

图 3.2

我们需要证明，对 l 上的任意点 $X \neq X_0$，粒子沿着路径 AXB 行进的时间都比 AX_0B 要长．为证明这一点，设点 P 满足 $AP \perp AX_0$ 且 $XP \parallel X_0A$．设点 Q 和 R

分别是 AX_0 在点 X_0 处的垂线与 XP 和 XA 的交点. 设 S 是 X 到 BX_0 的垂足（图 3.2），那么 $\angle RX_0X = \alpha, \angle X_0XS = \beta$. 所以 $XQ = XX_0 \sin\alpha, X_0S = XX_0 \sin\beta$. 将这些等式与不等式 $AR > AX_0, XR > XQ, XB > BS$ 合并，可得

$$\frac{AX}{v_1} > \frac{AX_0 + XQ}{v_1} = \frac{AX_0}{v_1} + XX_0\frac{\sin\alpha}{v_1},$$

$$\frac{XB}{v_2} > \frac{BS}{v_2} = \frac{X_0B - X_0S}{v_2} = \frac{X_0B}{v_2} - XX_0\frac{\sin\beta}{v_2}.$$

将这两个不等式相加，以及考虑到

$$\frac{\sin\alpha}{v_1} = \frac{\sin\beta}{v_2},$$

我们得到

$$\frac{AX}{v_1} + \frac{XB}{v_2} > \frac{AX_0}{v_1} + \frac{X_0B}{v_2}. \qquad \Box$$

例 3.2 两个外切圆嵌在一个给定的 $\angle pOq$ 内，在射线 p 上求点 A 和 D，在射线 q 上求点 B 和 C，使得 AB 与 CD 平行，四边形 $ABCD$ 包含两个圆，且切线 AD 的长度最短.

解 如图 3.3 所示，设 r 和 R 分别是两圆的半径（$r < R$），其圆心分别为 O_2 和 Q_1.

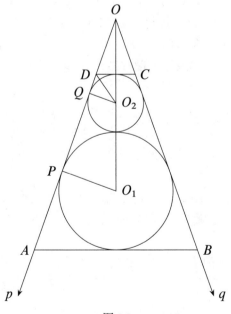

图 3.3

一方面, 我们不妨假定 AB 与半径为 R 的圆相切, DC 与半径为 r 的圆相切. 设 P,Q 分别是这两个圆与 AD 的切点, 其中 P 在 A 与 Q 之间. 设 $x = DQ$, 我们现在要求出 AD 与 x 的关系. 由于 $O_1O_2 = R + r$, 在直角梯形 PO_1O_2Q 中, 我们得到 $PQ = 2\sqrt{Rr}$.

另一方面

$$\angle PAO_1 = \frac{1}{2}\angle PAB = \frac{1}{2}(180^\circ - \angle QDC) = 90^\circ - \angle QDO_2 = \angle QO_2D,$$

所以 $\triangle AO_1P \backsim \triangle O_2DQ$. 于是 $PA = \dfrac{Rr}{x}$, 这意味着

$$AD = x + \frac{Rr}{x} + 2\sqrt{Rr},$$

我们需要在区间 $(0, x_0)$（其中 $x_0 = QO$）上求出函数

$$f(x) = x + \frac{Rr}{x}$$

的最小值. 注意到 $\triangle PO_1O \backsim \triangle QO_2O$, 这意味着

$$x_0 = \frac{2r}{R-r}\sqrt{Rr}.$$

我们有

$$f'(x) = 1 - \frac{Rr}{x^2},$$

所以函数 $f(x)$ 对 $x \in (0, \sqrt{Rr})$ 严格递减, 对 $x \in (\sqrt{Rr}, +\infty)$ 严格递增. 注意到 $x_0 \leqslant \sqrt{Rr}$ 等价于 $3r \leqslant R$, 这又等价于 $\angle AOB \geqslant 60^\circ$.

情形 1　当 $\angle AOB \geqslant 60^\circ$ 时, 有 $3r \leqslant R$ 且 $x_0 \leqslant \sqrt{Rr}$, 所以 $f(x)$ 在 $(0, x_0)$ 严格递减, 于是 $f(x)$ 在区间 $(0, x_0)$ 内没有最小值. 也就是说, 当 $\angle AOB \geqslant 60^\circ$ 时, 此问题是无解的.

情形 2　当 $\angle AOB < 60^\circ$ 时, 有 $3r > R$ 且 $\sqrt{Rr} < x_0$, 因此 $f(x)$ 在 $(0, x_0)$ 内有最小值, 且在 $x = \sqrt{Rr}$ 时取到, 于是 AD 的最小长度为 $4\sqrt{Rr}$. 要构造梯形 $ABCD$, 首先在 QO 上取点 D, 使得 $QD = \sqrt{Rr}$, 然后就可以很直接地构造点 A, B, C 了.　　　　　　□

例 3.3　一个 Γ 形的走廊, 一边侧廊宽度为 a, 另一边侧廊宽度为 b. 求能够从一个侧廊移动到另一个侧廊的棍子的最大长度（假定棍子的宽度忽略不计, 且在移动过程中, 棍子保持水平）.

解　考虑任意一个角度 $\alpha \in (0^\circ, 90^\circ)$, 设 AB 是走廊拐角处的一条直线段, 与走廊的内直角相切于其顶点 O, 且与其中一个墙面所成的角度为 α（图 3.4）, 那么

$$f(\alpha) = AB = AO + OB = \frac{a}{\cos\alpha} + \frac{b}{\sin\alpha}.$$

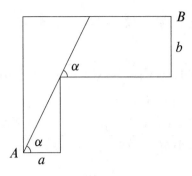

图 3.4

长度为 l 的棍子可以从一个侧廊移动到另一个侧廊当且仅当 $l \leqslant f(\alpha)$ 对任意 $\alpha \in (0°, 90°)$ 成立. 所以棍子的最大长度 l 就是函数 $f(\alpha)$ 在区间 $(0°, 90°)$ 内的最小值（如果它存在的话）. 我们有

$$f'(\alpha) = \frac{a\sin\alpha}{\cos^2\alpha} - \frac{b\cos\alpha}{\sin^2\alpha} = \frac{a\cos\alpha}{\sin^2\alpha}\left(\tan^3\alpha - \frac{b}{a}\right).$$

由于当 α 从 $0°$ 到 $90°$ 的时候，$\tan^3\alpha$ 从 0 严格递增到 $+\infty$，因此存在唯一的 $\alpha_0 \in (0°, 90°)$，使得 $\tan^3\alpha_0 = \dfrac{b}{a}$. 那么 $f'(\alpha_0) = 0$，当 $\alpha \in (0, \alpha_0)$ 时，$f'(\alpha) < 0$；当 $\alpha \in (\alpha_0, 90°)$ 时，$f'(\alpha) > 0$. 因此，$f(x)$ 在 α_0 处取到最小值. 由

$$\tan\alpha_0 = \sqrt[3]{\frac{b}{a}}$$

可得

$$\cos^2\alpha_0 = \frac{1}{1 + \tan^2\alpha_0} = \frac{a^{\frac{2}{3}}}{a^{\frac{2}{3}} + b^{\frac{2}{3}}},$$

$$\sin^2\alpha_0 = 1 - \cos^2\alpha_0 = \frac{b^{\frac{2}{3}}}{a^{\frac{2}{3}} + b^{\frac{2}{3}}},$$

所以

$$f(\alpha_0) = \frac{a}{\cos\alpha_0} + \frac{b}{\sin\alpha_0} = \left(a^{\frac{2}{3}} + b^{\frac{2}{3}}\right)^{\frac{3}{2}}.$$

因此，所求棍子的最大长度为 $l = \left(a^{\frac{2}{3}} + b^{\frac{2}{3}}\right)^{\frac{3}{2}}$. $\qquad\square$

例 3.4 给定一个正方体 $ABCD\text{-}A_1B_1C_1D_1$，在边 AB 上求点 M，使得 $\angle A_1MC_1$ 是：

(1) 最小的.

(2) 最大的.

解　假定正方体的边长为 1. 设 $AM = x, 0 \leqslant x \leqslant 1$, 且 $\angle A_1MC_1 = \varphi$（图 3.5），那么

$$A_1M = \sqrt{1+x^2}, C_1M = \sqrt{2+(1-x)^2}, A_1C_1 = \sqrt{2}.$$

对 $\triangle A_1MC_1$，由余弦定理可得

$$\cos\varphi = \frac{A_1M^2 + C_1M^2 - A_1C_1^2}{2A_1M \cdot C_1M} = \frac{x^2 - x + 1}{\sqrt{x^2+1}\sqrt{x^2-2x+3}}.$$

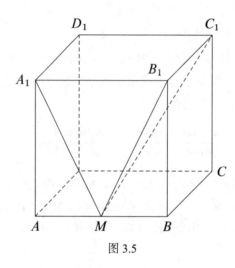

图 3.5

由于 $\cos\varphi$ 在区间 $[0,\pi]$ 上单调递减，且 $x^2 - x + 1 > 0$ 对任意 x 成立，因此只需要求出函数

$$f(x) = \frac{(x^2-x+1)^2}{(x^2+1)(x^2-2x+3)}$$

在区间 $[0,1]$ 上的最大值和最小值. 我们有

$$f'(x) = \frac{2(x^2-x+1)(x^3+3x-2)}{(x^2+1)^2(x^2-2x+3)^2},$$

因此，$f'(x)$ 的符号由函数 $g(x) = x^3 + 3x - 2$ 在 $[0,1]$ 上的符号所决定. 由于 $g(x)$ 是严格递减的（$g'(x) = 3x^2 + 3 > 0$）且 $g(0) = -2, g(1) = 2$，于是由介值定理可知，方程 $x^3 + 3x - 2 = 0$ 存在唯一解 $x_0 \in (0,1)$. 于是函数 $f(x)$ 在 $(0, x_0)$ 上递减，在 $(x_0, 1)$ 上递增.

（1）我们有 $f(0) = \dfrac{1}{3} > \dfrac{1}{4} = f(1)$，所以 $f(x)$ 在 $[0,1]$ 上的最大值在 $x = 0$ 处取到，且最大值为 $\dfrac{1}{3}$. 因此 $\angle A_1MC_1$ 的最大值在 M 与 A 重合时取到，此时 $\cos\varphi = \dfrac{1}{\sqrt{3}}$.

(2)由以上讨论可知,$f(x)$ 在区间 $[0,1]$ 上的最小值在 x_0 处取到,因此 $\angle A_1MC_1$ 的最小值在 $AM = x_0$ 时取到. 由 Cardano 公式,此时有

$$x_0 = \sqrt[3]{\sqrt{2}+1} - \sqrt[3]{\sqrt{2}-1}.$$ $\qquad\square$

3.2 部分偏差

部分偏差原理指出,如果一个多变量函数关于所有变量有最大值(最小值),那么 f 关于其中任意的部分变量也有最大值(最小值). 关于这个原理的详细讨论以及各种应用,读者可以参看 G.Pólya 的书[48].

当我们事先知道一个关于最大值或最小值的问题有解时,部分偏差原理就可以很好地应用了. 事实上,即使我们并不知道解的存在性,有时候也可能用部分偏差得到一些线索,甚至可以精确地描述极值对象是怎样的. 例如,考虑求内接于给定圆的具有最大面积的 n 边形(这个问题以及其他类似的问题将在第 7 章中详细讨论). 假定存在这样的多边形 $A_1A_2\cdots A_n$,在某一时刻,固定点 $A_1, A_2, \cdots, A_{n-1}$,那么点 A_n 必然与 $\overparen{A_{n-1}A_1}$ 的中点 A_n' 重合(图 3.6).

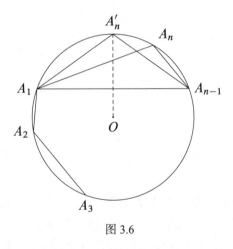

图 3.6

显然,如果 $A_n \neq A_n'$,那么 $[A_1A_{n-1}A_n] < [A_1A_{n-1}A_n']$,所以 $A_1\cdots A_{n-1}A_n$ 的面积小于 $A_1\cdots A_{n-1}A_n'$ 的面积,这与我们的假设矛盾. 因此,利用一种特殊的部分偏差,我们证明了 $A_1A_n = A_{n-1}A_n$. 同时,我们也可以证明此多边形的任意两条连续的边的长度相等,所以此多边形必然是正多边形. 在这里,我们需要提醒读者的是,以上讨论并未给出这个问题的完整解答,因为我们并未证明此 n 边形的面积存在最大值. 在很多情形下,一个几何问题的最值解的存在性可以利用一个连续的多变量函数来得到,但是这种方法的使用已经超出了本书的内容.

在接下来讨论的问题中,我们将会在并未提前假定最大值或最小值存在的情形下直接使用部分偏差法.

例 3.5　证明:在一个多边形 $\mathcal{P}$ 的所有内接三角形中,存在一个三角形:

(1) 面积最大;

(2) 周长最大,

且其顶点都是 $\mathcal{P}$ 的顶点.

证　(1) 考虑内接于 $\mathcal{P}$ 的任意一个 $\triangle ABC$,即点 A, B, C 都在 $\mathcal{P}$ 的边上. 我们将证明存在 $\mathcal{P}$ 的顶点 A', B', C',使得 $[ABC] \leq [A'B'C']$. 在某时刻固定点 A 和 B,设点 C 在 $\mathcal{P}$ 的边 C_1C_2 上(图 3.7),那么从 C_1 和 C_2 到直线 AB 的距离至少有一个不会小于点 C 到 AB 的距离,我们将这个顶点记为 C',那么 $[ABC'] \geq [ABC]$. 用同样的方式,固定点 A 和 C',我们可以找到 $\mathcal{P}$ 的一个顶点 B',使得 $[AB'C'] \geq [ABC']$. 最后,固定点 B' 和 C',我们可以找到 $\mathcal{P}$ 的一个顶点 A',使得 $[A'B'C] \geq [AB'C']$. 于是就有 $[A'B'C'] \geq [ABC]$.

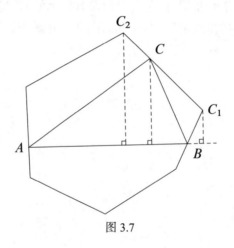

图 3.7

现在考虑所有的顶点都是 $\mathcal{P}$ 的顶点的三角形,且设具有最大面积的三角形为 T. 由以上讨论可知,内接于 $\mathcal{P}$ 的任意三角形的面积都不会超过 T 的面积.

(2) 我们将按照 (1) 的方法进行. 为了证明这里的结论,我们需要下面的引理.

引理 7　设 A, B, C, D 是平面上的四个不同点,满足 C, D 在直线 AB 的同一侧,那么存在 CD 上的点 X,使得和式 $AX + XB$ 最大,且任意这样的点必然是 C 或者 D.

引理 7 的证明　设 l 是经过 C 和 D 的直线.

情形 1　l 与线段 AB 相交. 设 D 比 C 更靠近 AB. 现在我们在线段 CD 上找一点 X,使得折线 AXB 的长度最大. 显然,此问题的唯一解就是 $X = C$(图 3.8).

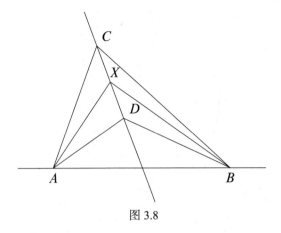

图 3.8

情形 2 l 与线段 AB 没有公共点. 设 B' 是 B 关于直线 CD 的对称点, 那么 $AX + XB = AX + XB'$ 对 CD 上的任意点 X 都成立, 所以我们可以对点 A, B', C, D 应用情形 1 即可. □

现在就不难利用引理 7 来解决问题的第 (2) 部分了, 我们将此留给读者作为练习.

正如我们所见, 在上述问题的解答中, 寻找内接于 M 的三角形, 使之具有最大的面积 (或周长), 可以约化为讨论有限多种情形即可. 我们现在考虑一个特殊的例子.

例 3.6 设 $\mathcal{P}$ 是一个面积为 S 的正 n 边形, 求出内接于 $\mathcal{P}$ 的具有最大面积的三角形.

解 由例 3.5 可知, 只需要考虑顶点在 $\mathcal{P}$ 上的 $\triangle ABC$ 即可. 假定开圆弧 (即不包含其顶点) $\overparen{AB}, \overparen{BC}, \overparen{CA}$ 分别包含 p, q, r 个 $\mathcal{P}$ 的顶点, 那么 $p + q + r = n - 3$. 假定 $\triangle ABC$ 有最大的面积, 我们现在将证明 $|p - q| \leqslant 1, |p - r| \leqslant 1, |q - r| \leqslant 1$. 假定此结论不成立, 比如 $q + 1 < r$.

如图 3.9 所示, 如果 C_1 是 $\mathcal{P}$ 的顶点中紧挨着 C 且更靠近 A 的那个顶点, 我们就得到 $[ABC_1] > [ABC]$, 矛盾. 因此, 我们必有 $q + 1 \geqslant r$, 即 $1 \geqslant r - q$. 类似地, $1 \geqslant q - r$, 于是 $|q - r| \leqslant 1$. 同理, 我们可以证明另外的两个不等式. 令 $k = \dfrac{n - 3}{3}$, 我们有 $p = k + \varepsilon_1, q = k + \varepsilon_2, r = k + \varepsilon_3$, 其中 $\varepsilon_1, \varepsilon_2, \varepsilon_3$ 是 0 或 1, 且 $\varepsilon_1 + \varepsilon_2 + \varepsilon_3$ 是 n 被 3 除的余数. 而且显然容易得到, 如果 p, q, r 具有这种形式, 那么 $[ABC]$ 是最大的. 作为练习, 我们留给读者去证明 $\triangle ABC$ 的最大可能的面积等于

$$[ABC] = \frac{S}{n \sin \dfrac{2\pi}{n}} \left[\sin \frac{2(p+1)\pi}{n} + \sin \frac{2(q+1)\pi}{n} + \sin \frac{2(r+1)\pi}{n} \right].$$

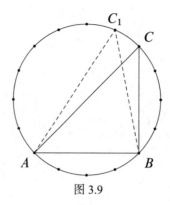

图 3.9

这个公式在三种情形 $n = 3k, n = 3k + 1, n = 3k + 2$ 下,可以写成更加简单的形式. □

例 3.7 设 $\triangle ABC$ 是一个边长为 4 的等边三角形,点 D, E, F 分别在边 BC, CA, AB 上,且 $AE = BF = CD = 1$. 联结线段 AD, BE, CF,构成 $\triangle QRS$,对此三角形内或边界上的动点 P,考虑它到 $\triangle ABC$ 三边距离的乘积. 证明:当 P 与 Q, R, S 之一重合时,此乘积取得最小值,并求出此最小值.

证 对 $\triangle ABC$ 内任一点 P,分别用 p_1, p_2, p_3 表示它到 BC, CA, AB 的距离. 注意到

$$4\sqrt{3} = [ABC] = [PBC] + [PCA] + [PAB]$$
$$= \frac{p_1 BC}{2} + \frac{p_2 CA}{2} + \frac{p_3 AB}{2} = 2(p_1 + p_2 + p_3),$$

因此 $p_1 + p_2 + p_3 = 2\sqrt{3}$. 设 Q, R, S 如图 3.10 所标注.

构造六边形 $RR'QQ'SS'$,使得 QQ' 与 RS 平行于 BA,而 RR' 与 SQ' 平行于 AC,且 SS' 与 QR' 平行于 BC. 容易发现此六边形在 $\triangle ABC$ 内,于是

$$q_1 q_2 q_3 = q_1' q_2' q_3' = r_1 r_2 r_3 = r_1' r_2' r_3' = s_1 s_2 s_3 = s_1' s_2' s_3'.$$

对 $RR'QQ'SS'$ 内任一点 P,过 P 作 BC 的平行线,与此六边形的边界交于点 P' 和 P'',其中一个交点可能就是 P,那么 $p_1' = p_1$ 且 $p_2' + p_3' = p_2 + p_3$. 进一步,$|p_2' - p_3'| \geqslant |p_2 - p_3|$. 因此

$$0 \leqslant (p_2' - p_3')^2 - (p_2 - p_3)^2 = 4(p_2 p_3 - p_2' p_3').$$

当我们用 P' 取代 P 时,这三个距离的乘积不会增加. 现在 P' 可能已经是六边形的一个顶点,否则的话,它必然在两个顶点之间,用同样的讨论方法可以证明当我们用一个顶点取代 P' 时,乘积会变小. 现在我们限制在 $\triangle QRS$ 内,那么当 P 与 Q, R, S 之一重合时,此乘积取得最小值.

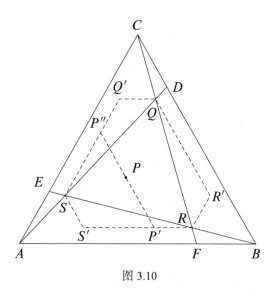

图 3.10

要求出乘积 $p_1p_2p_3$ 的最大值，我们不妨假定点 P 与点 S 重合. 注意到 $\triangle ASE, \triangle ACD, \triangle CQD$ 是相似的，因此

$$AS \cdot AD = AE \cdot AC = 4, DQ \cdot AD = CD \cdot AE = 1.$$

对 $\triangle ACD$ 运用余弦定理，我们得到 $AD = \sqrt{13}$，所以 $AS : SD : QD = 4 : 8 : 1$. 由于 $\triangle ABC$ 的高为 $2\sqrt{3}$，我们得到

$$s_1 = \frac{18\sqrt{3}}{13}, s_2 = r_3 = \frac{2\sqrt{3}}{13}, s_3 = 2\sqrt{3} - s_1 - s_2 = \frac{6\sqrt{3}}{13}.$$

因此，乘积式 $p_1p_2p_3$ 的最小值等于

$$s_1s_2s_3 = \frac{648\sqrt{3}}{2\,197}. \qquad\qquad \square$$

我们现在将利用部分偏差方法来解决下面的经典问题.

例 3.8 证明：对于所有给定体积为 V 的四边形中，正四边形的表面积最小.

证 在某一时刻固定一个任意的 $\triangle ABC$. 考虑空间中满足 $V_{ABCD} = V$ 的点 D 的集合，也就是从 D 到 $\triangle ABC$ 所在平面的距离为 $h = \dfrac{3V}{[ABC]}$. 假定 D 已经选定，D' 是 D 在 $\triangle ABC$ 所在平面的投影，D' 到直线 BC, AC, AB 的距离分别为 x, y, z（图 3.11）.

那么四面体 $ABCD$ 的表面积 S 为

$$S = [ABC] + \frac{1}{2}\left(a\sqrt{h^2 + x^2} + b\sqrt{h^2 + y^2} + c\sqrt{h^2 + z^2}\right)$$

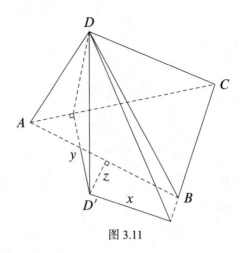

图 3.11

$$= [ABC] + \frac{1}{2}\left(\sqrt{(ah)^2 + (ax)^2} + \sqrt{(bh)^2 + (by)^2} + \sqrt{(ch)^2 + (cz)^2} \right).$$

利用不等式 $ax + by + cz \geq 2[ABC]$（等号成立当且仅当 D' 在 $\triangle ABC$ 内）与 Minkowski 不等式（3.2 节），我们得到

$$S \geq [ABC] + \frac{1}{2}\sqrt{(ah + bh + ch)^2 + 4[ABC]^2},$$

其中等号成立当且仅当 D' 在 $\triangle ABC$ 内，且

$$ah:ax = bh:by = ch:cz,$$

而后者成立当且仅当 D' 是 $\triangle ABC$ 的内心.

利用上面的结论，我们接下来只需要考虑四面体 $ABCD$ 中按以上方式构造的点 D' 恰好是 $\triangle ABC$ 的内心. 固定常数 $S_0 > 0$，并假定 $[ABC] = S_0$，那么 $S = S_0 + \sqrt{h^2 s^2 + S_0^2}$，其中 s 是 $\triangle ABC$ 的半周长，且 $h = \dfrac{3V}{S_0}$. 由例 2.1 可得 $s^2 \geq 3\sqrt{3}S_0$，其中等号只对等边 $\triangle ABC$ 成立. 所以

$$S \geq S_0 + \sqrt{h^2 3\sqrt{3}S_0 + S_0^2} = S_0 + \sqrt{27\sqrt{3}\frac{V^2}{S_0} + S_0^2},$$

其中等号成立当且仅当 $\triangle ABC$ 是等边三角形.

上述讨论说明，我们只需要考虑体积为 V 的正三棱锥 $A\text{-}BCD$ 即可. 给定这样一个锥体，设 α 是一个侧面与金字塔的夹角，我们现在要求出 α 的值，使得表面积 S 最小. 由于 $S = \dfrac{3V}{r}$，其中 r 是内切于此锥体的球的半径，只需要求出 r 的最大值即可. 记 $a = |AB|$，我们有

$$r = \frac{a\sqrt{3}}{6}\tan\frac{\alpha}{2}.$$

又有

$$3V = hS_0 = \frac{ha^2\sqrt{3}}{4},$$

且

$$h = \frac{a\sqrt{3}}{6}\tan\alpha = \frac{a\sqrt{3}}{6}\frac{2\tan\frac{\alpha}{2}}{1-\tan^2\frac{\alpha}{2}},$$

这意味着

$$3V = \frac{a^2\tan\frac{\alpha}{2}}{4(1-\tan^2\frac{\alpha}{2})}.$$

所以

$$a^2 = \frac{12V\left(1-\tan^2\frac{\alpha}{2}\right)}{\tan\frac{\alpha}{2}}.$$

于是

$$r^3 = \frac{a^3}{24\sqrt{3}}\tan^3\frac{\alpha}{2} = \frac{V}{2\sqrt{3}}\tan^2\frac{\alpha}{2}\left(1-\tan^2\frac{\alpha}{2}\right) \leqslant \frac{V}{8\sqrt{3}},$$

其中等号成立当且仅当 $\tan^2\frac{\alpha}{2} = \frac{1}{2}$,这又等价于

$$\cos\alpha = \frac{1-\tan^2\frac{\alpha}{2}}{1+\tan^2\frac{\alpha}{2}} = \frac{1}{3},$$

这说明四面体的每个侧面上的侧高都等于 $\frac{a\sqrt{3}}{2}$,进一步说明三棱锥的每条边长都是 a,从而 $ABCD$ 是正四面体.

因此,我们总有

$$S = \frac{3V}{r} \geqslant \frac{3V}{\sqrt[3]{\dfrac{V}{8\sqrt{3}}}} = 6\sqrt[6]{3}V^{\frac{2}{3}},$$

等号成立当且仅当 $ABCD$ 是正四面体. □

3.3 等高线

很多几何极值问题可以表述为求平面或空间中点的一个函数的最大值或最小值,所以我们期望有一些通用的方法来解决这类问题. 本节致力于描述这种方法,涉及平面上的等高线函数. 下面的例子给出了这种方法的一个解释.

例 3.9　设 l 是平面上给定的一条直线, A, B 是直线 l 同一侧的两点, 求出 l 上的点 M, 使得 $\angle AMB$ 最大.

解　如果 φ 是一个给定的角, 那么平面上满足 $\angle AMB = \varphi$ 的点 M 的轨迹是以 A 和 B 为端点的两段弧的并集, 且关于直线 AB 对称. 对不同的 φ, 把这些弧画出来, 我们得到了一系列覆盖全平面的弧, 除了直线 AB 上的点 (图 3.12).

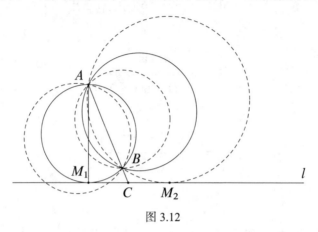

图 3.12

l 上每个点都属于这一列弧中的一段, 那么现在的问题就是要求出与 l 有公共点的弧, 且使得相应的角 φ 最大. 首先, 考虑 l 与直线 AB 相交的情形. 设 C 是相应的交点, l_1 和 l_2 是 l 上由 C 决定的两条射线. 考虑与 l_1 相切的弧 γ_1, 而 M_1 是 γ_1 与 l_1 的切点. 显然 γ_1 是过 A, B, 且与 l 有公共点的最小圆上的弧. 因此, 对 l_1 上任意异于 M_1 的点 M, 我们有 $\angle AMB < \angle AM_1B$. 类似地, 射线 l_2 与弧 γ_2 相切于点 M_2, 且对 l_2 上任意异于 M_2 的点 M, 我们有 $\angle AMB < \angle AM_2B$. 那么此问题的解就由 M_1 或 M_2 给出, 这取决于 $\angle AM_1B$ 和 $\angle AM_2B$ 的大小. 注意到, 点 M_1 和 M_2 可以由等式

$$CM_1 = CM_2 = \sqrt{CA \cdot CB}$$

来构造, 至于 $l \parallel AB$ 的情形可以类似地解决.　　　□

在以上问题中最关键的点如下: 第一个关键点是研究 $\angle AMB$ 的性质, 这里点 M 不仅仅在 l 上时, 也可能在 l 外. 确切地说, 我们将 $\angle AMB$ 看成平面上的点 M 的一个函数 $f(M) = \angle AMB$. 第二个关键点是我们考查函数 f 性质的方式, 这一点我们是注意到在对称的一对弧上, f 是一个常数. 由这样的一对弧生成的曲线称为 f 的等高线. 对平面上的点 M 的函数 $f(M)$, 都是可以定义曲线的分类的. 即如果 h 是任意一个实数, 那么 f 相应于 h 的高度是一个集合

$$l_h = \{M : f(M) = h\}.$$

如我们在上述问题的解答中所见,已知一个给定函数的等高线,有助于找到此函数的极值. 接下来,我们给出平面上点的各种函数,并且描绘它们的等高线. 在任意一个特定的问题中,本质上我们需要找到一个轨迹上的点,使得其满足给定的性质.

例 3.10 给定平面上的两个固定点 A 和 B,设 $f(M) = \angle AMB$,那么对任意的 $\varphi \in (0°, 180°)$, f 的等高线 l_φ 是两段以 A 和 B 为端点的弧的并集,且它们关于 l 对称(图 3.13).

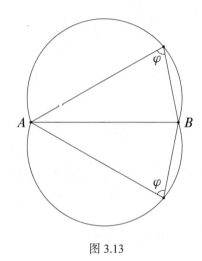

图 3.13

例 3.11 设 O 是平面上的一个固定点,令 $f(M) = OM$,那么对 $r > 0$,等高线 l_r 是以 O 为圆心、r 为半径的圆. 如果我们在空间中考虑,那么 l_r 是一个球面.

例 3.12 设 A 和 B 是平面上的两个固定点,令

$$f(M) = MA^2 + MB^2,$$

那么对 $r > \dfrac{1}{2}AB^2$,等高线 l_r 是以线段 AB 的中点为圆心的圆(图 3.14).

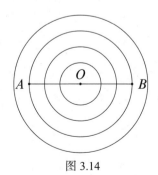

图 3.14

例 3.13 设 A 和 B 是平面上的两个固定点, 令

$$f(M) = MA^2 - MB^2,$$

那么 $f(M)$ 的等高线是垂直于 AB 的直线族 (图 3.15).

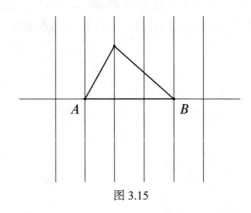

图 3.15

例 3.14 上面的最后两个例子是下面结论的特殊情形: 设 $\lambda_1, \lambda_2, \cdots, \lambda_n$ 是任意实数, 且设 $A_1, A_2, \cdots, A_n$ 是平面上的给定点. 考虑函数

$$f(M) = \lambda_1 MA_1^2 + \lambda_2 MA_2^2 + \cdots + \lambda_n MA_n^2.$$

(1) 如果 $\lambda_1 + \cdots + \lambda_n \neq 0$, 那么 f 的等高线是同心圆, 或者是一个点, 或者是空集.

(2) 如果 $\lambda_1 + \cdots + \lambda_n = 0$, 那么 f 的等高线是平行的直线, 或者是整个平面, 或者是空集.

证 考虑平面上的任意一个直角坐标系 xOy, 设点 $M = (x, y)$, $A_i = (x_i, y_i)$, $i = 1, 2, \cdots, n$. 记 l_μ 是 f 的等高线, 那么 $M \in l_\mu$ 当且仅当

$$\lambda_1[(x - x_1)^2 + (y - y_1)^2] + \cdots + \lambda_n[(x - x_n)^2 + (y - y_n)^2] = \mu.$$

令

$$\lambda = \lambda_1 + \cdots + \lambda_n, a = \lambda_1 x_1 + \cdots + \lambda_n x_n, b = \lambda_1 y_1 + \cdots + \lambda_n y_n,$$
$$c = \lambda_1(x_1^2 + y_1^2) + \cdots + \lambda_n(x_n^2 + y_n^2) - \mu.$$

将上述等式的左边变形, 我们得到

$$\lambda x^2 + \lambda y^2 - 2ax - 2by + c = 0.$$

(1) 如果 $\lambda \neq 0$,那么

$$\left(x - \frac{a}{\lambda}\right)^2 + \left(y - \frac{b}{\lambda}\right)^2 = \frac{a^2 + b^2 - \lambda c}{\lambda^2},$$

由此,我们可得:

(a) 如果 $a^2 + b^2 - \lambda c > 0$,那么等高线 l_μ 是以 $O = \left(\dfrac{a}{\lambda}, \dfrac{b}{\lambda}\right)$ 为圆心的圆;

(b) 如果 $a^2 + b^2 - \lambda c = 0$,那么 $l_\mu = \{O\}$;

(c) 如果 $a^2 + b^2 - \lambda c < 0$,那么 l_μ 是空集.

(2) 如果 $\lambda = 0$,那么 $ax + by - \dfrac{c}{2} = 0$,当 $a^2 + b^2 > 0$ 时,此方程定义了一条直线,当 $a = b = c = 0$ 时表示整个平面,当 $a = b = 0, c \neq 0$ 时表示空集. □

下面的例子是例 3.14 的一种特殊情形.

例 3.15 设 G 是平面上质点系 $\{A_1, A_2, \cdots, A_n\}$ 的重心. 函数

$$f(M) = MA_1^2 + MA_2^2 + \cdots + MA_n^2$$

的等高线 $f(M) = \mu$ 是以 G 为中心的同心圆,或者是点 G,或者是空集.

应用相同的方法计算也可以得出下面的著名结论.

Leibnitz 公式 设 G 是质点系 $\{A_1, A_2, \cdots, A_n\}$ 的重心,那么对任意点 M,我们有

$$MA_1^2 + MA_2^2 + \cdots + MA_n^2 = nMG^2 + GA_1^2 + GA_2^2 + \cdots + GA_n^2.$$

例 3.16 给定平面上的点 M 和直线 l,记 M 到 l 的距离为 $d(M, l)$. 对两条相交直线 l_1 和 l_2,考虑函数

$$f(M) = d(M, l_1) + d(M, l_2).$$

那么 f 的等高线是对角线在 l_1 和 l_2 上的矩形族(图 3.16).

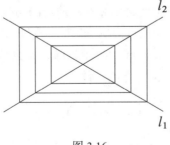

图 3.16

证　这里的证明基于一个重要的事实，就是如果 $\triangle ABC$ 是等腰三角形，且满足 $AC = BC$，那么函数 f 在 AB 上是一个常数. 如果 $M \in AB$，那么我们有

$$f(M) = d(M, AC) + d(M, BC) = \frac{2[AMC]}{AC} + \frac{2[BMC]}{BC} = \frac{2[ABC]}{BC} = h,$$

其中 h 是 $\triangle ABC$ 顶点 A 处的高. 因此 $f(M)$ 的每条等高线由四条线段构成，它们分别垂直于 l_1 和 l_2 所夹的两个角的平分线. 显然，这些线段是对角线分别在 l_1 和 l_2 上的矩形的四边. □

最后，我们考虑平面上的两类重要曲线：椭圆与双曲线.

例 3.17　给定平面上的两点 A 和 B，考虑函数 $f(M) = MA + MB$ 和 $g(M) = |MA - MB|$，那么 f 的等高线称为椭圆（图 3.17），而 g 的等高线称为双曲线（图 3.18），点 A 和 B 称为这些曲线的焦点.

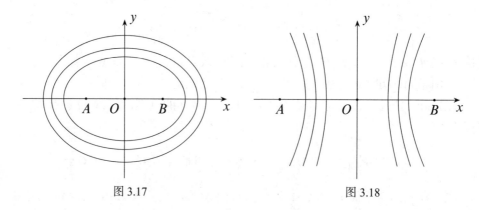

图 3.17　　　　　　　　　　　　图 3.18

给定一个椭圆和一个双曲线，直线 AB 与线段 AB 的中垂线是它们的对称轴. 如果我们将这两条线取为坐标轴，那么椭圆和双曲线的直角坐标方程分别为：

$$\frac{x^2}{a^2} + \frac{y^2}{b^2} = 1, \frac{x^2}{a^2} - \frac{y^2}{b^2} = 1.$$

很多涉及椭圆与双曲线的有趣问题都和这些曲线的切线的主要性质有关.

焦点性质　设 M 是一个焦点为 A 和 B 的椭圆（双曲线）上的任意一点，那么线段 MA 和 MB 与点 M 在椭圆（双曲线）处的切线所成的夹角相等.

考虑以上方程所给定的双曲线 h，直线

$$l_1: y = \frac{b}{a}x, l_2: y = -\frac{b}{a}x$$

称为 h 的渐近线（图 3.19）. 可以证明的是，h 的切线从直线 l_1 和 l_2 所夹的角中截出的三角形的面积是定值. 这也意味着，从一个给定的角中截出固定面积的直线族

恰好是一个以角的两边为渐近线的抛物线的一个分支. 我们还要提及的是, h 的切线的切点是切线被角的两边截出来的线段的中点. 读者可以参看 [14] 中关于椭圆与双曲线的几何性质.

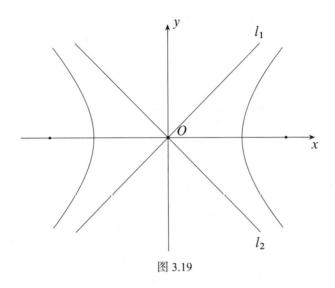

图 3.19

平面上的很多几何极值问题可以表述为如下形式: 设 f 是一个定义在平面上的函数, 求 f 在一条给定的曲线 l 上的最大值 (最小值). 比如, 在例 3.9 中, 我们证明了在给定平面上两点 A 和 B 的条件下, 函数 $f(M) = \angle AMB$ 在直线 l 上的最大值在 l 与 f 的某条等高线相切时取到. 更一般地, 我们有下面的结论:

切线原理 如果定义在平面上的函数 f 在某条平面曲线 l 上有最大值 (最小值), 那么这个最值在 l 与 f 的某条等高线相切时取到.

上述原理成立的理由如下: 假定 f 在 l 上的最大值在某点 $P \in l$ 处取到, 且设 $f(P) = c$, 那么曲线 l 与集合 $\{M: f(M) > c\}$ 没有公共点, 因此它完全包含于集合 $\{M: f(M) \leq c\}$. 那么 l 不可能与等高线 $l_c = \{M: f(M) = c\}$ 相交于点 P, 因此 l 必然与 l_c 相切于点 P.

接下来, 我们要考虑一些几何极值问题, 并且用切线原理来解决. 第一个例子很简单, 但是非常具有启发性.

例 3.18 在 l 上取一点 M, 使得从 M 到给定点 O 的距离最小.

解 我们需要对 $M \in l$ 求出函数 $f(M) = OM$ 的最小值. f 的等高线是以 O 为中心的圆 (例 3.11). 考虑其中与 l 相切的等高线 (图 3.20). 显然切点 M_0 就是问题的解, 事实上它是从 O 到 l 的垂足. □

注 我们可以用同样的方法来解决更一般的问题, 在一个给定的曲线上找与给定点 O 距离最近的点 M. 在这种情形下, 问题的解 $M_0 \in l$ 是使得 OM_0 与 l 在

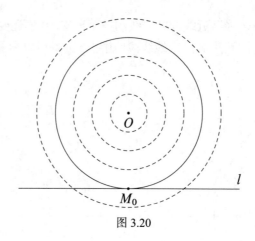

图 3.20

M_0 处的切线 l 互相垂直的点（图 3.21）.

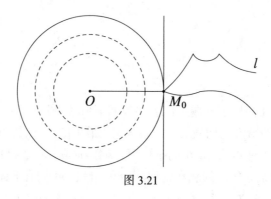

图 3.21

更一般地, 如果 l 有尖点, 那么我们只需要相应的等高线与 l 在 M_0 处接触即可. 给读者留一个好的练习, 考虑 l 是三角形, 圆或椭圆的情形.

例 3.19　在给定的 $\triangle ABC$ 的外接圆上求一点 M, 使得和式 $f(M) = MA^2 + MB^2 + MC^2$ 是:

(1) 最小的;

(2) 最大的.

解　如同我们在例 3.14 后面所注释的, 函数 $f(M)$ 的等高线是以 $\triangle ABC$ 的重心 G 为中心的同心圆. 设 O 是 $\triangle ABC$ 的外心. 如果此三角形不是等边的, 那么点 O 与 G 是不重合的, 所以直线 OG 是良定义的（这就是 $\triangle ABC$ 所谓的 Euler 线）, 且它交 $\triangle ABC$ 的外接圆 k 于两点 M_1 和 M_2. 假定 G 在 O 和 M_1 之间（图 3.22）. 那么由切线原理, $f(M)$ 在点 M 与 M_1 重合时取得最小值, 在点 M 与 M_2 重合时取得最大值.

如果 $\triangle ABC$ 是等边的, 那么点 G 与 O 重合, 而这个外接圆本身就是 f 的一

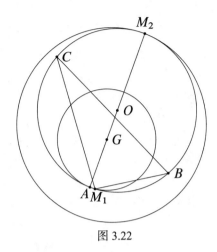

图 3.22

条等高线,即 f 在 k 上是常数. □

注 在上述问题中,函数 f 的最大值和最小值可以很容易由 Leibnitz 公式计算得到. 运用两次 Leibnitz 公式,我们得到

$$f(M_1) = \frac{1}{3}(a^2 + b^2 + c^2) + 3\left(R - \sqrt{R^2 - \frac{a^2 + b^2 + c^2}{9}}\right)^2,$$

$$f(M_2) = \frac{1}{3}(a^2 + b^2 + c^2) + 3\left(R + \sqrt{R^2 - \frac{a^2 + b^2 + c^2}{9}}\right)^2,$$

其中 a, b, c 是 $\triangle ABC$ 的边长,而 R 是其外接圆半径.

例 3.20 在梯形 $ABCD$($AB \parallel CD$)上求一点 M,使得从 M 到梯形的各边距离之和:

(1) 最小;

(2) 最大.

解 分别用 l_1 和 l_2 表示直线 AD 和 BC,而 O 是它们的交点(图 3.23).

由于从 M 到 AB 和 CD 的距离之和等于梯形的高,我们需要对梯形上的 M,求函数

$$f(M) = d(M, l_1) + d(M, l_2)$$

的最小值和最大值. 例 3.16 说明 f 的等高线是垂直于直线 l_1 和 l_2 所夹的角(包含梯形的那个角)的平分线 b 的线段. 因此,f 的最小值(最大值)在梯形内的点 M_1(M_2)取到,其中 M_1(M_2)到角平分线 b 的距离最小(最大). 假定 $AD \le BC$,那么显然 $M_1 = D, M_2 = B$(图 3.23). □

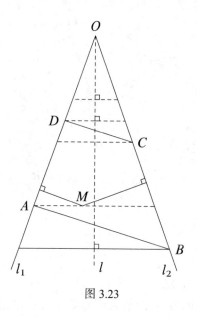

图 3.23

在接下来的问题中, 我们将探索依赖于平面上的变直线 (而不是一个点) 的函数 f 的极值.

例 3.21 设 l 是一个给定 $\angle pOq$ 内的曲线. 构造一条 l 的切线 (即仅与 l 接触), 使得其从所给角内截出的三角形面积最小 (最大).

解 对任意与角的两边相交的直线 l, 设 $f(l)$ 表示 l 从 $\angle pOq$ 截出的面积, 我们需要对 l 的所有切线 t, 求 f 的最小值 (最大值). 由切线原理, 我们需要求出 f 的等高线, 即使得 $f(l)$ 是一个给定常数的直线 l. 我们之前给过注释, 从一个给定的 $\angle pOq$ 内截出固定面积的直线都是一个抛物线分支的切线, 此抛物线的渐近线是由 p 和 q 决定的直线 (图 3.24).

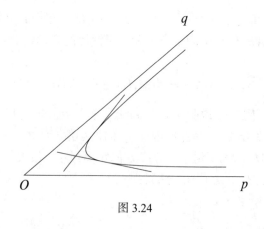

图 3.24

100

所以由切线原理, 我们断言与 l 相切且从 $\angle pOq$ 中截出最大 (最小) 三角形面积的切线 t_0 必然在 M_0 处与 l 相切, 且 l 与一个双曲线相切, 此双曲线的渐近线是由 p 和 q 所决定的 (图 3.25).

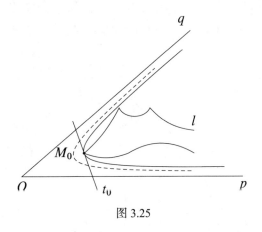

图 3.25

于是由双曲线的性质可知 M_0 是双曲线在 M_0 处的切线在 $\angle pOq$ 内截出的线段的中点. 因此直线 t_0 必然也具有相同的性质. □

我们需要提及的是, 上述讨论只在某些情形下成立, 这并不意味着截出最大 (或最小) 面积的直线存在, 这里只是证明了如果这样的直线存在, 那么它必然与 l 在某点处相切, 且切点是直线在角内所截线段的中点. 为了说得更清楚, 我们来考虑两种特殊的情形.

情形 1 假定 l 是单个的点, $l = \{M\}$, 那么很显然上述问题的最大值无解, 因为过 M 的直线从角内可以截出任意大面积的三角形 (图 3.26). 因此在这种情形下, 上述问题只有最小值有意义.

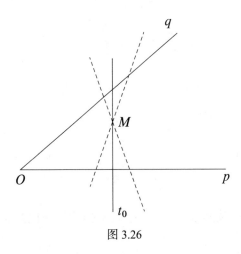

图 3.26

存在一条过 M 的直线 t_0,使得 M 是直线在角内所截线段的中点,所以根据一般性结论,t_0 从 $\angle pOq$ 内截出的三角形面积最小（见例 2.2 的注释中对此事实的另一种证明）.

情形 2　设 k 是圆,且与一个给定角的边 p 和 q 分别相切于点 A 和 B（图 3.27）. 用 l 表示 k 上以 A 和 B 为端点的较小的弧,那么上述问题的最小值无解,

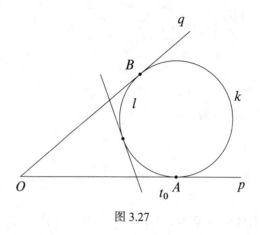

图 3.27

因为在点 O 附近的点所作的切线可以截出任意小的三角形面积（我们也可以说最小面积是 0,此时的切线分别是 p 或 q,切点是 A 或 B,那么此时的三角形是退化的）. 这个问题的最大面积有解,所求的解是 l 的垂直于 $\angle pOq$ 的平分线的切线 t_0.

类似地,如果 l 是 k 的以 A 和 B 为端点的较长的弧,那么上述问题中只有最小面积有解,所求的解是 l 的垂直于 $\angle pOq$ 的平分线的切线 t_0（图 3.28）.

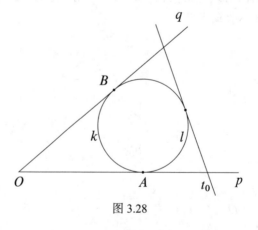

图 3.28

最后,我们需要提及的是,上述讨论当 k 换成任意内接于 $\angle pOq$ 的闭凸曲线（没有尖点）时也成立.

3.4 集合间的距离

本节是启发于 [52] 和 [55] 所提及的代数不等式, 设实数 a, b, c, d 满足 $a^2 + 4b^2 = 4, cd = 4$, 证明:

$$(a-c)^2 + (b-d)^2 > 1.6. \tag{3.1}$$

此不等式看起来似乎并不难, 但是很快读者就会发现其证明是颇费功夫的. 我们很自然地也会考虑此不等式是否是紧的, 如果不是, 那么我们是否能够找到左边表达式的最优下界呢? 我们需要提及的是, 解决此问题有很多种数学方法 (比如 Lagrange 乘数法), 但是它们的应用需要掌握好微积分, 这已经超出了本书的内容.

本节的目的是考虑两种解决上述类型问题的基本方法. 第一种方法是几何方法, 需要用到解析几何的一些基本结论. 第二种方法是代数方法, 它将求式 (3.1) 左边的最优下界的问题转化为一个八次的代数方法.

设 $A(a, b)$ 和 $B(c, d)$ 是坐标平面 xOy 上的两点, 这两点的距离为

$$AB = \sqrt{(a-c)^2 + (b-d)^2}.$$

考虑由以下方程所确定的椭圆 e 和双曲线 h (图 3.29):

$$\frac{x^2}{4} + y^2 = 1, xy = 4.$$

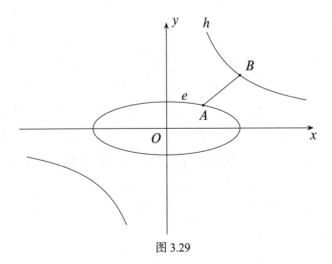

图 3.29

那么不等式 (3.1) 等价于: 如果 $A \in e, B \in h$, 那么 $AB > \dfrac{4}{\sqrt{10}}$. 要证明这种类型的不等式, 很自然地引入两个集合间的距离.

设 $\mathcal{M}$ 和 $\mathcal{N}$ 是平面（空间）上的任意（非空）集合，那么将 $\mathcal{M}$ 和 $\mathcal{N}$ 的距离 $d(\mathcal{M}, \mathcal{N})$ 定义为 $\mathcal{M}$ 和 $\mathcal{N}$ 之间所有点的距离的下确界. 换句话说，$d(\mathcal{M}, \mathcal{N})$ 是满足以下条件的唯一实数：

(1) 对任意两点 $A \in \mathcal{M}, B \in \mathcal{N}$，我们有 $AB \geqslant d(\mathcal{M}, \mathcal{N})$；

(2) 对任意 $\varepsilon > 0$，存在点 $A \in \mathcal{M}$ 和 $B \in \mathcal{N}$，使得 $AB < d(\mathcal{M}, \mathcal{N}) + \varepsilon$.

在很多情形下，两个集合 $\mathcal{M}$ 和 $\mathcal{N}$ 的距离是可以取到的，也就是说，存在点 $A \in \mathcal{M}$ 和 $B \in \mathcal{N}$，使得 $AB = d(\mathcal{M}, \mathcal{N})$. 然而，在平面上也存在某些集合并不满足这种情形. 注意到，如果两个集合有公共点，那么它们的距离是 0，但是这个结论反过来是不成立的，有下面的例子.

例 3.22　给定直线 $l: y = 0$ 与双曲线 $h: xy = 1$，证明它们的距离等于 0，但是它们没有公共点.

证　考虑点 $A_n(n, 0) \in l$ 和 $B_n\left(n, \dfrac{1}{n}\right) \in h$，其中 n 是一个正整数（图 3.30），那么

$$A_n B_n = \sqrt{(n-n)^2 + \left(0 - \dfrac{1}{n}\right)^2} = \dfrac{1}{n}.$$

由于 $\lim\limits_{n \to \infty} \dfrac{1}{n} = 0$，因此 $d(l, h) = 0$. 显然，l 与 h 没有公共点. □

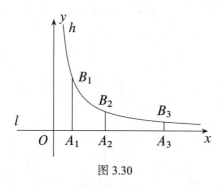

图 3.30

例 3.23　点 A 与直线 l 的距离等于 A 与 A 到 l 的垂足 B 的距离（图 3.31）.

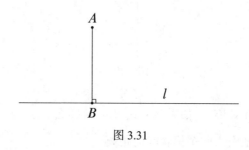

图 3.31

例 3.24 设 l_1 和 l_2 是平面上的两条不同直线. 如果 l_1 与 l_2 相交，那么 $d(l_1, l_2) = 0$. 如果它们是平行的，那么 $d(l_1, l_2)$ 等于与 l_1 和 l_2 都垂直的垂线段的长度（图 3.32）.

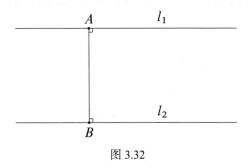

图 3.32

例 3.25 设直线 l 和圆 k 的方程分别为

$$l: \frac{x}{p} + \frac{y}{q} = 1, k: x^2 + y^2 = r^2,$$

那么 l 与 k 之间的距离为：

$$d(l, k) = \begin{cases} 0, & \text{如果 } \dfrac{|pq|}{\sqrt{p^2 + q^2}} \leqslant r \\ \dfrac{|pq|}{\sqrt{p^2 + q^2}} - r, & \text{如果 } \dfrac{|pq|}{\sqrt{p^2 + q^2}} \geqslant r \end{cases}.$$

证 注意到，如果 l 是一条直线，k 是以 O 为圆心、r 为半径的圆，d 是点 O 与直线 l 之间的距离，那么（图 3.33）

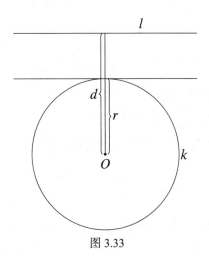

图 3.33

105

$$d(l,k) = \begin{cases} 0, & \text{如果 } d \leqslant r \\ d - r, & \text{如果 } d \geqslant r \end{cases}.$$

由于 $OA = |p|$ 且 $OB = |q|$（图 3.34），直角 $\triangle AOB$ 的高 OH 的长为

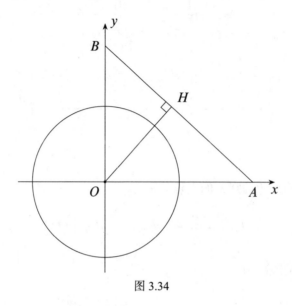

图 3.34

$$OH = \frac{|pq|}{\sqrt{p^2 + q^2}}. \qquad \square$$

例 3.26　设实数 a, b, c, d 满足

$$4a + 3b = 12, c^2 + d^2 = 4,$$

证明不等式

$$(a - c)^2 + (b - d)^2 \geqslant \frac{4}{25}.$$

等号何时成立?

证　考虑直线 $l: \dfrac{x}{3} + \dfrac{y}{4} = 1$ 和圆 $k: x^2 + y^2 = 4$, 那么我们需要证明这两者之间的距离不小于 $\dfrac{2}{5}$. 这由例 3.25 可以直接得到, 因为 $p = 3, q = 4, r = 2$, 所以

$$d(l,k) = \frac{12}{5} - 2 = \frac{2}{5}.$$

作为练习, 我们留给读者去证明等号成立当且仅当 $a = 1.92, b = 1.44, c = 1.6, d = 1.2.$ \qquad $\square$

106

现在,我们将例 3.25 一般化,找到直线与椭圆之间的距离公式.

例 3.27 直线 $l : \dfrac{x}{p} + \dfrac{y}{q} = 1$ 和椭圆 $e : \dfrac{x^2}{a^2} + \dfrac{y^2}{b^2} = 1, a, b > 0$ 的距离为

$$d(l, e) = \begin{cases} 0, & \text{如果 } |pq| \leqslant \sqrt{a^2 p^2 + b^2 q^2} \\ \dfrac{|pq| - \sqrt{a^2 p^2 + b^2 q^2}}{\sqrt{p^2 + q^2}}, & \text{如果 } |pq| \geqslant \sqrt{a^2 p^2 + b^2 q^2} \end{cases}.$$

证 求距离 $d(l, e)$ 的几何想法如下:如果 l 与 e 相交,那么 $d(l, e) = 0$. 如果 l 与 e 不相交,记 l^* 表示距离 l 较近且与 l 平行的 e 的切线(图 3.35),那么 $d(l, e) = d(l, l^*)$.

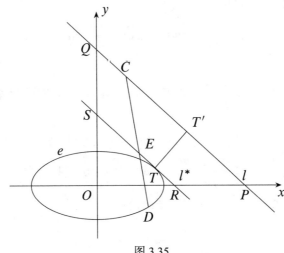

图 3.35

如果设 $C \in l$ 和 $D \in e$ 是任意点,由于 l 和 e 分别在 l^* 的两侧(为什么?),于是线段 CD 与直线 l^* 交于某一点 E,那么 $CD \geqslant CE \geqslant d(l, l^*)$,所以 $d(l, e) \geqslant d(l, l^*)$. 又设 T 是 l^* 与 e 的切点,T' 是 T 在 l 上的投影,那么由例 3.23 我们可知 $TT' = d(l, l^*)$,所以 $d(l, e) \leqslant d(l, l^*)$,因此 $d(l, e) = d(l, l^*)$.

现在,我们来求出切线 l^* 的方程. 设 $l^* : \dfrac{x}{r} + \dfrac{y}{s} = 1$,$P$ 和 Q 分别是 l 与坐标轴 Ox 和 Oy 的交点. 设 R 和 S 分别是 l^* 与坐标轴 Ox 和 Oy 的交点(图 3.35). 由于 $PQ \parallel RS$,我们得到 $\dfrac{|r|}{|s|} = \dfrac{|p|}{|q|}$. 此外,$l^*$ 和 e 有一个公共点. 因此,方程组

$$\frac{x}{r} + \frac{y}{s} = 1, \frac{x^2}{a^2} + \frac{y^2}{b^2} = 1$$

有唯一解. 这说明二次方程

$$\frac{x^2}{a^2} + \frac{\left[\dfrac{s(r - x)}{r} \right]^2}{b^2} = 1$$

的判别式为零,由此我们得到

$$a^2s^2 + b^2r^2 = s^2r^2.$$

再利用等式 $\dfrac{|r|}{|s|} = \dfrac{|p|}{|q|}$,我们得到

$$|r| = \frac{\sqrt{p^2b^2 + q^2a^2}}{q}, |s| = \frac{\sqrt{p^2b^2 + q^2a^2}}{p}.$$

由于直线 l 与 l^* 的距离等于直角 $\triangle POQ$ 和直角 $\triangle ROS$ 底边上的高之差,那么当 l 与 e 不相交时,我们有

$$d(l,e) = \frac{|pq| - \sqrt{a^2p^2 + b^2q^2}}{\sqrt{p^2 + q^2}}. \qquad \square$$

例 3.28　直线 $l: \dfrac{x}{p} + \dfrac{y}{q} = 1$ 与双曲线 $h: xy = c^2$ 之间的距离为

$$d(l,h) = \begin{cases} 0, & \text{如果 } pq < 0 \text{ 或 } pq \geqslant 4c^2 \\ \dfrac{4c^2 - pq}{\sqrt{p^2 + q^2}}, & \text{如果 } 0 < pq < 4c^2 \end{cases}.$$

证　我们将利用例 3.27 中相同的思路. 注意到,方程组

$$\frac{x}{p} + \frac{y}{q} = 1, xy = c^2$$

有一组实数解,即 l 与 h 有一个公共点,当且仅当 $p^2q^2 \geqslant 4pqc^2$. 这等价于 $pq < 0$ 或 $pq \geqslant 4c^2$. 此时,$d(l,h) = 0$.

现在假定 l 与 h 没有公共点,那么 $p^2q^2 < 4pqc^2$,这等价于 $0 < pq < 4c^2$. 此时,用 l^* 表示 h 的距离 l 较近的且与 l 平行的切线(图 3.36).

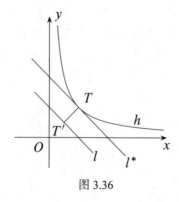

图 3.36

那么与例 3.27 的解答类似，l^* 的方程为 $\dfrac{x}{kp} + \dfrac{y}{kq} = 1$，其中 $k = \dfrac{4c^2}{pq}$. 由于 $d(l,h) = d(l,l^*)$，我们断言在这种情形下有

$$d(l,h) = \frac{pq}{\sqrt{p^2 + q^2}} - \frac{kpq}{\sqrt{p^2 + q^2}} = \frac{4c^2 - pq}{\sqrt{p^2 + q^2}}. \qquad \Box$$

现在我们利用例 3.27 来得到椭圆与双曲线之间距离的一个下界.

例 3.29 设 e 和 h 分别是椭圆和双曲线，其方程分别为

$$e : \frac{x^2}{a^2} + \frac{y^2}{b^2} = 1, h : xy = c^2, a, b, c > 0,$$

那么

$$d(e,h) \geq \frac{2c\sqrt{ab} - ab\sqrt{2}}{\sqrt{u^2 + b^2}}. \tag{3.2}$$

证 我们后面会证明（定理 8）椭圆 e 与双曲线 h 有公共点当且仅当 $ab \geq 2c^2$. 此时，不等式 (3.2) 的左边是非负的，那么不等式成立. 现在我们假定 e 和 h 没有公共点. 设 l 是 e 的任意一条切线，l^* 是 h 与 l 平行的切线（图 3.37）.

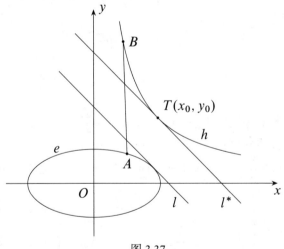

图 3.37

不等式 $d(e,h) \geq d(e.l^*)$ 几乎是显然的，但我们将严格证明它. 由于 $d(e,l^*) = d(l,l^*)$，我们需要证明 $d(e,h) \geq d(l,l^*)$. 假定 $d(e,h) < d(l,l^*)$，且设 $\varepsilon = d(l,l^*) - d(e,h) > 0$. 那么存在点 $A \in e$ 和 $B \in h$，使得 $AB < d(e,h) + \varepsilon = d(l,l^*)$. 但这是矛盾的，因为线段 AB 与 l 和 l^* 都相交（图 3.37），所以 $d(e,h) \geq d(e,l^*)$. 设 $T(x_0, y_0) \in h$ 是 l^* 与 h 的切点，那么与例 3.27 的解答类似，l^* 的方程为

$$l^* : \frac{x}{2x_0} + \frac{y}{2y_0} = 1.$$

109

因此,由例 3.27 的公式可得不等式

$$d(e,h) \geqslant \frac{2c^2 - \sqrt{a^2 y_0^2 + b^2 x_0^2}}{\sqrt{x_0^2 + y_0^2}}, \tag{3.3}$$

其中 x_0, y_0 是任意满足 $x_0 y_0 = 1$ 的实数. 特别地,取 $x_0 = \dfrac{c\sqrt{a}}{\sqrt{b}}, y_0 = \dfrac{c\sqrt{b}}{\sqrt{a}}$,我们得到了待证不等式. □

我们现在就可以证明不等式 (3.1) 了. 只需要对椭圆 $e: \dfrac{x^2}{4} + y^2 = 1$ 和双曲线 $h: xy = 4$ 应用式 (3.2),即当 $a = 2, b = 1, c = 2$ 时即可.

虽然我们已经证明了不等式 (3.1),但是要想得到习题 3.29 中证明的下界,需要进一步分析式 (3.3) 右边的复杂函数. 我们需要一提的是,这里的证明思路可以应用于求很多类曲线之间距离的下界.

现在我们考虑用代数方法来求出椭圆和双曲线之间的距离. 这里的思路暗含在下面对式 (3.1) 的巧妙证明中:

$$(a - c)^2 + (b - d)^2 = \left(a\sqrt{\frac{3}{2}} - c\sqrt{\frac{2}{3}} \right)^2 + \left(b\sqrt{3} - d\sqrt{\frac{1}{3}} \right)^2 +$$
$$\frac{1}{3}(c - d\sqrt{2})^2 + \frac{2\sqrt{2}cd}{3} - \frac{1}{2}(a^2 + 4b^2)$$
$$\geqslant \frac{8\sqrt{2}}{3} - 2.$$

注意到,这里的不等式比式 (3.1) 更强,因为 $\dfrac{8\sqrt{2}}{3} - 2 > 1.6$.
下一个定理的证明也会应用到上述不等式的证明思路.

定理 8　椭圆 $e: \dfrac{x^2}{a^2} + \dfrac{y^2}{b^2} = 1$ 和双曲线 $h: xy = c^2$ 的距离为

$$d(e,h) = \begin{cases} 0, & \text{如果 } ab \geqslant 2c^2 \\ \sqrt{\dfrac{2k_0 c^2}{\sqrt{(k_0 + a^2)(k_0 + b^2)}} - k_0}, & \text{如果 } ab < 2c^2 \end{cases},$$

其中 k_0 是方程

$$\frac{c^2 a^2}{k + a^2} + \frac{c^2 b^2}{k + b^2} = \sqrt{(k + a^2)(k + b^2)}. \tag{3.4}$$

的唯一正根.

证　这里的证明采用与上述不等式同样的证明思路. 我们注意到椭圆 e 与双曲线 h 有一公共点当且仅当方程组

$$\frac{x^2}{a^2} + \frac{y^2}{b^2} = 1, xy = c^2$$

有实根. 我们容易验证这等价于 $ab \geqslant 2c^2$.

现在考虑函数

$$f(k) = \frac{2c^2 k}{\sqrt{(k+a^2)(k+b^2)}} - k, k \in (-\min\{a^2, b^2\}, +\infty).$$

分别用 $f'(k)$ 和 $f''(k)$ 表示 $f(k)$ 的一阶和二阶导数.

引理 8 如果 $ab < 2c^2$, 那么方程 (3.4) 有唯一的正根.

引理 8 的证明 计算可得

$$f'(k) = \left(\frac{c^2 a^2}{k+a^2} + \frac{c^2 b^2}{k+b^2} \right) \frac{1}{\sqrt{(k+a^2)(k+b^2)}} - 1. \tag{3.5}$$

因此, 方程 (3.4) 等价于 $f'(k) = 0$, 且我们需要证明上一个方程有唯一正根. 要证明这一点, 我们需要利用介值定理. 由式 (3.5) 可得 $f'(k)$ 是严格递减的函数, 且 $f'(0) = \dfrac{2c^2}{ab} - 1 > 0$, $\lim\limits_{k \to +\infty} f'(k) = -1$. 由于 $f'(k)$ 是连续函数, 所以存在 k_1, 使得 $f'(k_1) < 0$. 由介值定理可知, 方程 $f'(k) = 0$ 有一个正根. 这个正根是唯一的, 因为 $f'(k)$ 在区间 $(0, +\infty)$ 上严格递减. $\qquad \square$

我们现在来证明, 函数 $f(k)$ 是椭圆 e 与双曲线 h 之间距离的一个下界.

设 $A(x, y) \in e$, $B(z, t) \in h$ 是任意点, 那么

$$AB^2 = (x-z)^2 + (y-t)^2$$

$$= \left(x\sqrt{\frac{k+a^2}{a^2}} - z\sqrt{\frac{a^2}{k+a^2}} \right)^2 +$$

$$\left(y\sqrt{\frac{k+b^2}{b^2}} - t\sqrt{\frac{b^2}{k+b^2}} \right)^2 + \left(z\sqrt{\frac{k}{k+a^2}} - t\sqrt{\frac{k}{k+b^2}} \right)^2 +$$

$$\frac{2kzt}{\sqrt{(k+a^2)(k+b^2)}} - k\left(\frac{x^2}{a^2} + \frac{y^2}{b^2} \right),$$

这意味着不等式 $AB^2 \geqslant f(k)$. 注意到, 使得等号成立的点为

$$A_0 \left(\frac{\pm c a^2}{k_0 + a^2} \sqrt[4]{\frac{k_0 + a^2}{k_0 + b^2}}, \frac{\pm c b^2}{k_0 + b^2} \sqrt[4]{\frac{k_0 + b^2}{k_0 + a^2}} \right),$$

$$B_0 \left(\pm c \sqrt[4]{\frac{k_0 + a^2}{k_0 + b^2}}, \pm c \sqrt[4]{\frac{k_0 + b^2}{k_0 + a^2}} \right),$$

其中 k_0 是方程 (3.4) 的唯一正根.

我们现在就可以着手证明原定理了. 如果 $ab \geq 2c^2$，那么 e 和 h 有公共点，即 $d(e,h) = 0$. 假定 $ab < 2c^2$，由于 $f'(k)$ 是递减的，我们有 $f''(k) < 0, k > 0$. 由引理 8 可知，方程 $f'(k) = 0$ 有唯一的正根 k_0，所以 $f(k)$ 在 $(0, +\infty)$ 上有最大值，且在 k_0 处取到. 特别地，$f(k_0) > f(0) = 0$. 设 $A \in e, B \in h$ 是任意点，那么我们证明了 $AB^2 \geq f(k_0)$. 此外，我们有 $A_0 B_0^2 = f(k_0)$，由此我们断言 $d^2(e,h) = f(k_0)$. □

上述定理将求椭圆与双曲线距离的问题转化为求方程 (3.4) 的正根. 在一般情形下，这是一个很难的问题，但是对于其近似值却有非常简单的方法. 这样的话，我们就可以以任意精确度计算椭圆和双曲线的距离了. 为了说明这种方法是怎样运用的，我们考虑椭圆 $e: \dfrac{x^2}{4} + y^2 = 1$ 和双曲线 $h: xy = 4$. 在这种情形下，方程 (3.4) 具有形式

$$\frac{4}{k+1} + \frac{16}{k+4} = \sqrt{(k+1)(k+4)},$$

其正根为 $k_0 = 1.877\,430\,203\,5\cdots$，而 e 和 h 的距离为 $d(e,h) = 1.332\,214\,634\,6\cdots$. 特别地，我们发现 $d^2(e,h) > 1.774$，这就证明了 $d^2(e,h) > \dfrac{8\sqrt{2}}{3} - 2$.

注　求椭圆 e 与双曲线 h 之间距离的另一种思路，就只证明存在平行的切线 t 和 t'，与 e 切于点 $M(x_0, y_0)$，与 h 切于点 $M'(x_1, y_1)$，使得线段 MM' 垂直于 t 和 t'. 要求出这样的切线 t 和 t'，我们不妨假定它们有相同的负斜率 $-k$，那么

$$k = \frac{x_0 b^2}{y_0 a^2},$$

由于

$$\frac{x_0^2}{a^2} + \frac{y_0^2}{b^2} = 1,$$

我们得到

$$x_0 = \frac{ka^2}{\sqrt{k^2 a^2 + b^2}}, y_0 = \frac{b^2}{\sqrt{k^2 a^2 + b^2}}.$$

类似地，h 的切线斜率为 $-k = -\dfrac{c^2}{x_1^2}$，且由 $x_1 y_1 = c^2$，我们得到

$$x_1 = \frac{c}{\sqrt{k}}, y_1 = c\sqrt{k}.$$

注意到，线段 MM' 垂直于切线 t 和 t'，等价于

$$\frac{y_1 - y_0}{x_1 - x_0} = \frac{1}{k}.$$

将以上所有关于 x_0, x_1, y_0, y_1 的等式整理可得

$$\frac{c\sqrt{k} - \dfrac{b^2}{\sqrt{k^2 a^2 + b^2}}}{\dfrac{c}{\sqrt{k}} - \dfrac{ka^2}{\sqrt{k^2 a^2 + b^2}}} = \frac{1}{k},$$

化简可得

$$a^2k^6 + (b^2 - 2a^2)k^4 + \frac{a^2 - b^2}{c^2}k^3 + a^2k^2 + b^2 = 0. \tag{3.6}$$

需要注意的是,对比方程 (3.4),此方程可能有不止一个正根,我们需要进一步分析哪个根对应 e 和 h 之间的距离. 例如,考虑椭圆 $e: \dfrac{x^2}{4} + y^2 = 1$ 和双曲线 $h: xy = 4$. 此时,方程 (3.6) 具有形式

$$16k^6 - 28k^4 - 9k^3 + 8k^2 + 4 = 0. \tag{3.7}$$

如同在 [55] 中所注,此方程使用计算机软件 Mathematica 来研究的. 式 (3.7) 左边的多项式在有理数域上不可约,且它有两个正根,约等于 0.699 695 和 1.347 71. 作为练习,请读者排除第二个根. 根据 [55],保留 20 位有效数字的相应根是

$$k_0 - 0.699\ 694\ 820\ 023\ 390\ 601\ 83\cdots.$$

由此可得 e 和 h 之间距离平方的近似值为

$$d^2(e, h) = 1.774\ 795\ 832\ 769\ 415\ 670\ 10\cdots.$$

3.5 习题

3.1   点 A 在两条平行直线之间,且点 A 到两条直线的距离分别为 a 和 b. 在两条直线上分别求点 B 和 C,使得 $\angle BAC$ 等于某个给定的角度 α,且 $\triangle ABC$ 的面积最大.

3.2   求出一个正六边形内面积最大的三角形,使得其中有一边与六边形的一边平行.

3.3   对任意三角形 T,用 $[T]$ 表示其面积,用 $d(T)$ 表示内接于 T 的矩形的最大对角线长度. 对怎样的三角形,使得比值 $\dfrac{d^2(T)}{[T]}$ 最大?

3.4   将一个长矩形纸片 $ABCD$ 沿着某条直线 EF 折叠,其中 E 在边 AD 上,F 在边 CD 上,这样的话,顶点 D 被折到 AB 上的点 D'. 问 $\triangle EFD$ 的最小面积可能是多少?

3.5   一个面积大于 $3\sqrt{3}$ 的四边形在一个半径为 2 的圆盘内,证明:圆盘的中心在四边形内.

3.6   在直角 $\triangle ABC$ 的外接圆上求一点 M,使得 $MA + MB + MC$ 最大.

3.7   设整数 $n \geqslant 3$,k 是一个半径为 1 的圆. 对 k 内的一个内接 n 边形,用 $s(M)$ 表示 M 的各边的平方和. 证明:

(1) 如果 $n = 3$,那么 $s(M) \leqslant 9$,等号成立当且仅当 M 是等边三角形.

(2) 如果 $n > 3$，那么 $s(M) < 9$，且此不等式是紧的.

3.8 一个 $n+1$ 边形的顶点都在一个正 n 边形的边上，且将正 n 边形的周长等分成 $n+1$ 部分. 如何构造此 $n+1$ 边形，使得其面积是：

(1) 最大的；

(2) 最小的？

3.9 Johnny 正在沿着一片牧场中的一条直路行进，他从点 A 出发，并且需要尽快到达牧场上的点 B. 如果已知他在直路上的速度是在牧场上的速度的两倍，那么他应该怎么走？

3.10 A 和 B 是一个给定圆上的两点，在圆上求第三个点 C，使得和式：

(1) $AC + BC$；

(2) $AC^2 + BC^2$；

(3) $AC^3 + BC^3$

最大.

3.11 给定平面上的一条直线 l 与直线同一侧的两点 A 和 B，在平面上求点 X，使得和式

$$t(X) = AX + BX + d(X, l)$$

最小. 这里 $d(X, l)$ 是从 X 到 l 的距离.

3.12 一个体积为 V_1、表面积为 S_1 的正圆锥和一个体积为 V_2、表面积为 S_2 的圆柱内接于同一个球，证明：

(1) $3V_1 \geqslant 4V_2$；

(2) $4S_1 \geqslant (3 + 2\sqrt{2})S_2$.

3.13 点 P 在空间中一个给定的平面 α 上，而点 Q 在 α 外. 在 α 上求一点 X，使得比值

$$d(X) = \frac{PQ + PX}{QX}$$

最大.

3.14 给定一个圆 k，求其面积最大的内接：

(1) 三角形；

(2) 四边形；

(3) 五边形；

(4) 六边形.

3.15 求出具有最大面积的内接于半径为 1 的五边形 $ABCDE$，使得 $AC \perp BD$.

3.16 设 $ABCDEF$ 是一个中心对称的六边形，在它的边上求点 P, Q, R，使得 $\triangle PQR$ 的面积最大.

3.17 设 A, B, C 是一个给定圆上的三个点,证明:和式 $AB^3 + BC^3 + CA^3$ 是最大的当且仅当点 A, B, C 中有两个重合,第三个点是另外两点的对径点.

3.18 设 $\mathcal{P}$ 是一个凸多面体,证明:在 $\mathcal{P}$ 内具有

(1) 最大面积;

(2) 最长周长

的所有三角形中,至少有一个三角形的顶点是 $\mathcal{P}$ 的顶点.

3.19 设 $\mathcal{P}$ 是一个凸多面体,证明:在所有包含于 $\mathcal{P}$ 的具有最大可能体积的四面体中,至少有一个四面体的顶点都是 $\mathcal{P}$ 的顶点.

3.20 在一个给定的正方体中,求:

(1) 面积最大;

(2) 周长最长

的内接三角形.

3.21 求一个给定正方体中具有最大体积的内接四面体.

3.22 将一个双四棱柱定义成两个四棱柱

$$ABCD\text{-}A_1B_1C_1D_1 \text{ 和 } A_2B_2C_2D_2\text{-}ABCD$$

的并,它们有一个公共面 $ABCD$(是一个四棱柱的底,是另一个四棱柱的顶),没有其他公共点. 证明:在所有具有给定体积的双四棱柱中,正方体的表面积最小.

3.23 证明:在所有内接于给定球的四面体中,正四面体的体积最大.

3.24 设 $ABCD$ 是一个正四面体,且点 L 在线段 AC 上,M 在 $\triangle ABD$ 内,N 在 $\triangle BCD$ 内,在所有 $\triangle LMN$ 中,求出周长最长的三角形.

3.25 设 A 和 B 是平面上的固定点,描述以下函数的等高线:

(1) $f(M) = \min\{MA, MB\}$;

(2) $f(M) = \dfrac{MA}{MB}$.

3.26 在 $\triangle ABC$ 中,给定顶点 A 处的高和顶点 B 处的中线长度,在所有这样的三角形中,求出使得 $\angle CAB$ 最大的三角形.

3.27 点 A 和 B 在一条给定直线 l 的同一侧,在 l 上求一点 C,使得 $\triangle ABC$ 内点顶点 A 处高的垂足与顶点 B 处高的垂足之间的距离最小.

3.28 在一个给定的等腰直角 $\triangle ABC(\angle C = 90°)$ 的外接圆上求一点 M,使得和式 $MA^2 + 2MB^2 - 3MC^2$ 是:

(1) 最小的;

(2) 最大的.

3.29 设 l 是 $\angle pOq$ 内的一条曲线,l 的一条切线与角的两边 p 和 q 分别交于点 C 和 D. 如何选择切线 t,使得:

(1) $OC + OD - CD$ 是最大的;

(2) $OC + OD + CD$ 是最小的.

考虑 l 是一个点, 一条线段, 一个多边形或一个圆的情形.

3.30　设 G 是 $\triangle ABC$ 的重心, 求和式 $\sin \angle CAG + \sin \angle CBG$ 的最大值.

3.31　求集合

$$S = \{(x, y) \in \mathbb{R}^2 : |x| + |y| = 1\}$$

与直线 $l : \dfrac{x}{p} + \dfrac{y}{q} = 1$ 之间的距离, 其中 p 和 q 是非零实数.

3.32　设实数 a, b, c, d 满足 $|a| + |b| = 1$ 且 $3c + 2d = 6$, 证明:

$$(a - c)^2 + (b - d)^2 \geqslant \frac{9}{13}.$$

等号何时成立?

3.33　设实数 a, b, c, d 满足 $4a^2 + 3b^2 = 12$ 且 $3c + 4d = 12$, 证明:

$$(a - c)^2 + (b - d)^2 \geqslant \frac{12}{19 + \sqrt{336}}.$$

3.34　设实数 a, b, c, d 满足 $16a^2 + b^2 = 16$ 且 $cd = 10$, 证明:

$$(a - c)^2 + (b - d)^2 \geqslant 4.$$

等号何时成立?

3.35　设正实数 a, b, c 满足 $c^2 = (a + b)\sqrt{ab}$, 证明椭圆 $e : \dfrac{x^2}{a^2} + \dfrac{y^2}{b^2} = 1$ 与双曲线 $h : xy = c^2$ 的距离等于 $\sqrt{ab}$.

3.36　求抛物线 $\mathcal{P}_1 : y = x^2$ 与 $\mathcal{P}_2 : y = 5x^2 + 1$ 之间的距离.

3.37　求平面 $\alpha : Ax + By + Cz + 1 = 0$ 与椭球 $e : \dfrac{x^2}{a^2} + \dfrac{y^2}{b^2} + \dfrac{z^2}{c^2} = 1$ 之间的距离.

3.38　一个圆内接于一个边长为 a 的正方体的一个面, 另一个圆外接于此正方体的一个邻接面, 求这两个圆之间的距离.

第 4 章

三角形中的基本不等式

设 s, r, R 分别是一个三角形的半周长、内切圆半径和外接圆半径. 这三个要素唯一决定了三角形（在全等的意义下），这个事实依赖于三角形中的基本不等式. 此不等式先由 E.Rouche 在 1851 年证明，后来又被很多其他人所证明（见 [43]）. 如 Blundon 在 [10] 中所注释，此不等式的最佳可能形式为

$$f(R, r) \leqslant s^2 \leqslant F(R, r),$$

其中 $f(x, y)$ 和 $F(x, y)$ 是齐次的实函数，且等号对等腰三角形成立. $f(R, r)$ 和 $F(R, r)$ 的具体形式由以下定理中的第二个不等式给出.

定理 9 正数 s, r, R 分别是一个三角形的半周长、内切圆半径和外接圆半径当且仅当以下不等式同时成立: (1) $R \geqslant 2r$（Euler 不等式）.

(2) $2R^2 + 10Rr - r^2 - 2(R - 2r)\sqrt{R(R - 2r)} \leqslant s^2 \leqslant 2R^2 + 10Rr - r^2 + 2(R - 2r)\sqrt{R(R - 2r)}$.

1 中式子等号成立当且仅当三角形是等边的，2 中式子等号成立当且仅当三角形是等腰的.

接下来，我们将给出此定理的三种不同证明，并展示如何运用它来证明三角形中的一些紧不等式. 作为其他应用，我们会给出一种证明三元对称不等式的方法.

4.1 基本不等式的分析证明

设 O 和 I 分别是 $\triangle ABC$ 的外心和内心，令 $d = OI$. 我们先证明著名的 Euler 公式

$$d^2 = R^2 - 2Rr.$$

为了证明这一点，设 D 表示 $\angle BAC$ 的角平分线与 $\triangle ABC$ 的外接圆的交点，令 $\angle BAC = \alpha, \angle ABC = \beta$（图 4.1）. 注意到

$$\angle BID = \frac{\alpha + \beta}{2} = \angle DBI,$$

这说明 $BD = ID$. 因此

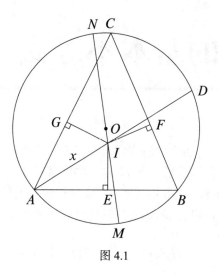

图 4.1

$$
(R - d)(R + d) = MI \cdot IN = AI \cdot ID = AI \cdot BD
$$
$$
= \frac{r}{\sin \dfrac{\alpha}{2}} \cdot 2R \sin \frac{\alpha}{2} = 2Rr,
$$

这就意味着 $d^2 = R^2 - 2Rr$. 特别地，Euler 公式说明对任意三角形，有 1 中不等式成立.

现在设 S_R 是以 O 为圆心、R 为半径的圆，I 是任意一点，且满足

$$OI = \sqrt{R(R - 2r)}.$$

考虑以 I 为圆心、r 为半径的圆，那么 S_r 在 S_R 内，因为

$$OI = \sqrt{R(R - 2r)} = \sqrt{(R - r)^2 - r^2} < R - r.$$

我们将证明，在 S_R 上的任意一点 A 都是以 S_R 为外接圆，S_r 为内切圆的 $\triangle ABC$ 的一个顶点. 设 AB 和 AC 是 S_R 内与 S_r 相切的弦，那么我们需要证明 BC 也与 S_r 相切. 如上所述，设 D 是 $\angle BAC$ 的角平分线与 S_R 的交点，MN 是

S_R 的过 I 的直径，E 是 AB 与 S_r 的切点，F 是 I 到 BC 的垂足，那么我们有 $ID = BD$，因此

$$\angle FBI = \angle DBI - \frac{\alpha}{2} = \angle DIB - \frac{\alpha}{2} = \left(\angle IBA + \frac{\alpha}{2}\right) - \frac{\alpha}{2} = \angle IBE.$$

这意味着点 I 在 $\angle ABC$ 的角平分线上，所以 S_r 是 $\triangle ABC$ 的内切圆.

不失一般性，我们可以假定顶点 A, B, C 在直径 MN 的两侧（图 4.1）. 容易看出，如果我们把 A 沿着 $\overparen{MN}$ 从 M 移到 N，那么 A 到 I 的距离严格从 $R - d = R - \sqrt{R(R-2r)}$ 递增到 $R + d = R + \sqrt{R(R-2r)}$. 因此，$\triangle ABC$ 由 $x = AI$ 的值唯一决定.

设 E, F, G 是 S_r 与 $\triangle ABC$ 各边的切点（图 4.1），那么

$$s - a = AE = \sqrt{x^2 - r^2}.$$

由 Rt $\triangle AEI$，我们有

$$\sin\frac{\alpha}{2} = \frac{r}{x}, \cos\frac{\alpha}{2} = \frac{\sqrt{x^2 - r^2}}{x}, \sin\alpha = 2\sin\frac{\alpha}{2}\cos\frac{\alpha}{2} = \frac{2r\sqrt{x^2 - r^2}}{x^2}.$$

那么由正弦定理有

$$a = 2R\sin\alpha = \frac{4Rr\sqrt{x^2 - r^2}}{x^2},$$

于是，我们得到

$$s = (s - a) + a = \sqrt{x^2 - r^2}\left(1 + \frac{4Rr}{x^2}\right).$$

函数 $s = s(x)$ 定义在区间 $[R - d, R + d]$ 上，且容易得到其导数为

$$s'(x) = \frac{x^4 - 4Rrx^2 + 8Rr^3}{x^3\sqrt{x^2 - r^2}}.$$

此导数在 $x_1 = \sqrt{2r(R-d)}$ 和 $x_2 = \sqrt{2r(R+d)}$ 时等于 0. 分别计算 $s(x)$ 在 $R - d, R + d, x_1, x_2$ 处的值，我们得到其最小值为

$$\sqrt{2R^2 + 10Rr - r^2 - 2(R - 2r)\sqrt{R(R - 2r)}},$$

最小值点为 $R - d$ 和 x_2；而 $s(x)$ 的最大值为

$$\sqrt{2R^2 + 10Rr - r^2 + 2(R - 2r)\sqrt{R(R - 2r)}},$$

最大值点为 $R + d$ 和 x_1.

4.2　基本不等式的一个代数证明

这里的证明基于一个这样的事实:一个三角形的三边长是一个三次方程的根,且方程的系数分别与三角形的半周长、内切圆半径和外接圆半径有关. 确切地说,我们有下面的定理:

定理 10　$\triangle ABC$ 的边长 a, b, c 是方程

$$x^3 - 2sx^2 + (s^2 + r^2 + 4Rr)x - 4sRr = 0$$

的根.

证　由正弦定理可得

$$a = 2R \sin \alpha = 4R \sin \frac{\alpha}{2} \cos \frac{\alpha}{2}.$$

此外,考虑图 4.1 中的 Rt $\triangle AEI$,我们有

$$s - a = r \cot \frac{\alpha}{2}.$$

将以上两个等式相乘和相除可得

$$\sin^2 \frac{\alpha}{2} = \frac{ar}{4R(s-a)},$$
$$\cos^2 \frac{\alpha}{2} = \frac{a(s-a)}{4Rr},$$

因此

$$\frac{ar}{4R(s-a)} + \frac{a(s-a)}{4Rr} = \sin^2 \frac{\alpha}{2} + \cos^2 \frac{\alpha}{2} = 1.$$

消去分母,我们得到

$$a^3 - 2sa^2 + (s^2 + r^2 + 4Rr)a - 4sRr = 0.$$

类似地,b 和 c 也是上述三次方程的根. 　□

现在我们将利用著名的 Vieta 定理来证明下面的代数结论.

命题 1　实系数方程

$$x^3 - kx^2 + lx - m = 0 \tag{4.1}$$

的根是一个三角形的边长当且仅当 k, l, m 均为正,且

$$4k^3m - k^2l^2 - 18klm + 4l^3 + 27m^2 \leqslant 0, \tag{4.2}$$
$$k^3 - 4kl + 8m < 0. \tag{4.3}$$

证 设 x_1, x_2, x_3 是方程 (4.1) 的根, 那么由 Vieta 定理, 我们有

$$x_1 + x_2 + x_3 = k, x_1x_2 + x_2x_3 + x_3x_1 = l, x_1x_2x_3 = m.$$

接下来, 我们需要下面的三个引理.

引理 9 三次方程 (4.1) 有三个实根当且仅当式 (4.2) 成立.

引理 9 的证明 注意到, 方程 (4.1) 的根都是实数当且仅当

$$\Delta = (x_1 - x_2)^2(x_2 - x_3)^2(x_3 - x_1)^2 \geqslant 0.$$

如果假定方程 (4.1) 有一个复根, 不妨设为 $x_3 = p + \mathrm{i}q, q \neq 0$, 那么它的共轭复数也是方程的根, 因此我们不妨假定 $x_2 = p - \mathrm{i}q$, 而 x_1 是实数. 容易验证

$$\Delta = -4q^2((x_1 - p)^2 + q^2) < 0,$$

矛盾. 因此要证明原引理, 只需要将 Δ 写成基本对称函数的形式, 再利用 Vieta 定理即可. □

引理 10 三次方程 (4.1) 有三个正根当且仅当 k, l, m 均为正, 且不等式 (4.2) 成立.

引理 10 的证明 如果方程 (4.1) 的根都是正的, 那么由引理 9 可知式 (4.2) 成立, 且由 Vieta 定理可知 k, l, m 都是正的.

相反地, 设 k, l, m 满足所给的条件, 那么由引理 9 可知方程 (4.1) 的根都是实数.

由于 k, l, m 都是正的, 我们可知 $x^3 - kx^2 + lx - m < 0$ 对任意 $x \leqslant 0$ 都成立, 因此方程 (4.1) 的根都是正的. □

引理 11 三个正数 x_1, x_2, x_3 是一个三角形的三边长当且仅当

$$(x_1 + x_2 - x_3)(x_2 + x_3 - x_1)(x_3 + x_1 - x_2) > 0.$$

引理 11 的证明 假定上述不等式成立, 那么每个括号中的值都是正的, 这样结论已经成立, 或者其中两个括号中的值为负, 另一个为正. 我们不妨假定

$$x_1 + x_2 - x_3 > 0, x_1 - x_2 + x_3 < 0, -x_1 + x_2 + x_3 < 0,$$

将后面两个不等式相加可得 $x_3 < 0$, 矛盾.

反过来的结论是显然的, 引理 11 得证. □

于是命题 1 可由引理 9~11 得到, 由 Vieta 定理, 如果 x_1, x_2, x_3 是方程 (4.1) 的根, 那么

$$(x_1 + x_2 - x_3)(x_2 + x_3 - x_1)(x_3 + x_1 - x_2)$$

$$= (k - 2x_3)(k - 2x_2)(k - 2x_1)$$

$$= k^3 - 2k^2(x_1 + x_2 + x_3) + 4k(x_1 x_2 + x_2 x_3 + x_3 x_1) - 8x_1 x_2 x_3$$

$$= -k^3 + 4kl - 8m.$$ □

要证明基本不等式,我们需要对定理 10 中的三次方程应用命题 1,此时

$$k = 2s, l = s^2 + r^2 + 4Rr, m = 4sRr,$$

且 k, l, m 都是正的. 容易验证命题 1 中的不等式 (4.3) 等价于 $8sr^2 > 0$,这是显然的. 我们还注意到命题 1 中的不等式 (4.2) 可以写成

$$(s^2 - 2R^2 - 10Rr + 2)^2 \leqslant 4R(R - 2r)^2,$$

这就等价于定理 9 中的 1 和 2 了. □

利用定理 10 和 Vieta 定理,我们可以将很多三角形三边 a, b, c 的对称函数表示成 s, r, R 的形式. 作为练习,读者可以自行证明下面的结论.

命题 2　在任意三角形中,成立以下等式:

$$ab + bc + ca = s^2 + r^2 + 4Rr, \tag{4.4}$$

$$a^2 + b^2 + c^2 = 2(s^2 - r^2 - 4Rr), \tag{4.5}$$

$$a^3 + b^3 + c^3 = 2s(s^2 - 3r^2 - 6Rr), \tag{4.6}$$

$$(a + b)(b + c)(c + a) = 2s(s^2 + r^2 + 2Rr), \tag{4.7}$$

$$\frac{1}{a} + \frac{1}{b} + \frac{1}{c} = \frac{1}{4R}\left(\frac{s}{r} + \frac{r}{s}\right) + \frac{1}{s}, \tag{4.8}$$

$$\frac{1}{a^2} + \frac{1}{b^2} + \frac{1}{c^2} = \left(\frac{s^2 + r^2 + 4Rr}{4sRr}\right)^2 - \frac{1}{Rr}. \tag{4.9}$$

4.3　基本不等式的几何证明

2012 年, D.Andrica 和 C.Barbu[6] 发现了基本不等式的一个"漂亮的"几何表述. 要陈述他们的结论,我们首先回顾 $\triangle ABC$ 的 Nagel 点,它是直线 AT_A, BT_B, CT_C 的交点,其中 T_A, T_B, T_C 分别是三角形的外切圆与边 BC, CA, AB 的切点.

定理 11　设 I, O, N 分别是一个非等边 $\triangle ABC$ 的内心、外心和 Nagel 点,那么

$$\cos \angle ION = \frac{2R^2 + 10Rr - r^2 - s^2}{2(R - 2r)\sqrt{R^2 - 2Rr}}.$$

证　熟知[3] 点 I, O, N 之间的距离为

$$OI = \sqrt{R^2 - 2Rr}, ON = R - 2r, IN = \sqrt{s^2 - 16Rr + 5r^2}.$$

因此对 $\triangle ION$ 应用余弦定理,我们得到

$$\cos\angle ION = \frac{OI^2 + ON^2 - IN^2}{2OI \cdot ON} = \frac{2R^2 + 10Rr - r^2 - s^2}{2(R - 2r)\sqrt{R^2 - 2Rr}}. \qquad \square$$

由于 $-1 \leqslant \cos\angle ION \leqslant 1$,因此 Blundon 不等式就是定理 11 的直接结论.

读者可以参看 [7],其中得到了好几个 Blundon 型不等式,是利用点 O, P, Q 关于 $\triangle ABC$ 的重心坐标来给出 $\cos\angle OPQ$ 的直接表达式,其中 O 是 $\triangle ABC$ 的外心,P, Q 是平面上任意两点.

4.4 三角形中的紧不等式

利用基本不等式,Blundon[10] 证明了 s 和 s^2 利用 r 和 R 表示的最佳线性和二次估计如下:

$$3\sqrt{3}r \leqslant s \leqslant 4R + (3\sqrt{3} - 4)r, \tag{4.10}$$

$$16Rr - 5r^2 \leqslant s^2 \leqslant 4R^2 + 4Rr + 3r^2. \tag{4.11}$$

那么很自然地也会问到形如

$$p_n(R, r) \leqslant s^n \leqslant P_n(R, r) \tag{4.12}$$

的最优不等式应该是怎样的,其中 $p_n(x, y)$ 和 $P_n(x, y)$ 是 n 次的齐次多项式,且等号对等边三角形成立.

在本节中,我们考虑一种一般的方法来解决 n 是正偶数的情形. 这种方法基于函数 $\sqrt{x^2 - 2x}$ 的有理函数估计.

令

$$P(x) = a_0 + a_1 x + \cdots + a_n x^n$$

是一个实系数 n 次多项式. 对每个 $0 \leqslant k \leqslant n$,记多项式 $P_k(x)$ 为

$$P_k(x) = a_0 + a_1 x + \cdots + a_k x^k,$$

而 $P^*(x)$ 是一个 $n + 1$ 次多项式,其定义为

$$P^*(x) = (x - 1)P(x) - \sum_{k=1}^{n} \frac{(2k)!}{2^k k!(k + 1)!} \cdot \frac{P(x) - P_{k-1}(x)}{x^k}. \tag{4.13}$$

令

$$p^* = \inf_{(2, +\infty)} (P^*(x) - P(x)\sqrt{x^2 - 2x}), \tag{4.14}$$

我们将证明下面的定理.

定理 12　设 $P(x)$ 是一个 n 次的实系数多项式,那么最优不等式具有形式

$$P(x)\sqrt{x^2-2x} \leqslant Q(x), x \in (2,+\infty), \tag{4.15}$$

其中 $Q(x)$ 是 $n+1$ 次多项式,且此不等式成立时, $Q(x)=P^*(x)-p^*$.

证　由 p^* 的定义可知

$$P(x)\sqrt{x^2-2x}=P^*(x)-\left(P^*(x)-P(x)\sqrt{x^2-2x}\right) \leqslant P^*(x)-p^*$$

对 $x \in (2,+\infty)$ 都成立. 要证明定理,只需要证明如果 $Q(x)$ 是一个 $n+1$ 次多项式,且满足

$$P(x)\sqrt{x^2-2x} \leqslant Q(x) \leqslant P^*(x)-p^*, x \in (2,\infty), \tag{4.16}$$

那么 $Q(x)=P^*(x)-p^*$. 要证明这一点,利用二项式定理,我们有

$$\sqrt{x^2-2x}=x\sqrt{1-\frac{2}{x}}=(x-1)-\sum_{k=1}^{\infty}\frac{(2k)!}{2^k k!(k+1)!}\frac{1}{x^k}$$

对 $x>2$ 成立. 因此

$$P^*(x)-P(x)\sqrt{x^2-2x}=\sum_{k=1}^{n}\frac{(2k)!}{2^k k!(k+1)!}\cdot\frac{P_{k-1}(x)}{x^k}+\frac{P(x)L(x)}{x^{k+1}}, \tag{4.17}$$

其中 $L(x)$ 是区间 $(2,+\infty)$ 上的一个连续函数,且满足

$$\lim_{x\to\infty}L(x)=\frac{(2k+2)!}{2^{k+1}(k+1)!(k+2)!}.$$

那么由式 (4.17) 可得

$$\lim_{x\to\infty}\left(P^*(x)-P(x)\sqrt{x^2-2x}\right)=0. \tag{4.18}$$

于是,不等式 (4.16) 等价于

$$P(x)\sqrt{x^2-2x}-P^*(x) \leqslant R(x) \leqslant -p^*, x \in (2,+\infty), \tag{4.19}$$

其中 $R(x)=Q(x)-P^*(x)$ 是一个次数最多为 $n+1$ 的多项式. 结合式 (4.18) 与 (4.19),我们可得 $\lim\limits_{x\to\infty}\dfrac{R(x)}{x^m}=0$ 对任意整数 $0<m\leqslant n+1$ 都成立. 因此 $R(x)=r$ 是常数,且式 (4.19) 具有形式

$$P(x)\sqrt{x^2-2x}-P^*(x) \leqslant r \leqslant -p^*, x \in (2,+\infty).$$

由 p^* 的定义（见式 (4.14)）可得 $r=-p^*$,因此 $Q(x)=P^*(x)-p^*$,定理得证.　□

注意到,如果 $P^*(x) - P(x)\sqrt{x^2-2x}$ 是 $(2,+\infty)$ 上的递减函数,那么式 (4.18) 就意味着

$$p^* = \inf_{(2,\infty)} \left(P^*(x) - P(x)\sqrt{x^2-2x}\right) = \lim_{x\to\infty} \left(P^*(x) - P(x)\sqrt{x^2-2x}\right) = 0.$$

再结合定理 12,就可以证明下面的推论,后面我们将会用到这里的推论.

推论 4.1 设 $P(x)$ 是一个多项式,满足 $P^*(x) - P(x)\sqrt{x^2-2x}$ 是 $(2,+\infty)$ 上的递减函数,那么形如式 (4.12) 的最优不等式对多项式 $Q(x) = P^*(x)$ 成立.

我们将证明,定理 9 和推论 4.1 可以用来得到当 n 是偶数时 s^n 的最优估计. 分别用 $Q_n(x)$ 和 $P_{n-2}(x)$ 表示由等式

$$\left[(2x^2+10x-1)+2(x-2)\sqrt{x^2-2x}\right]^{\frac{n}{2}} = Q_n(x)+2(x-2)\sqrt{x^2-2x}\,P_{n-2}(x) \quad (4.20)$$

定义的 n 次和 $n-2$ 次多项式,那么

$$\left[(2x^2+10x-1)-2(x-2)\sqrt{x^2-2x}\right]^{\frac{n}{2}} = Q_n(x)-2(x-2)\sqrt{x^2-2x}\,P_{n-2}(x). \quad (4.21)$$

我们的主要结论如下:

定理 13 对任意正整数 n, s^n 的形如式 (4.12) 的最优估计由多项式

$$G_n(R,r) = r^n \left(Q_n\left(\frac{R}{r}\right) + 2\left(\frac{R}{r}-2\right)\left(P_{n-2}^*\left(\frac{R}{r}\right) - p_{n-2}^*\right) \right),$$

$$g_n(R,r) = r^n \left(Q_n\left(\frac{R}{r}\right) - 2\left(\frac{R}{r}-2\right)\left(P_{n-2}^*\left(\frac{R}{r}\right) - p_{n-2}^*\right) \right)$$

给出,其中 $P_{n-2}^*(x)$ 是式 (4.13) 定义的 $n-1$ 次多项式,而 p_{n-2}^* 是由式 (4.14) 定义的常数.

证 考虑以下平面区域:

$$\mathcal{B} = \left\{ (x,y) \in \mathbf{R}^2 \mid 2x^2+10x-1-2(x-2)\sqrt{x^2-2x} \leqslant \right.$$
$$\left. y^2 \leqslant 2x^2+10x-1-2(x-2)\sqrt{x^2-2x} \right\},$$

其边界由曲线

$$\beta_1: y^2 = 2x^2+10x-1-2(x-2)\sqrt{x^2-2x}, x \geqslant 2 \quad (4.22)$$

和

$$\beta_2: y^2 = 2x^2+10x-1+2(x-2)\sqrt{x^2-2x}, x \geqslant 2 \quad (4.23)$$

所定义.

由相似性[10]，熟知映射 $\left(\dfrac{R}{r}, \dfrac{s}{r}\right) \mapsto (x, y)$ 是平面上所有三角形的集合与集合 $\mathcal{B}$ 之间的一一对应. 在这种对应下，$\mathcal{B}$ 的边界点相应于等腰三角形的集合. 由直线 $y = 2x + 1$ 在 $\mathcal{B}$ 内的部分所决定的射线上的点相应于相似的直角三角形. 现在如果要找出 s^n 的形如式 (4.12) 的最优估计，我们必须要对所有的 $(x, y) \in \mathcal{B}$，求出形如 $q(x) \leqslant y^{\frac{n}{2}} \leqslant Q(x)$ 的最优估计，其中 $q(x)$ 和 $Q(x)$ 是次数为 n 的多项式. 由于区域 $\mathcal{B}$ 的边界由式(4.2) 定义的曲线 β_1 和式 (4.3) 定义的 β_2 所决定，因此我们的问题就是要求出形如

$$Q_n(x) + 2(x - 2)P_{n-2}(x)\sqrt{x^2 - 2x} \leqslant Q(x), x \geqslant 2$$

和

$$Q_n(x) + 2(x - 2)P_{n-2}(x)\sqrt{x^2 - 2x} \geqslant q(x), x \geqslant 2$$

的最优估计，且等号在 $x = 2$ 处取到. 考虑到定理 13，上述不等式对多项式

$$Q(x) = Q_n(x) + 2(x - 2)(P_{n-2}^*(x) - p_{n-2}^*)$$

和

$$q(x) = Q_n(x) - 2(x - 2)(P_{n-2}^*(x) - p_{n-2}^*)$$

成立，这就证明了定理. $\qquad\qquad\qquad\qquad\qquad\qquad\qquad\qquad$ □

现在我们将利用定理 13 来得到当 n 较小时 s^n 的最优多项式估计.

例 4.1 r 和 R 表示 s^2, s^4, s^6 的最优多项式如下:

$$16Rr - 5r^2 \leqslant s^2 \leqslant 4R^2 + 4Rr + 3r^2, \tag{4.24}$$

$$256R^2r^2 - 128Rr^3 - 39r^4 \leqslant s^4 \leqslant 16R^4 + 32R^2r^2 + 24Rr^3 + 41r^4, \tag{4.25}$$

$$4\,096R^3r^3 - 3\,072R^2r^4 - 797r^6 \leqslant s^6 \leqslant$$
$$64R^6 + 192R^5r + 288R^4r^2 + 304R^3r^3 +$$
$$276R^2r^4 + 252Rr^5 + 795r^6. \tag{4.26}$$

证 由式 (4.20) 易得

$$P_0(x) = 1, Q_2(x) = 2x^2 + 10x - 1,$$
$$P_2(x) = 2(2x^2 + 10x - 1), Q_4(x) = (2x^2 + 10x - 1)^2 + 4(x - 2)^3 x,$$
$$P_4(x) = 3(2x^2 + 10x - 1)^2 + 4(x - 2)^3 x,$$
$$Q_6(x) = (2x^2 + 10x - 1)^3 + 12x(x - 2)^3(2x^2 + 10x - 1).$$

利用不等式 $\sqrt{x^2-2x} < x-1$ 对 $x > 2$ 成立，直接计算可知函数 $P^*(x)-P(x)\sqrt{x^2-2x}$ 的导数在 $(2,+\infty)$ 内为负，因此这个函数在此区间递减，且由推论 4.1，我们得到 $p_0^* = p_2^* = p_4^* = 0$. 因此，$s^2, s^4, s^6$ 的最优估计式 (4.24)(4.25)(4.26) 由定理 13 即得． □

例 4.2 s 的最优多项式估计和 s^3 的最优多项式上界分别为

$$3\sqrt{3}r \leqslant s \leqslant 2R + (3\sqrt{3}-4)r, \tag{4.27}$$

$$s^3 \leqslant 8R^3 + 12R^2r + 9Rr^2 + (81\sqrt{3}-130)r^3. \tag{4.28}$$

证 由例 4.1 可知，要求出最优多项式上界 $s \leqslant aR + br$，我们需要求出形如 $4x^2 + 4x + 3 \leqslant (ax+b)^2, x \geqslant 2$ 的最优不等式，且等号对 $x = 2$ 成立，因此 $2a + b = 3\sqrt{3}$. 在上述不等式中代换 $b = 3\sqrt{3}-2a$，并在两边除以 $x-2 > 0$，我们得到 $(a^2-4)x + 2a(3\sqrt{3}-a) - 12 \geqslant 0$ 对任意 $x > 2$ 成立，因此 $|u| \geqslant 2$ 且 $(a^2-4)x + 2a(3\sqrt{3}-a) - 12 \geqslant$，这意味着 $a \geqslant 2$. s 的最优多项式上界当 $a = 2$ 且 $b = 3\sqrt{3}-4$ 时取到．至于 s 的最优多项式下界，由例 4.1 可知，我们需要求出形如 $(ax+b)^2 \leqslant 27, x \geqslant 2$ 的最优不等式，且等号对 $x = 2$ 成立．显然当 $a = 0, b = 3\sqrt{3}$ 时取到．

作为练习，我们留给读者证明式 (4.28) 是 s^3 的最优多项式上界．要证明这一点，我们可以利用例 4.1 中 s^6 的最优多项式上界．值得一提的是，我们并不知道 s^3 的最优多项式下界． □

例 4.3 回顾命题 2，在任意边长为 a, b, c 的三角形中，我们有下面的等式：

$$a^2 + b^2 + c^2 = 2(s^2 - r^2 - 4Rr),$$

$$ab + bc + ca = s^2 + r^2 + 4Rr, \quad abc = 4sRr.$$

因此，例 4.1 意味着下面的最优多项式估计：

$$24Rr - 12r^2 \leqslant a^2 + b^2 + c^2 \leqslant 8R^2 + 4r^2, \tag{4.29}$$

$$20Rr - 6r^2 \leqslant ab + bc + ca \leqslant 4R^2 + 8Rr + 4r^2, \tag{4.30}$$

$$27\sqrt{3}Rr^2 \leqslant abc \leqslant 4Rr\left[2R + (3\sqrt{3}-4)r\right] \tag{4.31}$$

例 4.4 我们将求出 $a^4 + b^4 + c^4$ 的最优多项式估计．利用例 4.3，我们得到

$$
\begin{aligned}
a^4 + b^4 + c^4 &= (a^2 + b^2 + c^2)^2 - 2(a^2b^2 + b^2c^2 + c^2a^2)\\
&= (a^2 + b^2 + c^2)^2 - 2(ab + bc + ca)^2 + 4abc(a+b+c)\\
&= 2\left[s^4 - 2s^2(3r^2 + 4Rr) + (r^2 + 4Rr)^2\right].
\end{aligned}
$$

因此, 我们需要对所有点 $(x, y) \in \mathcal{B}$, 求出形如

$$q(x) \leqslant y^4 - y^2(4x + 3) + (4x + 1)^2 \leqslant Q(x) \tag{4.32}$$

的最优不等式, 其中 $q(x)$ 和 $Q(x)$ 是四次多项式. 因此我们的问题就归化为求形如

$$(x^2 + 3x - 2)\sqrt{x^2 - 2x} \leqslant R(x) \tag{4.33}$$

的最优不等式, 其中 $R(x)$ 是一个三次多项式. 容易验证多项式

$$P(x) = x^2 + 3x - 2$$

满足推论 4.1 的条件, 所以当

$$R(x) = x^3 + 2x^2 - \frac{11}{2}x$$

时就得到了最优不等式 (4.28). 现在回到式 (4.27), 我们断言 $a^4 + b^4 + c^4$ 的最优多项式估计为

$$288R^2r^2 - 368Rr^3 + 16r^4 \leqslant a^4 + b^4 + c^4 \leqslant 32R^4 - 16R^2r^2 - 16Rr^3 + 16r^4. \tag{4.34}$$

注　这里我们陈述几个与上述讨论有关的开放问题.

(1) 由例 4.1 可知 $p_0^* = p_2^* = p_4^* = 0$, 那么是否有 $p_{2n}^* = 0$ 对任意 $n \geqslant 3$ 成立?

(2) 求出当 n 是奇数时, s^n 的最优多项式估计.

(3) 求出当 $n \geqslant 3$ 时, $a^{2n} + b^{2n} + c^{2n}$ 的最优多项式估计.

4.5　证明代数不等式

设 a, b, c 是一个三角形的三边长, 令

$$x = s - a, y = s - b, z = s - c, \tag{4.35}$$

那么由三角形不等式可知, x, y, z 都是正数. 相反地, 如果 x, y, z 是正数, 那么 $a = y + z, b = z + x, c = x + y$ 是一个满足上述不等式的三角形的边长. 分别用 $\sigma_1, \sigma_2, \sigma_3$ 表示 x, y, z 的基本对称函数, 那么由命题 2, 我们得到

$$\sigma_1 = s, \sigma_2 = 4Rr + r^2, \sigma_3 = sr^2. \tag{4.36}$$

设 $f(x, y, z)$ 是 x, y, z 的一个对称多项式 (有理函数), 对任意正数 x, y, z, 我们要证明 $f(x, y, z) \geqslant 0$ 成立. 由对称多项式的基本定理和等式 (4.36), 我们将不等

式 $f(x, y, z) \geq 0$ 写成 s, r, R 的不等式,那么由基本不等式(或者类似于例 4.1~4.4 的推论)即可证明.

如果我们对满足 $x + y + z = 1$ 的所有正实数证明不等式 $f(x, y, z) \geq 0$,那么 我们可以作代换:

$$x = \frac{s-a}{s}, y = \frac{s-b}{s}, z = \frac{s-c}{cs}. \tag{4.37}$$

此时

$$\sigma_1 = 1, \sigma_2 = \frac{4Rr + r^2}{s^2}, \sigma_3 = \frac{r^2}{s^2}. \tag{4.38}$$

这里是一些典型的对称代数不等式的例子,都可以用以上讨论的方法来证明.

例 4.5 对任意 $x, y, z \geq 0$,证明:

$$x^3 + y^3 + z^3 + \frac{15}{4}xyz \geq \frac{1}{4}(x + y + z)^3.$$

证 如果 $x = 0$,那么不等式变为 $(y + z)(y - z)^2 \geq 0$,这显然成立. 所以我们 不妨假定 $x, y, z > 0$. 注意到,我们可以将不等式改写为

$$\sigma_1^3 - 4\sigma_1\sigma_2 + 9\sigma_3 \geq 0.$$

现在利用等式 (4.36),我们可得此不等式等价于

$$s(s^2 - 16Rr + 5r^2) \geq 0,$$

这直接由例 4.1 可得. □

例 4.6 对任意正数 x, y, z,证明:

$$\frac{(y+z-x)^3}{x} + \frac{(z+x-y)^3}{y} + \frac{(x+y-z)^3}{z} \geq x^2 + y^2 + z^2.$$

证 我们可以将不等式改写为

$$\frac{\sigma_1^3\sigma_2 - 14\sigma_1^2\sigma_3 + 16\sigma_2\sigma_3}{\sigma_3} \geq \sigma_1^2 - 2\sigma_2,$$

即

$$\sigma_1^3\sigma_2 - 15\sigma_1^2\sigma_3 + 18\sigma_2\sigma_3 \geq 0.$$

利用等式 (4.36),我们可知此不等式等价于

$$(4R + r)(s^2 + 18r^2) \geq 15s^2r.$$

由式 (4.22),我们有 $s \geq 3\sqrt{3}r$. 因此

$$s^2 + 18r^2 = (s - 3\sqrt{3}r)(s - 2\sqrt{3}r) + 5\sqrt{3}sr \geq 5\sqrt{3}sr.$$

所以, 只需要证明 $4R + r \geq \sqrt{3}s$. 这由不等式 (4.22) 的右边即可得到, 因为

$$4R + r - \sqrt{3}s \geq 4R + r - \frac{\sqrt{3}}{2}[4R + (6\sqrt{3} - 8)r]$$
$$= 2(2 - \sqrt{3})(R - 2r) \geq 0. \qquad \square$$

例 4.7　对任意正数 x, y, z, 证明:

$$(xy + yz + zx)\left(\frac{1}{(x + y)^2} + \frac{1}{(y + z)^2} + \frac{1}{(z + x)^2}\right) \geq \frac{9}{4}.$$

证　利用式 (4.35) 的代换, 我们可以将不等式改写为

$$\left[(s - a)(s - b) + (s - b)(s - c) + (s - c)(s - a)\right]\left(\frac{1}{a^2} + \frac{1}{b^2} + \frac{1}{c^2}\right) \leq \frac{9}{4}.$$

由例 4.3 中的等式, 我们可知此不等式的右边等价于

$$\frac{(ab + bc + ca - s^2)\left[(ab + bc + ca)^2 - 4abcs\right]}{a^2 b^2 c^2}$$
$$= \frac{(4R + r)\left[(s^2 + r^2 + 4Rr)^2 - 16s^2 Rr\right]}{16s^2 R^2 r},$$

化简以后可知上述不等式等价于

$$(4R + r)s^4 - 2r(34R^2 - r^2)s^2 + r^2(4R + r)^3 \geq 0. \qquad (4.39)$$

要证明此不等式, 需要考虑二次函数

$$f(x) = (4R + r)x^2 - 2r(34R^2 - r^2)x + r^2(4R + r)^3.$$

由 Euler 公式和例 4.1 可得

$$\frac{r(34R^2 - r^2)}{4R + r} < \frac{34R^2 r}{4R} = \frac{17}{2}Rr < 16Rr - 5r^2 \leq s^2.$$

因此

$$f(s^2) \geq f(16Rr - 5r^2) = 4r^3(R - 2r)^2 \geq 0,$$

这就证明了式 (4.39). $\qquad \square$

4.6　习题

4.1　设 a, b, c 是一个三角形的边长, 求出以下表达式的所有可能值:
(1) $\dfrac{a^2 + b^2 + c^2}{ab + bc + ca}$;

(2) $\dfrac{\max(a,b,c)}{\sqrt[3]{a^3+b^3+c^3+3abc}}$.

4.2（Hadwiger-Finsler）设 a,b,c 是一个面积为 K 的三角形的边长,证明不等式

$$a^2+b^2+c^2 \geqslant (a-b)^2+(b-c)^2+(c-a)^2+4\sqrt{3}K,$$

并说明等号当三角形为等边三角形时成立.

4.3 证明:在任意边长为 a,b,c,中线长为 m_a,m_b,m_c,内切圆半径为 r,面积为 K 的三角形中,成立以下不等式:

(1) $m_a m_b + m_b m_c + m_c m_a \geqslant \dfrac{3}{8}(a^2+b^2+c^2)+\dfrac{3\sqrt{3}}{2}K$;

(2) $m_a + m_b + m_c \leqslant a+b+c-3(2\sqrt{3}-3)r$.

4.4 设 s,r,R 分别表示 $\triangle ABC$ 的半周长、内切圆半径和外接圆半径,证明:

$$(s^2+r^2+4Rr)(s^2+r^2+2Rr) \geqslant 4Rr(5s^2+r^2+4Rr),$$

并求出等号何时成立.

4.5 对边长为 a,b,c,内切圆半径为 r,外接圆半径为 R 的三角形,证明以下广义 Euler 不等式:

(1) $\dfrac{R}{2r} \geqslant \dfrac{a^2+b^2+c^2}{ab+bc+ca}$;

(2) $\dfrac{R}{2r} \geqslant \dfrac{abc+a^3+b^3+c^3}{4abc}$.

4.6 设 r_a,r_b,r_c 分别是一个三角形的三边 a,b,c 上的外切圆半径,且内切圆半径为 r,外接圆半径为 R. 证明:

(1) $\dfrac{a^3}{r_a}+\dfrac{b^3}{r_b}+\dfrac{c^3}{r_c} \leqslant \dfrac{abc}{r}$;

(2) $\dfrac{ab}{r_a r_b}+\dfrac{bc}{r_b r_c}+\dfrac{ca}{r_c r_a} \geqslant \dfrac{4(5R-r)}{4R+r}$.

4.7 设 x,y,z 是正实数,证明:

(1) $\dfrac{x}{y+z}+\dfrac{y}{z+x}+\dfrac{z}{x+y} \geqslant \dfrac{3}{2}$;

(2) $\dfrac{x^2}{y+z}+\dfrac{y^2}{z+x}+\dfrac{z^2}{x+y} \geqslant \dfrac{x+y+z}{2}$;

(3) $xyz \geqslant (x+y-z)(y+z-x)(z+x-y)$;

(4) $3(x+y)(y+z)(z+x) \leqslant 8(x^3+y^3+z^3)$;

(5) $x^4+y^4+z^4-2(x^2y^2+y^2z^2+z^2x^2)+xyz(x+y+z) \geqslant 0$;

(6) $[xy(x+y-z)+yz(y+z-x)+zx(z+x-y)]^2 \geqslant xyz(x+y+z)(zy+yz+zx)$.

4.8 设正实数 x,y,z 满足 $x+y+z=1$,证明:

(1) $\dfrac{1-3x}{1+x}+\dfrac{1-3y}{1+y}+\dfrac{1-3z}{1+z} \geqslant 0$;

(2) $\dfrac{xy}{1+z} + \dfrac{yz}{1+x} + \dfrac{zx}{1+y} \leqslant \dfrac{1}{4}$；

(3) $x^2 + y^2 + z^2 + \sqrt{12xyz} \leqslant 1$.

4.9　设 α, β, γ 是一个三角形的内角，三角形的半周长为 s，内切圆半径为 r，外接圆半径为 R. 证明：

(1) $\tan\dfrac{\alpha}{2}, \tan\dfrac{\beta}{2}, \tan\dfrac{\gamma}{2}$ 是三次方程

$$sx^3 - (4R + r)x^2 + sx - r = 0$$

的根；

(2) $\tan\dfrac{\alpha}{2} + \tan\dfrac{\beta}{2} + \tan\dfrac{\gamma}{2} = \dfrac{4R+r}{s}$；

(3) $\tan\dfrac{\alpha}{2}\tan\dfrac{\beta}{2} + \tan\dfrac{\beta}{2}\tan\dfrac{\gamma}{2} + \tan\dfrac{\gamma}{2}\tan\dfrac{\alpha}{2} = 1$；

(4) $\tan\dfrac{\alpha}{2}\tan\dfrac{\beta}{2}\tan\dfrac{\gamma}{2} = \dfrac{r}{s}$；

(5) $\tan^2\dfrac{\alpha}{2} + \tan^2\dfrac{\beta}{2} + \tan^2\dfrac{\gamma}{2} = \dfrac{(4R+r)^2 - 2s^2}{s^2}$；

(6) $\left(\tan\dfrac{\alpha}{2} + \tan\dfrac{\beta}{2}\right)\left(\tan\dfrac{\beta}{2} + \tan\dfrac{\gamma}{2}\right)\left(\tan\dfrac{\gamma}{2} + \tan\dfrac{\alpha}{2}\right) = \dfrac{4R}{s}$.

4.10　证明：在任意边长为 a, b, c，内切圆半径为 r，外接圆半径为 R 的三角形中，成立以下不等式：

$$\dfrac{\sqrt{25Rr - 2r^2}}{4Rr} \leqslant \dfrac{1}{a} + \dfrac{1}{b} + \dfrac{1}{c} \leqslant \dfrac{1}{\sqrt{3}}\left(\dfrac{1}{r} + \dfrac{1}{R}\right).$$

4.11　设 α, β, γ 是一个三角形的内角，证明：

$$\left(\cot\dfrac{\alpha}{2} - 1\right)\left(\cot\dfrac{\beta}{2} - 1\right)\left(\cot\dfrac{\gamma}{2} - 1\right) \leqslant 6\sqrt{3} - 10.$$

4.12　设 α, β, γ 是一个三角形的内角，其半周长为 s，内切圆半径为 r，外接圆半径为 R. 证明：

(1) $\cos\alpha, \cos\beta, \cos\gamma$ 是三次方程

$$4R^2x^3 - 4R(R+r)x^2 + (s^2 + r^2 - 4R^2)x + (2R+r)^2 - s^2 = 0$$

的根；

(2) $\cos\alpha + \cos\beta + \cos\gamma = 1 + \dfrac{r}{R}$；

(3) $\cos\alpha\cos\beta + \cos\beta\cos\gamma + \cos\gamma\cos\alpha = \dfrac{s^2 + r^2 - 4R^2}{4R^2}$；

(4) $\cos\alpha\cos\beta\cos\gamma = \dfrac{s^2 - (2R+r)^2}{4R^2}$；

(5) $\cos^2\alpha + \cos^2\beta + \cos^2\gamma = \dfrac{6R^2 + 4Rr + r^2 - s^2}{2R^2}$.

4.13 对任意高为 h_a, h_b, h_c，角平分线为 l_a, l_b, l_c，内切圆半径为 r，外接圆半径为 R 的三角形，证明以下不等式：

$$\frac{h_a^2}{l_a^2} + \frac{h_b^2}{l_b^2} + \frac{h_c^2}{l_c^2} \geq 1 + \frac{4r}{R}.$$

4.14 设 α, β, γ 是一个三角形的内角，证明：

(1) $\dfrac{1}{2 - \cos\alpha} + \dfrac{1}{2 - \cos\beta} + \dfrac{1}{2 - \cos\gamma} \geq 2$；

(2) $\dfrac{1}{5 - \cos\alpha} + \dfrac{1}{5 - \cos\beta} + \dfrac{1}{5 - \cos\gamma} \leq \dfrac{2}{3}$.

4.15 证明以下广义的 Hadwiger-Finsler 不等式 (习题 4.2)：

$$a^2 + b^2 + c^2 \geq 4K\sqrt{3 + \frac{4(R - 2r)}{4R + r}} + (a - b)^2 + (b - c)^2 + (c - a)^2.$$

4.16 证明：在任意半周长为 s，内切圆半径为 r，外接圆半径为 R 的三角形中，有

$$s^2 \leq \frac{27R^2(2R + r)^2}{27R^2 - 8r^2} \leq 4R^2 + 4Rr + 3r^2.$$

4.17 证明：在任意内角为 α, β, γ 的三角形内，有

$$\tan^2\frac{\alpha}{2} + \tan^2\frac{\beta}{2} + \tan^2\frac{\gamma}{2} \geq 2 - 8\sin\frac{\alpha}{2}\sin\frac{\beta}{2}\sin\frac{\gamma}{2}.$$

4.18 设 $\triangle ABC$ 的面积为 1，a 是顶点 A 所对的边长，求表达式

$$a^2 + \frac{1}{\sin A}$$

的最小值.

4.19 设 α, β, γ 是一个三角形的内角，证明：表达式

$$\sin\frac{|\alpha - \beta|}{2} + \sin\frac{|\beta - \gamma|}{2} + \sin\frac{|\gamma - \alpha|}{2}$$

不存在最大值，并求出其上确界.

第 5 章

Erdös-Mordell 不等式

对 $\triangle ABC$ 内一点 M, 我们令 $R_a = MA, R_b = MB, R_c = MC$, 并用 d_a, d_b, d_c 分别表示 M 到直线 BC, CA, AB 的距离. 本章中, 我们将证明一些 R_a, R_b, R_c 和 d_a, d_b, d_c 的对称函数的不等式. 这种类型中最著名的不等式就是 Erdös-Mordell 不等式, 它由 P.Erdös[17] 在 1935 年所猜想, 并由 L.J.Mordell[44] 在同一年证明. 之后, 此不等式的各种简化的几何证明由 D. Kazarinoff [33][34], L.Bankoff[8] 等人给出, 我们会在下一节给出其中的一些证明.

5.1 Erdös-Mordell 不等式的一些证明

下面的定理就是文献记载的著名的 Erdös-Mordell 不等式, 也叫 Erdös-Mordell 定理.

定理 14 (Erdös-Mordell 定理) 对三角形内任一点 M, 有

$$R_a + R_b + R_c \geq 2(d_a + d_b + d_c),$$

等号成立当且仅当三角形是等边三角形, 且 M 是它的中心.

我们将给出 Erdös-Mordell 不等式的几种不同证明.

证法一 设 U, V, W 分别是 M 到直线 BC, CA, AB 的垂足 (图 5.1), 那么四边形 $VAWM$ 是圆内接四边形, 圆的直径为 MA, 由正弦定理有 $VW = R_a \sin A$. 注意到, VW 在直线 BC 上的垂直投影等于 MV 和 MW 在 BC 上的垂直投影之和. 因而此投影等于

$$MV \cos(90° - C) + MW \cos(90° - B) = d_b \sin C + d_c \sin B,$$

所以

$$R_a \sin A = VW \geq d_b \sin C + d_c \sin B.$$

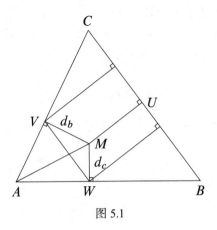

图 5.1

此不等式可以改写为

$$R_a \geqslant d_b \frac{\sin C}{\sin A} + d_c \frac{\sin B}{\sin A}.$$

类似地

$$R_b \geqslant d_a \frac{\sin C}{\sin B} + d_c \frac{\sin A}{\sin B}, R_c \geqslant d_a \frac{\sin B}{\sin C} + d_b \frac{\sin A}{\sin C}.$$

将以上不等式相加,我们得到

$$R_a + R_b + R_c \geqslant d_a \left(\frac{\sin B}{\sin C} + \frac{\sin C}{\sin B} \right) + d_b \left(\frac{\sin A}{\sin C} + \frac{\sin C}{\sin A} \right) + d_c \left(\frac{\sin A}{\sin B} + \frac{\sin B}{\sin A} \right).$$

这就意味着 Erdös-Mordell 不等式成立,由 AM-GM 不等式,我们有

$$\frac{\sin B}{\sin C} + \frac{\sin C}{\sin B} \geqslant 2, \frac{\sin A}{\sin C} + \frac{\sin C}{\sin A} \geqslant 2, \frac{\sin A}{\sin B} + \frac{\sin B}{\sin A} \geqslant 2.$$

证法二 我们利用和证法一相同的记号. $\triangle VWM$ 的外接圆的直径为 R_a,由正弦定理和余弦定理,我们得到

$$R_a \sin A = VW = \sqrt{d_b^2 + d_c^2 - 2d_b d_c \cos(180° - A)}.$$

此外

$$\cos(180° - A) = \cos(B + C) = \cos B \cos C - \sin B \sin C,$$

且容易验证

$$d_b^2 + d_c^2 - 2d_b d_c \cos(180° - A) = (d_b \sin C + d_c \sin B)^2 + (d_b \cos C - d_c \cos B)^2.$$

因此

$$R_a = \frac{\sqrt{d_b^2 + d_c^2 - 2d_b d_c \cos(180° - A)}}{\sin A} \geqslant \frac{d_b \sin C + d_c \sin B}{\sin A},$$

135

我们完成了和证法——样的证明.

证法三　这里的证明基于不等式 $aR_a \geqslant cd_d + bd_b$，这一点我们将在例 5.1 的 (1) 中证明,(1) 对 $\angle BAC$ 内的任意点 M 都成立. 如果我们将此不等式应用于点 M 关于此角的平分线的对称点,那么我们得到

$$aR_a \geqslant cd_b + bd_c,$$

这可以改写为

$$R_a \geqslant \frac{c}{a}d_b + \frac{b}{a}d_c.$$

类似地

$$R_b \geqslant \frac{a}{b}d_c + \frac{c}{b}d_a, \ R_c \geqslant \frac{b}{c}d_a + \frac{a}{c}d_b.$$

将以上不等式相加,我们得到

$$R_a + R_b + R_c \geqslant \left(\frac{c}{b} + \frac{b}{c}\right)d_a + \left(\frac{c}{a} + \frac{a}{c}\right)d_b + \left(\frac{b}{a} + \frac{a}{b}\right)d_c,$$

且 Erdös-Mordell 不等式可由证法一中的 AM-GM 不等式得到.

证法四　不等式 $aR_a \geqslant cd_b + bd_c$ 也可以用下面的方式来证明. 设 N 是直线 AM 与 $\triangle ABC$ 外接圆的交点,d_b', d_c' 分别是 N 到直线 AC, AB 的距离（图 5.2）. 对四边形 $NCAB$,由 Ptolemy 定理可得

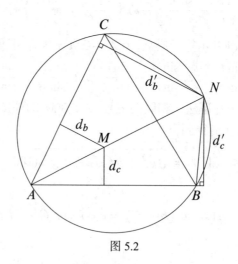

图 5.2

$$aNC + bNB = aAN.$$

由于 $NC \geqslant d_b', NB \geqslant d_c'$ 且 $\dfrac{NA}{MA} = \dfrac{d_b'}{d_b} = \dfrac{d_c'}{d_c}$,我们得到 $aR_a \geqslant cd_b + bd_c$.

证法五 Kazarinoff[33] 给出了证明不等式 $aR_a \geq cd_b + bd_c$ 以及很多其他类似不等式的思路. 设 B_1 和 C_1 分别是射线 AB 和 AC 上的任意点, 那么平行四边形 AB_1B_2M 与 AC_1C_2M 都与平行四边形 $B_1C_1C_2B_2$ 的面积相同 (图 5.3). 因此

$$AC_1 \cdot d_b + AB_1 \cdot d_c \leq B_1C_1 \cdot R_a.$$

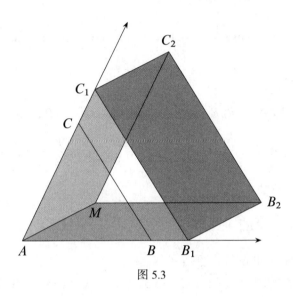

图 5.3

特别地, 如果 $AB_1 = AC, AC_1 = AB$, 那么 $B_1C_1 = BC$, 我们就得到了待证不等式.

证法六 设 $\angle BMC = \alpha, \angle CMA = \beta, \angle AMB = \gamma$, 且 w_a, w_b, w_c 分别是 $\triangle BMC, \triangle CMA, \triangle AMB$ 的角平分线 MA', MB', MC' 的长, 那么等式

$$[BMC] = [BMA'] + [CMA']$$

意味着

$$MB \cdot MC \sin \alpha = MB \cdot MA' \sin \frac{\alpha}{2} + MC \cdot MA' \sin \frac{\alpha}{2}.$$

因此

$$w_a = \frac{2R_bR_c}{R_b + R_c} \cos \frac{\alpha}{2}.$$

那么由 AM-GM 不等式可得

$$w_a \leq \sqrt{R_bR_c} \cos \frac{\alpha}{2}.$$

类似地

$$w_b \leq \sqrt{R_aR_c} \cos \frac{\beta}{2}, w_c \leq \sqrt{R_aR_b} \cos \frac{\gamma}{2}.$$

将以上不等式相加,我们得到

$$R_a + R_b + R_c - 2(w_a + w_b + w_c)$$

$$\geqslant R_a + R_b + R_c - 2\sqrt{R_b R_c}\cos\frac{\alpha}{2} - 2\sqrt{R_a R_c}\cos\frac{\beta}{2} - 2\sqrt{R_a R_b}\cos\frac{\gamma}{2}. \tag{5.1}$$

此外,我们有 $\gamma = 360° - \alpha - \beta$,所以

$$\cos\frac{\gamma}{2} = -\cos\left(\frac{\alpha}{2} + \frac{\beta}{2}\right) = -\cos\frac{\alpha}{2}\cos\frac{\beta}{2} + \sin\frac{\alpha}{2}\sin\frac{\beta}{2}.$$

现在容易验证

$$R_a + R_b + R_c - 2\sqrt{R_b R_c}\cos\frac{\alpha}{2} - 2\sqrt{R_a R_c}\cos\frac{\beta}{2} - 2\sqrt{R_a R_b}\cos\frac{\gamma}{2}$$

$$= \left(\sqrt{R_a}\cos\frac{\beta}{2} + \sqrt{R_b}\cos\frac{\alpha}{2} - \sqrt{R_c}\right)^2 + \left(\sqrt{R_a}\sin\frac{\beta}{2} - \sqrt{R_b}\sin\frac{\alpha}{2}\right)^2 \geqslant 0.$$

因此,式 (5.1) 意味着不等式

$$R_a + R_b + R_c \geqslant 2(w_a + w_b + w_c),$$

这显然比 Erdös-Mordell 不等式更强.

证法七　下面的图形（图 5.4 和图 5.5）展示了 C.Alsina 和 B.Nilsen[1] 在 2007 年给出的对不等式 $aR_a \geqslant cd_b + bd_c$ 的一个非常简短的可视化证明. 由于所构造的四边形是梯形,因此结论直接成立.　　　　　　　　□

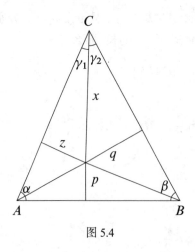

图 5.4

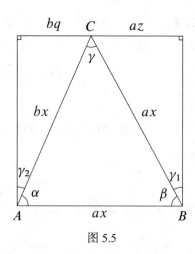

图 5.5

在本节的最后,我们不加证明地给出 Erdös-Mordell 不等式的空间形式,它最早是由 D. K. Kazarinoff[33] 证明的.

定理 15 设 $ABCD$ 是一个四面体, 点 M 不在其外部. 分别用 R_A, R_B, R_C, R_D 与 d_A, d_B, d_C, d_D 表示点 M 到四面体的各个顶点与各个面之间的距离. 如果四面体 $ABCD$ 的外接球的中心不是一个外点, 那么

$$R_A + R_B + R_C + R_D > 2\sqrt{2}(d_A + d_B + d_C + d_D),$$

且这里的常数 $2\sqrt{2}$ 是最优的.

这个定理的证明中最重要的部分就是在 Erdös-Mordell 定理中使用的三维空间的广义 Pappus 定理[33]. 为了证明常数 $2\sqrt{2}$ 是最优的, D. K. Kazarinoff 考虑了一个三直角四面体 $ABCD$, 其中

$$BA = BC = 2, BD = d,$$

且点 M 是 AC 的中点 (图 5.6), 那么

$$R_A = R_C = R_B = \sqrt{2}, R_D = \sqrt{2 + d^2}.$$

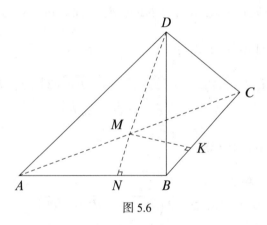

图 5.6

设 N 和 K 分别是从 M 到 AB 和 BC 的垂足, 那么 $d_A = MK = 1, d_C = MN = 1, d_B = d_D = 0$. 因此

$$\frac{R_A + R_B + R_C + R_D}{d_A + d_B + d_C + d_D} = \frac{3\sqrt{2} + \sqrt{2 + d^2}}{2},$$

当 d 趋于 0 时, 这个表达式趋于 $2\sqrt{2}$.

5.2 Erdös-Mordell 型不等式的例子

在接下来的例子中, 我们将使用三角形中元素的通用记号.

例 5.1 证明不等式:

(1) $aR_a + bR_b + cR_c \geqslant 2(ad_a + bd_b + cd_c)$;

(2) $aR_a + bR_b + cR_c \geqslant 2(ad_a + bd_b + cd_c)$.

证 (1) 注意到

$$ad_a + bd_b + cd_c = 2[ABC] = ah_a.$$

由三角形不等式，$R_a + d_a \geqslant h_a$，于是

$$aR_a \geqslant a(h_a - d_a) = bd_b + cd_c.$$

类似地

$$bR_b \geqslant ad_a + cd_c, cR_c \geqslant ad_a + bd_b.$$

将这些不等式相加，我们得到了 (1).

(2) 我们将上述不等式相乘可得

$$abcR_aR_bR_c \geqslant (cd_c + bd_b)(ad_a + cd_c)(ad_a + bd_b).$$

现在由 AM-GM 不等式，我们有

$$(cd_c + bd_b)(ad_a + cd_c)(ad_a + bd_b) \geqslant 2\sqrt{cd_cbd_b} \cdot 2\sqrt{ad_acd_c} \cdot 2\sqrt{ad_abd_b}$$
$$= 8abcd_ad_bd_c,$$

结合以上不等式即可得到 (2). $\qquad \square$

例 5.2 证明不等式：

(1) $\sqrt{R_a} + \sqrt{R_b} + \sqrt{R_c} \geqslant \sqrt{2}\left(\sqrt{d_a} + \sqrt{d_b} + \sqrt{d_c}\right)$;

(2) $R_aR_bR_c \geqslant (d_a + d_b)(d_b + d_c)(d_c + d_a)$.

证 我们将利用 Erdös-Mordell 不等式证法三中的不等式

$$R_a \geqslant \frac{c}{a}d_b + \frac{b}{a}d_c, R_b \geqslant \frac{a}{b}d_c + \frac{c}{b}d_a, R_c \geqslant \frac{b}{c}d_a + \frac{a}{c}d_b. \tag{5.2}$$

(1) 将式 (5.2) 中的第一个不等式结合 QM-AM 不等式可得

$$\sqrt{R_a} \geqslant \sqrt{\frac{cd_b + bd_c}{a}} \geqslant \frac{1}{\sqrt{2a}}\left(\sqrt{cd_b} + \sqrt{bd_c}\right).$$

类似地

$$\sqrt{R_b} \geqslant \frac{1}{\sqrt{2b}}\left(\sqrt{cd_a} + \sqrt{ad_c}\right), \sqrt{R_c} \geqslant \frac{1}{\sqrt{2c}}\left(\sqrt{bd_a} + \sqrt{ad_b}\right).$$

将以上不等式相加可得

$$\sqrt{R_a} + \sqrt{R_b} + \sqrt{R_c}$$

$$\geq \frac{1}{\sqrt{2}} \left[\left(\frac{\sqrt{c}}{\sqrt{b}} + \frac{\sqrt{b}}{\sqrt{c}} \right) \sqrt{d_a} + \left(\frac{\sqrt{c}}{\sqrt{a}} + \frac{\sqrt{a}}{\sqrt{c}} \right) \sqrt{d_b} + \left(\frac{\sqrt{b}}{\sqrt{a}} + \frac{\sqrt{a}}{\sqrt{b}} \right) \sqrt{d_c} \right].$$

那么由 AM-GM 不等式

$$\frac{\sqrt{x}}{\sqrt{y}} + \frac{\sqrt{y}}{\sqrt{x}} \geq 2, x, y > 0$$

即可得到 (1).

(2) 将例 5.1 的 (1) 中证明的不等式

$$aR_a \geq bd_b + cd_c, aR_a \geq bd_c + cd_b$$

与 Erdös-Mordell 不等式的证法三中证明的不等式相加, 我们得到

$$2aR_a \geq (b+c)(d_b + d_c).$$

类似地

$$2bR_b \geq (a+c)(d_a + d_c), 2cR_c \geq (a+b)(d_a + d_b).$$

因此

$$8abcR_aR_bR_c \geq (a+b)(b+c)(c+a)(d_a + d_b)(d_b + d_c)(d_c + d_a),$$

这就意味着待证不等式成立, 因为

$$(a+b)(b+c)(c+a) \geq 2\sqrt{ab} \cdot 2\sqrt{bc} \cdot 2\sqrt{ca} = 8abc. \qquad \square$$

例 5.3　证明不等式:
(1) $\dfrac{1}{R_a} + \dfrac{1}{R_b} + \dfrac{1}{R_c} \leq \dfrac{1}{2} \left(\dfrac{1}{d_a} + \dfrac{1}{d_b} + \dfrac{1}{d_c} \right)$;
(2) $R_aR_b + R_bR_c + R_cR_a \geq 2(d_aR_b + d_bR_b + d_cR_c)$;
(3) $\dfrac{1}{d_ad_b} + \dfrac{1}{d_bd_c} + \dfrac{1}{d_cd_a} \geq 2 \left(\dfrac{1}{d_aR_a} + \dfrac{1}{d_bR_b} + \dfrac{1}{d_cR_c} \right)$.

证　(1) 设 M 是 $\triangle ABC$ 的一个内点，U, V, W 分别是 M 到直线 BC, CA, AB 的垂足（图 5.7）.

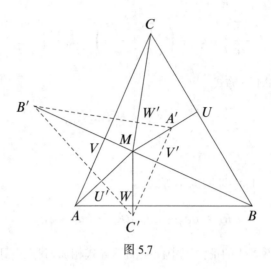

图 5.7

考虑射线 MU, MV, MW 和 MA, MB, MC 上的点 A', B', C' 和 U', V', W'，其定义分别为

$$R_a' = MA' = \frac{1}{MU} = \frac{1}{d_a}, R_b' = MB' = \frac{1}{MV} = \frac{1}{d_b}, R_c' = MA' = \frac{1}{MW} = \frac{1}{d_c}$$

和

$$d_a' = MU' = \frac{1}{MA} = \frac{1}{R_a}, d_b' = MV' = \frac{1}{MB} = \frac{1}{R_b}, d_c' = MW' = \frac{1}{MC} = \frac{1}{R_c}.$$

注意到 $MU' \perp B'C'$，因为 $\triangle MVA$ 与 $\triangle MB'U'$ 在点 M 处有一个公共角，且

$$\frac{MV}{MA} = \frac{d_b}{R_a} = \frac{MU'}{MB'},$$

因此 $\triangle MVA \backsim \triangle MB'U'$，所以 $\angle MU'B' = \angle MVA = 90°$. 类似地，$MV' \perp A'C'$，$MW' \perp A'B'$.

现在只需要对 $\triangle A'B'C'$ 和点 M 应用 Erdös-Mordell 不等式即得待证不等式.

(2) 设 A', B', C' 分别是顶点 A, B, C 在以 M 为中心，比例为 1 的反演变换下的象，那么 A', B', C' 分别在射线 MA, MB, MC 上（图 5.8），且满足

$$MA' = \frac{1}{MA}, MB' = \frac{1}{MB}, MC' = \frac{1}{MC}.$$

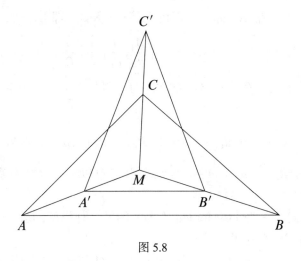

图 5.8

$\triangle MBC$ 与 $\triangle MC'B'$ 是相似的（它们在点 M 处有一个公共角且 $\dfrac{MB}{MC} = \dfrac{MC'}{MB'}$），相似比为

$$k = \frac{MB'}{MC} = \frac{1}{R_b R_c}.$$

因此,这两个三角形的高 d_a' 和 d_a 满足

$$d_a' = kd_a = \frac{d_a}{R_b R_c}$$

类似地

$$d_b' = kd_b = \frac{d_b}{R_a R_c}, d_c' = kd_a = \frac{d_c}{R_b R_a}.$$

那么只需要在 Erdös-Mordell 不等式

$$R_a' + R_b' + R_c' \geq 2(d_a' + d_b' + d_c')$$

中利用上述关系进行替换即可得待证不等式.

(3) 此不等式只需要对 (1) 中构造的 $\triangle A'B'C'$ 应用不等式 (2) 即可.　　　□

注　例 5.3 中的不等式 (1) 的证明利用了所谓的配极变换,以 M 为中心,比例为 1 的变换将 $\triangle ABC$ 映射为 $\triangle A'B'C'$[58]. 由于 $R_a, R_b, R_c, d_a, d_b, d_c$ 和 R_a', R_b', R_c', d_a', d_b', d_c' 之间的关系为

$$R_a' = \frac{1}{d_a}, \ R_b' = \frac{1}{d_b}, R_c' = \frac{1}{d_c}, \ d_a' = \frac{1}{R_a}, d_b' = \frac{1}{R_b}, \ d_c' = \frac{1}{R_c}.$$

每一个关于 $R_a, R_b, R_c, d_a, d_b, d_c$ 的不等式（等式）都可以通过代换

$$(R_a, R_b, R_c, d_a, d_b, d_c) \to \left(\frac{1}{d_a}, \frac{1}{d_b}, \frac{1}{d_c}, \frac{1}{R_a}, \frac{1}{R_b}, \frac{1}{R_c}\right)$$

变成一个新的不等式（等式）. 不等式 (2) 的证明利用了反演变换, 我们可以利用代换

$$(R_a, R_b, R_c, d_a, d_b, d_c) \to (R_b R_c, R_c R_a, R_a R_b, d_a R_a, d_b R_b, d_c R_c)$$

得到关于 $R_a, R_b, R_c, d_a, d_b, d_c$ 的新不等式. 读者可以参见 [47] 中关于这些变换的有趣应用.

接下来, 我们考虑 Erdös-Mordell 不等式的另一种类型, 是由 Jian Liu[37] 将三角形的基本不等式一般化了.

例 5.4 设 O 是 $\triangle ABC$ 的外心, 用 d 表示 O 与平面上任意一点 M 的距离, 那么

$$\frac{R_b^2 + R_c^2 - 2d_a^2}{a^2} + \frac{R_c^2 + R_a^2 - 2d_b^2}{b^2} + \frac{R_a^2 + R_b^2 - 2d_c^2}{c^2} \geq \frac{3}{2} + \frac{d^2}{R^2},$$

等号成立当且仅当 M 在直线 OK 上, 其中 K 是 $\triangle ABC$ 的 Lemoine 点.

证 用 d_a, d_b, d_c 表示点 M 到边 BC, CA, AB 的有向距离, 分别用 S 和 S_M 表示 $\triangle ABC$ 和垂足 $\triangle DEF$ 的有向面积. 不失一般性, 我们可以假定 $\triangle ABC$ 的面积为正. 我们首先证明下面的等式:

$$\sum_{\text{cyc}} \frac{R_b^2 + R_c^2}{a^2} = \frac{1}{4S^2} \sum_{\text{cyc}} (2a^2 + b^2 + c^2)d_a^2 + \frac{1}{4S^2} \sum_{\text{cyc}} \frac{(b^2 + c^2)(b^2 + c^2 - a^2)d_b d_c}{bc}.$$

要证明这一点, 我们对 $\triangle MEF$（图 5.9）应用余弦定理可得

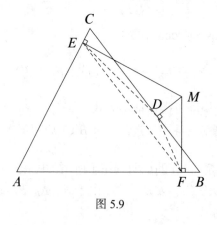

图 5.9

$$EF = \sqrt{d_b^2 + d_c^2 + 2d_b d_c \cos A}.$$

由于 MA 是 $\triangle MEF$ 外接圆的直径, 我们有

$$EF = \frac{MA}{\sin A} = \frac{R_a}{\sin A},$$

那么

$$R_a = \frac{\sqrt{d_b^2 + d_c^2 + 2d_b d_c \cos A}}{\sin A}.$$

因此, 我们有

$$\sum_{\text{cyc}} \frac{R_b^2 + R_c^2}{a^2}$$

$$= \sum_{\text{cyc}} R_a^2 \left(\frac{1}{b^2} + \frac{1}{c^2} \right)$$

$$= \sum_{\text{cyc}} (d_b^2 + d_c^2 + 2d_b d_c \cos A) \left(\frac{1}{b^2} + \frac{1}{c^2} \right) \frac{1}{\sin^2 A}$$

$$= \frac{1}{4S^2} \sum_{\text{cyc}} (b^2 + c^2)(d_b^2 + d_c^2 + 2d_b d_c \cos A)$$

$$= \frac{1}{4S^2} \sum_{\text{cyc}} (b^2 + c^2)(d_b^2 + d_c^2) + \frac{1}{2S^2} \sum_{\text{cyc}} (b^2 + c^2) d_b d_c \cos A$$

$$= \frac{1}{4S^2} \sum_{\text{cyc}} (2a^2 + b^2 + c^2) d_a^2 + \frac{1}{4S^2} \sum_{\text{cyc}} (b^2 + c^2)(b^2 + c^2 - a^2) d_b d_c bc.$$

接下来, 我们来证明等式

$$\sum_{\text{cyc}} \frac{R_b^2 + R_c^2 - 2d_a^2}{a^2} + 4 \sum_{\text{cyc}} \frac{d_b d_c}{bc} - \frac{5}{2} = \frac{1}{8S^2} \left(\sum_{\text{cyc}} d_a \frac{b^2 - c^2}{a} \right)^2. \tag{5.3}$$

用 $[XYZ]$ 表示 $\triangle XYZ$ 的有向面积, 那么面积关系

$$[MBC] + [MCA] + [MAB] = [ABC]$$

可以改写为

$$\sum_{\text{cyc}} a d_a = 2S.$$

此外, 由

$$[MEF] + [MFD] + [MDE] = [DEF]$$

与

$$[MEF] = \frac{1}{2} d_b d_c \sin A = \frac{S}{bc} d_b d_c,$$

以及其他类似的等式,我们得到

$$\frac{S_M}{S} = \sum_{\text{cyc}} \frac{d_b d_c}{bc}. \tag{5.4}$$

由以上等式,以及 Heron 公式的等价形式

$$16S^2 = 2b^2c^2 + 2c^2a^2 + 2a^2b^2 - a^4 - b^4 - c^4,$$

我们有

$$\sum_{\text{cyc}} \frac{R_b^2 + R_c^2 - 2d_a^2}{a^2} + 4\sum_{\text{cyc}} \frac{d_b d_c}{bc} - \frac{5}{2}$$

$$= \frac{1}{4S^2} \sum_{\text{cyc}}(2a^2 + b^2 + c^2)d_a^2 + \frac{1}{4S^2} \sum_{\text{cyc}} \frac{(b^2 + c^2)(b^2 + c^2 - a^2)d_b d_c}{bc} -$$

$$2\sum_{\text{cyc}} \frac{d_a^2}{a^2} + 4\sum_{\text{cyc}} \frac{d_b d_c}{bc} - \frac{5\left(\sum_{\text{cyc}} a^2 d_a^2 + 2\sum_{\text{cyc}} bc\, d_b d_c\right)}{8S^2}$$

$$= \frac{1}{4S^2} \sum_{\text{cyc}} \left(2a^2 + b^2 + c^2 - \frac{8S^2}{a^2} - \frac{5a^2}{2}\right)d_a^2 +$$

$$\frac{1}{4S^2} \sum_{\text{cyc}} \left[\frac{(b^2 + c^2)(b^2 + c^2 - a^2)}{bc} + \frac{16S^2}{bc} - 5bc\right]d_b d_c$$

$$= \frac{1}{4S^2} \sum_{\text{cyc}} \left(b^2 + c^2 - \frac{a^2}{2} - \frac{2b^2c^2 + 2c^2a^2 + 2a^2b^2 - a^4 - b^4 - c^4}{2a^2}\right)d_a^2 +$$

$$\frac{1}{4S^2} \sum_{\text{cyc}} \frac{(b^2 + c^2)(b^2 + c^2 - a^2) + 2c^2a^2 + 2a^2b^2 - a^4 - b^4 - c^4 - 3b^2c^2}{bc} d_b d_c$$

$$= \frac{1}{8S^2} \sum_{\text{cyc}} \frac{(b^2 - c^2)^2}{a^2} d_a^2 - \frac{1}{4S^2} \sum_{\text{cyc}} \frac{(a^2 - b^2)(a^2 - c^2)}{bc} d_b d_c$$

$$= \frac{1}{8S^2} \left(\sum_{\text{cyc}} d_a \frac{b^2 - c^2}{a}\right)^2,$$

于是等式 (5.3) 得证. 由等式 (5.3) 和 (5.4),我们有

$$\sum_{\text{cyc}} \frac{R_b^2 + R_c^2 - 2d_a^2}{a^2} + \frac{4S_P}{S} - \frac{5}{2} = \frac{1}{8S^2} \left(\sum_{\text{cyc}} d_a \frac{b^2 - c^2}{a}\right)^2.$$

由 Euler 公式

$$\frac{d^2}{R^2} = 1 - \frac{4S_M}{S},$$

我们得到等式

$$\sum_{\text{cyc}} \frac{R_b^2 + R_c^2 - 2d_a^2}{a^2} = \frac{3}{2} + \frac{d^2}{R^2} + \frac{1}{8S^2}\left(\sum_{\text{cyc}} d_a \frac{b^2-c^2}{a}\right)^2,$$

这就显然说明了待证不等式成立. 分析取等条件, 注意到等号成立当且仅当

$$\sum_{\text{cyc}} d_a \frac{b^2-c^2}{a} = 0,$$

这说明点 P 在一条直线上. 显然, Lemoine 点 K 的三线坐标 $(a:b:c)$ 满足上述等式, 且容易验证等式

$$\sum_{\text{cyc}}(b^2+c^2-a^2)(b^2-c^2) = 0,$$

这就说明外心 O 的三线坐标

$$\left(a(b^2+c^2-a^2):b(c^2+a^2-b^2):c(a^2+b^2-c^2)\right)$$

也满足上述等式. 因此, 等号成立当且仅当 P 在直线 OK 上. □

注 值得注意的是, 例 5.4 意味着三角形中的基本不等式. 为了说明这点, 取 M 为 $\triangle ABC$ 的内心, 那么由勾股定理, 我们有

$$R_b^2 - d_a^2 = (s-b)^2, \quad R_c^2 - d_a^2 = (s-c)^2.$$

根据 Euler 公式, 此时的距离 d 为 $d^2 = R^2 - 2Rr$. 因此, 由例 5.4 可得

$$\sum_{\text{cyc}} \frac{(s-b)^2 + (s-c)^2}{a^2} + \frac{2r}{R} - \frac{5}{2} \geqslant 0.$$

通过直接计算, 利用 s, r, R 表示的 a, b, c 的对称函数 (见命题 2 中的 $ab + bc + ca$), 可以证明上述不等式的左边等于

$$\frac{-s^4 + 2(2R^2 + 10Rr - r^2)s^2 - r(4R+r)^3}{8s^2R^2},$$

因此这就等价于基本不等式.

再注意到, 等式 (5.3) 意味着不等式

$$\sum_{\text{cyc}} \frac{R_b^2 + R_c^2 - 2d_a^2}{a^2} + 4\sum_{\text{cyc}} \frac{d_b d_c}{bc} - \frac{5}{2} \geqslant 0.$$

如果我们取点 P 为 $\triangle ABC$ 的重心, 我们得到下面的不等式:

$$\sum_{\text{cyc}} \frac{2m_b^2 + 2m_c^2 - h_a^2}{a^2} + 2\sum_{\text{cyc}} \frac{h_b h_c}{bc} \geqslant \frac{45}{4},$$

其中 m_a, m_b, m_c 是 $\triangle ABC$ 的中线, h_a, h_b, h_c 是它的高. 作为练习, 我们留给读者去证明上述不等式等价于基本不等式.

5.3 Erdös-Mordell 不等式的一般形式

在本节中,我们将证明由 Nairi Sedrakjan 给出的 Erdös-Mordell 不等式的一般形式. 它也是 1996 年 IMO 的第三题.

定理 16 (N.Sedrakjan)设 $ABCDEF$ 是一个凸六边形,满足 $AB \parallel DE, BC \parallel EF, CD \parallel AF$. 设 R_A, R_C, R_E 分别是 $\triangle FAB, \triangle BCD, \triangle DEF$ 的外接圆半径. 设 P 是六边形的周长,那么

$$R_A + R_C + R_E \geq \frac{P}{2}.$$

证法一 设 a, b, c, d, e, f 分别是边 AB, BC, CD, DE, EF, FA 的长. 注意到 $\angle A = \angle D, \angle B = \angle E, \angle C = \angle F$. 分别过 A 作直线 PQ 垂直于 BC, 过 D 作直线 RS 垂直于 EF ($P, R \in BC, Q, S \in EF$),那么 $BF \geq PQ = RS$. 所以 $2BF \geq PQ + RS$,即

$$2BF \geq (a \sin B + f \sin C) + (c \sin C + d \sin B).$$

类似地

$$2BD \geq (c \sin A + b \sin B) + (e \sin B + f \sin A),$$

$$2DF \geq (e \sin C + d \sin A) + (a \sin A + b \sin C).$$

由正弦定理,我们有

$$RA = \frac{BF}{2 \sin A}, RC = \frac{BD}{2 \sin C}, RE = \frac{DF}{2 \sin E}.$$

将这些式子代入到上面的不等式并相加,我们得到

$$
\begin{aligned}
R_A + R_C + R_E &\geq \frac{1}{4} a \left(\frac{\sin B}{\sin A} + \frac{\sin A}{\sin B} \right) + \frac{1}{4} b \left(\frac{\sin C}{\sin B} + \frac{\sin B}{\sin C} \right) + \cdots \\
&\geq \frac{1}{2} (a + b + \cdots) = \frac{P}{2}.
\end{aligned}
$$

注意到,等号成立当且仅当 $\angle A = \angle B = \angle C = 120°$ 且 $FB \perp BC$ 以及其他类似的等式,即当且仅当 $ABCDEF$ 是正六边形. □

证法二 这个证明来源于 1996 年罗马尼亚 IMO 团队的 Ciprian Manolescu 的解答.

取点 A'', C'', E'',使得 $ABA''F, CDC''B, EFE''D$ 都是平行四边形(图 5.10),那么点 A'', C'', B 是共线的,点 C'', E'', B 和 E'', A'', F 也分别是共线的. 进一步,设 A' 是过 F 垂直于 FA'' 的直线与过 B 垂直于 BA'' 的直线的交点,类似地,可以定义 C' 和 F'. 由于四边形 $A'FA''B$ 内接于直径为 $A'A''$ 的圆,且 $\triangle FAB$ 和 $\triangle BA''F$ 是全等的,那么有 $2R_A = A'A'' = x$. 类似地,$2R_c = C'C'' = y, 2R_2 = E'E'' = z$.

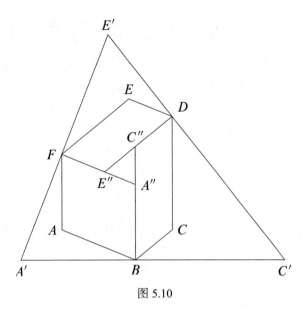

图 5.10

我们还有

$$AB = FA'' = y_a, AF = A''B = z_a, CD = C''B = z_c,$$
$$CB = C''D = x_c, EF = E''D = x_e, ED = E''F = y_e.$$

最开始的不等式就变为

$$x + y + z \geqslant y_a + z_a + z_c + x_c + x_e + y_e. \tag{5.5}$$

要证明这一点,我们要将 Erdös-Mordell 不等式的标准证明一般化(定理 14 的证法一).

令 $C'E' = a, A'E' = c, A'C' = e$,设 A_1 是 A'' 关于 $\angle E'A'C'$ 的平分线的对称点, F_1 和 B_1 分别是从 A_1 到 $A'C'$ 和 $A'E'$ 的垂足,那么 $A_1F_1 = A''F = y_a, A_1B_1 = A''B = z_a$,且我们有

$$ax = A'A_1 \cdot E'C' \geqslant 2[A'E'A_1C'] = 2[A'E'A_1] + 2[A'C'A_1] = cz_a + ey_a.$$

类似地

$$cy \geqslant ex_c + az_c, ez \geqslant ay_e + cx_e.$$

因此

$$x + y + z \geqslant \frac{c}{a}z_a + \frac{a}{c}z_c + \frac{e}{c}x_c + \frac{c}{e}x_e + \frac{a}{e}y_e + \frac{e}{a}y_a$$

149

$$= \left(\frac{c}{a} + \frac{a}{c}\right)\left(\frac{z_a + z_c}{2}\right) + \left(\frac{c}{a} - \frac{a}{c}\right)\left(\frac{z_a - z_c}{2}\right) + \cdots. \qquad (5.6)$$

我们令

$$a_1 = \frac{x_c - x_e}{2}, c_1 = \frac{y_e - y_a}{2}, e_1 = \frac{z_a - z_c}{2}.$$

注意到 $\triangle A''C''E'' \backsim \triangle A'C'E'$, 于是

$$\frac{a_1}{a} = \frac{c_1}{c} = \frac{e_1}{e} = k,$$

因此

$$\left(\frac{c}{a} - \frac{a}{c}\right)e_1 + \left(\frac{e}{c} - \frac{c}{e}\right)a_1 + \left(\frac{a}{e} - \frac{e}{a}\right)c_1 = k\left(\frac{ce}{a} - \frac{ae}{c} + \frac{ea}{c} - \frac{ca}{e} + \frac{ac}{e} - \frac{ec}{a}\right)$$
$$= 0.$$

所以不等式 (5.6) 就化为

$$x + y + z \geqslant \left(\frac{c}{a} + \frac{a}{c}\right)\left(\frac{z_a + z_c}{2}\right) + \left(\frac{e}{c} + \frac{c}{e}\right)\left(\frac{x_e + x_c}{2}\right) + \left(\frac{a}{e} + \frac{e}{a}\right)\left(\frac{y_a + y_e}{2}\right),$$

这就意味着不等式 (5.5) 成立, 因为

$$\frac{x}{y} + \frac{y}{x} \geqslant 2, x, y > 0. \qquad \square$$

现在, 我们证明 Erdös-Mordell 不等式是 Sedrakjan 不等式的特例. 设 M_a, M_b, M_c 是从 $\triangle ABC$ 内一点 M 到边 BC, CA, AB 的垂足, 而 $M_a M M_b M_c'$, $M_b M M_c M_a'$, $M_c M M_a M_b'$ 是平行四边形 (图 5.11), 那么

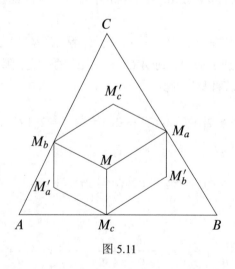

图 5.11

$$M_c M_b' = M_b M_c' = MM_a, \ M_a M_c' = M_c M_a' = MM_b, \ M_a M = M_b M_a' = MM_c.$$

所以六边形 $M_a M_c' M_b M_a' M_c M_b'$ 的周长等于

$$2(MM_a + MM_b + MM_c).$$

因此,对六边形 $M_a M_c' M_b M_a' M_c M_b'$,由 Sedrakjan 定理可得

$$R_{M_a'} + R_{M_b'} + R_{M_c'} \geqslant MM_a + MM_b + MM_c.$$

此外,由正弦定理可得

$$R_{M_a'} = \frac{M_b M_c}{2 \sin \angle M_c M_a' M_b} = \frac{M_b M_c}{2 \sin \angle M_c M M_b} = \frac{MA}{2}.$$

类似地,

$$R_{M_b'} = \frac{MB}{2}, \ R_{M_c'} = \frac{MC}{2}.$$

将这些公式代入上述不等式,我们就得到了 $\triangle ABC$ 和点 M 的 Erdös-Mordell 不等式.

Sedrakjan 不等式的证法二中的关键点就是由 Manolescu 给出的不等式 (5.5),这里我们将此不等式阐述为一个独立的结论. 它可以认为是 Erdös-Mordell 不等式在一个三角形中对三个点的推广.

定理 17 (C. Manolescu)设 P, Q, R 是 $\triangle ABC$ 内的三个点,满足 $QR \perp BC, RP \perp CA, PQ \perp AB$. 设 QR 交 BC 于 D, BP 交 CA 于 E, PQ 交 AB 于 F,那么

$$PA + QB + RC \geqslant PE + PF + QF + QD + RD + RE.$$

显然,当 P, Q, R 重合时我们就得到了 Erdös-Mordell 不等式.

5.4 多边形的 Erdös-Mordell 不等式

Erdös-Mordell 不等式可以推广到多边形的情形. 设 M 是凸 n 边形 $A_1 A_2 \cdots A_n$ 内一点,令 $R_1 = MA_1, R_2 = MA_2, \cdots, R_n = MA_n$,并用 $d_1, d_2, \cdots, d_n$ 表示 M 到 n 边形各边的距离,那么

$$R_1 + R_2 + \cdots + R_n \geqslant \frac{1}{\cos \dfrac{\pi}{n}}(d_1 + d_2 + \cdots + d_n). \tag{5.7}$$

此不等式由 L. F. Tóth[18] 在 1948 年所猜想,并分别由 H.C. Lenhard[36] 在 1961 年与 F. Lenenberger[35] 在 1962 年独立证明. 最近, S. Gueron 和 I. Shafrir[27] 将式

(5.7) 推广为:对任意正数 $\lambda_1, \lambda_2, \cdots, \lambda_n$,我们有

$$\lambda_1 R_1 + \lambda_2 R_2 + \cdots + \lambda_n R_n$$

$$\geqslant \frac{1}{\cos \dfrac{\pi}{n}} \left(\sqrt{\lambda_1 \lambda_2} d_1 + \sqrt{\lambda_2 \lambda_3} d_2 + \cdots + \sqrt{\lambda_n \lambda_1} d_n \right). \tag{5.8}$$

我们将证明此不等式事实上是代数不等式 (2.22) 的一个结论. 要证明这一点, 我们首先证明不等式 (2.22) 意味着下面的结论.

引理 12 对每个 $x_k \geqslant 0, 1 \leqslant k \leqslant n$,设 $\alpha_k \in (0, \pi)$ 满足

$$\alpha_1 + \alpha_2 + \cdots + \alpha_n = \pi,$$

成立以下不等式:

$$\cos \left(\frac{\pi}{n} \right) \sum_{k=1}^{n} x_k^2 \geqslant \sum_{k=1}^{n} x_k x_{k+1} \cos \alpha_k. \tag{5.9}$$

证 设 O 是平面直角坐标系的原点,再设点 $P_k(a_k, b_k), 1 \leqslant k \leqslant n$ 满足 $OP_k = x_k$ 且 $\angle P_k O P_{k+1} = \alpha_k, 1 \leqslant k \leqslant n-1$(图 5.12).

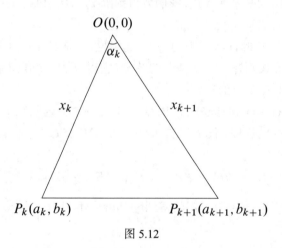

图 5.12

对 $\triangle P_k O P_{k+1}$,由余弦定理可得

$$\begin{aligned} x_k x_{k+1} \cos \alpha_k &= \frac{OP_k^2 + OP_{k+1}^2 - P_k P_{k+1}^2}{2} \\ &= \frac{1}{2}[a_k^2 + b_k^2 + a_{k+1}^2 + b_{k+1}^2 - (a_k - a_{k+1})^2 - (b_k - b_{k+1})^2] \\ &= a_k a_{k+1} + b_k b_{k+1}, 1 \leqslant k \leqslant n-1, \end{aligned}$$

且

$$x_n x_1 \cos \alpha_n = -x_n x_1 \cos \left(\sum_{k=1}^{n-1} \alpha_k \right) = -\frac{OP_n^2 + OP_1^2 - P_n P_1^2}{2}$$

$$= -\frac{1}{2}(a_n^2 + b_n^2 + a_1^2 + b_1^2 - (a_n - a_1)^2 - (b_n - b_1)^2)$$

$$= -a_n a_1 - b_n b_1.$$

因此

$$\cos\left(\frac{\pi}{n}\right)\sum_{k=1}^{n} x_k^2 - \sum_{k=1}^{n} x_k x_{k+1} \cos\alpha_k$$

$$= \cos\left(\frac{\pi}{n}\right)\sum_{k=1}^{n} a_k^2 - \left(\sum_{k=1}^{n-1} a_k a_{k+1}\right) + a_1 a_n +$$

$$\cos\left(\frac{\pi}{n}\right)\sum_{k=1}^{n} b_k^2 - \left(\sum_{k=1}^{n-1} b_k b_{k+1}\right) + b_1 b_n,$$

于是, 由不等式 (2.22) 即得不等式 (5.9). □

要证明不等式 (5.8), 令 $\alpha_k = \dfrac{\angle A_k M A_{k+1}}{2}$, 用 w_k 表示 $\angle A_k M A_{k+1}$ 的角平分线在 $\triangle A_k M A_{k+1}, 1 \leqslant k \leqslant n$ 内的长度, 那么与 Erdös-Mordell 不等式中的证法六一样, 我们有不等式

$$w_k \leqslant \sqrt{MA_k \cdot MA_{k+1}} \cos\alpha_k = \sqrt{R_k \cdot R_{k+1}} \cos\alpha_k.$$

再在不等式 (5.9) 中令 $x_k = \sqrt{\lambda_k R_k}, 1 \leqslant k \leqslant n$, 并利用显然的不等式 $w_k \geqslant d_k$, 我们就得到了待证不等式 (5.8). 注意到, 如果 $\lambda_1 = \lambda_2 = \cdots = \lambda_n$, 那么式 (5.8) 中等号成立当且仅当多边形 $A_1 A_2 \cdots A_n$ 是正多边形, 且 M 是其中心. 对 $\triangle A_1 A_2 A_3$, 等号成立 (参见 [16]) 当且仅当 M 是其外心, 且权重 $\lambda_1, \lambda_2, \lambda_3$ 满足

$$A_1 A_2 : A_2 A_3 : A_3 A_1 = \sqrt{\lambda_1} : \sqrt{\lambda_2} : \sqrt{\lambda_3}.$$

读者可以参阅 [27] 中对 $n \geqslant 4$ 的情形的讨论.

5.5 习题

5.1 证明: 对边长为 a, b, c 的 $\triangle ABC$ 内任意一点 M, 我们有

$$(R_a R_b)^2 + (R_b R_c)^2 + (R_c R_a)^2 \geqslant \frac{a^2 b^2 c^2}{a^2 + b^2 + c^2}.$$

5.2 证明: 对任意内接圆半径为 r 的 $\triangle ABC$ 以及平面上的任意点 M, 我们有

$$R_a + R_b + R_c \geqslant 6r.$$

等号何时成立?

5.3　证明:对边长为 a, b, c 的 $\triangle ABC$ 内任意一点 M,我们有

$$\sqrt{R_a} + \sqrt{R_b} + \sqrt{R_c} < \frac{\sqrt{5}}{2}(\sqrt{a} + \sqrt{b} + \sqrt{c}).$$

并说明常数 $\dfrac{\sqrt{5}}{2}$ 是最优的.

5.4　设 R_a, R_b, R_c 分别是从三角形内一点 M 到其顶点 A, B, C 的距离,$d_a, d_b,$ d_c 分别是点 M 到直线 BC, CA, AB 的距离. 证明不等式:

(1) $d_a R_a + d_b R_b + d_c R_c \geqslant 2(d_a d_b + d_b d_c + d_c d_a)$;

(2) $R_a R_b + R_b R_c + R_c R_a \geqslant 4(d_a d_b + d_b d_c + d_c d_a)$;

(3) $\dfrac{1}{d_a R_a} + \dfrac{1}{d_b R_b} + \dfrac{1}{d_c R_c} \geqslant 2\left(\dfrac{1}{R_a R_b} + \dfrac{1}{R_b R_c} + \dfrac{1}{R_c R_a}\right)$;

(4) $\dfrac{1}{d_a d_b} + \dfrac{1}{d_b d_c} + \dfrac{1}{d_c d_a} \geqslant 4\left(\dfrac{1}{R_a R_b} + \dfrac{1}{R_b R_c} + \dfrac{1}{R_c R_a}\right)$.

5.5　求最大的常数 λ,使得

$$R_a^2 + R_b^2 + R_c^2 > \lambda(d_a^2 + d_b^2 + d_c^2)$$

对任意 $\triangle ABC$ 及其内一点 M 都成立.

5.6　证明:对 $\triangle ABC$ 内任意一点 M,有

$$\frac{4R_a R_b R_c}{(d_a + d_b)(d_b + d_c)(d_c + d_a)} \geqslant \frac{R_a}{d_b + d_c} + \frac{R_b}{d_a + d_c} + \frac{R_c}{d_a + d_b} + 1.$$

5.7　证明:对 $\triangle ABC$ 内任意一点 M,有

$$2(R_a + R_b + R_c) \geqslant \sqrt{a^2 + 4d_a^2} + \sqrt{b^2 + 4d_b^2} + \sqrt{c^2 + 4d_c^2},$$

等号成立当且仅当 M 是三角形的外心. 并说明此不等式比 Erdös-Mordell 不等式更强.

5.8　证明:对任意 $\triangle ABC$ 及其平面上一点 M,我们有

$$\frac{R_b^2 + R_c^2 + \lambda d_a^2}{a^2} + \frac{R_c^2 + R_a^2 + \lambda d_b^2}{b^2} + \frac{R_a^2 + R_b^2 + \lambda d_c^2}{c^2} \geqslant \frac{8 + \lambda}{4},$$

其中常数 λ 满足 $-2 \leqslant \lambda \leqslant 2$. 等号何时成立?

5.9　设 M 是 $\triangle ABC$ 内任意一点,分别用 w_a, w_b, w_c 表示 $\triangle BMC, \triangle CMA,$ $\triangle AMB$ 过顶点 M 的角平分线的长. 证明:

$$R_a R_b + R_b R_c + R_c R_a$$
$$\geqslant \left(w_a + \frac{w_b + w_c}{2}\right) R_a + \left(w_b + \frac{w_c + w_a}{2}\right) R_b + \left(w_c + \frac{w_a + w_b}{2}\right) R_c,$$

等号成立当且仅当 $\triangle ABC$ 是等边三角形, 且 M 是其中心.

5.10 证明: 对 $\triangle ABC$ 内任意一点 M, 成立以下不等式:

$$\sum_{\text{cyc}} R_b R_c \geqslant \sum_{\text{cyc}} R_a\left(d_a + \frac{d_b + d_c}{2}\right) \geqslant \sum_{\text{cyc}} (d_a + d_b)(d_a + d_c). \qquad (*)$$

式 $(*)$ 中等号成立当且仅当 $\triangle ABC$ 是等边三角形, 且 M 是其中心.

5.11 设 M, N 是 $\triangle A_1 A_2 A_3$ 内的点. 对 $i = 1, 2, 3$, 记 $MA_i = x_i, NA_i = y_i$, 分别设 M, N 到 A_i 所对边的距离为 p_i, q_i, 证明:

$$\sqrt{x_1 y_1} + \sqrt{x_2 y_2} + \sqrt{x_3 y_3} \geqslant 2\left(\sqrt{p_1 q_1} + \sqrt{p_2 q_2} + \sqrt{p_3 q_3}\right).$$

5.12 （2001 年美国 TST ）设点 P 在一个给定的 $\triangle ABC$ 内, 证明:

$$\frac{PA}{BC^2} + \frac{PB}{CA^2} + \frac{PC}{AB^2} \geqslant \frac{1}{R},$$

其中 R 是 $\triangle ABC$ 的外接圆半径.

5.13 设 $A_1 A_2 \cdots A_n$ 是一个凸多边形, M 是其内部一点. 设 $R_1 = MA_1, R_2 = MA_2, \cdots, R_n = MA_n$, 分别用 $d_1, d_2, \cdots, d_n$ 表示 M 到边 $A_1 A_2, A_2 A_3, \cdots, A_n A_1$ 的距离, 那么

$$\prod_{i=1}^{n} R_i \geqslant \frac{1}{\left(\cos \dfrac{\pi}{n}\right)^n} \prod_{i=1}^{n} d_i,$$

等号成立当且仅当多边形是正多边形, 且 M 是其重心.

面积不等式

6.1　圆内接和圆外切多边形

本节中,我们将处理平面凸集,也就是具有以下性质的平面集合:联结集合中任意两点的线段都包含于此集合. 如果一个平面凸集是紧的(即闭且有界),且内部非空,那么我们称此集合为凸区域. 接下来,我们将不加证明地使用一个事实:如果 $\mathcal{K}$ 是一个凸区域,且给定一个整数 $n \geq 3$,那么至少存在一个包含 $\mathcal{K}$ 的具有最小面积的 n 边形. 一般来说,这样的最小面积的 n 边形不是唯一确定的,但显然它必须与 $\mathcal{K}$ 外切,即它的每一条边都至少与 $\mathcal{K}$ 的边界有一个交点. 此外,我们还有下面的定理[11][19].

定理 18　设 $\mathcal{K}$ 是一个凸区域,给定一个整数 $n \geq 3$. 设 $\mathcal{P}$ 是一个包含 $\mathcal{K}$ 的面积最小的凸 n 边形,那么 $\mathcal{P}$ 的各边的中点都在 $\mathcal{K}$ 的边界上.

证　这里的证明取自于 [11],基于下面的引理,可知如何过一个给定角内一点作一条直线来截出具有最小面积的三角形(例 2.2 的注).

引理 13　设 XOY 是一个角,M 是角内的一点,那么:

(1) 存在唯一的线段 AB,使得端点 A 在 OX 上,端点 B 在 OY 上,且 M 是 AB 的中点;

(2) 在所有过 M 的直线在角内所截的三角形中,$\triangle AOB$ 是唯一具有最小面积的三角形;

(3) 如果用 $\Delta(P)$ 表示关于 $\angle XOY$ 内一点 P 的最小三角形,那么当 P 沿着线段 AB 趋于 M 时,$\Delta(P)$ 的顶点也分别趋于 $\Delta(M)$ 的顶点.

引理 13 的证明　(1) 设 O' 是 O 关于 M 的对称点(图 6.1),端点 A 在 OX 上,端点 B 在 OY 上,那么 M 是线段 AB 的中点当且仅当 $OAO'B$ 是平行四边形. 因此,点 A 和 B 由 $O'A \parallel OY$ 和 $O'B \parallel OX$ 所唯一确定.

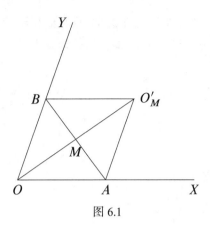

图 6.1

(2) 考虑过 M 的直线 l,分别与 OX 和 OY 交于点 A', B'. 不失一般性,我们可以假定它们的位置如图 6.2 所示. 设 B'' 是线段 $B'M$ 上的点,满足 $BB'' \parallel AA'$,那么 $\triangle AA'M$ 和 $\triangle BB''M$ 全等,因为 $AM = BM$, $\angle AMA' = \angle BMB''$, $\angle A'AM = \angle B''BM$. 因此

$$[OA'B'] - [OAB] = [BB'M] - [AA'M] = [BB'B''] \geqslant 0,$$

即 $[OA'B'] \geqslant [OAB]$,等号成立当且仅当 l 就是直线 AB.

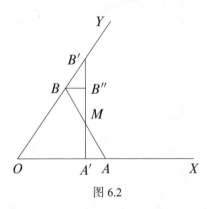

图 6.2

(3) 设 P 沿着线段 AB 趋于 M,那么 O'_P 趋于 O'_M,由 1 中最小面积三角形的构造,我们可得 $\Delta(P)$ 的顶点分别趋于 $\Delta(M)$ 的顶点. □

我们现在就可以着手证明定理 18 了. 设 $\mathcal{P}$ 是外切于凸区域 $\mathcal{K}$ 的最小面积的 n 边形,并假定 $\mathcal{P}$ 的某条边 AB 的中点 M 不在 $\mathcal{K}$ 的边界上. 我们考虑图 6.3～6.5 中的三种可能情形.

在图 6.3 中,把 $\mathcal{P}$ 中 AB 的相邻边延长至点 O,使得 $\triangle AOB$ 不包含 $\mathcal{K}$. 在图 6.4 中,$\triangle AOB$ 包含 $\mathcal{K}$,而在图 6.5 中,AB 的两条邻边互相平行. 我们将证明在每

种情形中,都可以构造一个包含 $\mathcal{K}$ 的多边形,且其面积比 $\mathcal{P}$ 小,这个矛盾说明了具有最小面积的 n 边形的每条边的中点都在 $\mathcal{K}$ 的边界上.

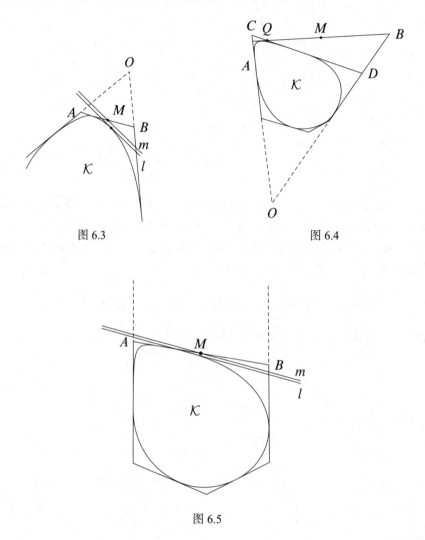

图 6.3   图 6.4

图 6.5

在第一种情形中,由于 M 在 $\mathcal{K}$ 外,存在 $\mathcal{K}$ 的一条支撑线将 M 从 $\mathcal{K}$ 中分离($\mathcal{K}$ 的一条支撑线 l 满足 $\mathcal{K}$ 在此线的一边,且 $\mathcal{K} \cap l \neq \varnothing$). 设 m 是过 M 且平行于 l 的直线(图 6.3). 注意到,由前面的引理,m 截出了一个面积严格大于 $\triangle AOB$ 的三角形. 而 l 截出了一个更大的面积,那么利用 l 和 $\mathcal{P}$,我们可以构造一个包含 $\mathcal{K}$ 的 n 边形,且比 $\mathcal{P}$ 的面积更小. 在第二种情形中,我们可以利用引理 13 的性质 3 来生成一条线段 CD,使其中点 Q 在 AB 上. 点 Q 与 M 是不重合的,且 CD 与 $\mathcal{K}$ 没有交点(图 6.4). 由引理 13,$\triangle COD$ 比其他任何过 Q 的直线所截出的三角形的面积都小,因此 $[COD] < [AOB]$. 于是,显然就可以构造一个包含 K 的 n 边形,

且其面积比 $\mathcal{P}$ 更小. 在第三种情形中 (图 6.5), 取 l 是 $\mathcal{K}$ 在点 M 附近的一点处的支撑线, 且这一点是两条平行边的中位线与 $\mathcal{K}$ 的边界的交点. 那么 m 就是过 M 且与 l 平行的直线. 容易看出, 利用 m 和 $\mathcal{P}$, 我们可以得到一个包含 $\mathcal{K}$ 的 n 边形, 且与 $\mathcal{P}$ 的面积相同. 而利用 l, 我们会得到更小的面积, 这就完成了证明. □

例 6.1 设 $\mathcal{T}$ 是一个包含平行四边形 $\mathcal{P}$ 的三角形, 那么 $[\mathcal{T}] \geq 2[\mathcal{P}]$, 等号成立当且仅当 $\mathcal{T}$ 的一边在 $\mathcal{P}$ 的一边上, 且 $\mathcal{T}$ 的另外两边的中点都是 $\mathcal{P}$ 的顶点.

证 设 $\mathcal{T}_0$ 是包含 $\mathcal{P}$ 的面积最小的三角形. 由定理 18 可知, $\mathcal{T}_0$ 的边的中点都在 $\mathcal{P}$ 的边上.

因此, $\mathcal{T}_0$ 有 1 或 2 条边在 $\mathcal{P}$ 的边上, 且相应的位置关系如图 6.6 或图 6.7 所示. 在两种情形下, $[\mathcal{T}_0] = 2[\mathcal{P}]$, 所以 $[\mathcal{T}] \geq [\mathcal{T}_0] = 2[\mathcal{P}]$. □

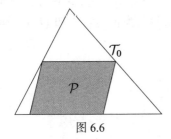

图 6.6

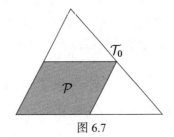

图 6.7

例 6.2 设 $\mathcal{T}$ 是一个三角形, $\mathcal{R}_0$ 是包含于 $\mathcal{T}$ 内的面积最大的矩形. 那么 $\mathcal{R}_0 = \frac{1}{2}\mathcal{T}$, 且 $\mathcal{R}_0$ 在一个特殊的位置, 它的一条边在 $\mathcal{T}$ 的边上, $\mathcal{T}$ 的另外两条边的两个中点是 $\mathcal{R}_0$ 的顶点.

证 设 $\mathcal{R}$ 是一个包含 $\mathcal{T}$ 的矩形, 且 $\mathcal{R}$ 不在上述特殊位置, 那么由例 6.1 可知 $\mathcal{T}$ 不是包含于 $\mathcal{R}$ 的面积最小的三角形. 因此, 如果 $\mathcal{T}^*$ 是包含于 $\mathcal{R}$ 的面积最小的三角形, 那么我们有

$$[\mathcal{R}] = \frac{1}{2}[\mathcal{T}^*] < \frac{1}{2}[\mathcal{T}].$$

如果 $\mathcal{R}_0$ 是在上述特殊位置的矩形, 那么

$$[\mathcal{R}] = \frac{1}{2}\mathcal{T},$$

这与上述不等式矛盾. 于是 $\mathcal{R}_0$ 就是包含于 $\mathcal{T}$ 的具有最小面积的矩形. 注意到, 如果 $\mathcal{T}$ 是一个锐角三角形, 那么有三个这样的矩形; 如果 $\mathcal{T}$ 是直角三角形, 那么有两个这样的矩形; 如果 $\mathcal{T}$ 是钝角三角形, 那么只有一个这样的矩形. □

接下来, 我们将证明下面的由 Fulton 和 Stein[21] 给出的优美结论.

定理 19 设 $\mathcal{L}$ 是环绕面积为 $[\mathcal{K}]$ 的凸区域 $\mathcal{K}$ 的凸曲线,那么存在一个内接于 $\mathcal{L}$ 的面积为 $\dfrac{[\mathcal{K}]}{2}$ 的平行四边形. 进一步,当且仅当 $\mathcal{L}$ 是矩形时,不存在内接于 $\mathcal{L}$ 的面积严格大于 $\dfrac{[\mathcal{K}]}{2}$ 的平行四边形.

证 假定 $\mathcal{L}$ 既不是三角形,也不是四边形. 取包含 $\mathcal{K}$ 的面积最小的四边形 $\mathcal{Q}$. 由定理 18 可知,$\mathcal{Q}$ 的四边的中点都在 $\mathcal{L}$ 上. 因此,以这四个中点为顶点的四边形就在 $\mathcal{K}$ 内. 由于 $\mathcal{K}$ 不是四边形,因此 $\mathcal{K}$ 包含一个面积严格大于 $\dfrac{[\mathcal{K}]}{2}$ 的平行四边形. 接下来假定 $\mathcal{L}$ 是一个三角形. 因为一个平行四边形有四个顶点,其中两个在 $\mathcal{L}$ 的边上. 所以例 6.1 说明最大的平行四边形的面积为 $\dfrac{[\mathcal{K}]}{2}$.

最后,设 $ABCD$ 是一个非梯形的凸四边形,满足 $AB \cap CD = P$, $AD \cap BC = Q$ 是外对角点,而 C 在此对角三角形内,那么顶点 C 在 B 和 Q 之间,也在 D 和 P 之间(图 6.8). 现在取 A 是一个仿射坐标系的原点,并且各点坐标为 $B(b, 0)$, $D(0, d)$, $C(x_0, y_0)$,其中所有的非零值都假定为正. 点 P 和 Q 也在正半轴上,而四边形的凸性可以表示为

$$\frac{x_0}{b} + \frac{y_0}{d} > 1. \tag{6.1}$$

要完成证明,我们分两种情形.

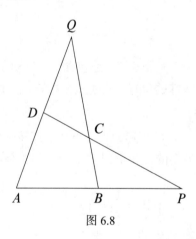

图 6.8

情形 1 假定 $2x_0 > b$, $2y_0 > d$. 点 $(2x_0, 0)$, $(0, 2y_0)$ 和 D 是包含所给四边形的一个三角形的顶点. 由于以 $x = 0, x = x_0, y = 0, y = y_0$ 为边的平行四边形的面积等于此三角形面积的一半,因此严格大于此四边形面积的一半.

情形 2 假定 $2x_0 < b$,由式 (6.1) 可得 $2y_0 > d$. 我们过 AP 的中点作坐标轴的平行线,这些平行线与坐标轴一起决定了一个平行四边形,其面积是 $\triangle DAP$ 的一半. 但原先的四边形是内接于后者的,因此我们再次证明了结论. 至于梯形的情形,我们可以取一个合适的点 P 来解决,否则证明过程就不变. 这就完成了证明. □

在定理 18 的进一步应用中,我们将会使用所谓的仿射变换的性质. 要定义仿射变换及其性质,我们假定已经给定了一个平面上的仿射坐标系 xOy,那么平面到自身的一个变换称为仿射变换是指,此变换将每个点 (x, y) 映射到 (x', y'),使得

$$x' = ax + by + e, \quad y' = cx + dy + f,$$

其中 a, b, c, d, e, f 是给定的实数,且满足 $ad - bc \neq 0$,即此变换是非奇异的. 我们现在不加证明地列出仿射变换的一些性质,后面将会用到.

(1) 任意直线(线段)的象都是直线(线段),且平行直线的象是平行的.

(2) 平行线段的长度的比值保持不变. 特别地,质点系的重心的象被映射到质点系象的重心.

(3) 任意凸区域的象都是一个凸区域.

(4) 任意两个区域的面积之比不变.

(5) 任意给定的三角形可以通过某个仿射变换变成另一个任意给定的三角形.

(6) 任意平行四边形都可以通过某个仿射变换变成另一个任意的平行四边形.

(7) 任意椭圆的象是椭圆,且任意椭圆都可以通过某个仿射变换变成另一个任意的椭圆.

(8) 任意(非奇异的)仿射变换都是连续且可逆的,且其逆仍然是一个(非奇异的)仿射变换.

现在我们考虑以上仿射变换的一些应用.

例 6.3 椭圆的内接三角形面积最大当且仅当它的重心与椭圆的重心重合.

证 存在一个仿射变换将椭圆映射为圆,于是内接于椭圆的面积最大的三角形也被映射到一个圆的面积最大的内接三角形(性质 (4)). 熟知(例 3.4)在圆的所有内接三角形中,等边三角形的面积最大. 因此,上述三角形的重心与圆的中心重合,同样地,由性质 (2) 可知,椭圆的面积最大的内接三角形的重心与椭圆的中心重合. □

例 6.4 证明:任意三角形 $\mathcal{T}$ 包含一个唯一的面积最大的椭圆 $\mathcal{E}_0$. 此椭圆与 $\mathcal{T}$ 的各边相切于中点,且 $\mathcal{E}_0$ 与 $\mathcal{T}$ 的面积满足 $[\varepsilon_0] = \dfrac{\pi}{3\sqrt{3}}[\mathcal{T}]$.

证 首先,我们证明任意三角形 $\mathcal{T}$ 只包含一个椭圆与其各边相切于中点. 要证明这样的椭圆存在,我们将 $\mathcal{T}$ 仿射变换成等边三角形 $\mathcal{T}^*$,并考虑其内切圆 $\mathcal{F}$,那么 $\mathcal{F}$ 在逆变换下的象就是所求的椭圆 $\mathcal{E}$. 假定 $\mathcal{E}_1$ 是另一个与 $\mathcal{T}$ 内切于各边中点的椭圆,那么 $\mathcal{E}$ 在上述变换下的象 $\mathcal{E}_1^*$ 与等边三角形 $\mathcal{T}^*$ 各边内切于各边中点. 而 $\mathcal{E}_1^*$ 的重心与 $\mathcal{T}^*$ 的重心重合(要得到这一点,需要将 $\mathcal{E}_1^*$ 映射为圆,且注意到 $\mathcal{T}^*$ 必然映射到此圆的外切等边三角形,再利用性质 (5) 和 (7) 即可). 因此,过 $\mathcal{T}^*$ 的中心反射将 $\mathcal{E}_1^*$ 映射为自身. 于是 $\mathcal{E}_1$ 不仅包含 $\mathcal{T}^*$ 各边的中点,还包含了 $\mathcal{T}^*$ 关于

其中心反射的象的各边中点. 由于这些中点是内接于 $\mathcal{E}_1$ 的一个正六边形的顶点, 而椭圆由椭圆上的五个点所决定, 于是 $\mathcal{E}_1^* = \mathcal{E}^*$, 因此 $\mathcal{E}_1 = \mathcal{E}$.

然后, 假定 $\mathcal{E}$ 是一个包含于 $\mathcal{T}$ 的椭圆, 且 $\mathcal{T}$ 的各边中点并不都在 $\mathcal{E}$ 上. 设 $\mathcal{E}_0$ 是 $\mathcal{T}$ 内唯一的与 $\mathcal{T}$ 相切于各边中点的椭圆. 进一步, 设 $\mathcal{S}$ 是包含 $\mathcal{E}$ 的面积最小的三角形. 那么由定理 18 可知, $\mathcal{S}$ 的各边的中点都在 $\mathcal{E}$ 上, 且 $[\mathcal{S}] < [\mathcal{T}]$. 将 $\mathcal{S}$ 仿射变换到 $\mathcal{T}$, 那么 $\mathcal{E}$ 被映射到 $\mathcal{T}$ 内的椭圆 $\mathcal{E}^*$, 此椭圆与各边相切于中点. 因此, 我们由上面已经证明的结论, 可得 $\mathcal{E}^* = \mathcal{E}_0$. 由性质 (4), 我们有

$$\frac{[\mathcal{E}]}{[\mathcal{S}]} = \frac{[\mathcal{E}^*]}{[\mathcal{T}]} < \frac{[\mathcal{E}_0]}{[\mathcal{S}]},$$

因此, $[\mathcal{E}] < [\mathcal{E}_0]$. 也就是说, $\mathcal{E}_0$ 是唯一包含于 $\mathcal{T}$ 内面积最大的椭圆. 通过把 $\mathcal{T}$ 映射为一个等边三角形, 我们就得到了比值

$$\frac{[\mathcal{E}_0]}{[\mathcal{T}]} = \frac{\pi}{3\sqrt{3}}.$$

这就完成了证明. □

注 例 6.4 是以下一般性结论[15] 的特殊情形: 每一个凸区域都唯一包含一个面积最大的椭圆, 也唯一包含于一个面积最小的椭圆.

现在我们来证明下面的 Gloss[26] 定理.

定理 20 每个凸区域 $\mathcal{K}$ 都包含于一个面积不超过其两倍的三角形.

证 只需要证明如果 $\mathcal{T}_0$ 是包含 $\mathcal{K}$ 的一个面积最小的三角形, 那么 $[\mathcal{T}_0] \le 2[\mathcal{K}]$. 要证明这一点, 设 $\mathcal{T}_0$ 是外切于 $\mathcal{K}$ 的最小三角形, 其中点 A, B, C 都在 $\mathcal{K}$ 上.

如图 6.9 所示, 设 $\mathcal{T}$ 是与 $\mathcal{T}_0$ 相似的一个三角形, 通过作 $\mathcal{K}$ 的平行于 $\mathcal{T}_0$ 各边的支撑线, 设 A', B', C' 分别是 $\mathcal{T}$ 与 $\mathcal{K}$ 的交点.

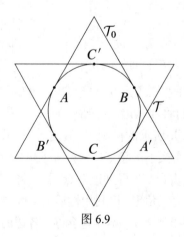

图 6.9

我们再来证明六边形 $AB'CA'BC'$ 的面积至少是 $\triangle ABC$ 面积的两倍,于是就有

$$[\mathcal{K}] \geq [AB'CA'BC'] \geq 2[ABC] = \frac{[\mathcal{T}_0]}{2},$$

这就证明了定理. 将图 6.9 中的布局进行仿射变换,使得 $\mathcal{T}$ 映射到一个等边三角形 $\mathcal{T}^*$. 那么 $\triangle ABC$ 被映射到 $\mathcal{T}^*$ 内的一个等边三角形 $\mathcal{S}^*$,且其各边与 $\mathcal{T}^*$ 的各边都平行,而六边形 $AB'CA'BC'$ 则被映射到图 6.10 中的一个虚线所示的六边形.

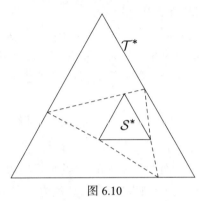

图 6.10

由于三角形 $\mathcal{T}_0$ 是与 $\mathcal{T}$ 相似的最小三角形,因此 $\mathcal{T}$ 的每条边都不会短于 $\mathcal{T}_0$ 相应的边,并且它的长度至少是 $\triangle ABC$ 的平行边的两倍. 因此,$\mathcal{T}^*$ 的各边长至少是 $\mathcal{S}^*$ 各边长的两倍. 由于仿射变换不改变面积之比,所以我们只需要证明在这种条件下,图 6.10 中的虚线六边形的面积不小于 $\mathcal{S}^*$ 面积的两倍. 为了证明这一点,从等边三角形 $\mathcal{S}^*$ 的中心 O 作 $\mathcal{T}^*$ 的各边的垂线来生成图 6.11 中的虚线六边形. 图 6.11 中的虚线六边形 $\mathcal{H}$ 与图 6.10 中的虚线六边形的面积相同. 因此,只需要证明此六边形的面积至少是三角形 $\mathcal{S}^*$ 面积的两倍.

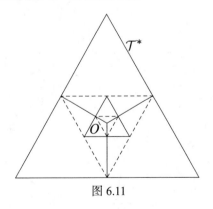

图 6.11

分别用 d_1, d_2, d_3 表示从 O 到 $\mathcal{T}^*$ 各边的垂线的长度,设等边三角形 $\mathcal{S}^*$ 和 $\mathcal{T}^*$ 的边长分别为 a, b,它们的高分别为 h, H. 由于 $b \geq 2a$,我们有 $H \geq 2h$. 熟知

$d_1 + d_2 + d_3 = H$，所以

$$[\mathcal{H}] = \frac{ad_1}{2} + \frac{ad_2}{2} + \frac{ad_3}{2} = \frac{aH}{2} \geq ah = 2[\mathcal{S}^*],$$

这就完成了证明. □

注 Gross[26] 已经证明了当且仅当 $\mathcal{K}$ 是平行四边形时，包含凸区域 $\mathcal{K}$ 的最小三角形的面积恰好是 $\mathcal{K}$ 的面积的两倍.

很自然地会问道，对 $n > 3$，是否存在定理 20 的 n 边形推广. 现在的问题就是找到最小的常数 λ_n，对每个凸区域 $\mathcal{K}$，存在一个包含 $\mathcal{K}$ 的 n 边形 $\mathcal{P}$，使得 $[\mathcal{P}] \leq \lambda_n[\mathcal{K}]$. 据笔者所知，这个问题的答案目前仍然是开放的. 下面是对四边形的一个部分结论[11].

例 6.5 每个凸区域 $\mathcal{K}$ 都包含于一个四边形 $\mathcal{Q}$，使得面积 $[\mathcal{Q}] \leq \sqrt{2}[\mathcal{K}]$.

证 设 $\mathcal{Q}$ 是一个包含 $\mathcal{K}$ 的面积最小的四边形，其各边的中点 A, B, C, D 都在 $\mathcal{K}$ 上. 注意到，$ABCD$ 是一个面积为 $\mathcal{Q}$ 的一半的平行四边形. 在图 6.12 中，我们已经用虚线画出了外切于 $\mathcal{K}$ 的平行四边形 $\mathcal{P}$，其各边分别与四边形 $ABCD$ 的各边平行，且分别与 $\mathcal{K}$ 交于点 E, F, G, H.

如果我们可以证明八边形 $\mathcal{Z} = AFBGCHDE$ 满足

$$[\mathcal{Z}] \geq \sqrt{2}[ABCD], \tag{6.2}$$

那么我们就有

$$[\mathcal{K}] \geq [\mathcal{Z}] \geq \sqrt{2}[ABCD] = \frac{\sqrt{2}}{2}[\mathcal{Q}],$$

因此待证不等式成立.

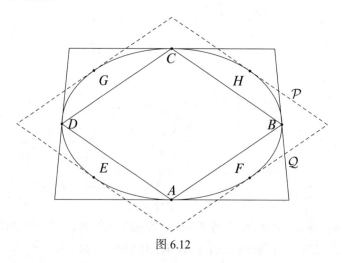

图 6.12

要证明不等式 (6.2)，我们注意到，当点 E, F, G, H 沿着它们在 $\mathcal{P}$ 的各边移动时，$\mathcal{Z}$ 的面积保持不变. 进一步，利用适当的仿射变换，只需要考虑 $\mathcal{P}$ 和 $ABCD$ 是矩形的情形. 换言之，只需要对图 6.13 描绘的情形来证明不等式 (6.2) 即可.

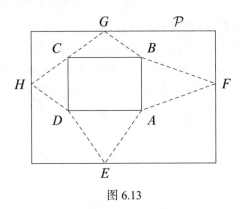

图 6.13

这里 E, F, G, H 是从 $ABCD$ 的中心到 $\mathcal{P}$ 的各边的垂足，而虚线多边形就是我们新的 $\mathcal{Z}$. 设 s, t 分别是 $ABCD$ 的边长，而 s', t' 是 $\mathcal{P}$ 的相应的平行边的长，那么容易验证

$$[\mathcal{Z}] = \frac{1}{2}(st' + s't).$$

注意到，在图中，我们有

$$[\mathcal{P}] \geq [\mathcal{Q}] = 2[ABCD],$$

于是可得 $s't' \geq 2st$. 因此，由 AM-GM 不等式，我们得到

$$[\mathcal{Z}] = \frac{1}{2}(st' + s't) \geq \sqrt{st's't} \geq \sqrt{2}st = \sqrt{2}[ABCD],$$

这就完成了证明. □

注　下面的定理是在 [19] 中证明的关于我们考虑的最小面积的外切 n 边形的互补结论.

定理 21　如果 $\mathcal{P}$ 是内接于一个凸区域 $\mathcal{K}$ 的面积最大的 n 边形，那么

$$[\mathcal{P}] \geq \frac{n}{2\pi} \sin \frac{2\pi}{n} [\mathcal{K}],$$

等号成立当且仅当 $\mathcal{K}$ 是一个椭圆.

$\mathcal{K}$ 是椭圆，$\mathcal{P}$ 是矩形的情形将在习题 6.6 中讨论.

6.2　Malfatti 大理石问题

1803 年,意大利数学家 Gianfrancesco Malfatti 提出了下面的问题[39]:给定一个任意材料的直棱柱,比如大理石的,如何剔除三个彼此不相交的与棱柱等高且体积尽可能大的圆柱,使得剩下的材料体积尽可能小? Malfatti 注意到他的问题可以简化为平面几何,但他并没有直接在纸上阐述. 简化问题为:给定一个三角形,在三角形内求出三个互不重叠的圆,使得其面积之和最大. 文献中将此问题称为 Malfatti 大理石问题. 如同在 [25] 中所记载,Malfatti 以及很多其他人都假定解是当三个圆彼此相切的时候,且每个圆与三角形的两边相切 (图 6.14).

图 6.14

这些圆就是著名的 Malfatti 圆,读者可以参看 [20][25][38] 中关于导出其半径的历史见解. 1929 年,Lob 和 Richmond[38] 注意到 Malfatti 圆并不总是 Malfatti 问题的解. 例如,在一个等边三角形中,其内切圆与两个小的挤压到角内的三角形的面积之和大于 Malfatti 的三个圆的面积之和 (见例 6.6). 进一步,Goldberg[25] 在 1967 年证明了 Malfatti 圆一定不是 Malfatti 问题的解. Malfatti 问题首先由 V. Zalgaller 和 G. Loss[60] 在 1992 年解决 ([61] 是其英译本). 它们证明了 Malfatti 问题的解要对圆进行贪婪部署,其表述如下:设 $\triangle ABC$ 满足 $\angle A \leqslant \angle B \leqslant \angle C$,那么所求的圆第一个是其内切圆,第二个是内切于 $\angle A$ 且与内切圆外切的圆,第三个是内切于 $\angle B$ 且与内切圆外切的圆,或者是内切于 $\angle A$ 且与第二个圆外切的圆,这取决于

$$\sin \frac{A}{2} \geqslant \tan \frac{B}{2} \text{ 或者 } \sin \frac{A}{2} < \tan \frac{B}{2} \quad (\text{图 } 6.15).$$

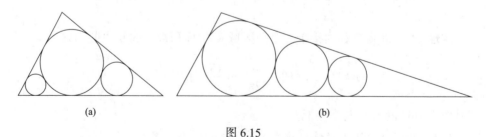

(a) (b)

图 6.15

Zalgaller 与 Loss 的证明很长，我们在这里不予展示. 相反地，我们将对正方形或三角形内的两个圆来考虑 Malfatti 问题，并且我们将对最开始的等边三角形的 Malfatti 问题给出一个简单的解法.

我们首先从上面提到的简单观察开始.

例 6.6 求出等边三角形的 Malfatti 圆的半径，并说明它们不是 Malfatti 问题的解.

解 容易看出边长为 1 的等边三角形的 Malfatti 圆的半径相等，且

$$r_1 = r_2 = r_3 = \frac{\sqrt{3}-1}{4}.$$

它们的面积之和为 $\frac{3\pi}{8}(2-\sqrt{3})$，而内切圆半径为 $\frac{1}{2\sqrt{3}}$，两个较小的与此内切圆和二角形两边相切的圆（图 6.16）的半径为 $\frac{1}{6\sqrt{3}}$. 因此，这三个圆的面积之和为 $\frac{11\pi}{108}$，容易验证

$$\frac{11\pi}{108} > \frac{3\pi}{8}(2-\sqrt{3}). \qquad \square$$

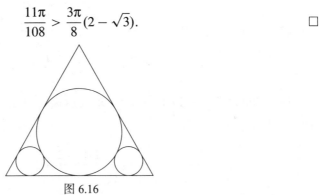

图 6.16

我们现在考虑一个正方形中两个圆的 Malfatti 问题.

例 6.7 给定一个正方形，在其内部求两个不重叠的圆，使得其面积之和最大.

解 假设正方形的边长为 1，考虑其中任意两个不重叠的圆. 不难看出（建议读者严格证明这一点），通过在正方形内移动两圆使之不相交，它们可以内切于正方形的一组对角.

那么我们可以增加其中一个圆的半径（这就会增加总面积），直到它们相接触（图 6.17）. 因此，只需要考虑两圆相切的情形（图 6.18）. 如果它们的半径分别为 r_1 和 r_2，那么

$$\sqrt{2}r_1 + r_1 + r_2 + \sqrt{2}r_2 = \sqrt{2},$$

所以

$$r_1 + r_2 = 2 - \sqrt{2}.$$

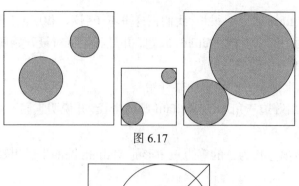

图 6.17

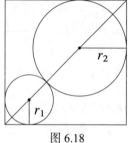

图 6.18

进一步,由于两个圆完全在此正方形内,这意味着

$$0 \leqslant r_1, r_2 \leqslant \frac{1}{2}.$$

现在的问题就是在以上条件下,求表达式 $r_1^2 + r_2^2$ 的最大值. 为方便起见,设 $r_1 \leqslant r_2$,那么存在 x,使得

$$r_1 = \frac{2 - \sqrt{2}}{2} - x, r_2 = \frac{2 + \sqrt{2}}{2} + x, 0 \leqslant x \leqslant \frac{\sqrt{2} - 1}{2}.$$

所以

$$r_1^2 + r_2^2 = \frac{(2 - \sqrt{2})^2}{2} + 2x^2,$$

当 $x = \dfrac{\sqrt{2} - 1}{2}$ 时最大. 此时 $r_1 = \dfrac{3}{2} - \sqrt{2}, r_2 = \dfrac{1}{2}$. 因此,问题的解由正方形的内切圆与内切于正方形的一个角且与内切圆外切的圆给出(图 6.19).　□

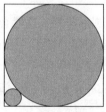

图 6.19

现在我们来对三角形中的两个圆来解决更难的 Malfatti 问题.

例 6.8 给定一个三角形,在三角形内求两个互不重叠的圆,使得其面积之和最大.

解法一 设 k_1 和 k_2 是 $\triangle ABC$ 内两个不重叠的圆,半径分别为 r_1 和 r_2,圆心分别为 O_1 和 O_2. 不妨假定每个圆都至少与三角形的两边相切. 更确切地说,假定 k_1 与 AB 和 AC 相切,k_2 与 AB 和 BC 相切,那么 O_1 和 O_2 分别在 $\angle A$ 和 $\angle B$ 的平分线上(图 6.20). 我们还假定两个圆是外切的,否则就增大其中一个圆的半径,这样就会增加面积之和.

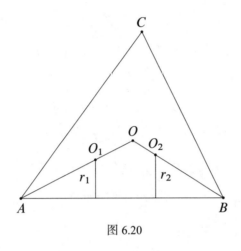

图 6.20

现在假定 k_1 和 k_2 都不是 $\triangle ABC$ 的内切圆 k. 我们将证明存在半径为 r' 的圆 k' 与 k 无公共点,且 k 与 k' 的面积之和大于 k_1 与 k_2 的面积之和. 为方便起见,设 $\angle A \leqslant \angle B$. 不失一般性,我们不妨假定 $r_1 \leqslant r_2$. 如果 $r_1 > r_2$,设 k_1' 表示与 AB 和 BC 相切的半径为 $r_1' = r_2$ 的圆,k_2' 表示与 AC 和 AB 相切的半径为 $r_2' = r_1$ 的圆. 那么 $r_1' \leqslant r_2'$,且 k_1' 和 k_2' 的面积之和与 k_1 和 k_2 的面积之和相等. 进一步,$\angle A \geqslant \angle B$ 就意味着 $O_2'M \geqslant O_2N$(图 6.21).

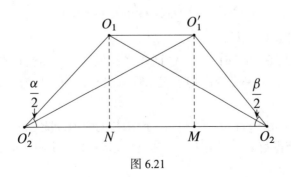

图 6.21

因此，$O_1'O_2' \geqslant O_1O_2 \geqslant r_1 + r_2 = r_1' + r_2'$，即 k_1' 和 k_2' 没有公共点. 所以现在开始我们要假定 $\angle A \leqslant \angle B$ 且 $r_1 \leqslant r_2$. 令 $\varepsilon = r - r_2 > 0$，其中 r 是 $\triangle ABC$ 的内切圆半径. 如果 $r_1 \leqslant \varepsilon$，那么 $r_1 + r_2 \leqslant r$. 因此 $r_1^2 + r_2^2 < r^2$，这意味着 k_1 和 k_2 的面积之和小于 k 的面积. 现在考虑 $r_1 > \varepsilon$ 的情形. 令 $r' = r_1 - \varepsilon$，设 k' 是内切于 $\angle A$ 的半径为 r' 的圆（图 6.22），那么

$$r^2 + (r')^2 = (r_2 + \varepsilon)^2 + (r_1 - \varepsilon)^2 = r_1^2 + r_2^2 + 2\varepsilon(r_2 - r_1) + 2\varepsilon^2 > r_1^2 + r_2^2,$$

于是只需要说明 k 和 k' 没有公共的内点.

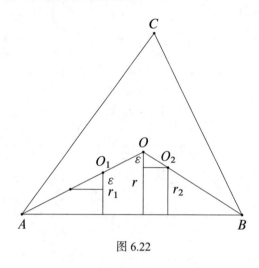

图 6.22

要说明这一点，我们首先注意到

$$OO_2 = \varepsilon \sin \frac{B}{2} \leqslant \varepsilon \sin \frac{A}{2} = O_1O'.$$

于是，由三角形不等式可得

$$OO' = OO_1 + O_1O' \geqslant OO_1 + O_2O \geqslant O_1O_2.$$

因此

$$OO' \geqslant O_1O_2 \geqslant r_1 + r_2 = r + r',$$

所以 k 和 k' 没有公共的内点.

以上讨论说明在 $\triangle ABC$ 中两个面积之和最大的不重叠的圆，其中之一是 $\triangle ABC$ 的内切圆，另一个圆内切于三角形的最小的角，且与 $\triangle ABC$ 的内切圆是外切的. □

解法二　此解法来自 [2]，它利用了凸函数的性质. 假定在 $\triangle ABC$ 内放置了两个外切的圆，使得第一个圆与边 AB 和 AC 相切，第二个圆与边 AB 和 BC 相切（图 6.23）.

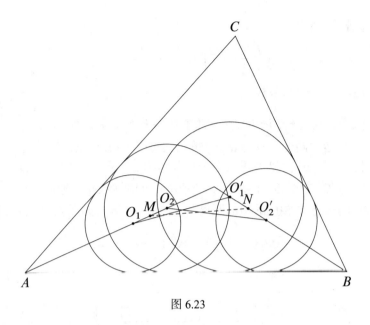

图 6.23

设第一个圆的半径为 r，第二个圆的半径为 R. 如果两个圆由它们的切点固定，那么 R 由 r 唯一确定，我们设其关系为 $R(r)$. 我们将证明总的面积函数 $(r^2 + R^2(r))\pi$ 是凸函数，那么面积函数在 r 的定义域的区间端点取到最大值，这就意味着贪婪部署是最优的. 回顾一个区间上的凸函数的定义，是指一个连续的实值函数，对其定义域内任意两个数 x_1, x_2，有

$$f\left(\frac{x_1 + x_2}{2}\right) \leqslant \frac{f(x_1) + f(x_2)}{2}.$$

如果 $f(x)$ 和 $g(x)$ 都是凸函数，那么 $f(x) + g(x)$ 也是凸函数. 进一步，如果 $f(x)$ 是递增的，那么 $f(g(x))$ 也是凸函数. 由于 $R(r)$ 显然是一个连续函数，因此我们只需要证明它满足上述不等式. 设 $r_1, R(r_1)$ 和 $r_2, R(r_2)$ 分别是贪婪部署中的两对圆的半径，分别用 O_1, O_1' 和 O_2, O_2' 表示这些圆的中心（图 6.23），显然有

$$O_1 O_1' = r_1 + R(r_1), O_2 O_2' = r_2 + R(r_2).$$

设 M, N 分别是线段 $O_1 O_2, O_1' O_2'$ 的中点，对四边形 $O_1 O_2 O_2' O_1'$ 利用习题 1.2 右边的不等式，可以得到

$$MN < \frac{O_1 O_1' + O_2 O_2'}{2} = \frac{r_1 + r_2}{2} + \frac{R(r_1) + R(r_2)}{2}.$$

换句话说，以 M 为圆心、$\dfrac{r_1 + r_2}{2}$ 为半径的圆和以 N 为圆心、$\dfrac{R(r_1) + R(r_2)}{2}$ 为半

径的圆是重叠的. 所以

$$R\left(\frac{r_1+r_2}{2}\right) < \frac{R(r_1)+R(r_2)}{2},$$

这就说明 $R(r)$ 是 r 的凸函数.　　　　　　　　　　　　　　　　□

接下来, 我们考虑的两个问题, 本质上还是上面所考虑的问题.

例 6.9　求包含两个半径为 a 和 b 的不重叠圆的最小正方形的边长.

解　假定 $a \geqslant b$. 分别考虑两个半径分别为 a, b 的不重叠圆 k_1, k_2, 它们都在一个边长为 x 的正方形 S 内. 那么 k_1（或 k_2）的圆心 O_1（或 O_2）在一个正方形内, 此正方形的边与 S 相应的边的距离至少为 a（或 b）, 如图 6.24 所示, 那么

$$O_1O_2 \leqslant AB = \sqrt{2}(x-a-b).$$

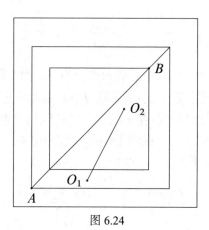

图 6.24

此外, $O_1O_2 \geqslant a+b$, 由于 k_1 与 k_2 不相交, 于是我们得到 $\sqrt{2}(x-a-b) \geqslant a+b$, 因此

$$x \geqslant (a+b)\left(1+\frac{1}{\sqrt{2}}\right).$$

显然, 还有 $x \leqslant 2a$, 因为圆 k_1 在正方形 S 内. 如果

$$(a+b)\left(1+\frac{1}{\sqrt{2}}\right) \geqslant 2a,$$

那么所求的最小正方形的边长为 $(a+b)\left(1+\dfrac{1}{\sqrt{2}}\right)$. 这由上面的不等式, 以及以 A, B 为圆心, 半径分别为 a, b 的圆都在正方形 S 内且不相交可得（图 6.24）. 类似地, 如果

$$(a+b)\left(1+\frac{1}{\sqrt{2}}\right) < 2a,$$

那么所求的最小正方形的边长 $d = 2a$. 因此, 原问题的解, 也就是最小正方形的边长

$$d = \begin{cases} (a+b)\left(1 + \dfrac{1}{\sqrt{2}}\right) < 2a, & 1 \leqslant \dfrac{a}{b} \leqslant (\sqrt{2}+1)^2 \\ 2a, & \dfrac{a}{b} \geqslant (\sqrt{2}+1)^2 \end{cases}. \tag{6.3}$$

$\square$

利用与上面相同的讨论, 我们也可以对等边三角形解决类似的问题.

例 6.10 证明: 包含两个半径为 a 和 b 的不重叠圆的最小等边三角形的边长为

$$d = \begin{cases} \sqrt{3}(a+b) + 2\sqrt{ab}, & b \leqslant a \leqslant 3b \\ 2\sqrt{3}a, & a \geqslant 3b \end{cases} \tag{6.4}$$

现在我们将利用例 6.10 来对等边三角形解决最开始的 Malfatti 问题.

例 6.11 等边三角形的 Malfatti 问题的解是三角形的内切圆以及两个内切于三角形的两个角且与内切圆外切的圆.

证 我们不妨设三角形的边长为 1, 并假定它包含三个不相交的圆, 半径为 $a \geqslant b \geqslant c$. 问题中所描述的三个圆的半径依次为 $\dfrac{1}{2\sqrt{3}}, \dfrac{1}{6\sqrt{3}}, \dfrac{1}{6\sqrt{3}}$, 我们需要证明下面的不等式:

$$a^2 + b^2 + c^2 \leqslant \frac{11}{108}. \tag{$*$}$$

要证明这一点, 我们考虑两种情形.

情形 1 设 $a \geqslant 3b$. 由于 $a \leqslant \dfrac{1}{2\sqrt{3}}$, 因此有

$$a^2 + b^2 + c^2 \leqslant a^2 + 2b^2 \leqslant a^2 + \frac{2a^2}{9} \leqslant \frac{11}{108},$$

等号成立当且仅当

$$a = \frac{1}{2\sqrt{3}}, b = \frac{1}{6\sqrt{3}}, c = \frac{1}{6\sqrt{3}}.$$

情形 2 设 $b \leqslant a \leqslant 3b$. 由例 6.10 可得

$$\sqrt{3}(a+b) + 2\sqrt{ab} \leqslant 1.$$

令 $a = 3x^2b$, 其中 $0 < x \leqslant 1$, 那么上述不等式等价于

$$\frac{1}{\sqrt{3}} \leqslant x \leqslant 1, b \leqslant \frac{1}{\sqrt{3}}(3x^2 + 2x + 1).$$

因此

$$a^2 + b^2 + c^2 \leqslant a^2 + 2b^2 = (9x^4 + 2)b^2 \leqslant \frac{9x^4 + 2}{3(3x^2 + 2x + 1)^2},$$

那么就只需要证明

$$\frac{9x^4 + 2}{3(3x^2 + 2x + 1)^2} \leqslant \frac{11}{36}, \frac{1}{\sqrt{3}} \leqslant x \leqslant 1.$$

上述不等式等价于

$$(225x^3 + 93x^2 - 17x - 61)(x - 1) \leqslant 0,$$

这是成立的,因为 $x - 1 \leqslant 0$,且

$$225x^3 + 93x^2 - 17x - 61 = 51x\left(x^2 - \frac{1}{3}\right) + 174x^3 + 93x^2 - 61$$

$$\geqslant \frac{174}{3\sqrt{3}} + \frac{93}{3} - 61 = \frac{174 - 90\sqrt{3}}{3\sqrt{3}} > 0.$$

此时,$a^2 + b^2 + c^2$ 取到最大值当且仅当

$$x = 1, b = c = \frac{1}{\sqrt{3}(3x^2 + 2x + 1)},$$

于是,我们再次得到

$$a = \frac{1}{2\sqrt{3}}, b = \frac{1}{6\sqrt{3}}, c = \frac{1}{6\sqrt{3}}. \qquad \square$$

　　如我们已经注释过的,Zallgaler-Loss 定理[60] 说明了三角形的 Malfatti 问题的解由贪婪算法给出——在任意一步,我们取一个面积尽可能大的圆. 如习题 6.15 所示,同样的结论对正方形也成立. 很自然地会考虑到,当两个或更多个圆放在任意一个凸区域内的时候,贪婪部署是否还能给出最大的面积之和? 在一般情形下,答案都是否定的,因为 Mellisen[40] 证明了在五边形内对两个圆进行贪婪部署是得不到最大面积和的(图 6.25). 这里是另一种 Malfatti 型问题的例子,使得贪婪部署并不是最优的.

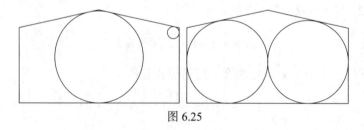

图 6.25

例 6.12　贪婪部署不是从一个圆中切出 $n(n \geqslant 2)$ 个不重叠的面积之和最大的三角形的解.

证 根据贪婪算法，此问题的解是一个圆内接正三角形与 $n-1$ 个等腰三角形，所有这些三角形构成了一个非正的 $n+2$ 边形（见图 6.26 中 $n=3$ 的情形）. 但这是不对的，因为在圆内任意用 n 个三角形构成一个正的 $n+2$ 边形，其面积都比上述非正的 $n+2$ 边形大. 这是由例 7.1 所得（图 6.27 是 $n=3$ 的情形）. □

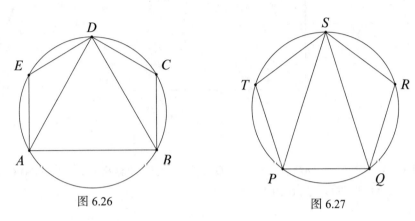

图 6.26 图 6.27

例 6.12 意味着下面的猜想：

猜想 对任意 $n \geq 2$，上述 Malfatti 型问题的解是 n 个互不重叠的三角形构成的一个圆内接正 $n+2$ 边形.

我们留给读者去证明此猜想对 $n=2$ 是成立的（见习题 6.10）.

6.3 Brunn-Minkowski 不等式

本节中，我们将证明著名的 Brunn-Minkowski 不等式，它与高维空间在凸组合下的集合的体积有关[22]. 为简便起见，我们只考虑平面上的集合，因为所有需要的记号（诸如集合的体积，求和与线性组合）与证明都可以很容易地推广到高维空间.

首先，我们定义平面上两个集合的 Minkowski 和. 要定义这个概念，我们需要固定一个直角坐标系 xOy，并且定义两点 $A(a,b)$ 和 $B(c,d)$ 的和是点 $C(a+c, b+d)$. 换句话说，点 A 与 B 的和是平面上满足 $\overrightarrow{OA} + \overrightarrow{OB} = \overrightarrow{OC}$ 的唯一的点 C（图 6.28）. 其次，将点 C 记为 $A+B$. 设 F 和 G 是平面上的两个集合，那么 F 与 G 的 Minkowski 和是集合

$$F \oplus G = \{A + B : A \in F, B \in G\}. \tag{6.5}$$

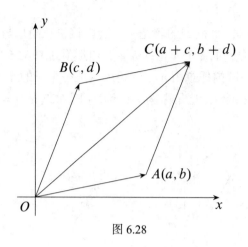

图 6.28

例 6.13　设 $F = \{M\}$ 是独点集,G 是平面上的任意集合,那么 $F \oplus G$ 是 G 关于向量 $\overrightarrow{OM}$ 的平移(图 6.29).

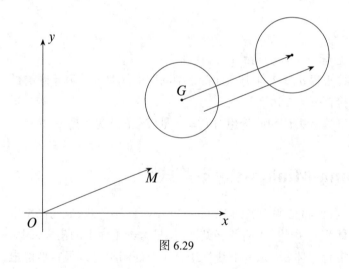

图 6.29

例 6.14　在以下情形中求 $F \oplus G$:

(1) F 和 G 是非平行的线段 AB 和 CD.

(2) F 和 G 是平行的线段 AB 和 CD.

(3) F 和 G 是矩形 $ABCD$ 和 $PQRS$,满足 $AB \parallel PQ$.

解　(1) 对平面上的任意点 M 和 N,记 N_M 为 N 沿着向量 $\overrightarrow{OM}$ 平移的象,那么由例 6.13 可知,$F \oplus G$ 是平行四边形 $D_A C_A C_B D_B$(图 6.30).

(2) 在这种情形下,点 D_A, C_A, C_B, D_B 是共线的,于是 $F \oplus G$ 是线段 $C_A D_B$(图 6.31).

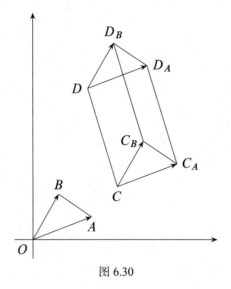

图 6.30

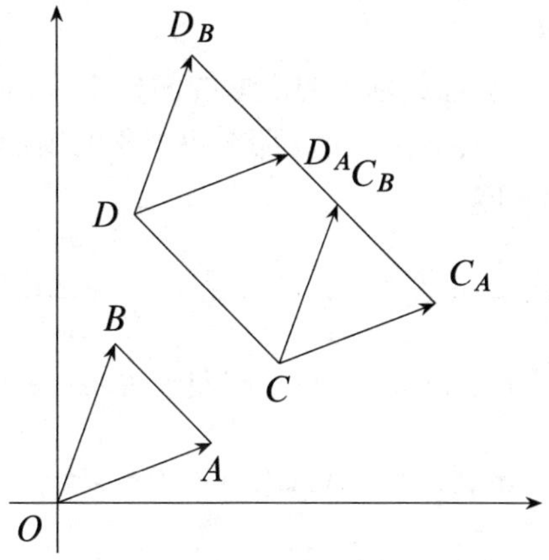

图 6.31

(3) 由 (2) 可知 $F \oplus G$ 是一个矩形 $XYZT$，其边 XY 平行于 AB，且 $XY = AB + PQ, XT = AD + QR.$ □

例 6.15 设凸多边形 F 的周长为 P，K_r 是一个半径为 r 的圆. 证明：集合 $F_r = F \oplus K_r$ 的面积为

$$\text{Area}(F_r) = \text{Area}(F) + Pr + \pi r^2. \tag{6.6}$$

证 容易看出 F_r 是多边形 F 与所有圆心在 F 的边上，且半径为 r 的圆的并集（图 6.32）.

换句话说，F_r 是平面上到 F 的距离不超过 r 的点的集合. 因此

$$\text{Area}(F_r) = \text{Area}(F) + R + S,$$

177

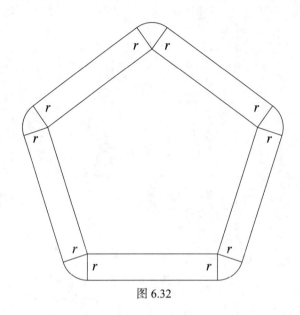

图 6.32

其中 R 是以 F 的边向外作宽度为 r 的矩形的面积之和, 而 S 是每个角的扇形面积之和. 记 F 的角分别为 $\alpha_1, \alpha_2, \cdots, \alpha_n$, 那么每个角的扇形的圆心角为 $\pi - \alpha_1, \pi - \alpha_2, \cdots, \pi - \alpha_n$, 且它们的和为

$$(\pi - \alpha_1) + (\pi - \alpha_2) + \cdots + (\pi - \alpha_n) = n\pi - (n-2)\pi = 2\pi.$$

因此, 它们构成了一个半径为 r 的圆, 面积为 $S = \pi r^2$. 所以

$$\text{Area}(F_r) = \text{Area}(F) + Pr + \pi r^2. \qquad \square$$

对实数 λ 和平面上的点 $A(a, b)$, 记 λA 表示坐标为 $(\lambda a, \lambda b)$ 的点. 平面上的集合 F 与实数 λ 的乘积为

$$\lambda F = \{\lambda A : A \in F\}, \tag{6.7}$$

所以 λF 是集合 F 以 O 为中心, λ 为比率的伸缩变换.

设 λ, μ 是正实数, F 和 G 是平面上的任意集合, 那么我们称集合 $\lambda F \oplus \mu G$ 是 F 和 G 的线性组合. 在接下来的例子中, 我们列出一些线性组合的有用性质, 其证明我们留给读者作为练习.

例 6.16 对平面上的任意集合和任意正实数 λ, μ, 我们有:

(1) $\lambda(F \oplus G) = \lambda F \oplus \lambda G$.

(2) 如果 $F_1 \subseteq F_2, G_1 \subseteq G_2$, 那么 $F_1 \oplus G_1 \subseteq F_2 \oplus G_2$.

(3) $\lambda F \oplus \mu F \supseteq (\lambda + \mu) F$; 如果 F 是凸的, 那么 $\lambda F \oplus \mu F = (\lambda + \mu) F$.

(4) $\lambda(F \cup G) = \lambda F \cup \lambda G, H \oplus (F \cup G) = (H \oplus F) \cup (H \oplus G)$.

(5) $\lambda(F \cap G) = \lambda F \cap \lambda G, H \oplus (F \cap G) = (H \oplus F) \cap (H \oplus G)$.

(6) 如果 F, G 是凸集,直径分别为 P_F, P_G,那么 $\lambda F \oplus \mu G$ 是直径为 $\lambda P_F + \mu P_G$ 的凸集.

注意到,如果 $\lambda + \mu = 1$,那么线性组合 $\lambda F \oplus \mu G$ 并不依赖于坐标系 xOy 的选取,我们可以很容易地看出,改变坐标原点 O,并将集合 F 与 G 进行平移,那么新的线性组合是原来线性组合的平移. 特别地,新的面积和原来的面积相等.

我们现在就可以着手证明 Brunn-Minkowski 定理了. 为了避免解释可测集的概念,我们将简单地认为这样的集合的面积可以被具有平行边的矩形的不交并的面积所任意逼近. 平面上的可测集 F 的面积被记为 $\text{Area}(F)$.

定理 22 (Brunn-Minkowski) 对平面上的任意可测集 F, G 与任意实数 λ, μ, 成立不等式

$$\sqrt{\text{Area}(\lambda F \oplus \mu G)} \geq \lambda \sqrt{\text{Area}(F)} + \mu \sqrt{\text{Area}(G)}. \tag{6.8}$$

证 首先,注意到对可测集 F, G 与实数 λ, μ,我们有 $\text{Area}(\lambda F) = \lambda^2 \text{Area}(F)$, 因为集合 λF 与 F 位似,且位似比为 λ. 因此,Brunn-Minkowski 不等式等价于

$$\sqrt{\text{Area}(F \oplus G)} \geq \sqrt{\text{Area}(F)} + \sqrt{\text{Area}(G)}. \tag{6.9}$$

我们称平面上的两个矩形是平行的,是指它们的边是平行的. 其次,我们来证明当集合 F, G 是平行矩形的不交并时,不等式 (6.9) 成立. 我们通过对集合 $F \cup G$ 所包含的不交平行矩形的数目进行归纳. 最基本的情形是 F 和 G 就是平行的矩形,分别用 (a, b) 和 (c, d) 表示它们的边长. 由例 6.14 的 (3) 可知,集合 $F \oplus G$ 是一个边长为 $(a+c, b+d)$ 且平行于 F, G 的矩形. 因此,我们需要证明不等式

$$\sqrt{(a+c)(b+d)} \geq \sqrt{ab} + \sqrt{cd}.$$

两边平方以后,我们可知其等价于 $ad + bc \geq 2\sqrt{abcd}$,这由 AM-GM 不等式即得. 要完成归纳,需要平移集合 F,使得 F 中有一个矩形完全包含于半平面 $\{x \geq 0\}$,还有另一个矩形完全包含于半平面 $\{x < 0\}$. 令

$$F_+ = F \cap \{x \geq 0\}, F_- = F \backslash F_+,$$
$$G_+ = G \cap \{x \geq 0\}, G_- = G \backslash G_+.$$

平移集合 G,使得

$$\frac{\text{Area}(F_+)}{\text{Area}(F)} = \frac{\text{Area}(G_+)}{\text{Area}(G)}.$$

现在我们可以对集合 $F_+ \oplus G_+$ 和 $F_- \oplus G_-$ 进行归纳了,因为它们所包含的平行矩形的数目比 $F \oplus G$ 所包含的平行矩形的数目少. 因此

$$\text{Area}(F \oplus G) \geq \text{Area}(F_+ \oplus G_+) + \text{Area}(F_- \oplus G_-)$$

$$\geqslant \left(\sqrt{\text{Area}(F_+)} + \sqrt{\text{Area}(G_+)} \right)^2 + \left(\sqrt{\text{Area}(F_-)} + \sqrt{\text{Area}(G_-)} \right)^2$$

$$= \text{Area}(F_+) \left(1 + \sqrt{\frac{\text{Area}(G)}{\text{Area}(F)}} \right)^2 + \text{Area}(F_-) \left(1 + \sqrt{\frac{\text{Area}(G)}{\text{Area}(F)}} \right)^2$$

$$= \text{Area}(F) \left(1 + \sqrt{\frac{\text{Area}(G)}{\text{Area}(F)}} \right)^2 = \left(\sqrt{\text{Area}(F)} + \sqrt{\text{Area}(G)} \right)^2.$$

上述第一个不等式是由集合 F_+, G_+ 与 F_-, G_- 被一条直线分隔得到的, 所以 $F_+ \oplus G_+$ 与 $F_- \oplus G_-$ 不相交. 因此, 不等式 (6.9) 由归纳法可得. 现在不等式 (6.9) 对任意可测集 F 和 G 都成立, 因为它们可以被平行矩形的有限并所任意逼近.　□

注　设 F, G 是 n 维欧氏空间 $\mathbf{R}^n$ 中的集合, F 与 G 的 Minkowski 和是 $\mathbf{R}^n$ 的子集, 其定义为

$$F \oplus G = \{x + y : x \in F, y \in G\}.$$

注意到, 如果 $x = (x_1, x_2, \cdots, x_n), y = (y_1, y_2, \cdots, y_n)$ 是 $\mathbf{R}^n$ 中的两点, 那么

$$x + y = (x_1 + y_1, x_2 + y_2, \cdots, x_n + y_n).$$

Brunn-Minkowski 不等式指出, 对 $\mathbf{R}^n$ 中的任意可测集 F, G 和任意实数 λ, μ, 成立不等式

$$\sqrt[n]{\text{Vol}(\lambda F \oplus \mu G)} \geqslant \lambda \sqrt[n]{\text{Vol}(F)} + \mu \sqrt[n]{\text{Vol}(G)}. \tag{6.10}$$

此不等式可以用类似于平面上的方法进行归纳证明. 例如, 最基本的情形是代数不等式

$$\sqrt[n]{(a_1 + b_1)(a_2 + b_2) \cdots (a_n + b_n)} \geqslant \sqrt[n]{a_1 a_2 \cdots a_n} + \sqrt[n]{b_1 b_2 \cdots b_n}$$

对任意正数 $a_i, b_i, 1 \leqslant i \leqslant n$ 成立. 注意到, 此不等式可由 AM-GM 不等式得到:

$$\frac{\sqrt[n]{a_1 a_2 \cdots a_n} + \sqrt[n]{b_1 b_2 \cdots b_n}}{\sqrt[n]{(a_1 + b_1)(a_2 + b_2) \cdots (a_n + b_n)}}$$

$$= \sqrt[n]{\frac{a_1}{a_1 + b_1} \cdot \frac{a_2}{a_2 + b_2} \cdot \cdots \cdot \frac{a_n}{a_n + b_n}} + \sqrt[n]{\frac{b_1}{a_1 + b_1} \cdot \frac{b_2}{a_2 + b_2} \cdot \cdots \cdot \frac{b_n}{a_n + b_n}}$$

$$\leqslant \frac{1}{n} \left(\frac{a_1}{a_1 + b_1} + \frac{a_2}{a_2 + b_2} + \cdots + \frac{a_n}{a_n + b_n} + \frac{b_1}{a_1 + b_1} + \frac{b_2}{a_2 + b_2} + \cdots + \frac{b_n}{a_n + b_n} \right)$$

$$= 1.$$

我们将利用 Brunn-Minkowski 不等式来证明著名的等周不等式 (见第 7 章). 接下来, 我们说的区域是指一个有界开连通集的闭包, 其边界线是简单闭的可求长

曲线. 特别地, 任意区域的周长可以由顶点在区域边界上的闭折线的长度来任意逼近.

定理 23 （等周定理）平面上任意区域的面积不超过与其周长相同的圆的面积.

证 要证明等周定理, 我们首先对给定周长为 P 的凸多边形 L 和单位圆 K 应用 Brunn-Minkowski 不等式. 由式 (6.6), 我们有

$$\text{Area}(L \oplus K) = \text{Area}(L) + P + \pi.$$

而由 Brunn-Minkowski 不等式可得

$$\sqrt{\text{Area}(L) + P + \pi} \geqslant \sqrt{\text{Area}(L)} + \sqrt{\pi},$$

此不等式等价于

$$\text{Area}(L) \leqslant \frac{P^2}{4\pi} = \text{Area}(K_P),$$

其中 K_P 是周长为 P 的一个圆. 注意到, 上述不等式对非凸的多边形也成立, 因为对任意非凸的多边形, 存在一个凸多边形与之具有相同的周长, 且面积更大 (为什么?).

现在设 F 是平面上的任意一个区域, ε 是一个任意小的正数, 那么我们可以在 F 的边界上取有限个点, 使得以这些点为顶点的多边形 L 的周长等于 $P - \varepsilon$, 且 $\text{Area}(F) < \text{Area}(L) + \varepsilon$. 那么上述不等式意味着

$$\text{Area}(F) < \text{Area}(L) + \varepsilon \leqslant \text{Area}(K_{P-\varepsilon}) + \varepsilon,$$

令 $\varepsilon \to 0$, 我们得到 $\text{Area}(F) \leqslant \text{Area}(K_P)$. □

接下来, 我们考虑 Brunn-Minkowski 不等式的两个其他应用, 这次我们将解决两个较难的 IMO 问题.

例 6.17 （1995 年 IMO 预选题）设 O 是面积为 S 的凸四边形 $ABCD$ 内的一点, 再设 K, L, M, N 分别是边 AB, BC, CD, DA 上的点, 使得 $OKBL$ 和 $OMDN$ 都是平行四边形. 证明:

$$\sqrt{[ABCD]} \geqslant \sqrt{[ONAK]} + \sqrt{[OLCM]}.$$

证法一 分别用 F, G, H 表示四边形 $ONAK, OLMC, ABCD$, 那么 $F \oplus G = H$, 且由 Brunn-Minkowski 不等式可得

$$\sqrt{[ABCD]} = \sqrt{\text{Area}(H)} \geqslant \sqrt{\text{Area}(F)} + \sqrt{\text{Area}(G)}$$
$$= \sqrt{[ONAK]} + \sqrt{[OLCM]}.$$

181

证法二　在这里给出一个比证法一更长的证明,但是它只用到一些基本的手段.

如果 O 在 AC 上,那么四边形 $ABCD, AKON, OLCM$ 是相似的,且 $AC = AO + OC$(图 6.33).因此

$$\sqrt{H} = \sqrt{F} + \sqrt{G}.$$

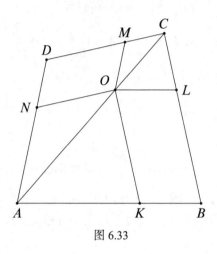

图 6.33

如果 O 不在 AC 上,我们可以假定 O 和 D 在边 AC 的同一侧.分别记过 O 的一条直线与 BA, AD, CD, BC 的交点为 W, X, Y, Z(图 6.34).初始时,让 W, X, A 三个点重合,那么

$$\frac{OW}{OX} = 1, \frac{OZ}{OY} > 1.$$

将直线绕着 O 且不经过 B 进行旋转,直到 Y, Z, C 三个点重合,那么

$$\frac{OW}{OX} > 1, \frac{OZ}{OY} = 1.$$

在旋转中的某个位置,我们有

$$\frac{OW}{OX} = \frac{OZ}{OY}.$$

将此直线固定.设 $T_1, T_2, P_1, P_2, Q_1, Q_2$ 分别表示四边形 $KBLO$,四边形 $NOMD, \triangle WKO, \triangle OLZ, \triangle ONX, \triangle YMO$ 的面积.待证结论等价于不等式

$$T_1 + T_2 \geqslant 2\sqrt{FG}.$$

由于 $\triangle WBZ, \triangle WKO, \triangle OLZ$ 是相似的,那么有

$$\sqrt{P_1} + \sqrt{P_2} = \sqrt{P_1 + T_1 + P_2}\left(\frac{WO}{WZ} + \frac{OZ}{WZ}\right) = \sqrt{P_1 + T_1 + P_2},$$

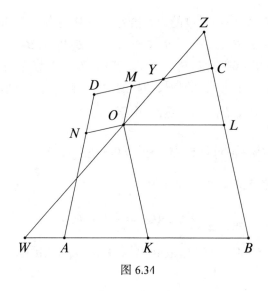

图 6.34

这等价于 $T_1 = 2\sqrt{P_1 P_2}$. 类似地, $T_2 = 2\sqrt{Q_1 Q_2}$. 由于

$$\frac{OW}{OZ} = \frac{OX}{OY},$$

我们有

$$\frac{P_1}{P_2} = \frac{OW^2}{OZ^2} = \frac{OX^2}{OY^2} = \frac{Q_1}{Q_2}.$$

令

$$\frac{Q_1}{P_1} = \frac{Q_2}{P_2} = k,$$

那么

$$
\begin{aligned}
T_1 + T_2 &= 2\sqrt{P_1 P_2} + 2\sqrt{Q_1 Q_2} \\
&= 2\sqrt{P_1 P_2}(1 + k) \\
&= 2\sqrt{(1 + k)P_1(1 + k)P_2} \\
&= 2\sqrt{(P_1 + Q_1)(P_2 + Q_2)} \\
&\geqslant 2\sqrt{FG}.
\end{aligned}
$$

□

例 6.18 （2006 年 IMO 试题）给一个凸多边形 $\mathcal{P}$ 的每条边 b 指定一个面积最大的三角形, 使得三角形的一边是 b 且包含于 $\mathcal{P}$. 证明: 所有指定到 $\mathcal{P}$ 的边上的三角形的面积之和至少是 $\mathcal{P}$ 的面积的两倍.

证 设 $\mathcal{P} = A_1 A_2 \cdots A_n$, 且 A_1 是原点. 用 $\mathcal{P}'$ 表示 $\mathcal{P}$ 关于 A_1 中心对称的图形, 令 $\mathcal{Q} = \mathcal{P} \oplus \mathcal{P}'$, $2n$ 边形 $\mathcal{Q} = B_1 B_2 \cdots B_{2n}$ 关于 A_1 中心对称, 因为

$Q' = (\mathcal{P} \oplus \mathcal{P}')' = \mathcal{P}' \oplus \mathcal{P} = Q.$ Q 的边长恰好就是 $\mathcal{P}$ 的边长, 且每条边长出现两次. 考虑多边形 Q 的边 $B_i B_{i+1}$, 那么 $B_{i+n} B_{i+n+1} /\!/ B_i B_{i+1}$, $B_{i+n} B_{i+n+1} = B_i B_{i+1}$, 且设 $A_j A_{j+1}$ 是 $\mathcal{P}$ 的相应于 $B_i B_{i+1}$ 的边. 直线 $B_{i+n} B_{i+n+1}$ 与 $B_i B_{i+1}$ 之间的距离恰好是 $\mathcal{P}$ 的相应于 $A_j A_{j+1}$ 的最长的高的两倍. 所以, 指定到边 $A_j A_{j+1}$ 的面积等于 $\frac{1}{4} \operatorname{Area}(B_i B_{i+1} B_{n+i} B_{n+i+1})$. 然而, 由于

$$\operatorname{Area}(B_i B_{i+1} B_{n_i} B_{n+i+1}) = 2\big(\operatorname{Area}(B_i B_{i+1} C) + \operatorname{Area}(B_{n+i} B_{n+i+1} C)\big),$$

于是, 指定到 $\mathcal{P}$ 的各边的面积之和等于

$$\frac{1}{4} \cdot 2 \operatorname{Area}(Q) = \frac{1}{2} \operatorname{Area}(Q).$$

现在, 我们的任务就等价于证明 $\operatorname{Area}(Q) \geqslant 4 \operatorname{Area}(\mathcal{P})$. 由 Brunn-Minkowski 不等式, 我们有

$$\sqrt{\operatorname{Area}(Q)} \geqslant \sqrt{\operatorname{Area}(\mathcal{P})} + \sqrt{\operatorname{Area}(\mathcal{P}')} = 2\sqrt{\operatorname{Area}(\mathcal{P})}. \qquad \square$$

6.4　习题

6.1　在一个给定的正方形中内接一个等边三角形, 使得其面积是

(1) 最小的;

(2) 最大的.

6.2　在一个给定的直角三角形内求面积最小的内接等边三角形.

6.3　设 $\mathcal{P}$ 是一个凸 n 边形 ($n \geqslant 5$), 且设 $\mathcal{M}$ 是以 $\mathcal{P}$ 的各边中点为顶点的 n 边形. 证明:

(1) $\operatorname{Area}(\mathcal{M}) \geqslant \dfrac{1}{2} \operatorname{Area}(\mathcal{P})$;

(2) $L(\mathcal{M}) \geqslant \dfrac{1}{2} L(\mathcal{P})$, 其中 $L(\mathcal{M})$ 表示 $\mathcal{M}$ 的周长, $L(\mathcal{P})$ 表示 $\mathcal{P}$ 的周长.

6.4　求出包含于一个给定三角形的面积最大的中心对称的多边形.

6.5　证明: 任意三角形 $\mathcal{T}$ 包含于一个唯一的面积最小的椭圆 $\mathcal{E}$, 且它们的面积关系为

$$[\mathcal{E}] = \frac{4\pi}{3\sqrt{3}}[\mathcal{T}].$$

6.6　证明: 如果 $\mathcal{P}$ 是内接于椭圆 $\mathcal{E}$ 的面积最大的 n 边形, 那么

$$[\mathcal{P}] = \frac{n}{2\pi} \sin \frac{2\pi}{n}[\mathcal{E}].$$

6.7　给定一个椭圆 $\mathcal{E}$, 求内接于 $\mathcal{E}$ 的面积最大的矩形 $\mathcal{R}$, 并证明: $[\mathcal{R}] = \dfrac{2}{\pi}[\mathcal{E}]$.

6.8 过椭圆 $\mathcal{E}$ 内给定的一点 M 作一条直线,使得从 $\mathcal{E}$ 中截出的面积最小.

6.9 一个平行六面体满足性质:所有与固定的面 F 平行的截面的面积都和 F 的面积相等,是否存在其他多面体也具有这条性质?

6.10 在一个给定的正方形内求两个互不重叠的圆,使得:

(1) 它们的半径的乘积最大;

(2) 它们的半径的立方和最大.

6.11 在一个给定的矩形内求两个互不重叠的圆,使得:

(1) 它们的面积之和最大;

(2) 它们的面积之积最大;

(3) 它们的半径的立方和最大.

6.12 求出包含三个半径为 $1, \sqrt{2}, 2$ 的互不重叠的圆的最小正方形的边长.

6.13 求出包含三个半径为 $2, 3, 4$ 的互不重叠的圆的最小等边三角形的边长.

6.14 求出包含五个互不重叠的单位圆的最小正方形的边长.

6.15 对一个正方形内的三个圆解决 Malfatti 问题.

6.16 给定一个圆,求圆内两个互不重叠的三角形,使得其面积之和最大.

6.17 在一个给定的正方形内求两个互不相交的球,使得:

(1) 它们的体积之和最大;

(2) 它们的表面积之和最大.

6.18 求包含九个互不相交的半径为 1 的球的最小正方体的边长.

6.19 一个边长为 a_1, b_1, c_1 的平行六面体 P_1 在一个边长为 a_2, b_2, c_2 的平行六面体内,证明:

$$a_1 + b_1 + c_1 \leqslant a_2 + b_2 + c_2.$$

第 7 章

等周问题

这一章致力于解决一类非常重要的几何极值问题, 这类问题一直吸引着数学家们的注意力, 这就是所谓的等周问题, 顾名思义就是在所有给定类型和给定周长的图形中求出面积最大的图形.

7.1 等周定理

以上类型中最著名的问题就是经典的等周问题, 所谓等周问题是在所有具有给定周长的平面区域 (边界是一条有界曲线) 中, 求出其中具有最大面积的图形. 此问题的解由等周定理给出, 我们用三种等价的方式来阐述.

等周定理

(1) 在所有具有给定周长的平面区域中, 圆盘的面积最大.

(2) 在所有具有给定面积的平面区域中, 圆盘的周长最小.

(3) 一个平面区域的面积 A 和周长 P 满足不等式 $4\pi A \leqslant P^2$, 等号成立当且仅当区域为圆盘.

我们不会在这里讨论等周定理的发现和证明的漫长历史, 读者可以在诸如 [9][13][34][48][54] 等书中找到关于此话题的大量信息.

以下定理是类推的关于多边形的等周定理.

多边形的等周定理

(1) 在所有具有给定周长的 n 边形中, 正 n 边形的面积最大.

(2) 在所有具有给定面积的 n 边形中, 正 n 边形的周长最小.

(3) 任意 n 边形的面积 A 和周长 P 满足不等式

$$4nA \tan \frac{\pi}{n} \leqslant P^2,$$

等号成立当且仅当 n 边形是正的.

证 我们将对多边形证明等周不等式 3,这就显然能得到 1 和 2 了. 我们利用瑞士数学家 S. Lhuilier(1750–1840) 所发现的一个不等式来证明.

设 M 是平面上的任意一个凸 n 边形. 给定单位圆 k_0,存在唯一的 n 边形 m 外切于 k_0,使得 m 的各边与 M 的边平行. 这一点是很容易做到的,只需要将 M 的各边进行平移,直到它与圆 k_0 相切 (图 7.1).

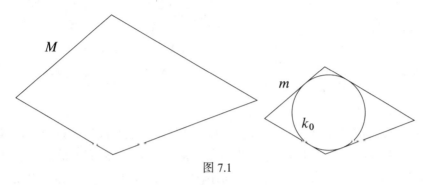

图 7.1

Lhuilier 不等式 对每个周长为 P 的凸多边形 M,我们有

$$P^2 \geqslant 4[M][m].$$

等号成立当且仅当 M 外切于圆.

此不等式可以由下面更强的不等式得到.

Tóth 不等式 设包含于一个周长为 P 的凸多边形 M 内的最大圆的半径为 r,那么

$$Pr - [M] - [m]r^2 \geqslant 0.$$

等号成立当且仅当多边形 M 外切于圆.

证 要证明 Tóth 不等式,我们考虑将多边形 M 的边向内平移 $\alpha(0 \leqslant \alpha \leqslant r)$ 个单位,且保持其各边与其初始位置平行,得到多边形 M_α. 对于较小的 α,多边形 M_α 的顶点在 M 的相应的角平分线上 (图 7.2). 进一步,当 α 变大时,M_α 的各边长会减小,且对某个特定的 α,其中某些边长会变为 0,即多边形 M_α 的边数会减少. 我们把这样的 α 值称为键值. 相应于 α 键值 (这些键值在图 7.2 中用实线标出了) 的多边形 M_α 把所有多边形 M_α 构成的集族分成 (有限个) 子集族,使得在每个子集族中的多边形具有相同的边数. 我们还有下面的引理.

引理 14 对每个子集族中的多边形 M_α,表达式 $Pr - [M] - [m]r^2$ 都是常数.

证 假定 M_{α_1} 和 M_{α_2} 来自同一个子集族,且设 $\delta = \alpha_1 - \alpha_2 > 0$ (图 7.3),那么区间 (α_2, α_1) 内包含 α 的任何键值.

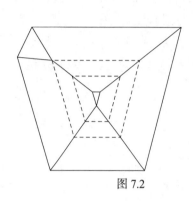

图 7.2

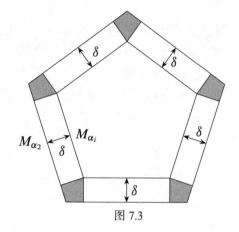

图 7.3

接下来,我们将分别用 M_i 和 P_i 表示多边形 M_{α_i} 及其周长. 多边形 M_2 包含的部分有:多边形 M_1,以及以 M_1 的边为底、高度为 δ 的矩形. 其他部分(与 M_2 的边数相同)合在一起构成一个半径为 δ 的圆外切多边形,且与 m_2 相似. 因此

$$[M_2] = [M_1] + P_1\delta + [m_1]\delta^2, P_2 = P_1 + 2[m_1]\delta, r_2 = r_1 + \delta, m_2 = m_1.$$

直接计算可得

$$P_2r_2 - [M_2] - [m_2]r_2^2 = P_1r_1 - [M_1] - [m_1]r_1^2,$$

这就证明了引理 14. □

接下来的引理说明当 α 跨过一个键值时,表达式 $Pr - [M] - [m]r^2$ 的值会减小.

引理 15 设 α_0 是 α 的一个键值,且 $\alpha_2 < \alpha_0 < \alpha_1$,那么

$$P_2r_2 - [M_2] - [m_2]r_2^2 > P_1r_1 - [M_1] - [m_1]r_1^2.$$

证 不失一般性,我们可以假定 α_0 是 α 在区间 (α_2, α_1) 内的唯一键值(为什么?). 由引理 14,只需要对 $\alpha_0 = \alpha_1$,且 α_2 任意接近 α_1 时,证明上述不等式即可. 设 ε 是任意正数,取 α_2 充分接近 α_1,我们有 $0 < P_2 - P_1 < \varepsilon, 0 < [M_2] - [M_1] < \varepsilon$,且 $0 < r_2 - r_1 < \varepsilon$. 由于 M_1 的边数少于 M_2 的边数(图 7.4),这意味着 $m' = [m_1] - [m_2] > 0$.

如果 (α_2, α_1) 不包含 α 的键值,那么 m' 不依赖于 α_2 的选取. 所以

$$(P_1r_1 - [M_1] - [m_1]r_1^2) - (P_2r_2 - [M_2] - [m_2]r_2^2)$$
$$= (P_1 - P_2)r_1 + P_2(r_1 - r_2) - ([M_1] - [M_2]) - ([m_1] - [m_2])r_1^2 + [m_2](r_2^2 - r_1^2).$$

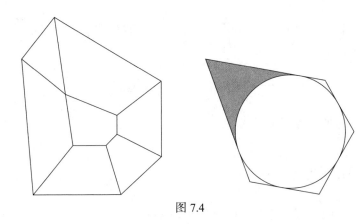

图 7.4

上述不等式导致

$$(P_1 r_1 - [M_1] - [m_1] r_1^2) - (P_2 r_2 - [M_2] - [m_2] r_2^2) < \varepsilon - m' r_1^2 + \varepsilon([m_1] - m')(2r_1 + \varepsilon)$$

对任意 $\varepsilon > 0$ 成立. 不等式的右边是一个关于 ε 的二次函数, 且此二次函数有一个正根和一个负根. 我们可以取 $\varepsilon > 0$, 使得此函数是非负的, 于是我们得到

$$(P_1 r_1 - [M_1] - [m_1] r_1^2) - (P_2 r_2 - [M_2] - [m_2] r_2^2) < 0,$$

这就证明了引理 15. □

利用引理 14 和 15, 现在就不难证明 Tóth 不等式. 假定 $Pr - [M] - [m] r^2 < 0$, 由引理 14, 相应的表达式对所有的 $\alpha \in [0, \alpha')$ 都一样, 其中 α' 是 α 的第一个键值. 由引理 15, 当 α 跨过键值 α' 时, 此表达式会变小, 所以它仍然是负的. 因此, 不等式 $Pr - [M] - [m] r^2 < 0$ 对任意 $\alpha \in [0, r]$ 对应的多边形 M_α 都成立. 然而, 当 $\alpha = r$ 时, 此表达式的值为 0, 矛盾. 因此, 我们总有 $Pr - [M] - [m] r^2 \geq 0$, Tóth 不等式得证. □

Tóth 不等式可以改写成

$$P^2 - 4[m][M] \geq (P - 2[m]r)^2,$$

由此立刻得到了 Lhuilier 不等式.

现在我们可以着手对 n 边形证明等周定理的第 3 部分了. 设 M 是一个 n 边形, 只需要考虑 M 为凸的情形. 设 M_0 是 M 的凸包, 即包含 M 的最小多边形, 那么 M_0 的周长不超过 M 的周长. 将 M_0 进行适当的扩大, 我们得到多边形 M' 与 M_0 相似, 且与 M 的周长相同. 由 Lhuilier 不等式可得 $P^2 \geq 4[M][m]$. 外切于一个

单位圆的正 n 边形的面积为 $n\tan\dfrac{\pi}{n}$，下面的例 7.2 将证明 $[m]\geqslant n\tan\dfrac{\pi}{n}$. 将此不等式与 Lhuilier 不等式结合，可得

$$P^2 \geqslant 4[M][m] \geqslant 4n[M]\tan\frac{\pi}{n},$$

这就证明了多边形的等周不等式. □

7.2　等周问题

我们首先对圆内接和外切多边形考虑等周问题.

例 7.1　证明：在一个给定圆的所有内接 n 边形中，正 n 边形的周长和面积最大.

证　设内接于给定圆 k 的一个正 n 边形的边长为 a. 我们首先证明对任意内接于 k 的一个非正的 n 边形 M，都存在另一个内接于 k 的 n 边形，使得其面积和周长都比 M 大，且比 M 有更多的长度为 a 的边. 要证明这一点，需要分别用 $a_1, a_2, \cdots, a_n$ 表示 M 的连续边长，使得 a_1 是最短的，a_p（对某个 $p > 1$）是最长的. 我们现在构造一个新的 n 边形 M' 如下：保持边 $a_p, a_{p+1}, \cdots, a_n$ 不变，然后从 a_p 的自由端开始，我们连续地构造长度为 $a_1, a_{p-1}, \cdots, a_2$ 的弦（图 7.5 和 7.6）.

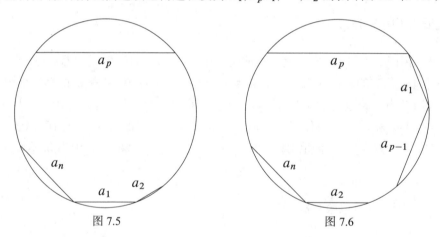

图 7.5　　　　　　　　　　　　图 7.6

新得到的 n 边形的边长和面积都与 M 相同，且它的最短边与最长边相邻. 进一步，我们有 $a_1 \leqslant a \leqslant a_p$，其中等号成立当且仅当 M 是一个正 n 边形. 因此，我们不妨假定 $a_1 < a < a_n$. 考虑由弦 a_1 和 a_p 确定的弧，利用图 7.7 中的记号，其中 C' 和 D 是 L 上的点，满足 $AC' = BC, BD = a$，且 D 在 $\overset{\frown}{C'C}$ 上. 所以，从 D 到 AB 的距离大于从 C 到 AB 的距离，即 $[ABC] < [ABD]$，且容易验证 $AC + BC < AD + BD$. 设 M'' 是把 M' 的顶点 C 换成 D 以后所得的 n 边形，那

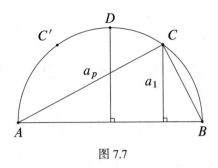

图 7.7

么 M'' 就满足所需的性质. 要解决原问题,我们只需要将上述构造重复 $n-1$ 次即可. □

例 7.2 证明:在一个给定圆的所有外切 n 边形中,正 n 边形的周长和面积最小.

证 这里的证明取自于 L. Fejes Tóth 的书 [19]. 考虑任意一个外切于给定圆 k 的 n 边形 M,设 $\overline{M}$ 是外切于 k 的一个正 n 边形(图 7.8).

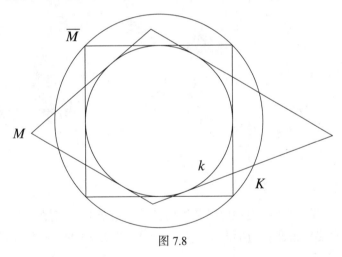

图 7.8

设 K 是由 M 的外接圆所决定圆盘,而点 $A_1, A_2, \cdots, A_n$ 是由 M 的边从 K 中所截出的弓形的(相等)面积. 设 A_{ij} 表示由 M 的第 i 条边和第 j 条边从 K 中截出的公共部分的面积. 那么对 M 和 K 的公共部分的面积 $[M \cap K]$,我们有

$$[M \cap K] = [K] - (A_1 + A_2 + \cdots + A_n) + (A_{12} + A_{23} + \cdots + A_{n-1\,n} + A_{n1}),$$

由于 K 的所有在 M 之外的部分的面积之和为

$$(A_1 + A_2 + \cdots + A_n) + (A_{12} + A_{23} + \cdots + A_{n-1\,n} + A_{n1}),$$

191

所以

$$[M \cap K] \geqslant [K] - (A_1 + A_2 + \cdots + A_n) = \overline{M}.$$

当 M 没有顶点在 K 的内部时,等号成立,这只能发生在 M 是正 n 边形的时候,这就解决了原问题. □

例 7.3　证明:在所有具有给定边长的凸 n 边形中,顶点共圆的 n 边形的面积最大.

证　我们引用 Jakob Steiner 给出的优美解答,这个解法利用了等周定理,并给出了这样一个事实:给定一个 n 边形,存在唯一一个(在全等意义下)具有相同边长的共圆 n 边形. 设 M 是任意一个具有给定边长的凸 n 边形,而 M' 是具有相同边长的共圆 n 边形.

设 K 是由 M' 的外接圆决定的圆盘. 在 M 的每一条边上,我们向外构造从 K 中由 M' 的各边截出的弓形(图 7.9). 这些弓形与 M 一起构成了区域 M'',其周长等于 K 的周长. 那么由等周定理可知 K 的面积不小于 M'' 的面积. 从这两个区域中减去上述从 K 中定义的弓形,我们得到 M' 的面积不小于 M 的面积. □

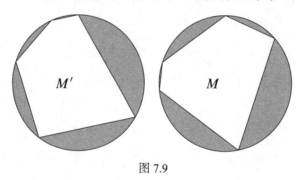

图 7.9

例 7.4　证明:圆盘的面积比任意等周长的多边形的面积都大.

证　只需要考虑凸多边形即可(为什么?). 设 K 和 M 分别是周长为 L 的圆盘和多边形,那么

$$\frac{L^2}{4[K]} = \pi.$$

Lhuilier 不等式说明 $L^2 \geqslant 4[M][m]$,其中 $[m]$ 是各边与 M 平行的单位圆的外切多边形的面积. 由于单位圆盘的面积是 π,我们有 $[m] > \pi$,那么上述不等式意味着 $\frac{L^2}{4[M]} > \frac{L^2}{4[K]}$. 因此 $[K] > [M]$. □

例 7.5　给定正整数 n,求出一条具有给定长度的曲线,使得其从度数为 $\frac{180°}{n}$ 的角内截出的区域面积最大.

解 考虑由一条长度为 l 的曲线从一个给定角内截出的图形. 利用 $2n-1$ 次连续反射, 我们得到平面上由长度为 $2nl$ 的曲线所围成的有界闭区域 (图 7.10). 由等周定理可知, 最初的曲线必然是一段圆心在角的顶点的圆弧. □

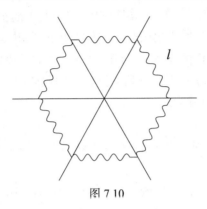

图 7.10

7.3 习题

7.1 证明: 在所有具有给定周长的平行四边形中, 正方形的面积最大.

7.2 证明: 在所有具有给定周长以及其中一条对角线长度的平行四边形中, 菱形的面积最大.

7.3 在所有面积为 1 的四边形中, 求出其中最短三边之和最小的四边形.

7.4 四个全等且不相交的圆的圆心分别在一个正方形的顶点上, 构造一个具有最大周长的四边形, 使得其各个顶点分别在这些圆上.

7.5 设 M 是凸 $n(n \geqslant 3)$ 边形 $A_1 A_2 \cdots A_n$ 内一点, 证明: 在

$$\angle M A_1 A_2, \angle M A_2 A_3, \cdots, \angle M A_{n-1} A_n, \angle M A_n A_1$$

中至少有一个角不超过 $\dfrac{\pi(n-2)}{2n}$.

7.6 在一个单位圆中画三个面积为 1 的三角形, 证明: 其中至少有两个三角形有一个公共的内点.

7.7 设整数 $n \geqslant 3$, 且 $a_1, a_2, \cdots, a_{n-1}$ 均为正数. 在所有满足 $A_i A_{i+1} = a_i, i = 1, 2, \cdots, n-1$ 的 n 边形中, 求出面积最大的一个.

7.8 证明: 对任意非正 n 边形, 存在另一个具有相同周长的 n 边形, 它具有更大的面积, 且其边长相等.

7.9 一根绳索的两端分别系在一根棍子的两端, 问绳索应该保持怎样的形状, 才能使得其在地面上包围的区域的面积最大.

7.10　一个城市的形状是边长为 5 km 的正方形, 其中的街道将城市全部分成了边长为 200 m 的正方形城区, 用一条长度为 10 km 的曲线包围城市的整条街道或者街道的一部分, 它所围成的最大面积是多少?

7.11　在所有表面积为 S 的正 n 棱锥中, 求出其中面积最大的棱锥.

7.12　在所有各边长之和给定的长方体中, 求出体积最大的一个.

7.13　设 a, b, c 是正数, 四面体 $ABCD$ 中, M, K 分别是 AB, CD 的中点, 且满足 $AB = a, CD = b, MK = c$, 在所有这样的四面体中, 求出其中:

(1) 表面积最大的四面体;

(2) 体积最大的四面体.

7.14　在所有周长给定的空间四边形 $ABCD$ 中, 求出其中使得四面体 $ABCD$ 面积最大的一个.

7.15　(Archimedes) 在所有表面积给定的球形杯 (用一个平面截一个球所得的形状) 中, 求出体积最大的一个.

第8章

提示与答案

8.1 三角形不等式

1.1 设 $ABCD$ 是一个圆内接四边形,证明:

(1) $|AB - CD| + |AD - BC| \geqslant 2|AC - BD|$;

(2) 如果 $\angle A \geqslant \angle D$,那么 $AB + BD \leqslant AC + CD$.

证 (1) 设 M 是对角线 AC 与 BD 的交点,那么 $\triangle ABM$ 与 $\triangle DCM$ 相似,且

$$|AC - BD| = |AM + MC - BM - DM|$$
$$= \left| AM + BM \cdot \frac{CD}{AB} - BM - AM \cdot \frac{CD}{AD} \right|$$
$$= \frac{|AM - BM|}{AB} \cdot |AB - CD| \leqslant |AB - CD|.$$

类似地

$$|AC - BD| \leqslant |AD - BC|.$$

所以

$$|AB - CD| + |AD - BC| \geqslant 2|AC - BD|.$$

(2) 首先,注意到所给条件等价于 $\angle MAD \geqslant \angle MDA$,因此 $MD \geqslant MA$. 其次,我们知道

$$\frac{CD}{AB} = \frac{CM}{MB} = \frac{DM}{MA} = k \geqslant 1,$$

所以

$$AC + CD - AB - BD = (k - 1)(AB + BM - AM) \geqslant 0. \qquad \square$$

1.2 给定平面上的四个点 A, B, C, D,设 E 和 F 分别是 AB 和 CD 的中点,证明:

$$\max \left(\frac{|AC - BD|}{2}, \frac{|AD - BC|}{2} \right) \leqslant EF \leqslant \frac{AD + BC}{2}.$$

证　设 M 是 DB 的中点,那么

$$EF \leq EM + MF = \frac{1}{2}AD + \frac{1}{2}BC.$$

我们还有

$$EF \geq |ME - MF| = \frac{|AD - BC|}{2}.$$

又设 N 是 AD 的中点,则

$$EF \geq |NF - NE| = \frac{|AC - BD|}{2},$$

不等式的左边也得证了.　　　　　　　　　　　　　　　　　　　　　　□

1.3　证明:从一个凸四边形的对角线的交点到其各边的距离之和不超过四边形的半周长.

证　设 $ABCD$ 是一个凸四边形,点 P 是对角线 AC 与 BD 的交点. 分别用 A_1, C_1 表示 AB, CD 与 $\angle APB$ 的角平分线的交点,A_2, C_2 分别表示边 AB, CD 的中点. 假定 $\angle PC_1C \geq 90°$,由于 $\angle PDC \geq \angle PCD$,因此 $PC \geq PD$,所以

$$\frac{DC_1}{C_1C} = \frac{PD}{PC} \leq 1.$$

这说明点 C_2 在线段 C_1C 上,即 C_2 在直线 A_1C_1 上的投影在线段 A_1C_1 外. 这一点对点 A_2 也成立,于是由例 1.5 可得

$$A_1C_1 \leq A_2C_2 \leq \frac{1}{2}(AD + BC).$$

因此,从 P 到边 AB 与 CD 的距离之和不超过 $\frac{1}{2}(AD + BC)$. 类似地,从 P 到边 AD 与 BC 的距离之和不超过 $\frac{1}{2}(AB + CD)$,将这两个不等式相加即完成了证明.　　　　　　　　　　　　　　　　　　　　　　　　　□

1.4　给定一个凸多边形 $\mathcal{P}$,考虑由 $\mathcal{P}$ 的各边中点构成的多边形 $\mathcal{M}$,证明:$\mathcal{M}$ 的周长不小于 $\mathcal{P}$ 的半周长.

证　如果 $n = 3$,那么三角形 $\mathcal{M}$ 的周长是三角形 $\mathcal{P}$ 的周长的一半. 设 $n \geq 4$,并设 $A_1, A_2, \cdots, A_n$ 是 $\mathcal{P}$ 的顶点. 分别用 $B_1, B_2, \cdots, B_n$ 表示 $A_1A_2, A_3A_4, \cdots, A_nA_1$ 的中点,那么

$$
\begin{aligned}
&2B_1B_2 + 2B_2B_3 + \cdots + 2B_nB_1 \\
={} &\frac{1}{2}(A_1A_3 + A_2A_4) + \frac{1}{2}(A_2A_4 + A_3A_5) + \cdots + \frac{1}{2}(A_nA_2 + A_1A_3) \\
>{} &\frac{1}{2}(A_1A_2 + A_3A_4) + \frac{1}{2}(A_2A_3 + A_4A_5) + \cdots + \frac{1}{2}(A_nA_1 + A_2A_3) \\
={} &A_1A_2 + A_2A_3 + \cdots + A_nA_1.
\end{aligned}
$$

□

1.5 对实数 x, y,求函数

$$f(x, y) = \sqrt{(x-4)^2 + 1} + \sqrt{(x-2)^2 + (y-2)^2} + \sqrt{y^2 + 4}$$

的最小值.

解 对任意实数 x, y,考虑平面上的点 $A(0,0), B(2,y), C(x,2), D(4,3)$(图 8.1).那么 $f(x,y)$ 表示和式 $DC + CB + BA$,由广义三角形不等式可得

$$f(x,y) = DC + CB + BA \geqslant DA = \sqrt{4^2 + 3^2} = 5,$$

等号成立当且仅当点 A, B, C, D 共线,此时 $x = \dfrac{8}{3}, y = \dfrac{3}{2}$. 因此,函数 $f(x,y)$ 的最小值等于 5. $\qquad\square$

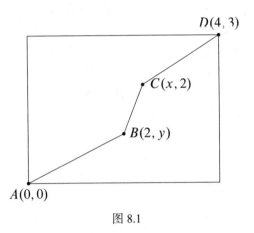

图 8.1

1.6 对 $\triangle ABC$ 内的每一个点 X,用 $m(X)$ 表示线段 XA, XB, XC 中的最小长度. 对怎样的点 $X, m(X)$ 能取到最大值.

解 不失一般性,假定 $\angle A \geqslant \angle B \geqslant \angle C$. 如果 $\angle A \leqslant 90°$,那么所求的点就是三角形的外心 O. 如果 $X \neq O$ 是 $\triangle ABC$ 内任意一点,那么 X 必然在 $\triangle AOB, \triangle BOC, \triangle COA$ 中的一个内,不妨设为 $\triangle AOB$,那么由例 1.1 的 (1) 可知

$$m(X) \leqslant \frac{XA + XB}{2} < \frac{OA + OB}{2} = m(O).$$

再来考虑 $\angle A > 90°$ 的情形. 分别用 M, N 表示边 BC 上满足 $\angle BAM = \angle B, \angle CAN = \angle C$ 的点. 注意到 $\angle BAM = \angle B < \angle BAN = \angle A - \angle C$.

如果 $X \in \triangle ABM$,由于 $\angle AMN = 2\angle B \geqslant 2\angle C$ 且 $BN = BM + MN = AM + MN > AN$,那么

$$m(X) \leqslant \frac{XA + XB}{2} \leqslant \frac{AM + BM}{2} = AM \leqslant AN = m(N).$$

如果 $X \in \triangle AMN$,用 A_1 表示直线 AX 与边 BC 的交点,由于

$$\max(\angle MA_1A, \angle NA_1A) \geqslant 90°,$$

那么

$$m(X) \leqslant AX \leqslant AA_1 \leqslant \max(AM, AN) = AN = m(N).$$

如果 $X \in \triangle ANC$,那么

$$m(X) \leqslant \frac{XA + XC}{2} \leqslant \frac{NA + NC}{2} = AN = m(N).$$

因此,在这种情形下,如果 $\angle B = \angle C$,那么 $m(X)$ 对点 M 和 N 取最大值,如果 $\angle B > \angle C$,那么 $m(X)$ 对点 N 取最大值.　　　　　□

1.7　给定一个角,其顶点为 A,点 P 在其内部,求作一条过点 P 的直线与角的两边交于点 B 和 C,满足:

(1) $\triangle ABC$ 的周长是最小的;

(2) 和式 $\dfrac{1}{PC} + \dfrac{1}{PB}$ 是最大的.

解　(1) 考虑 $\triangle ABC$ 的旁切圆 k 与 BC 切于点 T,且分别与 AB, AC 的延长线切于点 R, S(图 8.2). 那么

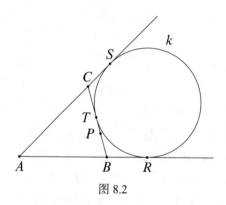

图 8.2

$$AB + BC + CA = AB + BT + TC + AC = AR + AS = 2AR.$$

因此,我们必须使得 AR 最小. 设 k_0 是过点 P 且与 AB, AC 相切的最小圆,记其切点分别为 R_0, S_0,且过点 P 与 k_0 相切的切线与角的两边分别交于点 B_0, C_0. 由于 k_0 的半径小于 k 的半径,这意味着 $AR_0 < AR$.

(2) 作 $PC' \parallel AB, C'P' \parallel BC$,如图 8.3 所示. 由于 $\triangle AC'P' \backsim \triangle ACP$ 且 $\triangle PC'P' \backsim \triangle ABP$,我们有

$$\frac{C'P'}{CP} = \frac{AP'}{AP}, \frac{C'P'}{BP} = \frac{P'P}{AP}.$$

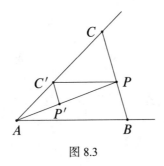

图 8.3

将这些不等式相加可得

$$\frac{C'P'}{BP} + \frac{C'P'}{CP} = \frac{P'P + AP'}{AP} = 1,$$

所以

$$\frac{1}{BP} + \frac{1}{CP} = \frac{1}{C'P'}.$$

要使上式左边的表达式最大, 等价于让 $C'P'$ 最小. 但 C' 不依赖于 BC 的选择, 因此这就转化为在 AP 上求点 P', 使得它到 C' 的距离最大. 显然, 这个点是从 C' 到 AP 的垂足. 由于 $C'P' \parallel BC$, 所以当且仅当 $BC \perp AP$ 时, $\dfrac{1}{BP} + \dfrac{1}{CP}$ 才取到最大值. □

1.8 以 $\triangle ABC$ 的边 AB 向三角形外作一个中心为 O 的正方形, 设 M 和 N 分别是边 BC 和 AC 的中点, 证明:

$$OM + ON \leqslant \frac{\sqrt{2}+1}{2}(AC + BC).$$

并说明等号成立的充要条件是 $\angle ACB = 135°$.

解 设 K 是 AB 的中点 (图 8.4). 由 Ptolemy 不等式 (例 1.4), 我们有

$$NO \cdot AK \leqslant AO \cdot NK + AN \cdot OK,$$

这可以改写为

$$NO \leqslant \frac{AC}{2} + \frac{\sqrt{2}}{2}BC.$$

类似地

$$MO \leqslant \frac{BC}{2} + \frac{\sqrt{2}}{2}AC.$$

将这两个不等式相加得到

$$OM + ON \leqslant \frac{\sqrt{2}+1}{2}(AC + BC),$$

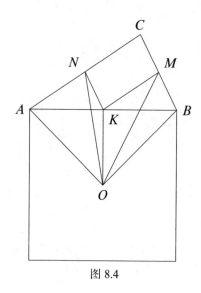

图 8.4

等号成立当且仅当 $\angle ANK = \angle BMK = 135°$, 即 $\angle ACB = 135°$. □

1.9 设 $ABCD$ 是一个矩形, X 是平面上任一点, 求比值

$$\frac{XA + XC}{XB + XD}$$

的最小值和最大值.

解 对点 A, B, C, X 和 A, D, C, X, 由 Ptolemy 不等式可得

$$AC \cdot BX \leqslant AB \cdot CX + BC \cdot AX,$$

$$AC \cdot DX \leqslant AD \cdot CX + DC \cdot AX.$$

将这两个不等式相加, 我们得到

$$\frac{XA + XC}{XB + XD} \geqslant \frac{AC}{AB + AD}.$$

如果当点 X 与 A 重合且 $AD = BC$ 时, 等号成立, 那么 $\dfrac{AC}{AB + BC}$ 就是所求比值的最小值. 对点 A, B, X, D 和 C, B, X, D, 由 Ptolemy 不等式, 可知上述比值的最大值等于 $\dfrac{AB + BC}{AC}$. □

1.10 两个同心圆的半径分别为 r 和 R, 且 $R > r$. 凸四边形 $ABCD$ 内接于小圆, 且 AB, BC, CD, DA 的延长线分别交大圆于 C_1, D_1, A_1, B_1, 证明:

(1) 四边形 $A_1B_1C_1D_1$ 的周长不小于四边形 $ABCD$ 周长的 $\dfrac{R}{r}$ 倍;

(2) 四边形 $A_1B_1C_1D_1$ 的面积不小于四边形 $ABCD$ 面积的 $\left(\dfrac{R}{r}\right)^2$ 倍.

证 (1)设 O 是两个同心圆的公共圆心(图 8.5),对四边形 OAB_1C_1, OBC_1D_1, OCD_1A_1, ODA_1B_1,分别由 Ptolemy 不等式(例 1.4),我们有

$$R \cdot AC_1 \leqslant r \cdot B_1C_1 + R \cdot AB_1,$$

$$R \cdot BD_1 \leqslant r \cdot C_1D_1 + R \cdot BC_1,$$

$$R \cdot CA_1 \leqslant r \cdot D_1A_1 + R \cdot CD_1,$$

$$R \cdot DB_1 \leqslant r \cdot A_1B_1 + R \cdot DA_1.$$

相加可得

$$R \cdot (AB + BC + CD + DA) \leqslant r \cdot (A_1B_1 + B_1C_1 + C_1D_1 + D_1A_1),$$

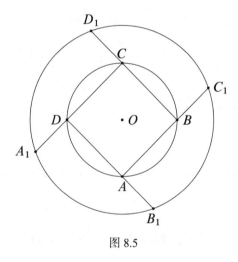

图 8.5

等号成立当且仅当四个四边形都是共圆的,于是

$$\angle OAC_1 = \angle OB_1C_1 = \angle OC_1B_1 = \angle OAD,$$

所以 OA 平分 $\angle BAD$. 类似地,OB, OC, OD 分别平分 $\angle ABC$, $\angle BCD$, $\angle CDA$. 因此,O 是四边形 $ABCD$ 的内心,这只有 $ABCD$ 是正方形时才可能. 相反地,如果 $ABCD$ 是正方形,那么 $A_1B_1C_1D_1$ 也是正方形,且后者的周长显然是前者的 $\dfrac{R}{r}$ 倍.

(2)设 $a = AB$, $b = BC$, $c = CD$, $d = DA$, $w = A_1D$, $x = B_1A$, $y = C_1B$, $z = D_1C$. 由圆幂定理(图 8.5)可得

$$x(x + d) = y(y + a) = z(z + b) = w(w + c) = R^2 - r^2.$$

201

我们有

$$\angle B_1AC_1 = 180° - \angle DAB = \angle BCD = 180° - \angle A_1CD_1,$$

因此我们也有

$$\frac{[AB_1C_1]}{[ABCD]} = \frac{x(a+y)}{ad+bc}, \frac{[A_1CD_1]}{[ABCD]} = \frac{z(c+w)}{ad+bc}.$$

类似地

$$\frac{[BC_1D_1]}{[ABCD]} = \frac{y(b+z)}{ab+cd}, \frac{[A_1B_1D]}{[ABCD]} = \frac{w(d+x)}{ab+cd}.$$

因此,由 AM-GM 不等式可得

$$\frac{[A_1B_1C_1D_1]}{[ABCD]}$$

$$= 1 + \frac{x(a+y)+z(c+w)}{ad+bc} + \frac{y(b+z)+w(d+x)}{ab+cd}$$

$$= 1 + (R^2-r^2)\left(\frac{x}{y(ad+bc)} + \frac{z}{w(ad+bc)} + \frac{y}{z(ab+cd)} + \frac{w}{x(ab+cd)}\right)$$

$$\geqslant 1 + \frac{4(R^2-r^2)}{\sqrt{(ad+bc)(ab+cd)}},$$

且有

$$2\sqrt{(ad+bc)(ab+cd)} \leqslant (ad+bc) + (ab+cd) = (a+c)(b+d)$$

$$\leqslant \frac{1}{4}(a+b+c+d)^2 \leqslant 8r^2.$$

最后一步用到了一个事实,就是在所有圆内接四边形中,正方形的周长最大. 我们现在有

$$\frac{[A_1B_1C_1D_1]}{[ABCD]} \geqslant 1 + \frac{4(R^2-r^2)}{4r^2} = \frac{R^2}{r^2}. \qquad \square$$

1.11 设 $\triangle ABC$ 满足 $\angle A = 60°$,且点 P 满足 $PA = 1, PB = 2, PC = 3$,证明:

$$[ABC] \leqslant \frac{\sqrt{3}}{8}\left(13 + \sqrt{73}\right).$$

证 设点 B' 和 P' 满足 $\overrightarrow{BB'} = \overrightarrow{PP'} = \overrightarrow{AC}$. 记 $PB' = d$,而 a, b, c 是 $\triangle ABC$ 的三边长. 对点 P, B', P', C,由 Ptolemy 不等式可得 $bc \leqslant d + 6$. 设 O 是平行四边形 $ABB'C$ 的对角线 BC 与 AB' 的交点,那么

$$(1+d)^2 = (AB')^2 = 2b^2 + 2c^2 - a^2, (d-1)^2 = 4PO^2 = 2(2^2+3^2) - a^2,$$

于是,我们得到 $b^2+c^2-a^2 = d^2-12$. 对 $\triangle ABC$,应用余弦定理可得 $b^2+c^2-a^2 = bc$,所以 $d^2-12 = bc \leqslant d+6$. 因此,$d \leqslant \dfrac{1+\sqrt{73}}{2}$,我们得到

$$[ABC] = \frac{\sqrt{3}}{4}bc \leqslant \frac{\sqrt{3}}{4}(d+6) \leqslant \frac{\sqrt{3}}{8}\left(13+\sqrt{73}\right). \qquad \square$$

1.12 (空间 Ptolemy 不等式) 设 A,B,C,D 是空间中四个不共面的点,则

$$AB \cdot CD + BC \cdot AD > AC \cdot BD.$$

证 将点 D 绕着轴 AC 旋转,直到它落在平面 (ABC) 上的点 D',取旋转方向使得 $BD' > BD$(图 8.6).

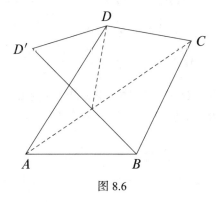

图 8.6

四边形 $ABCD'$,由 Ptolemy 不等式,以及 $CD = CD', AD = AD'$,我们有

$$AB \cdot CD + BC \cdot AD = AB \cdot CD' + BC \cdot AD' > AC \cdot BD' > AC \cdot BD. \qquad \square$$

1.13 复平面上两点 A 和 B 之间的弦距离定义为

$$d(A,B) = \frac{|a-b|}{\sqrt{1+|a|^2} \cdot \sqrt{1+|b|^2}},$$

其中 a,b 分别是点 A,B 的复坐标. 证明:对任意三个不共线的点 A,B,C,有不等式

$$d(A,B) < d(B,C) + d(C,A)$$

成立.

证 设 a,b,c 分别是点 A,B,C 的复坐标,那么待证不等式等价于

$$|a-b|\sqrt{1+|c|^2} < |a-c|\sqrt{1+|b|^2} + |c-b|\sqrt{1+|a|^2}.$$

在空间中构造一个四面体,其中三个顶点是 A,B,C,第四个顶点在复平面的坐标原点上方一个单位. 此四面体在复平面上的边长为 $|a-b|,|a-c|,|b-c|$. 其

203

他交于点 D 的三边长为 $\sqrt{1+|c|^2}, \sqrt{1+|b|^2}, \sqrt{1+|a|^2}$，那么待证不等式就是对四面体 $ABCD$ 的 Ptolemy 不等式（习题 1.12）.   □

1.14   给定 $\triangle ABC$，设 A' 是平面上异于 A, B, C 的点，分别记 L 和 M 是从 A 到直线 $A'B$ 和 $A'C$ 的垂足，求点 A' 的位置，使得线段 LM 的长度是最大的.

解   我们将证明当 A' 是 $\triangle ABC$ 的边 BC 上的旁心时，LM 的长度最短. 首先，注意到对 A' 的任意选择，点 M 在以 AC 为直径的圆上，而 L 在以 AB 为直径的圆上（图 8.7）. 显然当线段 LM 内包含这两个圆的圆心 E 和 F 时，LM 是最大的. 此时，我们有

$$LM = AF + FE + EA = \frac{BC + AC + AB}{2} = s.$$

进一步，由 $\angle MEC = \angle AEF = \angle C$ 可得

$$\angle MCE = \angle CME = 90° - \frac{\angle C}{2},$$

这反过来又说明 MC 是 $\angle ACB$ 的补角的平分线. 直线 LB 也具有类似的性质. 所以，A' 是 $\triangle ABC$ 的边 BC 上的旁心.   □

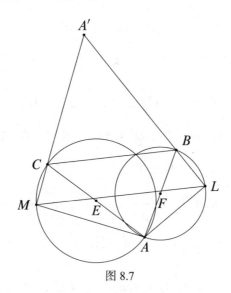

图 8.7

1.15   设点 A 和 B 在一条给定直线 l 的两侧，在 l 上求点 X 使得 $|AX - BX|$ 最大.

解   设 B' 是 B 关于 l 的对称点. 如果 B' 与 A 重合，那么 $AX - BX = 0$ 对任意 $X \in l$ 成立. 假定 B' 与 A 不重合，设直线 AB' 交 l 于点 X_0（图 8.8）. 那么由三角形不等式可得

$$|AX - BX| = |AX - XB'| \leqslant AB'$$

对任意 $X \in l$ 成立, 其中等号成立当且仅当 X 与 X_0 重合. 因此在这种情形下, 问题的解就是 X_0. 我们留给读者去证明, 如果 B' 不与 A 重合且 $AB' \parallel l$, 那么 $|AX - BX|$ 没有最大值.   □

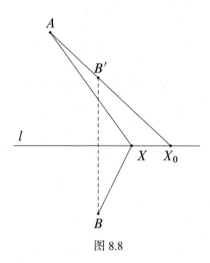

图 8.8

1.16 设 $\triangle ABC$ 不是钝角三角形, m, n, p 是给定的正数. 在平面上求点 X, 使得

$$s(X) = mAX + nBX + pCX$$

是最小的.

解 不失一般性, 我们假定 $m \geqslant n \geqslant p$.

如果 $m \geqslant n + p$, 那么对平面上的任意点 X, 我们有

$$AX + XB \geqslant AB, \quad AX + XC \geqslant AC.$$

因此

$$\begin{aligned} s(X) &\geqslant (n+p)AX + nBX + pCX \\ &= n(AX + XB) + p(AX + XC) \\ &\geqslant nAB + pAC = s(A), \end{aligned}$$

等号成立当且仅当 $X = A$. 在这种情形下的唯一解就是 $X = A$.

如果 $m < n + p$, 那么存在 $\triangle A_0 B_0 C_0$, 满足 $B_0 C_0 = m, C_0 A_0 = n, A_0 B_0 = p$. 设 φ 是下面两个变换的叠加:

(1) 以 A 为中心, 比率为 $k = \dfrac{p}{n}$ 的伸缩;

(2) 以 A 为中心, 逆时针穿过 $\angle A_0$ 的旋转.

对平面上的每个点 X,令 $X' = \varphi(X)$,注意到 $\angle XAX' = \alpha_0$(图 8.9),且

$$\frac{AX'}{AX} = k = \frac{p}{n} = \frac{A_0 B_0}{A_0 C_0}.$$

因此,$\triangle AX'X \backsim \triangle A_0 B_0 C_0$,这又意味着

$$\frac{XX'}{AX} = \frac{m}{n} \Leftrightarrow mAX = nXX'.$$

同理,$C'X' = kCX$,这等价于 $pCX = nC'X'$. 所以

$$s(X) = nXX' + nBX + nX'C' \Leftrightarrow \frac{s(X)}{n} = XX' + BX + X'C'.$$

原来的问题就转化为求点 X,使得折线 $BXX'C'$ 的长度最短. 我们现在来考虑三种子情形.

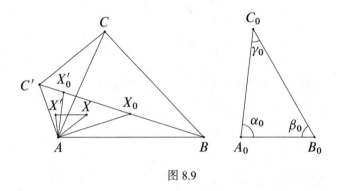

图 8.9

(a) 直线段 BC' 与边 AC 相交(图 8.9). 设 D 是其交点,Γ 是平面上满足 $\angle AYD = \gamma_0$ 的点 Y 的轨迹. 用 X_0 表示弧 Γ 与直线 BC 的交点. 由于 $\angle B_0 \leqslant \alpha_0$,我们有 $\beta_0 < 90°$,结合 $\angle B \leqslant 90°$(由假设)可得 $\beta_0 + \angle B < 180°$,所以 B 在由 Γ 确定的圆盘外. 此外,$\angle C'DA > \angle C'CA = \gamma_0$,所以点 X_0 在线段 BC' 上,且对平面上的任意点 X,我们有

$$\frac{s(X)}{n} \geqslant BC' = \frac{s(X_0)}{n},$$

等号成立当且仅当 $X = X_0$. 因此,在这种子情形下,X_0 就是问题的唯一解.

(b) 线段 BC' 包含点 A. 由于 $A' = A$,我们有 $s(A) = nBC'$,所以 $s(X)$ 在 X 与 A 重合时取得最小值.

注意到,$\gamma_0 < 90°$ 且 $\angle C < 90°$,那么 $\angle C + \gamma_0 < 180°$,所以 BC' 不可能包含点 C. 因此只需要考虑最后一种情形.

(c) 线段 BC' 与边 AC 没有公共点,即 $\angle A + \alpha_0 > 180°$. 我们将在这种子情形下证明,当 X 与 A 重合时,$s(X)$ 取得最小值. 设 D 是线段 BC' 与直线 AC 的交点

（图 8.10），再设 X 是平面上的任意点. 如果 X 在 $\angle C'AD$ 内,那么由 $CX > AC$ 和 $AX + BX > AB$ 可得

$$s(X) \geqslant nAX + nBX + pCX > nAB + pAC = s(A).$$

如果 X 不在 $\angle C'AD$ 内,那么折线 $BXX'C'$ 与从 A 出发经过点 C 的射线有一个公共点. 所以

$$\frac{s(X)}{n} = BX + XX' + X'C' \geqslant BA + AC' = \frac{s(A)}{n},$$

等号成立当且仅当 X 与 A 重合.

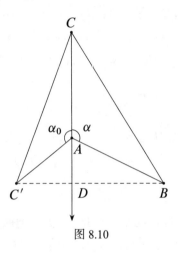

图 8.10

综上所述,原问题只有唯一解. 如果 $\angle A + \alpha_0 \geqslant 180°$,那么 $s(X)$ 在 X 与 A 重合时取得最小值,而当 $\angle A + \alpha_0 < 180°$ 时,$s(X)$ 在 X 与 X_0 重合时取得最小值. □

1.17 设 $M, A_1, A_2, \cdots, A_n, n \geqslant 3$ 是平面上的不同点,证明:

$$\frac{A_1 A_2}{MA_1 \cdot MA_2} + \frac{A_2 A_3}{MA_2 \cdot MA_3} + \cdots + \frac{A_{n-1} A_n}{MA_{n-1} \cdot MA_n} \geqslant \frac{A_1 A_n}{MA_1 \cdot MA_n}.$$

其中等号何时成立?

证 在射线 MA_i 上取点 B_i,使得

$$MB_i = \frac{1}{MA_i}, i = 1, 2, \cdots, n.$$

那么

$$B_i B_j = \frac{A_i A_j}{MA_i \cdot MA_j}.$$

如果点 M, A_i, A_j 不共线,那么 $\triangle MA_i A_j \backsim \triangle MB_i B_j$,所以

$$B_i B_j = \frac{MB_i}{MA_i} A_i A_j = \frac{A_i A_j}{MA_i \cdot MA_j}.$$

如果点 M, A_i, A_j 共线,那么

$$B_i B_j = |MB_i \pm MB_j| = \left| \frac{1}{MA_i} \pm \frac{1}{MA_j} \right| = \frac{|MA_i \pm MA_j|}{MA_i \cdot MA_j} = \frac{A_i A_j}{MA_i \cdot MA_j}.$$

因此,待证不等式等价于

$$B_1 B_2 + B_2 B_3 + \cdots + B_{n-1} B_n \geqslant B_1 B_n,$$

等号成立当且仅当点 $B_1, B_2, \cdots, B_n$ 按此顺序排成一条直线. 我们接下来考虑两种情形.

情形 1 如果 $M \in B_1 B_n$,那么 $A_1, A_2, \cdots, A_n \in B_1 B_n$,且容易发现这些点在直线 $B_1 B_n$ 上的顺序是以下排列之一: $M, A_1, A_2, \cdots, A_n$; $M, A_n, A_{n-1}, \cdots, A_1$; $A_k,$ $A_{k-1}, \cdots, A_1, M, A_n A_{n-1}, \cdots, A_{k+1}$ 或 $M, A_{k+1}, \cdots, A_n, M, A_1 \cdots, A_k$,其中 k 是不超过 n 的正整数.

情形 2 如果 M, B_1, B_n 不共线,那么

$$\begin{aligned}
\angle A_1 A_2 A_3 + \angle A_1 M A_3 &= \angle A_1 A_2 M + \angle A_3 A_2 M + \angle A_1 M A_3 \\
&= \angle M B_1 B_3 + \angle B_1 B_3 M + \angle A_1 M B_3 \\
&= 180°.
\end{aligned}$$

因此,四边形 $MA_1 A_2 A_3$ 的四个顶点是共圆的. 类似地,四边形 $MA_2 A_3 A_4, \cdots,$ $MA_{n-2} A_{n-1} A_n$ 的顶点也都是共圆的,这就证明了点 $M, A_1, A_2, \cdots, A_n$ 按此顺序共圆. □

1.18 求出加油站的位置,使得其到给定的:

(1) 凸四边形的顶点所在的四个城市的距离之和最小;

(2) 一个中心对称的 n 边形的顶点所在的城市的距离之和最小.

解 (1) 设 $ABCD$ 是所给的四边形,那么对平面上的任意点 X,由三角形不等式有 $XA + XC \geqslant AC, XB + XD \geqslant BD$. 所以

$$XA + XB + XC + XD \geqslant AC + BD,$$

等号成立当且仅当 X 是 AC 与 BD 的交点,因此,加油站的位置就是四边形对角线的交点.

(2) 设 O 是所给 n 边形 $A_1 A_2 \cdots A_n$ 的对称中心. 对平面上的任意点 A,记 A' 是 A 关于点 O 的反射. 由于 O 是线段 XX' 的中点,由例 1.2 可得

$$\frac{1}{2}(XA_i + X' A_i) \geqslant OA_i, 1 \leqslant i \leqslant n.$$

将这些不等式相加, 我们得到

$$\sum_{i=1}^{n} XA_i = \sum_{i=1}^{n} \frac{1}{2}(XA_i + X'A_i) \geqslant \sum_{i=1}^{n} OA_i.$$

因此, 加油站的位置是所给 n 边形的对称中心. $\qquad\square$

1.19 一个四边形的顶点坐标为 $A = (0,0), B = (2,0), C = (2,2), D = (0.4)$. 求从点 $E = (0,1)$ 开始, 在点 $F = (2,1)$ 处结束, 依次与四边形的边 AD, DC, BC, AB 相交的最短路径.

解 如图 8.11 所示, 进行三次连续的轴对称变换, 点 F 经过三次变换后的象为点 $F' = (6,1)$. 我们现在要求出从 E 到 F' 的最短路径, 且完全包含在图 8.11 所示的四边形的并集内. 显然, 所求的是折线

$$E = (0,1) \quad \diagdown (2,2) \rightarrow (4,2) \rightarrow (6,2) \rightarrow F' = (6,1).$$

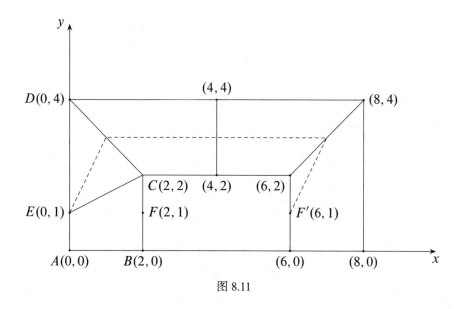

图 8.11

因此, 在所给四边形中满足所需性质的最短路径是

$$E = (0,1) \rightarrow (2,2) \rightarrow (2,0) \rightarrow (2,2) \rightarrow F = (2,1). \qquad\square$$

1.20 两座城市 A 和 B 被一条具有平行岸边的河流所隔开, 设计从 A 经过河流, 在河上建立垂直于岸边的桥梁, 再到 B 的最短路径.

解 设 l_1 和 l_2 是河流的 (平行) 两岸, 其中 l_1 在 A 和 l_2 之间 (图 8.12). 构造直线 $l \parallel l_1$ 使得 l_1 和 l_2 关于 l 对称, A 关于 l 的对称点是 A', A' 关于 l_2 的对称

点是 A''. 接下来, 设 N_0 是 l_2 与 BA'' 的交点, M_0 是 l_1 上满足 $M_0 N_0 \perp l_1$ 的点. 考虑任意满足 $MN \perp l_1$ 的点 $M \in l_1, N \in l_2$, 那么 $AM = A'N = A''N$, 所以

$$AM + MN + NB = A''N + NB + M_0 N_0 \geqslant A''B + M_0 N_0,$$

等号成立当且仅当 N 与 N_0 重合, 这也意味着 $M = M_0$. 因此, 折线 $AM_0 N_0 B$ 就是最短路径. □

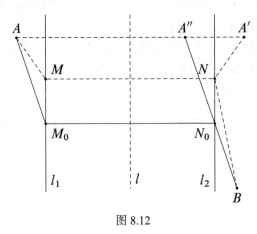

图 8.12

1.21　设 A, B, C, D 按顺序排列在一条直线上, 证明: 对平面上任意一个不在此直线上的点 E, 我们有

$$AE + ED + |AB - CD| > BE + CE.$$

证　假定 $AB > CD$ ($AB < CD$ 的情形类似), 我们需要证明

$$AE + ED + AB > CD + BE + CE.$$

由定理 1 的 (2) 可知, 只需要对点 A, B, C, D, E 在某条垂直于 AE, ED, AB 之一的直线 l 上的投影证明上述不等式即可. 注意到, 如果 l 垂直于 AE 或 AB, 等号直接成立. 如果 l 垂直于 ED, 我们有严格的不等式成立. 最后, 如果 $AB = CD$, 我们需要证明的是一个显然的不等式 $AE + ED > BE + CE$. □

1.22　设 $\triangle ABC$ 和 $\triangle A_1 B_1 C_1$ 是平面上的两个三角形, 证明

$$AA_1 + AB_1 + AC_1 + BA_1 + BB_1 + BC_1 + CA_1 + CB_1 + CC_1$$
$$\geqslant AB + BC + CA + A_1 B_1 + B_1 C_1 + C_1 A_1.$$

证　由 1.3 节定理 1 的 (1) 可知, 只需要对点 A, B, C, A_1, B_1, C_1 在某条直线上的投影证明上述不等式, 即考虑它们共线的情形即可. 由点 A, B, C 和 A_1, B_1, C_1

的对称性,我们可以假定点 B 在 A, C 之间,点 B_1 在 A_1, C_1 之间,且 $A_1 C_1 \leqslant AC$. 那么

$$AB + BC + CA + A_1 B_1 + B_1 C_1 + C_1 A_1 = 2AC + 2A_1 C_1.$$

然后,我们将三角形不等式

$$AC \leqslant AB_1 + B_1 C, AC \leqslant AA_1 + A_1 C,$$

$$A_1 C_1 \leqslant A_1 B + BC_1, A_1 C_1 \leqslant A_1 A + AC_1$$

相加即得待证不等式. □

1.23 设平面上有限个向量的长度之和等于 π,证明:其中存在某些向量的长度之和大于 1.

证 设平面向量 $\boldsymbol{u}_1, \cdots, \boldsymbol{u}_n$ 满足

$$|\boldsymbol{a}_1| + \cdots + |\boldsymbol{a}_n| = \pi.$$

那么,由例 1.19,我们可知存在直线 l,使得

$$l(\boldsymbol{a}_1) + \cdots + l(\boldsymbol{a}_n) > 2.$$

设 e 是直线 l 上的一个单位向量,且 $\angle(\boldsymbol{a}_i, e) \leqslant 90°, 1 \leqslant i \leqslant k$,而 $\angle(\boldsymbol{a}_i, e) > 90°, k+1 \leqslant i \leqslant n$. 那么 $l(\boldsymbol{a}_1) + \cdots + l(\boldsymbol{a}_k) > 1$ 或者 $l(\boldsymbol{a}_{k+1}) + \cdots + l(\boldsymbol{a}_n) > 1$,这里我们假设是第一种情形. 因此

$$|\boldsymbol{a}_1 + \cdots + \boldsymbol{a}_k| \geqslant l(\boldsymbol{a}_1) + \cdots + l(\boldsymbol{a}_k) > 1.$$ □

1.24 设平面上有一些凸多边形,周长分别为 $P_1, P_2, \cdots, P_n$,使得不存在直线分隔它们(即不存在与这些多边形不相交的直线,使得此直线两边都有多边形). 证明:存在一个周长不超过 $P_1 + P_2 + \cdots + P_n$ 的多边形包含所有多边形.

证 如果直线 l 没有分隔这些给定的多边形,那么它们在某条垂直于 l 的直线上的投影构成了一条线段. 考虑这些多边形的凸包 C,即包含所有多边形的最小凸集. 那么所给多边形的各边在某条直线上的投影长度之和不小于 C 的各边投影长度之和. 所以,C 的周长不超过 $P_1 + P_2 + \cdots + P_n$. □

8.2 代数方法

2.1 对 $\triangle ABC$ 内的任意点 X,分别记 x, y, z 为点 X 到直线 BC, CA, AB 的距离. 求出点 X 的位置,使得以下和式最小:

(1) $\dfrac{a}{x} + \dfrac{b}{y} + \dfrac{c}{z}$;

(2) $\dfrac{1}{ax} + \dfrac{1}{by} + \dfrac{1}{cz}$.

其中 $a = BC, b = CA, c = AB$.

解 (1) 因为我们有 $ax + by + cz = 2[ABC]$,所以由 Cauchy-Schwarz 不等式可得

$$(ax + by + cz)\left(\frac{a}{x} + \frac{b}{y} + \frac{c}{z}\right) \geq (a + b + c)^2.$$

因此

$$\frac{1}{ax} + \frac{1}{by} + \frac{1}{cz} \geq \frac{9}{2[ABC]},$$

等号成立当且仅当 $x = y = z$,那么点 X 是 $\triangle ABC$ 的内心.

(2) 由 Cauchy-Schwarz 不等式可得

$$(ax + by + cz)\left(\frac{1}{ax} + \frac{1}{by} + \frac{1}{cz}\right) \geq 9.$$

因此

$$\frac{1}{ax} + \frac{1}{by} + \frac{1}{cz} \geq \frac{9}{2[ABC]},$$

等号成立当且仅当 $ax = by = cz$. 作为练习,读者可以证明满足此性质的唯一点 X 是 $\triangle ABC$ 的重心. □

2.2 设 A_1, B_1, C_1 分别是 $\triangle ABC$ 的边 BC, CA, AB 上的点. 令 $x = [AB_1C_1]$, $y = [A_1BC_1], z = [A_1B_1C], t = [A_1B_1C_1]$. 证明:

$$t^3 + (x + y + z)t^2 - 4xyz \geq 0.$$

证 我们不妨假定 $\triangle ABC$ 的面积为 1,那么 $x + y + z + t = 1$,而待证不等式化为 $t^2 \geq 4xyz$. 令

$$p = \frac{BA_1}{BC}, q = \frac{CB_1}{CA}, r = \frac{AC_1}{AB},$$

那么

$$\frac{[AB_1C_1]}{[ABC]} = \frac{AB_1 \cdot AC_1}{AC \cdot AB} = r(1 - q),$$

因此 $x = r(1 - q)$. 类似地,$y = p(1 - r), z = q(1 - p)$. 因此

$$t = 1 - (p + q + r) + pq + qr + rp,$$

且

$$xyz = pqr(1 - p)(1 - q)(1 - r) = v(t - v),$$

其中 $v = pqr$. 所以,我们需要证明不等式 $t^2 \geq 4v(t - v)$,这等价于 $(t - 2v)^2 \geq 0$. □

2.3 （2004 年中国 TST）设 $\angle XOY = 90°$，P 是 $\angle XOY$ 内一点，满足 $OP = 1$ 且 $\angle XOP = 60°$. 过点 P 的直线分别交 OX, OY 于点 M 和 N. 求 $OM + ON - MN$ 的最大值.

解 我们利用下面关于直角 $\triangle MON$ 的内接圆半径公式：

$$r = \frac{1}{2}(OM + ON - MN).$$

因为，如果让 $\triangle MON$ 的内心为 I 的内切圆分别交 MO, ON, MN 于点 A, B, C（图 8.13），那么 $AOBI$ 是边长为 r 的正方形.

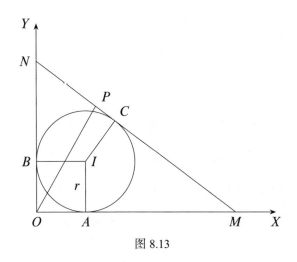

图 8.13

注意到，$MA = MC$，$NB = NC$，因此

$$OM + ON - MN = MA + OA + NB + OB - MC - NC = OA + OB = 2r.$$

所以，只需要让 $2r$ 最大即可. 注意到 $2r \leqslant \sqrt{3}$，否则的话，P 就包含在 $AOBI$ 内，矛盾. 点 P 和 I 的直角坐标分别为 $P = \left(\dfrac{1}{2}, \dfrac{\sqrt{3}}{2}\right)$，$I = (r, r)$. 由于 $r \leqslant IP$，我们有

$$\left(r - \frac{1}{2}\right)^2 + \left(r - \frac{\sqrt{3}}{2}\right)^2 \geqslant r^2,$$

解此二次不等式可得

$$2r \geqslant 1 + \sqrt{3} + \sqrt[4]{12} \geqslant 4 \text{ 或 } 2r \leqslant 1 + \sqrt{3} - \sqrt[4]{12}.$$

我们已经证明了 $2r \leqslant \sqrt{3} \leqslant 2$，所以第一种情形不成立. 因此，所求的最大值是 $1 + \sqrt{3} - \sqrt[4]{12}$. $\qquad \square$

2.4 设 A, B 是锐角 $\angle XOY$ 内的两点, 过 A 作一条直线, 分别交两边 OX 和 OY 于点 D 和 E, 使得四边形 $ODBE$ 的面积最小.

解 设点 $F \in OX, G \in OY$ 满足 $AF \parallel OY$ 且 $AG \parallel OX$（图 8.14）. 设

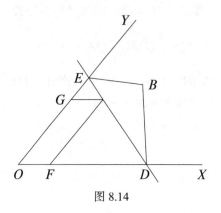

图 8.14

$AF = a, AG = b, FD = x, GE = y$, 分别用 c, d 表示 B 到 OY, OX 的距离, 那么

$$2[ADBE] = 2[ODB] + 2[OEB] = (b + x)d + (a + y)c.$$

由于 $\triangle DFA \backsim \triangle AGE$, 我们有 $xy = ab$. 因此, 由 AM-GM 不等式可得

$$2[ADBE] = (b + x)d + (a + y)c = bd + ac + xd + yc$$
$$\geqslant bd + ac + 2\sqrt{xydc} = (\sqrt{bd} + \sqrt{ac})^2,$$

等号成立当且仅当 $xy = ab, xd = yc$. 于是 $[ADBE]$ 的最小值在 $x = \sqrt{\dfrac{abc}{d}}, y = \sqrt{\dfrac{abd}{c}}$ 时取到. □

2.5 设 D 和 E 分别是 $\triangle ABC$ 的边 AB 和 BC 上的点. 点 K 和 M 将线段 DE 三等分, 直线 BK 和 BM 分别交边 AC 于点 T 和 P, 证明: $AC \geqslant 3PT$.

证 设 $[DBK] = [KBM] = [MBE] = S$（图 8.15）, 那么

$$\frac{[ABT]}{S} = \frac{AB \cdot BT}{DB \cdot BK}, \frac{[TBP]}{S} = \frac{TB \cdot BP}{KB \cdot BM}, \frac{[PBC]}{S} = \frac{PB \cdot BC}{MB \cdot BE}.$$

由 AM-GM 不等式可得

$$\frac{[ABC]}{S} = \frac{[ABT] + [TBP] + [PBC]}{S}$$
$$\geqslant 3\sqrt[3]{\frac{AB \cdot BT}{DB \cdot BK} \frac{TB \cdot BP}{KB \cdot BM} \frac{PB \cdot BC}{MB \cdot BE}}$$
$$= 3\left(\frac{TB \cdot BP}{KB \cdot BM}\right)^{\frac{2}{3}} \left(\frac{AB \cdot BC}{DB \cdot BE}\right)^{\frac{1}{3}}$$

$$= 3\left(\frac{[TBP]}{S}\right)^{\frac{2}{3}}\left(\frac{[ABC]}{[DBE]}\right)^{\frac{1}{3}}.$$

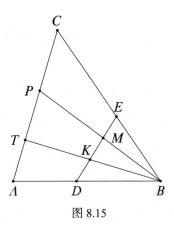

图 8.15

由于 $[DBE] = 3S$，上述不等式可以改写为 $[ABC] \leqslant 3[TBP]$，这意味着 $AC \geqslant 3PT$. □

2.6 设 X 是 $\triangle ABC$ 的一个内点，直线 AX, BX, CX 分别交边 BC, CA, AB 于点 A_1, B_1, C_1，证明：

$$[A_1B_1C_1] \geqslant \frac{1}{4}[ABC],$$

等号何时成立？

证 令

$$\lambda = \frac{AC_1}{C_1B}, \mu = \frac{BA_1}{A_1C}, \nu = \frac{CB_1}{B_1A}.$$

由 Ceva 定理，可得 $\lambda\mu\nu = 1$. 又有

$$\frac{[AB_1C_1]}{[ABC]} = \frac{AC_1}{AB} \cdot \frac{AB_1}{AC} = \frac{\lambda}{(\lambda+1)(\nu+1)},$$

$$\frac{[BA_1C_1]}{[ABC]} = \frac{BA_1}{BC} \cdot \frac{BC_1}{BA} = \frac{\mu}{(\mu+1)(\lambda+1)},$$

$$\frac{[CB_1A_1]}{[ABC]} = \frac{CB_1}{CA} \cdot \frac{CA_1}{CB} = \frac{\nu}{(\nu+1)(\mu+1)}.$$

因此

$$\frac{[A_1B_1C_1]}{[ABC]} = 1 - \frac{\lambda}{(\lambda+1)(\mu+1)} - \frac{\mu}{(\mu+1)(\nu+1)} - \frac{\nu}{(\nu+1)(\lambda+1)}$$

$$= 1 + \frac{\lambda\mu\nu}{(\lambda+1)(\mu+1)(\nu+1)} = \frac{2}{(\lambda+1)(\mu+1)(\nu+1)}.$$

将以下不等式

$$1 + \lambda \geqslant 2\sqrt{\lambda}, 1 + \mu \geqslant 2\sqrt{\mu}, 1 + \nu \geqslant 2\sqrt{\nu}$$

相乘可得

$$(1 + \lambda)(1 + \mu)(1 + \nu) \geqslant 8.$$

因此

$$[A_1 B_1 C_1] \geqslant \frac{1}{4}[ABC],$$

等号成立当且仅当 $\lambda = \mu = \nu = 1$，即 X 是 $\triangle ABC$ 的重心. □

2.7　设 $ABCD$ 是一个凸四边形，点 K, L, M, N 分别在边 AB, BC, CD, DA 上，证明：

$$\sqrt[3]{[AKN]} + \sqrt[3]{[BKL]} + \sqrt[3]{[CLM]} + \sqrt[3]{[DMN]} \leqslant 2\sqrt[3]{[ABCD]},$$

等号何时成立?

证　我们有

$$\sqrt[3]{\frac{[AKN]}{[ABCD]}} = \sqrt[3]{\frac{AK}{AB} \cdot \frac{AN}{AD} \cdot \frac{[ABD]}{[ABCD]}} \leqslant \frac{1}{3}\left(\frac{AK}{AB} + \frac{AN}{AD} + \frac{[ABD]}{[ABCD]}\right).$$

类似地，

$$\sqrt[3]{\frac{[BKL]}{[ABCD]}} \leqslant \frac{1}{3}\left(\frac{BK}{BA} + \frac{BL}{BC} + \frac{[ABC]}{[ABCD]}\right),$$

$$\sqrt[3]{\frac{[CLM]}{[ABCD]}} \leqslant \frac{1}{3}\left(\frac{CL}{CB} + \frac{CM}{CD} + \frac{[BCD]}{[ABCD]}\right),$$

$$\sqrt[3]{\frac{[DMN]}{[ABCD]}} \leqslant \frac{1}{3}\left(\frac{DM}{DC} + \frac{DN}{DA} + \frac{[CDA]}{[ABCD]}\right).$$

将这些不等式相加，我们得到了待证不等式. 等号成立当且仅当 $ABCD$ 是平行四边形，且 K, L, M, N 分别是各边的中点. □

2.8　设凸六边形 $ABCDEF$ 的对角线交于一点. 分别用 A_1, D_1 表示 AD 和 BF, CE 的交点，B_1, E_1 表示 BE 和 AC, DF 的交点，C_1, F_1 表示 CF 与 BD, AE 的交点. 证明：

$$[A_1 B_1 C_1 D_1 E_1 F_1] \leqslant \frac{1}{4}[ABCDEF],$$

等号何时成立?

证 设 O 是六边形 $ABCDEF$ 对角线的交点,那么

$$\frac{[A_1OF]}{[AOF]} = \frac{OA_1}{OA} = \frac{[A_1OB]}{[AOB]},$$

因此

$$\frac{OA_1}{OA} = \frac{[A_1OF] + [A_1OB]}{[AOF] + [AOB]} = \frac{[BOF]}{[AOF] + [AOB]}.$$

类似地,有

$$\frac{OB_1}{OB} = \frac{[AOC]}{[AOB] + [BOC]}.$$

因此,

$$\begin{aligned}
\frac{[A_1OB_1]}{[AOB]} &= \frac{OA_1 \cdot OB_1}{OA \cdot OB} = \frac{[BOF][AOC]}{([AOF] + [AOB])([AOB] + [BOC])} \\
&= \frac{\frac{1}{4}BO \cdot OF \sin\angle BOC \cdot AO \cdot OC \cdot \sin\angle AOF}{([AOF] + [AOB])([AOB] + [BOC])} \\
&= \frac{[AOF][BOC]}{([AOF] + [AOB])([AOB] + [BOC])}.
\end{aligned}$$

利用不等式 $(x + y)(y + z)(z + x) \geqslant 8xyz$,我们得到

$$[A_1OB_1] \leqslant \frac{1}{8}([AOF] + [BOC]).$$

将所有类似的不等式相加,我们就得到了待证不等式. 上述不等式中等号成立当且仅当

$$[AOB] = [BOC] = [COD] = [DOE] = [EOF] = [FOA].$$

作为练习,我们留给读者去证明这些等式意味着六边形 $ABCDEF$ 是正六边形. $\qquad\square$

2.9 设 G 是 $\triangle ABC$ 的重心,证明:

$$\sin\angle GBC + \sin\angle GCA + \sin\angle GAB \leqslant \frac{3}{2},$$

等号何时成立?

证 设 D 是从 G 到 BC 的垂足. 由于 $[AGB] = [BGA] = [CGA]$,我们得到 $GD = \frac{h_a}{3}$,其中 h_a 是从 A 到 BC 的高. 由于 $BG = \frac{2m_b}{3}$,其中 m_b 是顶点 B 处的中线长,我们有 $\sin\angle BGC = \frac{h_a}{2m_b}$. 将类似的等式相加,原不等式就等价于

$$\frac{h_a}{m_b} + \frac{h_b}{m_c} + \frac{h_c}{m_a} \leqslant 3.$$

我们断言

$$(h_a^2 + h_b^2 + h_c^2)\left(\frac{1}{m_a^2} + \frac{1}{m_b^2} + \frac{1}{m_c^2}\right) \leqslant 9.$$

设 $(x, y, z) = (a^2, b^2, c^2)$，且 $\triangle ABC$ 的面积为 K. 注意到

$$\begin{aligned} h_a^2 + h_b^2 + h_c^2 &= 4K^2 \cdot \frac{xy + yz + zx}{xyz} \\ &= \frac{(2(xy + yz + zx) - x^2 - y^2 - z^2)(xy + yz + zx)}{4xyz}, \end{aligned}$$

$$\frac{1}{m_a^2} + \frac{1}{m_b^2} + \frac{1}{m_c^2} = \frac{36(xy + yz + zx)}{(2x + 2y - z)(2y + 2z - x)(2z + 2x - y)}.$$

于是，待证不等式等价于

$$\begin{aligned} &xyz(2x + 2y - z)(2y + 2z - x)(2z + 2x - y) + \\ &(x^2 + y^2 + z^2)(xy + yz + zx)^2 \\ &\geqslant 2(xy + yz + zx)^3, \end{aligned}$$

展开可得

$$(x - y)^2(y - z)^2(z - x)^2 \geqslant 0.$$

最后，由 Cauchy-Schwarz 不等式可得

$$\left(\frac{h_a}{m_b} + \frac{h_b}{m_c} + \frac{h_c}{m_a}\right)^2 \leqslant (h_a^2 + h_b^2 + h_c^2)\left(\frac{1}{m_a^2} + \frac{1}{m_b^2} + \frac{1}{m_c^2}\right) \leqslant 9,$$

等号成立当且仅当 $\triangle ABC$ 是等边三角形.　　　　　　　　　□

2.10　平面 α 经过一个以 O 为顶点的三面角内的一点 M，分别交其三边于点 A, B, C. 求出 α 的位置，使得四面体 $OABC$ 的体积最小.

解　设 α_0 是过 M 的一个固定平面，且与三面角分别交于点 A_0, B_0, C_0. 由于四面体 $OABC$ 和 $OA_0B_0C_0$ 在点 O 处具有相同的三面角，因此它们的体积之比为

$$\frac{V}{V_0} = \frac{OA \cdot OB \cdot OC}{OA_0 \cdot OB_0 \cdot OC_0}.$$

所以，α 的选择必须使得 $OA \cdot OB \cdot OC$ 最小.

过 M 作一个平行于平面 OAB 的平面，设 C_1 是此平面与 OC 的交点. 设从 M 和 C 到平面 OAB 的距离之比等于 z，那么 $OC = OC_1 = z$. 利用类似的记号，有 $OA = OA_1 = x, OB = OB_1 = y$，所以

$$OA \cdot OB \cdot OC = \frac{OA_1 \cdot OB_1 \cdot OC_1}{xyz}.$$

由于线段 OA_1, OB_1, OC_1 不依赖于过 M 的平面, 上述不等式右边最小当且仅当 xyz 最大. 注意到 $x + y + z = 1$, 由 AM-GM 不等式可得

$$xyz \leqslant \left(\frac{x + y + z}{3}\right)^3 = \frac{1}{27},$$

等号成立当且仅当 $x = y = z = \frac{1}{3}$. 这意味着 α 的选择应当使得 M 是 $\triangle ABC$ 的重心. $\square$

2.11 凸 n 边形内接于一个半径为 R 的圆, 对此圆上的一点 A, 设 $a_i = AA_i$, 而 b_i 表示从 A 到直线 $A_i A_{i+1}, 1 \leqslant i \leqslant n$ 的距离, 其中 $A_{n+1} = A_1$. 证明:

$$\frac{a_1^2}{b_1} + \frac{a_2^2}{b_2} + \cdots + \frac{a_n^2}{b_n} \geqslant 2nR.$$

证 注意到

$$\frac{a_i^2}{b_i} = \frac{a_i}{\sin \angle AA_i A_{i+1}} = 2R\frac{a_i}{a_{i+1}}, 1 \leqslant i \leqslant n.$$

因此, 由 AM-GM 不等式, 我们得到

$$\frac{a_1^2}{b_1} + \frac{a_2^2}{b_2} + \cdots + \frac{a_n^2}{b_n} \geqslant 2Rn \sqrt[n]{\prod_{i=1}^{n} \frac{a_i}{a_{i+1}}} = 2nR. \quad \square$$

2.12 证明: 对任意点 A, B, C, D, 成立以下不等式:

(1) $AB^2 + BC^2 + CD^2 + DA^2 \geqslant AC^2 + BD^2$;

(2) $DA \cdot DB + DB \cdot DC + DC \cdot DA \geqslant \dfrac{DA \cdot BC^2 + DB \cdot CA^2 + DC \cdot AB^2}{DA + DB + DC}$.

证 (1) 令 $\overrightarrow{AB} = \boldsymbol{b}, \overrightarrow{AC} = \boldsymbol{c}, \overrightarrow{AD} = \boldsymbol{d}$, 我们需要证明

$$\boldsymbol{b}^2 + (\boldsymbol{c} - \boldsymbol{b}) + (\boldsymbol{d} - \boldsymbol{c})^2 \geqslant \boldsymbol{c}^2 + (\boldsymbol{d} - \boldsymbol{b})^2,$$

这等价于

$$(\boldsymbol{b} + \boldsymbol{d} - \boldsymbol{c})^2 \geqslant 0.$$

(2) 容易验证当 $DA \cdot DB \cdot DC = 0$ 时, 等号成立. 如果 $DA \cdot DB \cdot DC \neq 0$, 那么待证不等式等价于在例 2.2 中取

$$x = \frac{1}{DA}, y = \frac{1}{DB}, z = \frac{1}{DC}. \quad \square$$

2.13 设 A, B, C, D, E, F 是平面上六个点, $A_1, B_1, C_1, D_1, E_1, F_1$ 分别是线段 AB, BC, CD, DE, EF, FA 的中点, 证明不等式

$$4(A_1 D_1^2 + B_1 E_1^2 + C_1 F_1^2) \leqslant 3\big[(AB + DE)^2 + (BC + EF)^2 + (CD + AF)^2\big].$$

证　令 $\overrightarrow{AB} = \boldsymbol{a}, \overrightarrow{BC} = \boldsymbol{b}, \overrightarrow{CD} = \boldsymbol{c}, \overrightarrow{AB} = \boldsymbol{a}, \overrightarrow{DE} = \boldsymbol{d}, \overrightarrow{EF} = \boldsymbol{e}$. 一方面, 由等式 $2\overrightarrow{A_1D_1} = \overrightarrow{BE} + \overrightarrow{AD}$ 可得

$$4A_1D_1^2 = BE^2 + AD^2 + 2\overrightarrow{BE} \cdot \overrightarrow{AD}.$$

另一方面

$$\overrightarrow{AD} + \overrightarrow{DE} + \overrightarrow{EB} + \overrightarrow{BA} = \boldsymbol{0},$$

所以 $\overrightarrow{AD} - \overrightarrow{BE} = \boldsymbol{a} - \boldsymbol{d}$. 进一步, 有

$$(\boldsymbol{a} - \boldsymbol{d})^2 = BE^2 + AD^2 - 2\overrightarrow{BE} \cdot \overrightarrow{AD},$$

由此, 我们得到

$$4A_1D_1^2 = 2(BE^2 + AD^2) - (\boldsymbol{a} - \boldsymbol{d})^2.$$

对 B_1E_1 和 C_1F_1 也成立类似的不等式, 于是

$$4(A_1D_1^2 + B_1E_1^2 + C_1F_1^2)$$
$$= 4CF^2 + 4BE^2 + 4AD^2 - (\boldsymbol{a} - \boldsymbol{d})^2 - (\boldsymbol{a} + \boldsymbol{b} + 2\boldsymbol{c} + \boldsymbol{d} + \boldsymbol{e})^2 - (\boldsymbol{b} - \boldsymbol{e})^2$$
$$= 4(\boldsymbol{c} + \boldsymbol{d} + \boldsymbol{e})^2 + 4(\boldsymbol{a} + \boldsymbol{b} + \boldsymbol{c})^2 +$$
$$\quad 4(\boldsymbol{b} + \boldsymbol{c} + \boldsymbol{d})^2 - (\boldsymbol{a} - \boldsymbol{d})^2 - (\boldsymbol{a} + \boldsymbol{b} + 2\boldsymbol{c} + \boldsymbol{d} + \boldsymbol{e})^2 - (\boldsymbol{b} - \boldsymbol{e})^2$$
$$= 3(\boldsymbol{a} - \boldsymbol{d})^2 + 3(\boldsymbol{a} + \boldsymbol{b} + 2\boldsymbol{c} + \boldsymbol{d} + \boldsymbol{e})^2 + 3(\boldsymbol{b} - \boldsymbol{e})^2 - 4(\boldsymbol{a} + \boldsymbol{c} + \boldsymbol{e})^2$$
$$\leqslant 3(\boldsymbol{a} - \boldsymbol{d})^2 + 3(\boldsymbol{a} + \boldsymbol{b} + 2\boldsymbol{c} + \boldsymbol{d} + \boldsymbol{e})^2 + 3(\boldsymbol{b} - \boldsymbol{e})^2$$
$$\leqslant 3(AB + DE)^2 + 3(BC + EF)^2 + 3(CD + AF)^2. \qquad \square$$

2.14　证明: 如果 α, β, γ 和 $\alpha_1, \beta_1, \gamma_1$ 分别是两个三角形的内角, 那么

$$\frac{\cos\alpha_1}{\sin\alpha} + \frac{\cos\beta_1}{\sin\beta} + \frac{\cos\gamma_1}{\sin\gamma} \leqslant \cot\alpha + \cot\beta + \cot\gamma.$$

证　设 $\triangle A_1B_1C_1$ 的内角分别为 $\alpha_1, \beta_1, \gamma_1$. 考虑向量 $\boldsymbol{a}, \boldsymbol{b}, \boldsymbol{c}$ 分别与向量 $\overrightarrow{B_1C_1}$, $\overrightarrow{C_1A_1}, \overrightarrow{A_1B_1}$ 同向, 且长度分别为 $\sin\alpha, \sin\beta, \sin\gamma$. 那么

$$\frac{\cos\alpha_1}{\sin\alpha} + \frac{\cos\beta_1}{\sin\beta} + \frac{\cos\gamma_1}{\sin\gamma} = -\frac{\boldsymbol{a} \cdot \boldsymbol{b} + \boldsymbol{b} \cdot \boldsymbol{c} + \boldsymbol{c} \cdot \boldsymbol{a}}{\sin\alpha \sin\beta \sin\gamma}.$$

此外

$$2(\boldsymbol{a} \cdot \boldsymbol{b} + \boldsymbol{b} \cdot \boldsymbol{c} + \boldsymbol{c} \cdot \boldsymbol{a}) = |\boldsymbol{a} + \boldsymbol{b} + \boldsymbol{c}|^2 - |\boldsymbol{a}|^2 - |\boldsymbol{b}|^2 - |\boldsymbol{c}|^2,$$

那么 $\boldsymbol{a} \cdot \boldsymbol{b} + \boldsymbol{b} \cdot \boldsymbol{c} + \boldsymbol{c} \cdot \boldsymbol{a}$, 在 $\boldsymbol{a} + \boldsymbol{b} + \boldsymbol{c} = \boldsymbol{0}$ 时取到其最小值, 此时有 $\alpha_1 = \alpha, \beta_1 = \beta, \gamma_1 = \gamma$. \qquad $\square$

2.15 设 A_1, B_1, C_1 分别是 $\triangle ABC$ 的边 BC, CA, AB 上的点, 证明: 对任意实数 x, y, z, 成立以下不等式:

$$(xAB^2 + yBC^2 + zCA^2)(xA_1B_1^2 + yB_1C_1^2 + zC_1A_1^2) \geqslant 4(xy + yz + zx)[ABC]^2.$$

　　证　令

$$m_1 = \sqrt{\frac{xz}{y}}, m_2 = \sqrt{\frac{xy}{z}}, m_3 = \sqrt{\frac{yz}{x}},$$

那么 $m_1m_2 = x, m_2m_3 = y, m_3m_1 = z$. 设 G 是质点系 $A_1(m_1), B_1(m_2), C_1(m_3)$ 的重心, 那么容易验证

$$m_1m_2A_1B_1^2 + m_2m_3B_1C_1^2 + m_3m_1C_1A_1^2$$
$$= (m_1 + m_2 + m_3)(m_1GA_1^2 + m_2GB_1^2 + m_3GB_1^2).$$

由 Cauchy-Schwarz 不等式可得

$$xA_1B_1^2 + yB_1C_1^2 + zC_1A_1^2$$
$$= m_1m_2A_1B_1^2 + m_2m_3B_1C_1^2 + m_3m_1C_1A_1^2$$
$$= (m_1 + m_2 + m_3)(m_1GA_1^2 + m_2GB_1^2 + m_3GC_1^2)$$
$$\geqslant \frac{(m_1 + m_2 + m_3)(GA_1 \cdot BC + GB_1 \cdot CA + GC_1 \cdot AB)^2}{\dfrac{BC^2}{m_1} + \dfrac{AC^2}{m_2} + \dfrac{AB^2}{m_3}}$$
$$\geqslant \frac{(m_1 + m_2 + m_3)(2[GBC] + 2[GCA] + 2[GAB])^2}{\dfrac{BC^2}{m_1} + \dfrac{AC^2}{m_2} + \dfrac{AB^2}{m_3}}$$
$$\geqslant \frac{4(xy + yz + zx)[ABC]^2}{xAB^2 + yBC^2 + zCA^2}. \qquad \square$$

2.16 点 $A_1, A_2, \cdots, A_n$ 在一个半径为 R 的圆上, 且它们的重心恰好是圆心. 证明: 对任意点 X, 我们有

$$XA_1 + XA_2 + \cdots + XA_n \geqslant nR.$$

　　证　令 $\boldsymbol{a}_i = \overrightarrow{OA_i}, \boldsymbol{x} = \overrightarrow{OX}$, 则 $|\boldsymbol{a}_i| = R, \overrightarrow{XA_i} = \boldsymbol{a}_i - \boldsymbol{x}$. 所以

$$\sum_{i=1}^{n} XA_i = \sum_{i=1}^{n} |\boldsymbol{a}_i - \boldsymbol{x}| = \sum_{i=1}^{n} \frac{|\boldsymbol{a}_i - \boldsymbol{x}| \cdot |\boldsymbol{a}_i|}{R}$$
$$\geqslant \sum_{i=1}^{n} \frac{(\boldsymbol{a}_i - \boldsymbol{x}) \cdot \boldsymbol{a}_i}{R} = \sum_{i=1}^{n} \frac{\boldsymbol{a}_i \cdot \boldsymbol{a}_i}{R} - \frac{\boldsymbol{x} \cdot \displaystyle\sum_{i=1}^{n} \boldsymbol{a}_i}{R}.$$

剩下的就只需要注意到 $\boldsymbol{a}_i \cdot \boldsymbol{a}_i = R^2$ 且 $\displaystyle\sum_{i=1}^{n} \boldsymbol{a}_i = \boldsymbol{0}$. $\qquad \square$

2.17 一个面积为 A 的 n 边形内接于一个半径为 R 的圆,在其每一条边上都任取一个点. 证明:所得的第二个 n 边形的周长不小于 $\dfrac{2A}{R}$.

证 分别用 $e_i, 1 \leqslant i \leqslant n$ 表示所给 n 边形的顶点 A_i 处与圆相切的单位切向量. 设 $B_1, B_2, \cdots, B_n$ 是分别是边 $A_1 A_n, A_1 A_2, \cdots, A_{n-1} A_n$ 上的点,那么

$$\overrightarrow{B_i B_{i+1}} \cdot e_i \leqslant |\overrightarrow{B_i B_{i+1}}| \cdot |e_i| = B_i B_{i+1}, 1 \leqslant i \leqslant n,$$

其中 $B_{n+1} = B_1$. 因此

$$P = \sum_{i=1}^{n} B_i B_{i+1} \geqslant \sum_{i=1}^{n} \overrightarrow{B_i B_{i+1}} \cdot e_i = \sum_{i=1}^{n} (\overrightarrow{B_i A_i} + \overrightarrow{A_i B_{i+1}}) \cdot e_i.$$

我们还有

$$\overrightarrow{B_1 A_1} \cdot e_1 = \overrightarrow{B_1 A_1} \cdot e_n, \overrightarrow{B_2 A_2} \cdot e_2 = \overrightarrow{B_1 A_1} \cdot e_1, \cdots, \overrightarrow{B_n A_n} \cdot e_n = \overrightarrow{B_1 A_1} \cdot e_{n-1},$$

这说明上述不等式的右边等于

$$\sum_{i=1}^{n} \overrightarrow{A_i A_{i+1}} \cdot e_i.$$

设 O 是所给 n 边形的外接圆的圆心,用 C_i 表示外接圆在顶点 A_i 与 A_{i+1} 处的切线的交点,那么

$$\begin{aligned}
\overrightarrow{A_i A_{i+1}} \cdot e_i &= A_i A_{i+1} \cos(\overrightarrow{A_i A_{i+1}}, e_i) \\
&= A_i A_{i+1} \sin(\overrightarrow{A_i O}, \overrightarrow{A_i A_{i+1}}) \\
&= \frac{2[A_i O A_{i+1}]}{R}.
\end{aligned}$$

因此

$$P \geqslant \sum_{i=1}^{n} \overrightarrow{A_i A_{i+1}} \cdot e_i = \sum_{i=1}^{n} \frac{2[A_i O A_{i+1}]}{R} = \frac{2A}{R}. \qquad \square$$

2.18 设 a, b, c, d, e, f, g, h 是任意实数,证明:以下六个数

$$ac + bd, ae + bf, ag + bh, ce + df, cg + dh, eg + fh$$

中至少有一个是非负的.

证 在平面上,考虑坐标分别为 $(a, b), (c, d), (e, f), (g, h)$ 的四个向量. 其中必然有两个向量的夹角不超过 $\dfrac{360°}{4} = 90°$. 如果两个向量的夹角不超过 $90°$,那么它们的内积非负. 所给的六个数恰好是这四个向量两两之间的内积,因此,其中至少有一个非负. $\qquad \square$

2.19 求最小的正整数 n, 使得对单位球面上的任意 n 个点, 至少存在两个点的距离不超过 $\sqrt{2}$.

解 设 A_1, A_2, A_3, A_4, A_5 是以 O 为球心的单位球面上的五个点. 令 $\overrightarrow{OA_i} = a_i, 1 \leqslant i \leqslant 5$. 假定 $A_i A_j \geqslant \sqrt{2}, i \neq j$, 那么 $(a_i - a_j)^2 = A_i A_j^2 \geqslant 2$. 由于 $a_i^2 = a_j^2 = 1$, 我们得到 $a_i \cdot a_j \leqslant 0$. 设 $e_1 = a_1, e_2, e_3$ 是空间中两两互相垂直的单位向量, 令

$$a_i = x_i e_1 + y_i e_2 + z_i e_3, 1 \leqslant i \leqslant 5.$$

我们有 $x_1 = 1, y_1 = z_1 = 0$, 且 $a_1 \cdot a_j \leqslant 0$, 这意味着 $x_2, x_3, x_4, x_5 \leqslant 0$. 考虑向量

$$b_i = y_i e_2 + z_i e_3, 2 \leqslant i \leqslant 5,$$

我们来证明这些向量都是非零的. 假定 $b_2 = 0$, 那么 $a_2 = -e_1$, 否则 $a_2 = e_1 = a_1$, 且 $a_1 \cdot a_2 > 0$, 矛盾. 因此 $0 = a_3 \cdot a_1 + a_3 \cdot a_2 < 0$, 这又是一个矛盾. 于是向量 b_2, b_3, b_4, b_5 中存在两个的夹角都不超过 $90°$. 不妨设 $\angle(b_2, b_3) \leqslant 90°$, 那么

$$a_2 \cdot a_3 = x_2 x_3 + b_2 \cdot b_3 > 0,$$

矛盾.

为了说明 $n = 5$ 是满足所给性质的最小正整数, 只需要注意到单位圆的内接正四面体的四个顶点两两之间的距离为 $\dfrac{2\sqrt{6}}{3} > \sqrt{2}$. $\qquad\square$

2.20 证明: 对平行四边形 $ABCD$ 内的任意点 M, 成立不等式

$$MA \cdot MC + MB \cdot MD \geqslant AB \cdot BC.$$

证法一 考虑原点在 $ABCD$ 的对角线交点的复平面, 设 a, b, c, d, m 分别是点 A, B, C, D, M 的复坐标. 由于 $c = -a, d = -b$, 我们需要证明

$$|m - a||m + a| + |m - b||m + b| \geqslant |a - b||a + b|,$$

或

$$|m^2 - a^2| + |m^2 - b^2| \geqslant |a^2 - b^2|,$$

这由三角形不等式立刻就能得到. $\qquad\square$

证法二 通过沿着向量 $\overrightarrow{AB}$ 平移, 各点平移后如下: $A \to B, D \to C, B \to B', C \to C', M \to M'$. 那么待证不等式只需要对四边形 $MBM'C$ 应用 Ptolemy 不等式即得. $\qquad\square$

2.21 设 P 是 $\triangle ABC$ 内一点, 分别用 R_1, R_2, R_3 表示 $\triangle PBC, \triangle PCA, \triangle PAB$ 的外接圆半径. 直线 PA, PB, PC 分别交边 BC, CA, AB 于点 A_1, B_1, C_1. 设

$$k_1 = \frac{PA_1}{AA_1}, k_2 = \frac{PB_1}{BB_1}, k_3 = \frac{PC_1}{CC_1}.$$

证明：

$$k_1 R_1 + k_2 R_2 + k_3 R_3 \geqslant R,$$

其中 R 是 $\triangle ABC$ 的外接圆半径.

证　注意到

$$k_1 = \frac{[PBC]}{[ABC]}, k_2 = \frac{[PCA]}{[ABC]}, k_3 = \frac{[PAB]}{[ABC]}.$$

由公式

$$[ABC] = \frac{AB \cdot BC \cdot CA}{4R}$$

以及关于 $[PCA], [PCB], [PAB]$ 的类似公式, 我们可得待证不等式等价于例 2.19 的 (1). 当 $\triangle ABC$ 是锐角三角形时, 由例 2.19 的 (1) 可知, 等号成立当且仅当 P 是 $\triangle ABC$ 的垂心. □

2.22　设 A_1, B_1, C_1 分别是 $\triangle ABC$ 的边 BC, AC, AB 上的点, 满足 $\triangle A_1 B_1 C_1 \backsim \triangle ABC$. 证明：

$$\sum_{\text{cyc}} AA_1 \sin A \leqslant \sum_{\text{cyc}} BC \sin A.$$

证　设 M 是平面上一点. 考虑原点在 M 的复坐标系, a, b, c 分别是点 A, B, C 的复坐标. 由于

$$a(b - c) = b(a - c) + c(b - a),$$

我们由三角形不等式可得

$$|a||b - c| = |b(a - c) + c(b - a)| \leqslant |b||a - c| + |c||b - a|.$$

因此

$$AM \cdot BC \leqslant BM \cdot AC + CM \cdot AB.$$

由正弦定理, 我们可以将此不等式写成

$$AM \sin A \leqslant BM \sin B + CM \sin C.$$

将最后的不等式分别应用 $M = A_1, B_1, C_1$, 我们得到

$$AA_1 \sin A \leqslant AB_1 \sin B + AC_1 \sin C,$$

$$BB_1 \sin B \leqslant BA_1 \sin A + BC_1 \sin C,$$

$$CC_1 \sin C \leqslant CA_1 \sin A + CB_1 \sin B.$$

将这些不等式相加, 就得到了待证不等式. □

2.23 证明:给定一个 $\triangle ABC$,其边长为 a, b, c,点 P 在此平面上,我们有

$$\frac{PA \cdot PB}{ab} + \frac{PB \cdot PC}{bc} + \frac{PC \cdot PA}{ca} \geq 1.$$

证法一 对实数 x, y, z,我们有

$$(x\overrightarrow{PA} + y\overrightarrow{PB} + z\overrightarrow{PC})^2 \geq 0.$$

展开以后利用余弦定理可得

$$(x + y + z)(xPA^2 + yPB^2 + zPC^2) \geq a^2yz + b^2zx + c^2xy.$$

作代换:

$$x = \frac{a}{PA}, y = \frac{b}{PB}, z = \frac{c}{PC},$$

我们就得到了待证不等式. □

证法二 设 a, b, c, p 分别是点 A, B, C, P 的复坐标. 容易验证

$$(a - b)(p - a)(p - b) + (b - c)(p - b)(p - c) + (c - a)(p - c)(p - a)$$
$$= (a - b)(a - c)(b - c).$$

等式两边取模,然后利用三角形不等式可得

$$cPA \cdot PB + aPB \cdot PC + bPC \cdot PA \geq abc,$$

这就等价于待证不等式. □

2.24 设 n 边形 $A_1A_2\cdots A_n$ 内接于一个半径为 R 的圆,证明:

$$\sum_{\text{cyc}} \frac{1}{A_1A_2 \cdot A_1A_3 \cdot \cdots \cdot A_1A_n} \geq \frac{1}{R^{n-1}}.$$

证 注意到,对复数 $a_1, a_2, \cdots, a_n$,成立以下等式:

$$\sum_{\text{cyc}} \frac{a_1^{n-1}}{(a_1 - a_2)(a_1 - a_3)\cdots(a_1 - a_n)} = 1. \tag{8.1}$$

要证明这一点,只需要对多项式 z^{n-1} 和数 $a_1, a_2, \cdots, a_n$ 应用 Lagrange 插值公式[4],那么

$$z^{n-1} = \sum_{\text{cyc}} \frac{a_1^{n-1}}{(a_1 - a_2)(a_1 - a_3)\cdots(a_1 - a_n)}(z - a_2)(z - a_3)\cdots(z - a_n).$$

于是式 (8.1) 只需要比较上述等式两边 z^{n-1} 的系数即得.

设复平面的原点是多边形的外接圆圆心, $a_1, a_2, \cdots, a_n$ 分别是顶点 $A_1, A_2, \cdots, A_n$ 的复坐标. 那么由式 (8.1) 和三角形不等式可得

$$\sum_{\text{cyc}} \frac{|a_1|^{n-1}}{|a_1 - a_2||a_1 - a_3| \cdots |a_1 - a_n|} \geq 1,$$

这就等价于待证不等式. □

2.25 设点 $A_1, A_2, \cdots, A_n$ 在单位圆上,证明:*存在此圆上的一点* P,*使得*

$$PA_1 \cdot PA_2 \cdot \cdots \cdot PA_n \geq 2.$$

证 我们不妨假定圆心是复坐标系的原点, 分别用 $a_1, a_2, \cdots, a_n, z$ 表示顶点 $A_1, A_2, \cdots, A_n, P$ 的复坐标,那么 $|a_1| = |a_2| = \cdots = |a_n| = |z| = 1$,且

$$PA_1 \cdot PA_2 \cdot \cdots \cdot PA_n = |z - a_1||z - a_2| \cdots |z - a_n|.$$

令

$$f(z) = (z - a_1)(z - a_2) \cdots (z - a_n) = z^n + c_{n-1} z^{n-1} + \cdots + c_1 z + c_0.$$

注意到

$$|c_0| = |a_1 a_2 \cdots a_n| = 1,$$

设 $\omega^n = c_0, \omega_j = e^{\frac{2\pi j}{n} \mathrm{i}}$,且 $x_j = \omega \omega_j, 0 \leq j \leq n - 1$. 由于 $|x_j| = |\omega||\omega_j| = 1$,因此 x_j 在所给的圆上. 熟知且容易验证

$$\sum_{j=0}^{n-1} \omega_j^k = 0, 1 \leq k \leq n - 1.$$

结合三角形不等式可得

$$|f(x_0)| + |f(x_1)| + \cdots + |f(x_{n-1})|$$

$$\geq |f(x_0) + f(x_1) + \cdots + f(x_{n-1})|$$

$$= \left| \omega^n \sum_{j=0}^{n-1} \omega_j^n + c_{n-1} \omega^{n-1} \sum_{j=0}^{n-1} \omega_j^{n-1} + \cdots + c_1 \omega \sum_{j=0}^{n-1} \omega_j + n c_0 \right|$$

$$= |n \omega^n + n c_0| = 2n |c_0| = 2n.$$

因此存在 i,使得 $|f(x_i)| \geq 2$. □

2.26 设多边形 $A_1 A_2 \cdots A_n$ 内接于一个以 O 为圆心、R 为半径的圆. 用 A_{ij} 表示线段 $A_i A_j, 1 \leq i \leq n$ 的中点,证明:

$$\sum_{1 \leq i < j \leq n} OA_{ij}^2 \leq \frac{n(n-2)}{4} R^2.$$

证 取复平面的原点为 O，分别用 $a_1, a_2, \cdots, a_n$ 表示点 $A_1, A_2, \cdots, A_n$ 的复坐标，我们有

$$
\begin{aligned}
\sum_{1 \leqslant i < j \leqslant n} 4OA_{ij}^2 &= \sum_{1 \leqslant i < j \leqslant n} |a_i + a_j|^2 = \sum_{1 \leqslant i < j \leqslant n} (a_i + a_j)(\overline{a}_i + \overline{a}_j) \\
&= \sum_{1 \leqslant i < j \leqslant n} (|a_i|^2 + |a_j|^2 + a_i \overline{a}_j + \overline{a}_i a_j) \\
&= n(n-1)R^2 + \sum_{i \neq j} a_i \overline{a}_j \\
&= n(n-1)R^2 + \sum_{i=1}^{n} \sum_{j=1}^{n} a_i \overline{a}_j - \sum_{i=1}^{n} a_i \overline{a}_i \\
&= n(n-1)R^2 + \left(\sum_{i=1}^{n} a_i \right) \left(\sum_{i=1}^{n} \overline{a}_i - nR^2 \right) \\
&= n(n-2)R^2 + \left| \sum_{i=1}^{n} a_i \right|^2 \geqslant n(n-2)R^2. \qquad \square
\end{aligned}
$$

8.3 分析学方法

3.1 点 A 在两条平行直线之间，且点 A 到两条直线的距离分别为 a 和 b．在两条直线上分别求点 B 和 C，使得 $\angle BAC$ 等于某个给定的角度 α，且 $\triangle ABC$ 的面积最大．

解 设 g, h 是给定的直线，l 是过 A 且垂直于 g 的直线（图 8.16）．

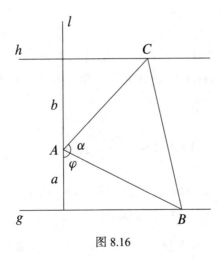

图 8.16

设 $\angle BAC = \alpha$，其中 B 是 g 上的一点，且点 C 在 h 上．记 BA 与 l 之间的夹

角为 φ,那么 CA 与 l 之间的夹角为 $180° - \alpha - \varphi$,这意味着

$$AB = \frac{a}{\cos\alpha}, CA = -\frac{b}{\cos(\alpha + \varphi)}.$$

所以

$$[ABC] = -\frac{ab\sin\alpha}{2\cos\varphi \cdot \cos(\alpha + \varphi)} = -\frac{ab\sin\alpha}{\cos\alpha + \cos(\alpha + 2\varphi)}.$$

当 $\alpha + 2\varphi = 180°$,即 $\varphi = 90° - \dfrac{\alpha}{2}$ 时,$[ABC] = ab \cdot \cot\dfrac{\alpha}{2}$.　　□

3.2　求出一个正六边形内面积最大的三角形,使得其中有一边与六边形的一边平行.

解　容易看出所求三角形的顶点必然都在六边形的边上. 设 AB 平行于六边形的一边 PQ,我们不妨假定 PQ 是六边形中满足此性质且最靠近 AB 的边. 那么,显然 C 一定在此边的对边 MN 上(图 8.17).

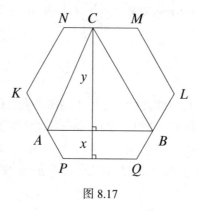

图 8.17

设 $a = PQ$,PQ 到 MN 的距离为 $2h$,那么 $h = \dfrac{\sqrt{3}}{2}a$. 又设 AB 到 PQ 的距离为 x,那么 $0 \leqslant x \leqslant h$,且从 C 到 AB 的距离 $y = 2h - x$. 此外,利用相似三角形,可得 $AB = \dfrac{a(x + h)}{h}$. 因此

$$[ABC] = \frac{a(x + h)(2h - x)}{2h}.$$

二次函数 $f(x) = (x + h)(2h - x)$,当 $x = \dfrac{h}{2}$ 时取得最大值,所以 $[ABC] \leqslant \dfrac{9ah}{8}$,等号成立当且仅当 $x = \dfrac{h}{2}$. 点 C 在 MN 上的位置可以是任意的.　　□

3.3　对任意三角形 T,用 $[T]$ 表示其面积,用 $d(T)$ 表示内接于 T 的矩形的最大对角线长度. 对怎样的三角形,使得比值 $\dfrac{d^2(T)}{[T]}$ 最大?

解 记 $\triangle ABC$ 为 T，而 $EFGH$ 是内接于 T 的一个矩形，其中 E, F 在 AB 上，G 在 BC 上，H 在 AC 上. 设 $x = CH, u = HG, v = EH, d_c = EG$（图 8.18）.

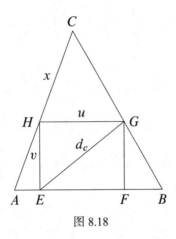

图 8.18

利用相似三角形，我们可得

$$\frac{u}{c} = \frac{x}{b}, \frac{v}{h_c} = \frac{b-x}{b},$$

那么

$$d_c^2 = u^2 + v^2 = \left(\frac{cx}{b}\right)^2 + \left(\frac{h_c(b-x)}{b}\right)^2.$$

上述等式的右边是一个关于 x 的二次函数，其最小值为

$$d_c^2 = \frac{c^2 h_c^2}{c^2 + h_c^2} = \frac{4[T]^2}{c^2 + h_c^2}.$$

类似地，如果矩形的两个顶点在 BC 或 CA 上，那么我们得到 d_a^2 的最小值为 $\frac{4[T]^2}{a^2 + h_a^2}$，$d_b^2$ 的最小值为 $\frac{4[T]^2}{b^2 + h_b^2}$. 如果 $a \leqslant b$，那么由 $a^2 + h_a^2 = a^2 + b^2 \sin^2 \gamma$ 和 $b^2 + h_b^2 = b^2 + a^2 \sin^2 \gamma$ 可得 $a^2 + h_a^2 \leqslant b^2 + h_b^2$. 因此，$d(T)$ 的最大值当矩形的底边在 T 的最长边上时取到. 假定最长边是 AB，我们可以进一步假定 T 的最小角是 α，那么 $\alpha \leqslant 60°$，且

$$\frac{h_c}{c} = \frac{b \sin \alpha}{c} \leqslant \frac{c \sin 60°}{c} = \frac{\sqrt{3}}{2} < 1.$$

因此

$$\frac{d^2(T)}{[T]} = \frac{d_c^2}{\frac{c h_c}{2}} = \frac{2c h_c}{c^2 + h_c^2} = \frac{2}{\dfrac{h_c}{c} + \dfrac{1}{\dfrac{h_c}{c}}}.$$

函数 $f(x) = x + \dfrac{1}{x}$ 当 $x \in (0, 1)$ 时递减, 所以

$$\frac{h_c}{c} + \frac{1}{\dfrac{h_c}{c}} \geqslant f\left(\frac{\sqrt{3}}{2}\right) = \frac{7}{2\sqrt{3}},$$

即 $\dfrac{d^2(T)}{[T]} \leqslant \dfrac{4\sqrt{3}}{7}$, 其中等号成立当且仅当 $\dfrac{h_c}{c} = \dfrac{\sqrt{3}}{2}$, 后者等价于 $[T] = \dfrac{\sqrt{3}c^2}{4}$. 由于 $c \geqslant a, c \geqslant b$, 且边长为 c 的等边三角形的面积为 $\dfrac{\sqrt{3}c^2}{4}$, 于是 $\dfrac{h_c}{c} = \dfrac{\sqrt{3}}{2}$ 成立时, 必有 $\triangle ABC$ 是等边三角形. 综上所述, 我们总有 $\dfrac{d^2(T)}{[T]} \leqslant \dfrac{4\sqrt{3}}{7}$, 等号成立当且仅当 $\triangle ABC$ 是等边三角形. □

3.4 将一个长矩形纸片 $ABCD$ 沿着某条直线 EF 折叠, 其中 E 在边 AD 上, F 在边 CD 上, 这样的话, 顶点 D 被折到 AB 上的点 D'. 问 $\triangle EFD$ 的最小面积可能是多少?

解　设 $a = AD, \alpha = \angle DFE, S = [EFD]$ (图 8.19), 那么

$$S = \frac{1}{2}[DED'F] = \frac{1}{4}EF \cdot DD'.$$

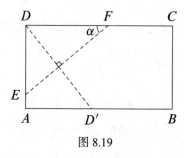

图 8.19

由于 $\angle AED' = 2\alpha$, 令 $x = DE$, 我们有 $ED' = x, EA = x\cos 2\alpha$. 这意味着 $a = x + x\cos 2\alpha \Rightarrow x = \dfrac{a}{1 + \cos 2\alpha}$, 那么

$$EF = \frac{x}{\sin \alpha} = \frac{a}{\sin \alpha(1 + \cos 2\alpha)}, \quad DD' = \frac{a}{\cos \alpha},$$

所以

$$S = \frac{a^2}{2} \cdot \frac{1}{\sin 2\alpha(1 + \cos 2\alpha)} = \frac{a^2}{2} \cdot \frac{1}{\sin 2\alpha + \dfrac{1}{2}\sin 4\alpha}.$$

容易求出函数 $f(\alpha)=\sin 2\alpha+\dfrac{1}{2}\sin 4\alpha$ 在区间 $(0,90°)$ 上的最大值为 $\dfrac{3\sqrt{3}}{4}$, 且在 $\alpha=30°$ 时取到. 因此, S 的最小值为 $\dfrac{2\sqrt{3}a^2}{9}$, 在 $DE=2EA=\dfrac{2a}{3}$, $DF=\dfrac{\sqrt{3}a}{3}$ 时取到. □

3.5 一个面积大于 $3\sqrt{3}$ 的四边形在一个半径为 2 的圆盘内, 证明: 圆盘的中心在四边形内.

证 假定圆盘的中心在所给四边形的外面, 那么此四边形包含于某个半圆盘. 设 MN 是此半圆盘的直径, $ABCD$ 是其中任意一个四边形. 我们来证明 $[ABCD]\leqslant 3\sqrt{3}$, 这就会导致矛盾. 要证明此不等式, 我们不妨假定 $A=M$, $B=N$, 且 C,D 是 $\overparen{AB}$ 上的点 (图 8.20).

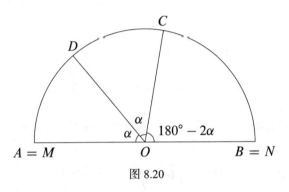

图 8.20

在这种情形下, 显然对固定的点 C, $\triangle ACD$ 的面积当 D 是 $\overparen{AC}$ 的中点时最大. 我们假定 $\angle AOD=\angle COD=\alpha$, 那么 $[ABCD]=2(2\sin\alpha+\sin 2\alpha)$, 容易验证右边函数的最大值等于 $3\sqrt{3}$, 且在 $\alpha=60°$ 时取到, 即 C,D 将半圆等分成三部分时. 因此, $[ABCD]\leqslant 3\sqrt{3}$, 矛盾. □

3.6 在直角 $\triangle ABC$ 的外接圆上求一点 M, 使得 $MA+MB+MC$ 最大.

解 设 M 是 $\triangle ABC$ 的外接圆 k 上的一点, 且 $\angle C=90°$. 令 $t(M)=AM+BM+CM$, 如果 M 在 $\overparen{AC}$ 或 $\overparen{BC}$ 上, 那么对 M 关于 AB 的对称点 M', 我们有 $t(M')<t(M)$. 因此, 我们只需要考虑点 M 在 k 上, 且 MC 与 AB 相交的情形 (图 8.21).

设 $\varphi=\angle MCB$. 对 $AMBC$, 由 Ptolemy 定理可得

$$a\cdot AM+b\cdot BM=c\cdot CM.$$

由正弦定理可得

$$BM=c\sin\varphi,\quad AM=c\sin(90°-\varphi)=c\cos\varphi,$$

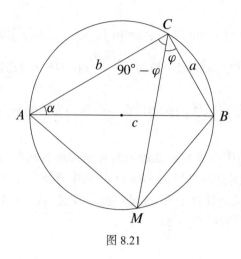

图 8.21

这意味着 $CM = a\cos\varphi + b\sin\varphi$，因此

$$t(M) = (a+c)\cos\varphi + (b+c)\sin\varphi.$$

我们留给读者去验证这个关于 $\varphi \in [0, 90°]$ 的函数在 $\tan\varphi = \dfrac{b+c}{a+c}$ 时取到最大值，此时

$$t(M) = \sqrt{(a+c)^2 + (b+c)^2}.$$

这一点也可以利用 Cauchy-Schwarz 不等式得到，因为

$$
\begin{aligned}
t(M)^2 &= \big((a+c)\cos\varphi + (b+c)\sin\varphi\big)^2 \\
&\leqslant \big((a+c)^2 + (b+c)^2\big)(\cos^2\varphi + \sin^2\varphi) \\
&= \big((a+c)^2 + (b+c)^2\big). \qquad\qquad \Box
\end{aligned}
$$

3.7　设整数 $n \geqslant 3$，k 是一个半径为 1 的圆. 对 k 内的一个内接 n 边形，用 $s(M)$ 表示 M 的各边的平方和. 证明：

(1) 如果 $n = 3$，那么 $s(M) \leqslant 9$，等号成立当且仅当 M 是等边三角形.

(2) 如果 $n > 3$，那么 $s(M) < 9$，且此不等式是紧的.

证　(1) 设 AB 是圆 k 上任意一条弦，我们要在 k 上求点 C，使得 $AC^2 + BC^2$ 最大. 我们不妨假定 C 在优弧 $\overset{\frown}{AB}$ 上，那么 $\angle ACB = \alpha$ 为常数且 $0 \leqslant \alpha \leqslant 90°$. 令 $\varphi = \angle BAC$，我们有 $\angle ABC = 180° - \alpha - \varphi$，且

$$
\begin{aligned}
AC^2 + BC^2 &= 4[\sin^2\varphi + \sin^2(\alpha+\varphi)] = 2[2 - \cos 2\varphi - \cos 2(\alpha+\varphi)] \\
&= 2[2 - 2\cos(\alpha+2\varphi)\cdot\cos\alpha] \leqslant 4(1+\cos\alpha),
\end{aligned}
$$

其中等号成立当且仅当 $\alpha + 2\varphi = 180°$,即 C 是 $\overset{\frown}{AB}$ 的中点.

剩下的就是当 M 是一个顶角为 α 的等腰三角形时,求出 $s(M)$ 的最大值. 此时

$$s(M) = 4\left(2\cos^2\frac{\alpha}{2} + \sin^2\alpha\right)$$
$$= 4(1 + \cos\alpha + \sin^2\alpha)$$
$$= 4(2 + \cos\alpha - \cos^2\alpha).$$

二次函数 $4(2 + t - t^2)$ 在 $t = \dfrac{1}{2}$ 时取得最大值 9,因此 $s(M) \leqslant 9$,等号成立当且仅当 $\alpha = 60°$,即 M 是等边三角形.

(2) 设 $n > 3$,且 M 是内接于 k 的一个 n 边形 $A_2A_2\cdots A_n$. M 中至少有一个角不小于 $90°$,不妨设 $\angle A_{n-1}A_nA_1 \geqslant 90°$,那么 $A_1A_n^2 + A_{n-1}A_n^2 \leqslant A_1A_{n-1}^2$,所以对 $n-1$ 边形 $M' = A_1\cdots A_{n-1}$,我们有 $s(M) \leqslant s(M')$. 类似地,如果 $n - 1 > 3$,那么我们可以构造一个内接于 k 的 $n - 2$ 边形 M'',使得 $s(M') \leqslant s(M'')$,直到我们得到一个内接于 k 的三角形 N,使得 $s(M) < s(N)$. 由 (1) 可知,$s(N) \leqslant 9$,等号成立当且仅当 N 是等边三角形. 由于 $s(M) < s(N)$,因此就有 $s(M) < 9$. 要证明此不等式的紧性,我们需要说明对任意整数 $n \geqslant 4$ 和任意 $\varepsilon > 0$,存在一个内接于 k 的 n 边形 M,使得 $s(M) > 9 - \varepsilon$. 设 $A_1A_2A_3$ 是内接于 k 的一个等边三角形,在 $\overset{\frown}{A_3A_1}$ 上取点 $A_4, A_5, \cdots, A_n$,使得 $A_1A_2\cdots A_n$ 是一个凸 n 边形,且 $A_1A_n^2 > A_1A_3^2 - \varepsilon$,那么

$$s(M) = A_1A_2^2 + A_2A_3^2 + \sum_{i=3}^{n-1} A_iA_{i+1}^2 + A_nA_1^2$$
$$> A_1A_2^2 + A_2A_3^2 + A_1A_3^2 - \varepsilon = 9 - \varepsilon,$$

这就证明了紧性. □

3.8 一个 $n + 1$ 边形的顶点都在一个正 n 边形的边上,且将正 n 边形的周长等分成 $n + 1$ 部分. 如何构造此 $n + 1$ 边形,使得其面积是:

(1) 最大的;

(2) 最小的.

解 存在此 $n + 1$ 边形的一边 B_1B_2,使得其完全落在原 n 边形的一边 A_1A_2 上. 令 $b = B_1B_2, a = A_1A_2$,那么 $b = \dfrac{n}{n+1}a$,且对 $x = A_1B_1$,我们有 $0 \leqslant x \leqslant \dfrac{a}{n+1}$. 令 $\varphi = \angle A_1A_2A_3$,那么 $n + 1$ 边形的面积 S 可以表示为

$$S = \frac{\sin\varphi}{2} \sum_{i=1}^{n} \left(\frac{i-1}{n+1}a + x\right)\left(\frac{n-i+1}{n+1}a - x\right).$$

因此 S 是 x 的一个二次函数, 我们容易验证当 $x = 0$ 或 $\dfrac{a}{n+1}$ 时 S 取得最小值, 当 $x = \dfrac{a}{2n+1}$ 时 S 取得最大值. □

3.9　Johnny 正在沿着一片牧场中的一条直路行进, 他从点 A 出发, 并且需要尽快到达牧场上的点 B. 如果已知他在直路上的速度是在牧场上速度的两倍, 那么他应该怎么走?

解　取直角坐标系 xOy, 使得 A 在原点, 直路为 Ox 轴, 点 B 的坐标为 $(b,d), b \geqslant 0, d > 0$ (图 8.22).

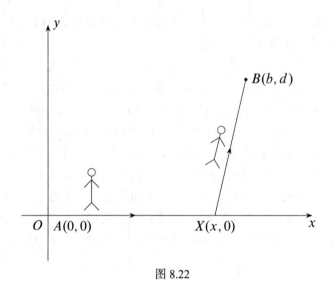

图 8.22

设 $X(x,0), 0 \leqslant x \leqslant b$ 是直路上的一点. 我们不妨假定 Johnny 在直路上的速度为 2, 在牧场上的速度为 1, 那么我们需要求出函数

$$f(x) = \frac{x}{2} + \sqrt{(b-x)^2 + d^2}$$

在区间 $[0,b]$ 上的最小值. 由于

$$f'(x) = \frac{1}{2} - \frac{b-x}{\sqrt{(b-x)^2 + d^2}} = \frac{d^2 - 3(b-x)^2}{\sqrt{(b-x)^2 + d^2}},$$

我们可知当且仅当 $x \geqslant b - \dfrac{d}{\sqrt{3}}$ 时, $f'(x) \geqslant 0$, 所以我们有下面两种情形.

情形 1　如果 $d - \dfrac{d}{\sqrt{3}} \geqslant 0$, 那么 $f(x)$ 的最小值在 $x_0 = b - \dfrac{d}{\sqrt{3}}$ 处取到. 此时, Johnny 需要沿着直路从点 A 走到点 $X_0(x_0, 0)$, 然后再沿着牧场从点 X_0 走到点 B (图 8.23).

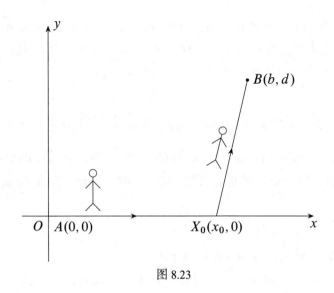

图 8.23

情形 2 如果 $b - \dfrac{d}{\sqrt{3}} < 0$，那么 $f(x)$ 的最小值在 $x_0 = 0$ 处取到. 此时，Johnny 直接沿着牧场从 A 走到 B 即可（图 8.24）. □

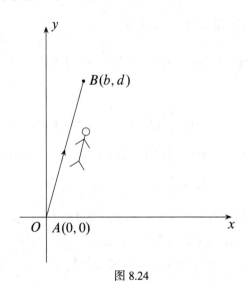

图 8.24

3.10 A 和 B 是一个给定圆上的两点，在圆上求第三个点 C，使得和式：

(1) $AC + BC$；

(2) $AC^2 + BC^2$；

(3) $AC^3 + BC^3$

最大.

解　我们不妨假定所给圆 k 的半径为 1，且 C 在 k 的优弧 $\overset{\frown}{AB}$ 上，那么 $\angle ACB = \alpha$ 为常数，且 $0 \leqslant \alpha \leqslant 90°$．令 $\varphi = \angle BAC$，那么由正弦定理可得 $AC = 2\sin\varphi, BC = 2\sin(\alpha+\varphi)$．

(1) 我们有

$$AC + BC = 2(\sin\varphi + \sin(\alpha+\varphi)) = 4\sin\frac{\alpha+2\varphi}{2}\cos\frac{\alpha}{2} \leqslant 4\cos\frac{\alpha}{2}.$$

因此，$AC + BC$ 的最大值在 $\alpha + 2\varphi = 180°$ 时取到，即 C 是 $\overset{\frown}{AB}$ 的中点．

(2) 由习题 3.7 的 (1) 中的解答可知，$AC^2 + BC^2$ 的最大值在 C 是 $\overset{\frown}{AB}$ 的中点时取到．

(3) 我们有

$$AC^3 + BC^3 = 8[\sin^3\varphi + \sin^3(\alpha+\varphi)]$$
$$= 8[\sin\varphi + \sin(\alpha+\varphi)] \cdot [\sin^2\varphi - \sin\varphi \cdot \sin(\alpha+\varphi) + \sin^2(\alpha+\varphi)]$$
$$= 16\sin\left(\varphi+\frac{\alpha}{2}\right)\cos\frac{\alpha}{2}\left[\frac{1-\cos 2\varphi}{2} + \frac{\cos(2\varphi+\alpha)-\cos\alpha}{2} + \frac{1-\cos 2(\alpha+\varphi)}{2}\right]$$
$$= 8\cos\frac{\alpha}{2}\sin\left(\varphi+\frac{\alpha}{2}\right)[2-\cos\alpha+\cos(2\varphi+\alpha)-2\cos(2\varphi+\alpha)\cos\alpha].$$

令 $t = \sin\left(\frac{\alpha}{2}+\varphi\right)$，那么 $0 \leqslant t \leqslant 1$，且

$$\cos(\alpha+2\varphi) = 1 - 2\sin^2\left(\frac{\alpha}{2}+\varphi\right) = 1 - 2t^2,$$

所以

$$AC^3 + BC^3 = 8\cos\frac{\alpha}{2}t[2-\cos\alpha+(1-2\cos\alpha)(1-2t^2)]$$
$$= 8\cos\frac{\alpha}{2}[3(1-\cos\alpha)t - 2(1-2\cos\alpha)t^3]$$
$$= 8\cos\frac{\alpha}{2} \cdot g(t).$$

对函数 $g(t)$，我们有 $g'(t) = 3(1-\cos\alpha) - 6(1-2\cos\alpha)t^2$．

情形 1　如果 $0 \leqslant \alpha \leqslant 60°$，那么 $1 \geqslant \cos\alpha \geqslant \frac{1}{2}$，即 $1-2\cos\alpha \leqslant 0$．所以，$g'(t) > 0$ 对任意 t 成立，这意味着 $g(t)$ 是 t 的增函数．由于 $t \leqslant 1$，因此 $AC^3 + BC^3$ 的最大值在 $t = 1$ 时取到，即 $\frac{\alpha}{2}+\varphi = 90°$，这意味着 C 是 $\overset{\frown}{AB}$ 的中点．此时

$$AC^3 + BC^3 = 8\cos\frac{\alpha}{2}(1+\cos\alpha).$$

情形 2　如果 $60° < \alpha \leqslant 90°$，那么 $0 \leqslant \cos\alpha < \frac{1}{2}$，即 $1-2\cos\alpha > 0$．此时

$$g'(t) = 0 \Leftrightarrow t^2 = \frac{1-\cos\alpha}{2(1-2\cos\alpha)}.$$

如果 $\frac{1}{3} \leqslant \cos\alpha < \frac{1}{2}$，那么 $\frac{1-\cos\alpha}{2(1-2\cos\alpha)} \geqslant 1$，这意味着 $g'(t) > 0, t \in [0,1)$. 因此，$g(t)$ 在 $[0,1]$ 上严格递增，且在 $t = 1$ 时取到其最大值，即 C 是 $\overset{\frown}{AB}$ 的中点.

如果 $0 \leqslant \cos\alpha < \frac{1}{2}$，那么我们有 $0 < \frac{1-\cos\alpha}{2(1-2\cos\alpha)} < 1$，所以

$$t_0 = \sqrt{\frac{1-\cos\alpha}{2(1-2\cos\alpha)}} \in (0,1).$$

显然 $g'(t_0) = 0$，且 $g(t_0)$ 就是 $g(t)$ 在 $[0,1]$ 上的最大值. 我们有

$$g(t_0) = \sqrt{\frac{1-\cos\alpha}{2(1-2\cos\alpha)}[3(1-\cos\alpha)-(1-\cos\alpha)]}$$

$$= \frac{\sqrt{2}(1-\cos\alpha)^{3/2}}{\sqrt{1-2\cos\alpha}} = \frac{4\sin^3\frac{\alpha}{2}}{\sqrt{1-2\cos\alpha}},$$

在这种情形下

$$\max(AC^3 + BC^3) = \frac{32\sin^3\frac{\alpha}{2}\cos\frac{\alpha}{2}}{\sqrt{1-2\cos\alpha}} = \frac{8\sin\alpha(1-\cos\alpha)}{\sqrt{1-2\cos\alpha}},$$

且最大值在

$$\sin\left(\frac{\alpha}{2}+\varphi\right) = t_0 = \sqrt{\frac{1-\cos\alpha}{2(1-2\cos\alpha)}} \in (0,1).$$

注意到

$$t_0 = \frac{\sin\frac{\alpha}{2}}{\sqrt{1-2\cos\alpha}} > \sin\frac{\alpha}{2},$$

所以 $t_0 = \sin\beta$，其中 β 满足 $\frac{\alpha}{2} < \beta < 90°$.

在所考虑的表达式中要想取到最大值，φ 应该满足 $\frac{\alpha}{2}+\varphi = \beta$ 或者 $\frac{\alpha}{2}+\varphi = 180° - \beta$，即 $\varphi = \beta - \frac{\alpha}{2}$ 或者 $\varphi = 180° - \beta - \frac{\alpha}{2}$. □

3.11 给定平面上的一条直线 l 与直线同一侧的两点 A 和 B，在平面上求点 X，使得和式

$$t(X) = AX + BX + d(X,l)$$

最小. 这里 $d(X,l)$ 是从 X 到 l 的距离.

解 容易看出只需要考虑点 X 在包含点 A 和 B 的半平面内的情形. 设 A, B 到 l 的距离分别为 a, b，不失一般性，我们假定 $a \leqslant b$. 考虑平面上的一个直角坐标系 xOy，使得 x 轴与 l 重合，而 y 轴包含点 A，那么 A 的坐标为 $(0, a)$，B 的坐标为

(d, b). 不妨假定 $d \geqslant 0$. 注意到, 如果 X 是上半平面内一点, 使得直线过 X 且平行于 l 的直线 l' 与射线 AB 相交, 那么 $t(X'') < t(X)$, 其中 X'' 是 l' 与 AB 的交点. 进一步, $t(A) < t(X'')$, 所以 $t(A) < t(X)$. 这就是为什么只需要考虑 l' 与 l 之间的距离不超过 a 的原因, 也就是 X 的坐标 (u, v) 满足 $0 \leqslant v \leqslant a$.

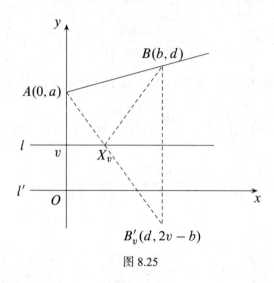

图 8.25

固定 $v \in [0, a]$, 用 l' 表示上半平面到 l 的距离为 v 的水平线. 如果 B'_v 是 B 关于 l' 的对称点, 那么由 Heron 问题 (例1.3) 可知, 对 $X \in l'$, 和式 $AX + XB$ 当 X 是 l' 与 AB'_v 的交点 X_v 时最小 (图 8.25). 由于 B'_v 的坐标为 $(d, 2v - b)$, 因此

$$t(X_v) = v + \sqrt{d^2 + (a + b - 2v)^2}.$$

剩下就只需要考虑 $v \in [0, a]$, 使得

$$f(v) = v + \sqrt{d^2 + (a + b - 2v)^2}$$

是最小的. 我们有

$$f'(v) = 1 - \frac{2(a + b - 2v)}{\sqrt{d^2 + (a + b - 2v)^2}}$$

$$= \frac{d^2 - 3(a + b - 2v)^2}{\sqrt{d^2 + (a + b - 2v)^2} \cdot [\sqrt{d^2 + (a + b - 2v)^2} + 2(a + b - 2v)]}.$$

上式的分子当 $d = \sqrt{3}(a + b - 2v)$ 时为零, 此时

$$y = y_0 = \frac{1}{2}\left(a + b - \frac{d}{\sqrt{3}}\right).$$

下面对 y_0 的位置分三种情形讨论.

情形 1 $a+b \leqslant \dfrac{d}{\sqrt{3}}, y_0 \leqslant 0$, 所以 $f'(v) > 0, \forall v \in [0,a]$. 那么 f 在此区间严格递增, 所以 $f(v)$ 的最小值在 $v = 0$ 时取到. 在这种情形下, $t(X)$ 的最小值当 X 满足线段 AX 和 BX 与 l 成相同角度时取到.

情形 2 $\dfrac{d}{\sqrt{3}} \leqslant b - a, y_0 \geqslant a$, 所以 $f'(v) < 0, \forall v \in [0,a]$. 那么 f 在此区间严格递减, 其最小值为 $f(a)$. 换句话说, $t(X)$ 的最小值在 X 与 A 重合时取到.

情形 3 $b - a < \dfrac{d}{\sqrt{3}} < a + b, v_0 \in (0,a)$, 所以 $f(v)$ 在 $v = v_0$ 时取得最小值. 那么 $t(X)$ 最小时, 有

$$X = X_{v_0} = \left(\frac{d}{2} - \frac{\sqrt{3}}{2}(b-a), \frac{a+b}{2} - \frac{d}{2\sqrt{3}} \right).$$

在这种情形下不难验证 $\angle AX_{v_0}B = 120°$.

值得一提的是, 条件 $\dfrac{d}{\sqrt{3}} \leqslant b - a$ 意味着 AB 与 l 之间的夹角不超过 $30°$. $\quad\square$

3.12 一个体积为 V_1、表面积为 S_1 的正圆锥和一个体积为 V_2、表面积为 S_2 的圆柱内接于同一个球, 证明:

(1) $3V_1 \geqslant 4V_2$;

(2) $4S_1 \geqslant (3 + 2\sqrt{2})S_2$.

证 分别用 r, x, a 表示球的半径、圆锥的高和圆锥底面半径, 那么 $xa = r(a + \sqrt{a^2 + x^2})$, 于是

$$a^2 = \frac{r^2 x}{x - 2r}, x > 2r.$$

(1) 由题可知

$$V_1 = \frac{\pi a^2 x}{3} = \frac{\pi r^2 x^2}{3(x - 2r)}.$$

由于 $V_2 = 2\pi r^3$, 因此我们得到

$$\frac{V_1}{V_2} = \frac{x^2}{6r(x - 2r)} = \frac{t^2}{6(t-2)},$$

其中 $t = \dfrac{x}{r} > 2$. 令 $f(t) = \dfrac{t^2}{t-2}$, 那么

$$f'(t) = \frac{t(t-4)}{(t-2)^2},$$

这说明函数 $f(t)$ 在区间 $(0,4)$ 上递减, 而在区间 $(4, +\infty)$ 上递增. 故 $f(t)$ 的最小值在 $t = 4$ 处取到, 且最小值为 8, 所以 $\dfrac{V_1}{V_2} \geqslant \dfrac{4}{3}$.

(2) 我们有

$$S_1 = \frac{\pi r x(x - r)}{x - 2r}, S_2 = 4\pi r^2.$$

因此

$$\frac{4S_1}{S_2} = \frac{t(t-1)}{t-2} = f(t),$$

其中 $t = \dfrac{x}{r} > 2$. 由于

$$f'(t) = \frac{t^2 - 4t + 2}{(t-2)^2},$$

因此函数 $f(t)$ 在区间 $(2, 2+\sqrt{2})$ 上递减, 在 $(2+\sqrt{2}, +\infty)$ 上递增. 故 $f(t)$ 的最小值在 $t = 2+\sqrt{2}$ 处取到, 且最小值为 $3 + 2\sqrt{2}$, 所以 $\dfrac{4S_1}{S_2} \geqslant 3 + 2\sqrt{2}$.　　□

3.13　点 P 在空间中一个给定的平面 α 上, 而点 Q 在 α 外. 在 α 上求一点 X, 使得比值

$$d(X) = \frac{PQ + PX}{QX}$$

最大.

解　对任意点 $X \in \alpha$, 令 $x = PX$, $\varphi = \angle XPQ$ (图 8.26), 那么

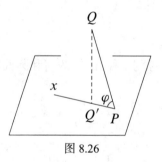

图 8.26

$$d(X) = \frac{x + PQ}{\sqrt{x^2 + PQ^2 - 2x\,PQ\cos\varphi}}.$$

对固定的 x, 上式在 $\cos\varphi$ 最大时取得最大值. 如果 $PQ \perp \alpha$, 那么对任意 $X \in \alpha$, 有 $\varphi = 90°$. 如果 PQ 与 α 不垂直, 那么 X 应该落在射线 PQ 在 α 的投影上. 接下来, 我们只考虑 PQ 与 α 不垂直的情形. 设 φ_0 是射线 PQ 与平面 α 的夹角, 且令 $a = PQ$. 不难验证函数

$$f(x) = \frac{(x+a)^2}{x^2 + a^2 - 2ax\cos\varphi_0}$$

在 $x = a$ 处取到最大值. 因此, $d(X)$ 的最大值在 $PX = PQ$ 时取到.　　□

3.14　给定一个圆 k, 求其面积最大的内接:

(1) 三角形;

240

(2) 四边形;

(3) 五边形;

(4) 六边形.

解 (1) 设 $\triangle ABC$ 是内接于 k 的一个三角形, C' 是优弧 $\overset{\frown}{AB}$ 的中点. 由于 C' 到直线 AB 的距离不小于 C 到 AB 的距离, 因此 $[ABC] \leqslant [ABC']$. 令 $2\gamma = \angle AC'B, 0 < \gamma \leqslant 45°$, 那么由正弦定理可得 $AB = 2R\sin 2\gamma$, 其中 R 是 k 的半径. $\triangle ABC'$ 的顶点 C' 处的高等于 $\dfrac{AB\cot\gamma}{2}$, 所以 $[ABC'] = 4R^2\sin\gamma\cos^3\gamma$. 考虑函数 $f(\gamma) = \sin\gamma\cos^3\gamma$, 我们有 $f'(\gamma) = \cos^2\gamma(1 - 4\sin^2\gamma)$, 于是 $f(\gamma)$ 在区间 $(0, 45°]$ 的最大值在 $\gamma = 30°$ 时取到, 即 $\triangle ABC'$ 是等边三角形. 因此, 内接于 k 的所有三角形中, 等边三角形的面积最大.

(2) 设 $ABCD$ 是内接于 k 的一个四边形, 记 AC 与 BD 之间的夹角为 α, 那么

$$[ABCD] = \frac{AC \cdot BD \cdot \sin\alpha}{2} \leqslant \frac{AC \cdot BD}{2} \leqslant 2R^2.$$

因此, $ABCD$ 的最大面积为 $2R^2$, 当且仅当它是正方形时取到.

(3) 显然, 只需要考虑内接于 k 的五边形 $ABCDE$ 包含中心 O 的情形. 固定点 A, B, C, D, 那么 $[ADE]$ 当 E 是 $\overset{\frown}{AD}$ 的中点时最大 (图 8.27). 因此, 只需要考虑五边形中满足 $\alpha_4 = \alpha_5 = \beta$ 的情形. 类似地, 我们只需要考虑 $\alpha_1 = \alpha_2 = \alpha$ 的情形. 因此我们有 $[ABCDE] = [A'B'C'D'E']$, 其中 (图 8.28) $\angle A'OB' = \angle A'OE' = \alpha$ 且 $\angle B'OC' = \angle D'OE' = \beta$, 这意味着 E', D' 分别与 B', C' 关于直线 OA' 对称. 固定 A', C', D', 当 B' 是 $\overset{\frown}{A'C'}$ 的中点, E' 是 $\overset{\frown}{A'D'}$ 的中点, 即 $\alpha = \beta$ 时, $\triangle A'B'C'$ 与 $\triangle A'D'E'$ 的面积最大.

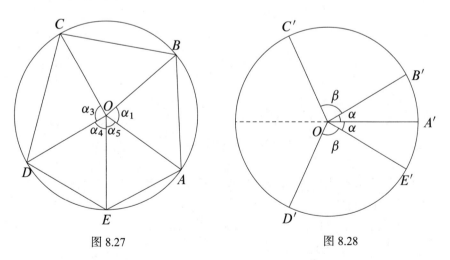

图 8.27　　　　　　　　　　图 8.28

因此, 只需要考虑五边形 $ABCDE$ 中有四边对应的圆心角均为 α 的情形 (那

么 $180° \leqslant 4\alpha \leqslant 360°$，即 $45° \leqslant \alpha \leqslant 90°$）. 对五边形的面积 S，我们有

$$S = S(\alpha) = \frac{R^2}{2}[4\sin\alpha + \sin(360° - 4\alpha)] = \frac{R^2}{2}[4\sin\alpha - \sin 4\alpha],$$

于是

$$S'(\alpha) = 2R^2[\cos\alpha - \cos 4\alpha] = 4R^2 \sin\frac{5\alpha}{2} \sin\frac{3\alpha}{2}.$$

由于 $\sin\frac{3\alpha}{2} > 0$ 对任意 $\alpha \in [45°, 90°]$ 都成立，因此当 $45° \leqslant \alpha < 72°$ 时，$S'(\alpha) > 0$; 当 $72° < \alpha \leqslant 90°$ 时，$S'(\alpha) < 0$. 因此，$S(\alpha)$ 的最大值在 $\alpha = 72°$ 时取到，此时的五边形是正五边形.

(4) 提示：只需要考虑六边形的六个圆心角为 $\alpha, \alpha, \alpha, \alpha, \beta, \beta$ 的情形，最大面积在该六边形为正六边形时取到. □

3.15　求出具有最大面积的内接于半径为 1 的圆的五边形 $ABCDE$，使得 $AC \perp BD$.

解　固定点 A, D，设 $\alpha = \widehat{AD} < 180°$. 由于 $AC \perp BD$，因此该圆的圆心在四边形 $ABCD$ 内（图 8.29）.

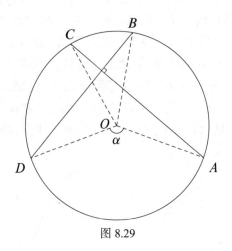

图 8.29

进一步，$\widehat{AD} + \widehat{BC} = 180°$，所以

$$[AOD] = [BOC] = \frac{\sin\alpha}{2},$$

这是一个常数（当 α 固定时）. 显然，$[AOB] \leqslant \frac{1}{2}$，等号成立当且仅当 $\angle AOB = 90°$，这对 $[COD]$ 也成立. 因此，我们可以假定 $\angle AOB = \angle COD = 90°$. 当 E 是 $\widehat{AD}$ 的中点时，$[ADE]$ 最大. 因此，只需要考虑满足 $\angle AOB = \angle COD = 90°$ 且 E 是 $\widehat{AD}$ 中点的五边形 $ABCDE$，那么

$$[ABCDE] = 1 + \frac{\sin\alpha}{2} + \sin\frac{\alpha}{2}.$$

容易得到这个关于 α 的函数在 $\alpha = 120°$ 时取得最大值. 因此, 当 $[ABCDE]$ 最大时

$$\angle AOB = \angle COD = 90°, \angle BOC = \angle DOE = \angle EOA = 60°. \qquad \square$$

3.16 设 $ABCDEF$ 是一个中心对称的六边形, 在它的边上求点 P, Q, R, 使得 $\triangle PQR$ 的面积最大.

解 由习题 3.5 可知, $\triangle PQR$ 的面积在 P, Q, R 是六边形的顶点时最大. 假定其中至少有两个是相邻的顶点, 那么 $\triangle PQR$ 包含于由六边形的连续四个顶点构成的一个四边形内, 且 $\triangle PQR$ 的面积不超过六边形面积的一半. 此外, 由对称性, 容易看出

$$[ACE] = [BDF] = \frac{1}{2}[ABCDEF],$$

因此, 具有最大面积的是 $\triangle PQR$, 或者是 $\triangle ACE$, 或者是 $\triangle BDF$. $\qquad \square$

3.17 设 A, B, C 是一个给定圆上的三个点, 证明: 和式 $AB^3 + BC^3 + CA^3$ 是最大的当且仅当点 A, B, C 中有两个重合, 第三个点是另外两点的对径点.

证 设 A, B, C 是一个给定的圆 k 上的任意三个点. 不失一般性, 我们可以假定 BC 是 $\triangle ABC$ 的最短边, 那么 $2\alpha = \angle BOC \leqslant 120°$, 即 $0 \leqslant \alpha \leqslant 60°$. 由习题 3.10 (3) 的情形 1 可知, 当 B 与 C 固定时, $AB^3 + AC^3$ 在 A 是优弧 $\overset{\frown}{BC}$ 的中点时取得最大值. 接下来, 我们将假定 $AB = AC$, 且 $\alpha = \angle BAC \leqslant 60°$, 那么

$$l = AB^3 + BC^3 + AC^3 = 8R^3 \left(\sin^3 \alpha + 2\cos^3 \frac{\alpha}{2} \right).$$

我们需要研究函数 $f(\alpha) = \sin^3 \alpha + 2\cos^3 \frac{\alpha}{2}, 0 \leqslant \alpha \leqslant 60°$. 我们有

$$\begin{aligned}
f'(\alpha) &= 3\sin^2 \alpha \cdot \cos \alpha - 6\cos^2 \frac{\alpha}{2} \cdot \frac{1}{2} \sin \frac{\alpha}{2} \\
&= 3 \left(\sin^2 \alpha \cdot \cos \alpha - \frac{1}{2} \cos \frac{\alpha}{2} \cdot \sin \alpha \right) \\
&= 3\sin \alpha \left(2\sin \frac{\alpha}{2} \cdot \cos \frac{\alpha}{2} \cdot \cos \alpha - \frac{1}{2} \cos \frac{\alpha}{2} \right) \\
&= \frac{3}{2} \sin \alpha \cdot \cos \frac{\alpha}{2} \left(4\sin \frac{\alpha}{2} \cos \alpha - 1 \right) \\
&= \frac{3}{2} \sin \alpha \cdot \cos \frac{\alpha}{2} \left[4\sin \frac{\alpha}{2} - 8\sin^3 \frac{\alpha}{2} - 1 \right].
\end{aligned}$$

当 α 取遍区间 $[0, 60°]$ 时, $\sin \frac{\alpha}{2}$ 取遍 $\left[0, \frac{1}{2} \right]$. 所以要研究 $f'(\alpha)$ 的符号, 只需要对 $t \in \left[0, \frac{1}{2} \right]$ 来研究 $g(t) = 4t - 8t^3 - 1$ 的符号. 一种处理方式是将 $g(t)$ 因式分

解（由于 $g\left(\dfrac{1}{2}\right)=0$，因此因式分解是不难的），但这里我们来处理 $g'(t)$. 我们有

$$g'(t) = 4 - 24t^2 = 4(1 - 6t^2),$$

所以 $g(t)$ 在 $\left[0, \dfrac{1}{\sqrt{6}}\right]$ 上严格递增，在 $\left[\dfrac{1}{\sqrt{6}}, \dfrac{1}{2}\right]$ 上严格递减. 由于 $g(0) = -1 < 0$，$g\left(\dfrac{1}{2}\right) = 0$（图 8.30(a)），所以存在唯一的 $t_0 \in \left(0, \dfrac{1}{\sqrt{6}}\right)$，使得 $g(t_0) = 0$.

由于 $\sin\dfrac{\alpha}{2}$ 是 α 的连续函数，所以存在唯一的 $\alpha_0 \in (0, 60°)$，使得 $\sin\dfrac{\alpha_0}{2} = t_0$. 于是当 $\alpha \in [0, \alpha_0)$ 时，$f'(\alpha) < 0$；当 $\alpha \in (\alpha_0, 60°)$ 时，$f'(\alpha) > 0$（图 8.30(b)）. 那么 $f(\alpha_0)$ 就是 $f(\alpha)$ 的最小值，而 $f(\alpha)$ 的最大值在 $\alpha = 0$ 或 $\alpha = 60°$ 时取到. 由于 $f(0) = 2$，$f(60°) = \dfrac{9\sqrt{3}}{8}$，我们有 $f(0) > f(60°)$（即 $256 > 243$），也就是说 f 的最大值在 $\alpha = 0$ 时取到，这等价于 $B = C$. 此时（假定 A 是 $B = C$ 的对径点），我们有 $l = AB^3 + BC^3 + AC^3 = 16R^3$. 对每个非退化的 $\triangle ABC$，和式 l 都严格小于 $16R^3$，而 $f(\alpha)$ 的连续性则说明 l 可以任意逼近 $16R^3$. □

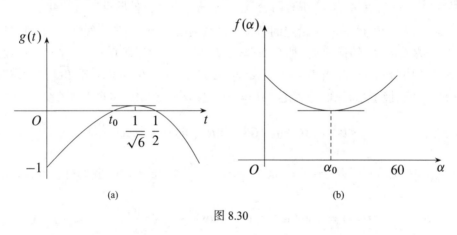

图 8.30

3.18　设 $\mathcal{P}$ 是一个凸多面体，证明在 $\mathcal{P}$ 内具有：

(1) 最大面积；

(2) 最长周长

的所有三角形中，至少有一个三角形的顶点都是 $\mathcal{P}$ 的顶点.

提示：对于面积问题，利用例 3.5 的解答. 对于周长问题，证明下面的引理.

引理 16　设 AB, CD 是空间中的任意线段，对 BC 上的点 X，当 X 与 C 或 D 重合时，$AX + BX$ 最大.

3.19　设 $\mathcal{P}$ 是一个凸多面体，证明：在所有包含于 $\mathcal{P}$ 的具有最大可能体积的四面体中，至少有一个四面体的顶点都是 $\mathcal{P}$ 的顶点.

提示：利用例 3.5 的解答中的讨论.

3.20 在一个给定的正方体中,求:

(1) 面积最大;

(2) 周长最长

的内接三角形.

解 (1) 设 $ABCDA_1\text{-}B_1C_1D_1$ 是给定的正方体,令 $a = AB$. 由习题 3.18 可知,只需要考虑三角形的顶点都是正方形顶点的情形,设 $\triangle MNP$ 就是一个这样的三角形. 正方体的顶点之间的距离可能是 $a, \sqrt{2}a, \sqrt{3}a$. 容易看出 $\triangle MNP$ 的各边长可能是 $\{a, a, \sqrt{2}a\}, \{a, \sqrt{2}a, \sqrt{3}a\}, \{\sqrt{2}a, \sqrt{2}a, \sqrt{2}a\}$. 显然在第三种情形下,$\triangle MNP$ 的面积最大. 因此,一个正方体的内接三角形的面积最大当且仅当其各边是正方形的面对角线.

(2) 利用习题 3.18,答案与第一部分相同. □

3.21 求一个给定正方体中具有最大体积的内接四面体.

提示:利用习题 3.19.

解 正方体中具有最大体积的内接四面体有两边恰好是正方体的平行表面的异面对角线. □

3.22 将一个双四棱柱定义成两个四棱柱

$$ABCD\text{-}A_1B_1C_1D_1 \text{ 和 } A_2B_2C_2D_2\text{-}ABCD$$

的并,它们有一个公共面 $ABCD$(是一个四棱柱的底,是另一个四棱柱的顶),没有其他公共点. 证明:在所有具有给定体积的双四棱柱中,正方体的表面积最小.

证 设 $ABCD\text{-}A_1B_1C_1D_1$ 是任意一个体积为 V 的棱柱. 在直线 A_1B_1 上构造点 A_1', B_1',使得 $A_1'A \perp AB$ 且 $B_1'B \perp AB$. 类似地,在直线 C_1D_1 上构造点 $C_1'D_1'$,使得 $C_1'C \perp CD$ 且 $C_1'D \perp CD$(图 8.31).

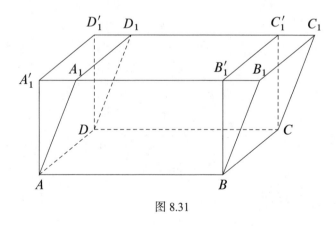

图 8.31

新的棱柱 $ABCD\text{-}A_1'B_1'C_1'D_1'$ 的体积仍然是 V,且可以直接看出它的表面积不超过原来棱柱的表面积. 再次利用这样的构造, 我们得到一个底面为 $ABCD$ 的直棱柱, 其体积为 V, 且表面积比最开始的棱柱要小.

接下来, 考虑任意一个双四棱柱, 其上部分是棱柱 $ABCD\text{-}A_1B_1C_1D_1$, 下部分是棱柱 $A_2B_2C_2D_2\text{-}ABCD$. 根据上述讨论, 我们可以假定这两个棱柱都是直的, 也就是说这个双四棱柱实际上是一个体积为 V 的直四棱柱. 利用与上面类似的讨论, 只需要考虑体积为 V 的长方体. 设 a, b, c 分别是此长方体的棱长, 那么 $V = abc$, 对表面积 S, 我们有

$$S = 2(ab + bc + ca) \geqslant 6\sqrt[3]{(ab)(bc)(ca)} = 6V^{\frac{2}{3}},$$

等号成立当且仅当 $a = b = c$, 即这个长方体是正方体. □

3.23 证明: 在所有内接于给定球的四面体中, 正四面体的体积最大.

证　固定球面上的三个点 A, B, C, 显然当 D 到平面 ABC 的面积最大时, 四面体 $ABCD$ 的体积最大, 也就是 D 在此平面上的投影 H 就是 $\triangle ABC$ 的外心. 进一步, 球心必然在线段 DH 上. 接下来, 我们只考虑满足此性质的四面体 $ABCD$. 设球的半径为 R, 固定 D 以及四面体的底面所在的平面 α. 那么 α 与球面的交线是 $\triangle ABC$ 的外接圆. 由习题 3.14 的 (1) 可知, 当 $\triangle ABC$ 为等边三角形时, $[ABC]$ 最大, 因此只需要考虑内接于球内的正三棱锥.

此时 (图 8.32), 设 $d = OH$, 令 r 是 $\triangle ABC$ 的内切圆半径, 那么 $r = \sqrt{R^2 - d^2}$ 且 $[ABC] = \dfrac{3\sqrt{3}}{4}r^2$.

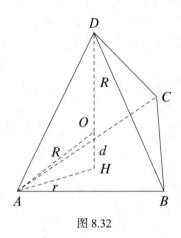

图 8.32

对 $V = V_{ABCD}$, 我们有

$$V = \frac{1}{3}(R + d)[ABC] = \frac{\sqrt{3}}{4}(R + d)(R + d)(R - d)$$

246

$$= \frac{\sqrt{3}}{8}(R+d)(R+d)(2R-2d)$$

$$\leqslant \frac{\sqrt{3}}{8}\left[\frac{(R+d)+(R+d)+(2R-2d)}{3}\right]^3 = \frac{8\sqrt{3}}{27}R^3,$$

其中等号成立当且仅当 $R+d = 2R-2d$,即 $d = \dfrac{R}{3}$,这等价于 $ABCD$ 是正四面体. □

3.24 设 $ABCD$ 是一个正四面体,且点 L 在线段 AC 上,M 在 $\triangle ABD$ 内,N 在 $\triangle BCD$ 内,在所有 $\triangle LMN$ 中,求出周长最长的三角形.

解 设 L 是 AC 上任意一点,我们将证明在 $\triangle ABD$ 和 $\triangle BCD$ 内分别存在唯一一点 M_L 和 N_L,使得 $\triangle LM_LN_L$ 在所有的 $\triangle AMN$ 中的面积最小,其中 M 在 $\triangle ABD$ 内,N 在 $\triangle BCD$ 内,在所有 $\triangle LMN$ 中. 设 L', L'' 分别是 L 关于平面 ABD 和 BCD 的对称点,再分别用 M_0, N_0 表示 $\triangle ABD$ 和 $\triangle BCD$ 的中心(图 8.33).

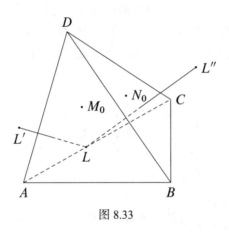

图 8.33

对 $\triangle ABD$ 内的任意一点 M 和 $\triangle BCD$ 内的任意一点 N,我们有 $LM = L'M$,$LN = L''N$,这说明 $\triangle LMN$ 的周长等于折线 $L'MNL''$ 的长度. 我们断言线段 $L'L''$ 与 $\triangle ABD$ 和 $\triangle BCD$ 相交. 由于 C 在平面 ABD 上的投影就是 M_0,因此 L 在此平面上的投影 L_1 在线段 AM_0 上. 类似地,L 在平面 BCD 上的投影 L_2 在线段 CN_0 上. 设 Q 是 BD 的中点,点 L, L_1, L', L_2, L'' 都在平面 AQC 上,且 $\angle AQC < 90°$. 在此平面上,L' 是 L 关于直线 AQ 的对称点,而 L'' 是 L 关于直线 CQ 的对称点,所以 $\angle L'QL'' = 2\angle AQC < 180°$. 这说明线段 $L'L''$ 分别与 AQ, CQ 交于点 M_L, N_L(图 8.34).

显然,$\triangle LM_LN_L$ 在所有的 $\triangle LMN$ 中具有最短的周长,且此周长等于 $L'L''$,而 $L'L''$ 的长度是一个顶角固定、腰长等于 LQ 的等腰三角形的底边长,那么 $L'L''$

最小当且仅当 LQ 最小,即 L 是 AC 的中点. 此时,$M_L = M_0, N_L = N_0$. □

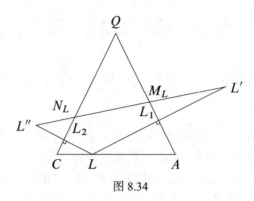

图 8.34

3.25　设 A 和 B 是平面上的固定点,描述以下函数的等高线:

(1) $f(M) = \min\{MA, MB\}$;

(2) $f(M) = \dfrac{MA}{MB}$.

解　(1) 设 $AB = 2d$,作线段 AB 的中垂线. 在此中垂线所决定的一个半平面中,我们有 $f(M) = MA$,而在另一个半平面中,有 $f(M) = MB$. 因此,当 $r \leqslant d$ 时,等高线是两个圆的并;而当 $r > d$ 时,等高线是两段圆弧的并(图 8.35).

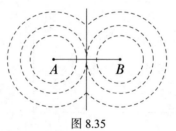

图 8.35

(2) 设 $f(M) = \dfrac{MA}{MB} = c$,其中常数 $c > 0$.

如果 $c = 1$,那么 $MA = MB$,且等高线 l_1 是线段 AB 的中垂线. 现在假定 $c \neq 1$,那么 $MA^2 - c^2 MB^2 = 0$. 由例 3.14 可知,等高线 l_c 是圆心在直线 AB 上的圆,此圆称为 AB 的比率为 c 的 Apollonius 圆(图 8.36). □

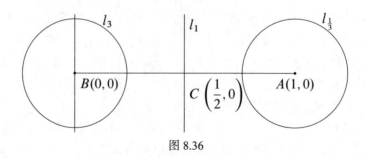

图 8.36

3.26 在 $\triangle ABC$ 中,给定顶点 A 处的高和顶点 B 处的中线长度,在所有这样的三角形中,求出使得 $\angle CAB$ 最大的三角形.

解 构造两条平行直线,使得其距离等于顶点 A 处的高.设 B 和 B_1 分别是这两条直线上的点,使得 BB_1 等于顶点 B 处中线长的两倍.设 D 是 BB_1 的中点(图 8.37).现在的问题就是在 l_1 上求点 C,使得 $\angle BCD$ 最大,这就转化到了例 3.9. □

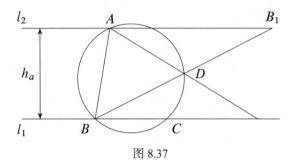

图 8.37

3.27 点 A 和 B 在一条给定直线 l 的同一侧,在 l 上求一点 C,使得 $\triangle ABC$ 内顶点 A 处高的垂足与顶点 B 处高的垂足之间的距离最小.

解 设 C 是 l 上一点,P,Q 分别是 $\triangle ABC$ 内顶点 A,B 处的垂足,那么四边形 $APBQ$ 的四个顶点共圆于 k,AB 是圆 k 的直径,且 $PQ = AB \cdot \cos\gamma$,其中 $\gamma = \angle ACB$.有两种需要考虑的情形.

情形 1 如果 k 与 l 有公共点,那么 k 与 l 的每个公共点都是问题的一个解.

情形 2 如果 k 与 l 没有公共点,那么显然 P 或 Q 有一个在 $\triangle ABC$ 的一边上.设 P 在 BC 上(图 8.38),那么 $\angle QBP = 90° - \angle ACB$,且弦 PQ 最小当且仅当 $\angle ACB$ 最大,最后再利用例 3.9 即可. □

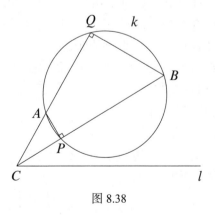

图 8.38

3.28 在一个给定的等腰直角 $\triangle ABC(\angle C = 90°)$ 的外接圆上求一点 M,使得和式 $MA^2 + 2MB^2 - 3MC^2$ 是:

(1) 最小的;

(2) 最大的.

解　以 C 为原点, CA, CB 所在直线为坐标轴建立直角坐标系（图 8.39）.

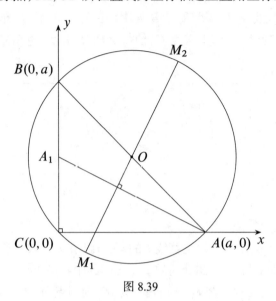

图 8.39

设 $A = (a, 0), B = (0, a)$, 那么函数

$$f(M) = MA^2 + 2MB^2 - 3MC^2$$

的等高线 l_C 是直线

$$l_C: x + 2y = \frac{3a^2 - c}{a}$$

（见例 3.14）. 设 A_1 是 BC 的中点, 那么由切线原理可知, 使得函数 f 取到最小值和最大值的点 M_1 和 M_2 是外接圆与平行于 AA_1 的直线的切点. 显然 M_1 和 M_2 是过圆心 O 并垂直于 AA_1 的直线与外接圆的交点.　　　□

3.29　设 l 是 $\angle pOq$ 内的一条曲线, l 的一条切线与角的两边 p 和 q 分别交于点 C 和 D. 如何选择切线 t, 使得:

(1) $OC + OD - CD$ 是最大的;

(2) $OC + OD + CD$ 是最小的.

考虑 l 是一个点, 一条线段, 一个多边形或一个圆的情形.

提示: 证明与动直线 l 有关的函数

$$f(l) = OC + OD - CD, g(l) = OC + OD + CD$$

的等高线分别是与内切于角内圆的大圆弧和小圆弧相切的切线（图 8.40）, 然后利用切线原理即可.

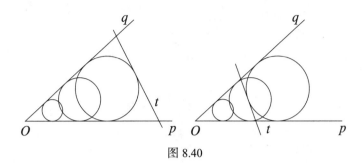

图 8.40

3.30 设 G 是 $\triangle ABC$ 的重心，求和式 $\sin\angle CAG + \sin\angle CBG$ 的最大值.

解 所求的最大值等于 $\dfrac{2}{\sqrt{3}}$. 首先，当 $\triangle ACG$ 的外接圆与 AB 相切时，我们来证明

$$\sin\angle CAG + \sin\angle CBG \leqslant \frac{2}{\sqrt{3}},$$

其次，再来处理任意的 $\triangle ABC$ 的情形. 先假定 $\triangle ACG$ 的外接圆与 AB 相切，这里我们将采用 $\triangle ABC$ 的各种标准记号. 由圆幂定理以及中线长公式，我们有

$$\frac{c^2}{4} = MA^2 = MG \cdot MC = \frac{1}{3}m_c^2 = \frac{1}{12}(2a^2 + 2b^2 - c^2),$$

这导致 $a^2 + b^2 = 2c^2$. 再利用中线长公式可得

$$m_a = \frac{\sqrt{3}b}{2}, m_b = \frac{\sqrt{3}a}{2}.$$

那么

$$\begin{aligned}
\sin\angle CAG + \sin\angle CBG &= \frac{2[ACG]}{AC \cdot AG} + \frac{2[BCG]}{BC \cdot BG} \\
&= \frac{[ABC]}{b \cdot m_a} + \frac{[ABC]}{a \cdot m_b} = \frac{(a^2 + b^2)\sin\gamma}{\sqrt{3}ab}.
\end{aligned}$$

由余弦定理结合 $a^2 + b^2 = 2c^2$ 可得 $a^2 + b^2 = 4ab\cos\gamma$. 所以

$$\sin\angle CAG + \sin\angle CBG = \frac{2}{\sqrt{3}}\sin 2\gamma \leqslant \frac{2}{\sqrt{3}},$$

待证不等式成立. 现在假定 $\triangle ABC$ 是任意一个三角形，M 是 AB 的中点. 存在两个过 C 和 G 的圆与直线 AB 相切，设相应的切点分别为 A_1, B_1，且分别在射线 MA 和 MB 上（图 8.41）. 由于 $MA_1^2 = MG \cdot MC = MB_1^2$，由圆幂定理以及关系式 $CG:GM = 2:1$ 可知，G 也是 $\triangle A_1B_1C_1$ 的重心.

进一步，A 和 B 分别在这两个圆外，除非 A 与 A_1 重合，B 与 B_1 重合. 那么就有

$$\angle CAG \leqslant \angle CA_1G, \angle CBG \leqslant \angle CB_1G.$$

251

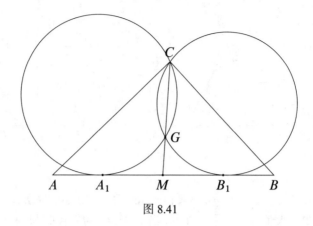

图 8.41

因此,假定 $\angle CA_1G$ 和 $\angle CB_1G$ 都是锐角,我们由之前处理过的特殊情形可得

$$\sin\angle CAG + \sin\angle CBG \leqslant \sin\angle CA_1G + \sin\angle CB_1G \leqslant \frac{2}{\sqrt{3}}.$$

那么剩下的就只需要对 $\angle CA_1G$ 和 $\angle CB_1G$ 中有一个直角或钝角的情形来证明上述不等式即可. 比如,设 $\angle CA_1G \geqslant 90°$,那么 $\angle CB_1G$ 是锐角. 分别用 a_1, b_1, c_1 表示 $\triangle A_1B_1C$ 的各边长,且设 $\gamma_1 = \angle A_1CB_1$. 在 $\triangle CA_1G$ 中,有 $CG^2 \geqslant CA_1^2 + A_1G^2$,即

$$\frac{1}{9}(2a_1^2 + 2b_1^2 - c_1^2) > b_1^2 + \frac{1}{9}(2b_1^2 + 2c_1^2 - a_1^2).$$

由于 $a_1^2 + b_1^2 = 2c_1^2$,上述不等式可以化为 $a_1^2 \geqslant 7b_1^2$. 现在令 $x = \dfrac{b_1^2}{a_1^2}$,那么由已经讨论过的特殊情形可知

$$\sin\angle CB_1G = \frac{2[B_1CG]}{B_1C \cdot B_1G} = \frac{b_1\sin\gamma_1}{\sqrt{3}a_1}$$

$$= \frac{b_1}{\sqrt{3}a_1}\sqrt{1 - \left(\frac{a_1^2 + b_1^2}{4a_1b_1}\right)^2} = \frac{1}{4\sqrt{3}}\sqrt{14x - x^2 - 1} = f(x).$$

由于

$$f'(t) = \frac{7 - t}{4\sqrt{3}\sqrt{14t - t^2 - 1}},$$

因此函数 $f(t)$ 对 $7 - 4\sqrt{3} < t < 7$ 单调递增. 再结合 $x \leqslant \dfrac{1}{7}$ 可得 $f(x) \leqslant f\left(\dfrac{1}{7}\right) = \dfrac{1}{7}$. 所以

$$\sin\angle CAG + \sin\angle CBG \leqslant 1 + \sin\angle CB_1G \leqslant 1 + \frac{1}{7} < \frac{2}{\sqrt{3}}. \qquad \square$$

3.31 求集合
$$S = \{(x, y) \in \mathbf{R}^2 : |x| + |y| = 1\}$$
与直线 $l: \dfrac{x}{p} + \dfrac{y}{q} = 1$ 之间的距离,其中 p 和 q 是非零实数.

解 注意到,S 是一个顶点为 $(1,0), (0,1), (-1,0), (0,-1)$ 的正方形. 直线 l 与坐标轴交于点 $(p, 0)$ 和 $(0, q)$(图 8.42).

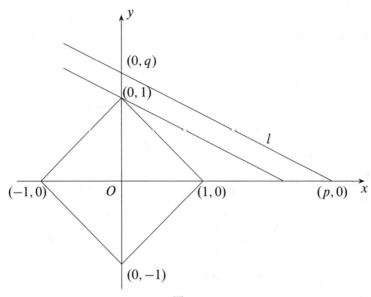

图 8.42

因此,如果 $|p| \leqslant 1$ 或 $|q| \leqslant 1$,那么 l 与 S 相交,从而在这种情形下,有 $d(S, l) = 0$. 现在假定 $|p| > 1$ 且 $|q| > 1$. 由于正方形 S 关于坐标轴对称,我们可以假定 $p \geqslant q > 1$. 在这种情形下,l 和 S 分别在过点 $(0, 1)$ 且平行于 l 的直线的两侧. 因此,S 与 l 之间的距离等于点 $(0, 1)$ 与直线 l 的距离. 此外,我们熟知点 (x_0, y_0) 与直线 $m: ax + by + c = 0$ 的距离等于

$$\frac{|ax_0 + by_0 + c|}{\sqrt{a^2 + b^2}}.$$

故在我们的问题中,有

$$d(S, l) = \frac{p(q-1)}{\sqrt{p^2 + q^2}}.$$

$\square$

3.32 设实数 a, b, c, d 满足 $|a| + |b| = 1$ 且 $3c + 2d = 6$,证明:

$$(a - c)^2 + (b - d)^2 \geqslant \frac{9}{13}.$$

253

等号何时成立?

证　由习题 3.31 可知, 正方形 $S = \{(x,y) \in \mathbf{R}^2 : |x| + |y| = 1\}$ 与直线 $l : \dfrac{x}{2} + \dfrac{y}{3} = 1$ 的距离等于 $\dfrac{3}{\sqrt{13}}$（注意到, 在这种情形下, $q > p > 1$）. 由于 $(a,b) \in S$ 且 $(c,d) \in l$, 那么

$$(a-c)^2 + (b-d)^2 \geqslant \frac{9}{13}.$$

由习题 3.31 的解答可知, 等号成立当且仅当 $a = 1, b = 0, c = \dfrac{22}{13}, d = \dfrac{6}{13}$. □

3.33　设实数 a,b,c,d 满足 $4a^2 + 3b^2 = 12$ 且 $3c + 4d = 12$, 证明:

$$(a-c)^2 + (b-d)^2 \geqslant \frac{12}{19 + \sqrt{336}}.$$

证　设 $d(e,l)$ 表示椭圆 $e : \dfrac{x^2}{3} + \dfrac{y^2}{4} = 1$ 与直线 $l : \dfrac{x}{4} + \dfrac{y}{3} = 1$ 之间的距离. 由例 3.27 可得

$$d(e,l) = \frac{3 \times 4 - \sqrt{3 \times 4^2 + 4 \times 3^2}}{\sqrt{4^2 + 3^2}} = \frac{12 - 2\sqrt{21}}{5}.$$

由于 $(a,b) \in e, (c,d) \in l$, 我们得到

$$(a-c)^2 + (b-d)^2 \geqslant d^2(e,l) = \left(\frac{12 - 2\sqrt{21}}{5} \right)^2 = \frac{12}{19 + \sqrt{336}}. \quad □$$

3.34　设实数 a,b,c,d 满足 $16a^2 + b^2 = 16$ 且 $cd = 10$, 证明:

$$(a-c)^2 + (b-d)^2 \geqslant 4,$$

等号何时成立?

证　我们将证明椭圆 $e : \dfrac{x^2}{1^2} + \dfrac{y^2}{4^2} = 1$ 与双曲线 $h : xy = 10$ 之间的距离等于 2. 在这种情形下, 方程 (3.4) 的形式为

$$\frac{10}{k+1} + \frac{160}{k+16} = \sqrt{(k+1)(k+16)},$$

且容易验证 $k_0 = 4$ 是方程的根. 应用定理 8 中的公式, 我们可知 e 与 h 之间的距离为 2, 这就证明了待证不等式. 由定理 8 的证明可知, 等号成立当且仅当

$$a = \frac{\pm 1}{\sqrt{5}}, b = \frac{\pm 8}{\sqrt{5}}, c = \pm\sqrt{5}, d = \pm 2\sqrt{5}. \quad □$$

3.35 设正实数 a,b,c 满足 $c^2 = (a+b)\sqrt{ab}$,证明椭圆 $e\colon \dfrac{x^2}{a^2} + \dfrac{y^2}{b^2} = 1$ 与双曲线 $h\colon xy = c^2$ 的距离等于 $\sqrt{ab}$.

证 容易验证,如果 $c^2 = (a+b)\sqrt{ab}$,那么 $k_0 = ab$ 是方程 (3.4) 的正根. 在定理 8 的距离公式中代入 $k_0 = ab$,我们得到其等于 $\sqrt{ab}$. □

3.36 求抛物线 $\mathcal{P}_1\colon y = x^2$ 与 $\mathcal{P}_2\colon y = 5x^2 + 1$ 之间的距离.

解法一 设 $M = \left(x - a, (x-a)^2\right)$ 是 $\mathcal{P}_1$ 上一点,而 $N = (x, 5x^2 + 1)$ 是 $\mathcal{P}_2$ 上一点,那么

$$MN^2 = a^2 + \left(5x^2 + 1 - (x-a)^2\right)^2 = a^2 + \left(4\left(x + \frac{a}{4}\right)^2 + 1 - \frac{5a^2}{4}\right)^2.$$

如果 $a^2 \geqslant \dfrac{4}{5}$,那么 $MN^2 \geqslant \dfrac{4}{5}$,如果 $a^2 < \dfrac{1}{5}$,那么

$$MN^2 \geqslant a^2 + \left(1 - \frac{5a^2}{4}\right)^2 = \left(\frac{3}{5} - \frac{5a^2}{4}\right)^2 + \frac{16}{25},$$

我们得到 $MN \geqslant \dfrac{4}{5}$,等号成立当且仅当 $a = \pm\dfrac{2\sqrt{3}}{5}, x = \mp\dfrac{\sqrt{3}}{10}$,所以 $\mathcal{P}_1$ 与 $\mathcal{P}_2$ 之间的距离等于 $\dfrac{4}{5}$. □

解法二 设 $\mathcal{P}_1$ 与 $\mathcal{P}_2$ 之间的距离在 $M \in \mathcal{P}_1$ 和 $N \in \mathcal{P}_2$ 时取到,那么以这两个点为圆心,MN 为半径的圆分别与 $\mathcal{P}_1$ 和 $\mathcal{P}_2$ 相切. 所以,MN 是 $\mathcal{P}_1$ 与 $\mathcal{P}_2$ 的公垂线.

如果直线 MN 与坐标轴 Ox 相切,那么 $M = (0,0), N = (1,0), MN = 1$. 否则,$M = (x_1, x_1^2), N = (x_2, 5x_2^2 + 1), x_1 x_2 \neq 0$. 由于 MN 是 $\mathcal{P}_1$ 与 $\mathcal{P}_2$ 的公垂线,因此我们有

$$y - x_1^2 = -\frac{1}{2x_1}(x - x_1), \quad y - (5x_2^2 + 1) = -\frac{1}{10x_2}(x - x_2).$$

所以 $x_1 = 5x_2, x_1^2 + \dfrac{1}{2} = 5x_2^2 + 1 + \dfrac{1}{10}$,于是我们得到 $x_1 = \pm\dfrac{\sqrt{3}}{2}, x_2 = \pm\dfrac{\sqrt{3}}{10}$,且 $MN = \dfrac{4}{5}$. □

3.37 求平面 $\alpha\colon Ax + By + Cz + 1 = 0$ 与椭球 $e\colon \dfrac{x^2}{a^2} + \dfrac{y^2}{b^2} + \dfrac{z^2}{c^2} = 1$ 之间的距离.

解 令

$$m = a^2 A^2 + b^2 B^2 + c^2 C^2, \quad h = \frac{1}{\sqrt{A^2 + B^2 + C^2}}.$$

设 α^* 是与 α 平行且与 e 相切的两个平面中较近的那一个. 如果 α^* 与 e 相切于点 (x_0, y_0, z_0),那么其方程为

$$\alpha^*: \frac{x_0 x}{a^2} + \frac{y_0 y}{b^2} + \frac{z_0 z}{c^2} = 1.$$

由于 α^* 与 α 平行,因此

$$\frac{x_0}{a^2} = kA, \frac{y_0}{b^2} = kB, \frac{z_0}{c^2} = kC,$$

其中 k 是一个常数. 由于

$$1 = \frac{x_0^2}{a^2} + \frac{y_0^2}{b^2} + \frac{z_0^2}{c^2} = k^2(a^2 A^2 + b^2 B^2 + c^2 C^2),$$

我们得到 $|k| = \dfrac{1}{m}$.

从原点到 α 和 α^* 的距离分别是 h 和 hm. 因此,如果 $m < 1$,那么平面 α 比 α^* 到原点的距离更远,此时,$d(\alpha, e) = h(1 - m)$. 如果 $m \geq 1$,那么 α 与 e 有交点,所以 $d(\alpha, e) = 0$. $\qquad\square$

3.38 一个圆内接于一个边长为 a 的正方体的一个面,另一个圆外接于此正方体的一个邻接面,求这两个圆之间的距离.

解 我们来证明这两个圆之间的距离等于 $\dfrac{a}{2}\sqrt{5 - 2\sqrt{6}}$. 我们不妨假定 $a = 2$,而正方体的各个顶点的坐标为 $(\pm 1, \pm 1, \pm 1)$. 我们还可以进一步假定内接圆为 $\{(\cos t, \sin t, 1): 0 \leq t < 2\pi\}$,外接圆为 $\{(1, \sqrt{2}\sin u, \sqrt{2}\cos u): 0 \leq u < 2\pi\}$,那么,我们需要求出函数

$$\sqrt{(\cos t - 1)^2 + (\sin t - \sqrt{2}\sin u)^2 + (1 - \sqrt{2}\cos u)^2}.$$

的最小值. 由于

$$(\cos t - 1)^2 + (\sin t - \sqrt{2}\sin u)^2 + (1 - \sqrt{2}\cos u)^2$$
$$= 5 - 2\cos t - 2\sqrt{2}\sin t \sin u - 2\sqrt{2}\cos u,$$

于是我们需要使得函数

$$\cos t + \sqrt{2}\sin t \sin u + \sqrt{2}\cos u$$

取到最大值. 要求出这个最大值,我们需要利用结论

$$\max_{t \in [0, 2\pi)} (a\cos t + b\sin t) = \sqrt{a^2 + b^2},$$

这由 Cauchy-Schwarz 不等式很容易得到. 因此, 对固定的 u, 上述函数的最大值等于

$$\sqrt{1 + 2\sin^2 u} + \sqrt{2}\cos u.$$

再由 QM-AM 不等式可得

$$\left(\sqrt{1 + 2\sin^2 u} + \sqrt{2}\cos u\right)^2 \leqslant 2(1 + 2\sin^2 u + 2\cos^2 u) = 6,$$

等号成立当且仅当 $\cos u = \dfrac{\sqrt{3}}{2}$. 那么现在就容易验证这两个圆之间的距离等于

$$\sqrt{5 - 2\sqrt{6}}. \qquad\qquad \square$$

8.4 三角形中的基本不等式

4.1 设 a, b, c 是一个三角形的边长, 求出以下表达式的所有可能值:

(1) $\dfrac{a^2 + b^2 + c^2}{ab + bc + ca}$;

(2) $\dfrac{\max(a, b, c)}{\sqrt[3]{a^3 + b^3 + c^3 + 3abc}}$.

解 (1) 注意到

$$A = \frac{a^2 + b^2 + c^2}{ab + bc + ca} \geqslant 1,$$

这是因为

$$a^2 + b^2 + c^2 - ab + bc + ca = \frac{1}{2}\left((a - b)^2 + (b - c)^2 + (c - a)^2\right) \geqslant 0.$$

由三角形不等式可得

$$a^2 < a(b + c), b^2 < b(c + a), c^2 < c(a + b).$$

将这些不等式相加, 我们得到

$$a^2 + b^2 + c^2 < 2(ab + bc + ca),$$

这说明 $A < 2$. 我们将证明 A 能取遍半闭区间 $[1, 2)$ 内的所有值. 考虑边长为 $a = x, b = x, c = 2$ 的三角形, 其中 $x > 1$ 是任意一个实数, 那么

$$A = A(x) = \frac{2x^2 + 4}{x^2 + 4x}.$$

此函数在区间 $(1, +\infty)$ 内的最大值是 1, 且在 $x = 2$ 时取到. 由于

$$\lim_{x \to +\infty} A(x) = 2,$$

我们可知函数 $A(x)$ 的值域是半闭区间 $[1, 2)$.

(2) 不失一般性,设 $a = \max(a, b, c)$,那么

$$A = \frac{\max(a, b, c)}{\sqrt[3]{a^3 + b^3 + c^3 + 3abc}} \geqslant \frac{a}{\sqrt[3]{6a^3}} = \frac{1}{\sqrt[3]{6}},$$

等号当 $a = b = c$ 时成立. 现在设 $a = b = x, c = 1$,其中 $x > \frac{1}{2}$,那么

$$A = A(x) = \frac{x}{\sqrt[3]{2x^3 + 3x^2 + 1}},$$

且

$$\lim_{x \to +\infty} A(x) = \frac{1}{\sqrt[3]{2}}.$$

此外,我们有

$$\frac{\max(a, b, c)}{\sqrt[3]{a^3 + b^3 + c^3 + 3abc}} < \frac{1}{\sqrt[3]{2}}.$$

如果 $\max(a, b, c) = a$,那么此不等式等价于

$$b^3 + c^3 - a^3 + 3abc > 0 \Leftrightarrow (b + c - a)\big((b + a)^2 + (b - c)^2 + (c + a)^2\big) > 0.$$

因此,所给表达式的所有可能取值是半闭区间 $\left[\dfrac{1}{\sqrt[3]{6}}, \dfrac{1}{\sqrt[3]{2}}\right)$ 内的所有实数. □

4.2 (Hadwiger-Finsler)设 a, b, c 是一个面积为 K 的三角形的边长,证明不等式

$$a^2 + b^2 + c^2 \geqslant (a - b)^2 + (b - c)^2 + (c - a)^2 + 4\sqrt{3}K,$$

并说明等号当三角形为等边三角形时成立.

证法一 一方面,令 $x = s - a, y = s - b, z = s - c$,那么

$$a^2 + b^2 + c^2 - (a - b)^2 - (a - b)^2 - (a - b)^2 = 4(xy + yz + zx).$$

另一方面,Heron 公式可以写成

$$4\sqrt{3}K = 4\sqrt{3(x + y + z)xyz},$$

那么待证不等式等价于

$$(xy + yz + zx)^2 \geqslant 3(x + y + z)xyz.$$

此不等式是显然的,因为它可以写成

$$(xy - yz)^2 + (yz - zx)^2 + (zx - xy)^2 \geqslant 0. \qquad\qquad □$$

证法二 由余弦定理,我们有

$$a^2 = (b-c)^2 + 2bc(1-\cos A),$$

由面积公式 $2K = bc\sin A$ 可得

$$a^2 = (b-c)^2 + 4K\tan\frac{A}{2}.$$

将这样三个类似的不等式相加,我们得到

$$a^2 + b^2 + c^2 = (a-b)^2 + (a-b)^2 + (a-b)^2 + 4K\left(\tan\frac{A}{2} + \tan\frac{B}{2} + \tan\frac{C}{2}\right).$$

于是待证不等式可由习题 4.9 的式 (2) 和不等式

$$\frac{4R+r}{s} \geqslant \sqrt{3}$$

得到,上述不等式是例 4.2 的结论.

4.3 证明:在任意边长为 a,b,c,中线长为 m_a, m_b, m_c,内切圆半径为 r,面积为 K 的三角形中,成立以下不等式:

(1) $m_a m_b + m_b m_c + m_c m_a \geqslant \dfrac{3}{8}(a^2 + b^2 + c^2) + \dfrac{3\sqrt{3}}{2}K$;

(2) $m_a + m_b + m_c \leqslant a + b + c - 3(2\sqrt{3}-3)r.$

证 (1) 我们可以构造一个三角形 Δ',使得其边长为 m_a, m_b, m_c,且 Δ' 的面积为 $\dfrac{3}{4}K$. 因此,待证不等式可以通过直接对三角形 Δ' 应用 Hadwiger-Finsler 不等式 (习题 4.2) 以及等式

$$m_a^2 + m_b^2 + m_c^2 = \frac{3}{4}(a^2 + b^2 + c^2)$$

所得到. □

(2) 我们考虑一个 $\triangle ABC$,设 A', B' 分别是点 A, B 关于 BC 和 CA 中点的对称点,那么对四边形 $ABA'B'$,由 Ptolemy 不等式 (例 1.4),我们有 $4m_a m_b \leqslant ab + 2c^2$. 类似地,$4m_b m_c \leqslant bc + 2a^2$,$4m_c m_a \leqslant ca + 2b^2$. 将上述不等式相加,我们得到

$$2(m_a m_b + m_b m_c + m_c m_a) \leqslant a^2 + b^2 + c^2 + \frac{1}{2}(ab + bc + ca).$$

进一步,由等式

$$m_a^2 + m_b^2 + m_c^2 = \frac{3}{4}(a^2 + b^2 + c^2),$$

可得

$$(m_a + m_b + m_c)^2 \leqslant \frac{7}{4}(a^2 + b^2 + c^2) + \frac{1}{2}(ab + bc + ac).$$

由命题 2 中的公式 (4.4) 和 (4.5)，我们可得

$$(m_a + m_b + m_c)^2 \leqslant 4s^2 - 12Rr - 3r^2,$$

那么就只需要证明

$$4s^2 - 12Rr - 3r^2 \leqslant \left(2s - 3(2\sqrt{3} - 3)r\right)^2,$$

此即

$$s \leqslant \frac{R + (16 - 9\sqrt{3})r}{2\sqrt{3} - 3},$$

这个不等式由例 4.2 的式 (4.27) 和 Euler 不等式 $R \geqslant 2r$ 即得. □

4.4　设 s, r, R 分别表示 $\triangle ABC$ 的半周长、内切圆半径和外接圆半径，证明：

$$(s^2 + r^2 + 4Rr)(s^2 + r^2 + 2Rr) \geqslant 4Rr(5s^2 + r^2 + 4Rr),$$

并求出等号何时成立.

证　设 a, b, c 是三角形的边长，利用公式

$$ab + bc + ca = s^2 + r^2 + 4Rr, abc = 4Rrs,$$

我们可得

$$(a + b)(b + c)(c + a) = (a + b + c)(ab + bc + ca) - abc$$
$$= 2s(s^2 + r^2 + 2Rr).$$

于是，待证不等式等价于

$$(a + b)(b + c)(c + a)(ab + bc + ca) \geqslant 2abc\big((a + b + c)^2 + ab + bc + ca\big),$$

此不等式可以写成

$$a^2(b - c)^2(b + c) + b^2(c - a)^2(c + a) + c^2(a - b)^2(a + b) \geqslant 0,$$

等号成立当且仅当 $a = b = c$，即当且仅当 $\triangle ABC$ 是等边三角形. □

4.5　对边长为 a, b, c，内切圆半径为 r，外接圆半径为 R 的三角形，证明以下广义 Euler 不等式：
(1) $\dfrac{R}{2r} \geqslant \dfrac{a^2 + b^2 + c^2}{ab + bc + ca}$;
(2) $\dfrac{R}{2r} \geqslant \dfrac{abc + a^3 + b^3 + c^3}{4abc}$.

证 (1) 证法一：利用命题 2 中的公式 (4.4) 和 (4.5) 以及例 4.1 的式 (4.24) 右边的不等式，我们得到

$$\frac{a^2 + b^2 + c^2}{ab + bc + ca} = \frac{2(s^2 - r^2 - 4Rr)}{s^2 + r^2 + 4Rr} \leq \frac{s^2 + 4R^2 - 4Rr + r^2}{s^2 + r^2 + 4Rr}.$$

因此，只需要证明

$$\frac{s^2 + 4R^2 - 4Rr + r^2}{s^2 + r^2 + 4Rr} \leq \frac{R}{2r}.$$

注意到，此不等式等价于

$$(R - 2r)(s^2 - 4Rr + r^2) \geq 0,$$

这由 Euler 不等式以及例 4.1 的式 (4.24) 左边的不等式即得. □

证法二：我们作代换

$$a = x + y, b = y + z, c = z + x, x, y, z > 0.$$

那么待证不等式转化为

$$\frac{(x + y)(y + z)(z + x)}{8xyz} \geq \frac{2(x^2 + y^2 + z^2 + xy + yz + zx)}{x^2 + y^2 + z^2 + 3(xy + yz + zx)}.$$

令 $x + y + z = u, xy + yz + zx = v, xyz = w$，那么此不等式可以写成

$$\frac{uv - w}{8w} \geq \frac{2(u^2 - v)}{u^2 + v},$$

这等价于

$$w \leq \frac{uv(u^2 + v)}{17u^2 - 15v}.$$

由于 $v^2 \geq 3uw$，只需要证明

$$\frac{v^2}{3u} \leq \frac{uv(u^2 + v)}{17u^2 - 15v}.$$

这又等价于

$$(u^2 - 3v)(3u^2 - 5v) \geq 0,$$

由于 $u^2 \geq 3v$，这是显然成立的. □

(2) 我们有

$$\frac{abc + a^3 + b^3 + c^3}{4abc} = \frac{(a + b + c)(a^2 + b^2 + c^2 - ab - bc - ca) + 4abc}{4abc},$$

并利用命题 2 的式 (4.4) 和 (4.5)，我们得到

$$\frac{abc + a^3 + b^3 + c^3}{4abc} = \frac{s^2 - 4Rr - 3r^2}{8Rr}.$$

现在容易验证待证不等式等价于例 4.1 的式 (4.24) 右边的不等式. □

注 我们留给读者作为练习去证明不等式 (2) 比不等式 (1) 更强.

4.6 设 r_a, r_b, r_c 分别是一个三角形的三边 a, b, c 上的外切圆半径, 且内切圆半径为 r, 外接圆半径为 R. 证明:

(1) $\dfrac{a^3}{r_a} + \dfrac{b^3}{r_b} + \dfrac{c^3}{r_c} \leqslant \dfrac{abc}{r}$;

(2) $\dfrac{ab}{r_a r_b} + \dfrac{bc}{r_b r_c} + \dfrac{ca}{r_c r_a} \geqslant \dfrac{4(5R - r)}{4R + r}$.

证 (1) 利用公式

$$(s - a)r_a = (s - b)r_b = (s - c)r_c = rs,$$

我们将待证不等式改写为

$$a^3(s - a) + b^3(s - b) + c^3(s - c) \leqslant sabc.$$

又将此不等式写成 s, r, R 的形式, 并且利用命题 2 中证明的等式

$$ab + bc + ca = s^2 + r^2 + 4Rr, \quad a^2 + b^2 + c^2 = 2(s^2 - r^2 - 4Rr), \quad abc = 4srR,$$

我们有

$$a^3 + b^3 + c^3 = (a + b + c)(a^2 + b^2 + c^2 - ab - bc - ca) + 3abc$$
$$= 2s(s^2 - 6Rr - 3r^2);$$
$$a^4 + b^4 + c^4 = (a^2 + b^2 + c^2)^2 - 2(ab + bc + ca)^2 + 4abc(a + b + c)$$
$$= 4(s^2 - 4Rr - r^2)^2 - 2(s^2 + 4Rr + r^2)^2 + 32s^2 Rr.$$

经过简单的计算, 上述不等式等价于 $3s^2 \leqslant (4R + r)^2$, 这正是例 4.2 的式 (4.22) 的结论. □

(2) 设正实数 x, y, z 满足 $a = y + z, b = z + x, c = x + y$. 注意到

$$r_a r_b = \frac{K^2}{(s - a)(s - b)} = s(s - a) = z(x + y + z)$$

及

$$\frac{R}{r} = \frac{abc}{4(s - a)(s - b)(s - c)} = \frac{(x + y)(y + z)(z + x)}{4xyz},$$

不难证明待证不等式可以改写为

$$2\sum_{\text{cyc}} \frac{1}{xy} - \sum_{\text{cyc}} \frac{1}{x^2} \leqslant \frac{9}{xy + yz + zx}.$$

这正是 Schur 不等式, 因为它可以写成

$$2(uv + vw + uw) - (u^2 + v^2 + w^2) \leqslant \frac{9uvw}{u + v + w},$$

其中

$$u = \frac{1}{x}, v = \frac{1}{y}, w = \frac{1}{z}. \qquad \square$$

4.7 设 x, y, z 是正实数, 证明:

(1) $\dfrac{x}{y+z} + \dfrac{y}{z+x} + \dfrac{z}{x+y} \geqslant \dfrac{3}{2}$;

(2) $\dfrac{x^2}{y+z} + \dfrac{y^2}{z+x} + \dfrac{z^2}{x+y} \geqslant \dfrac{x+y+z}{2}$;

(3) $xyz \geqslant (x+y-z)(y+z-x)(z+x-y)$;

(4) $3(x+y)(y+z)(z+x) \leqslant 8(x^3+y^3+z^3)$;

(5) $x^4+y^4+z^4-2(x^2y^2+y^2z^2+z^2x^2)+xyz(x+y+z) \geqslant 0$;

(6) $[xy(x+y-z)+yz(y+z-x)+zx(z+x-y)]^2 \geqslant xyz(x+y+z)(zy+yz+zx)$.

证 在接下来的证明中, 我们会利用代换

$$x = s-a, y = s-b, z = s-c$$

以及下面关于 x, y, z 的初等对称函数

$$\sigma_1 = s, \sigma_2 = 4Rr + r^2, \sigma_3 = sr^2.$$

(1) 我们有

$$\begin{aligned}
\frac{x}{y+z} + \frac{y}{z+x} + \frac{z}{x+y} &= \frac{s-a}{a} + \frac{s-b}{b} + \frac{s-c}{c} \\
&= \frac{s(ab+bc+ca)-3abc}{abc} \\
&= \frac{s^2+r^2-8Rr}{4Rr}.
\end{aligned}$$

由例 4.1 的式 (4.19) 和 Euler 不等式可得

$$\frac{s^2+r^2-8Rr}{4Rr} \geqslant \frac{8Rr-4r^2}{4Rr} \geqslant \frac{8Rr-2Rr}{4Rr} = \frac{3}{2}.$$

注意到, 上述不等式可以不需要利用例 4.1 中式 (4.19) 左边的不等式来证明:

$$\frac{s-a}{a} + \frac{s-b}{b} + \frac{s-c}{c} = \frac{1}{2}(a+b+c)\left(\frac{1}{a}+\frac{1}{b}+\frac{1}{c}\right) - 3 \geqslant \frac{9}{2} - 3 = \frac{3}{2}. \qquad \square$$

(2) 我们很容易验证

$$\frac{x^2}{y+z} + \frac{y^2}{z+x} + \frac{z^2}{x+y} - \frac{x+y+z}{2}$$

$$= \frac{(s-a)^2}{a} + \frac{(s-b)^2}{b} + \frac{(s-c)^2}{c}$$
$$= \frac{s}{2}\left((a+b+c)\left(\frac{1}{a}+\frac{1}{b}+\frac{1}{c}\right)-9\right) \geqslant 0. \qquad \square$$

(3) 证法一: 我们有

$$(x+y-z)(y+z-x)(z+x-y) = (\sigma_1-2z)(\sigma_1-2x)(\sigma_1-2y)$$
$$= \sigma_1^3 - 2\sigma_1^3 + 4\sigma_1\sigma_2 - 8\sigma_3,$$

那么我们需要证明

$$\sigma_1^3 - 4\sigma_1\sigma_2 + 9\sigma_3 \geqslant 0.$$

作标准化代换以后, 我们可知上述不等式等价于例 4.1 中式 (4.19) 左边的不等式.　　□

证法二: 我们不妨假定此不等式的右边是正的 (否则不等式就是显然的), 这意味着 x, y, z 是一个三角形的边长. 分别用 s, r, R 表示此三角形的半周长、内接圆半径和外接圆半径, 那么 $xyz = 4Rsr$, 且由 Heron 公式有

$$(x+y-z)(y+z-x)(z+x-y) = 8(s-a)(s-b)(s-c) = 8sr^2.$$

那么在这种情形下, 待证不等式显然等价于 Euler 不等式.　　□

(4) 容易验证

$$(x+y)(y+z)(z+x) = \sigma_1\sigma_2 - \sigma_3, \quad x^3+y^3+z^3 = \sigma_1^3 - 3\sigma_1\sigma_2 + 3\sigma_3.$$

因此, 待证不等式等价于

$$8\sigma_1^3 - 27\sigma_1\sigma_2 + 27\sigma_3 \geqslant 0.$$

利用标准代换以及初等对称函数的公式, 我们可以将此不等式写成 $2s^2 \geqslant 27Rr$, 这由例 4.1 中式 (4.19) 左边的不等式即得.　　□

(5) 提示: 证明此不等式的左边可以写成 $s^2(s^2 - 16Rr + 5r^2)$, 再利用例 4.1 的式 (4.19) 即可.

(6) 提示: 证明此不等式等价于 $(R-r)(R-2r) \geqslant 0$.

4.8　设正实数 x, y, z 满足 $x+y+z=1$, 证明:

(1) $\dfrac{1-3x}{1+x} + \dfrac{1-3y}{1+y} + \dfrac{1-3z}{1+z} \geqslant 0$;

(2) $\dfrac{xy}{1+z} + \dfrac{yz}{1+x} + \dfrac{zx}{1+y} \leqslant \dfrac{1}{4}$;

(3) $x^2 + y^2 + z^2 + \sqrt{12xyz} \leqslant 1$.

证 在接下来的证明中,我们将利用代换

$$x = \frac{s-a}{s}, y = \frac{s-b}{s}, z = \frac{s-c}{s}$$

以及下面的关于 x, y, z 的初等对称函数

$$\sigma_1 = 1, \sigma_2 = \frac{4Rr + r^2}{s^2}, \sigma_3 = \frac{r^2}{s^2}.$$

(1) 消去分母,我们发现不等式的左边等于 $2 - 5\sigma_2 - 9\sigma_3$. 利用上述公式,此式可以写成

$$\frac{2(s^2 - 10Rr - 7r^2)}{s^2}.$$

由例 4.1 的式 (4.19) 和 Euler 不等式可得

$$s^2 - 10Rr - 7r^2 \geqslant 16Rr - 5r^2 - 10Rr - 7r^2 = 6r(R - 2r) \geqslant 0. \qquad \square$$

(2) 消去分母,我们可知不等式等价于

$$\sigma_2^2 + 7\sigma_2 - 21\sigma_3 \geqslant 2.$$

利用上述公式,我们可以将不等式写成

$$s^4 - s^2(14Rr - 7r^2) \geqslant 2(4Rr + r^2)^2.$$

利用两次例 4.1 的式 (4.19),可得

$$\begin{aligned}
s^4 - s^2(14Rr - 7r^2) &\geqslant s^2(16Rr - 5r^2) - s^2(14Rr - 7r^2) \\
&= 2r(R + 2r)s^2 \geqslant 2r(R + 2r)(16Rr - 5r^2) \\
&= 2r^2(16R^2 + 11Rr - 5r^2).
\end{aligned}$$

于是我们只需要证明

$$2r^2(16R^2 + 11Rr - 5r^2) \geqslant 2(4Rr + r^2)^2,$$

这等价于 Euler 不等式 $R \geqslant 2r$. $\qquad \square$

(3) 我们有

$$x^2 + y^2 + z^2 = \sigma_1^2 - 2\sigma_2 = 1 - \frac{2(4Rr + r^2)}{s^2}, xyz = \sigma_3 = \frac{r^2}{s^2},$$

于是待证不等式等价于 $4R + 4 \geqslant \sqrt{3}s$. 由例 4.2 的式 (4.22),我们可得

$$\begin{aligned}
4R + r - \sqrt{3}s &\geqslant 4R + r - \sqrt{3}(2R + (3\sqrt{3} - 4)r) \\
&= 2(2 - \sqrt{3})(R - 2r) \geqslant 0. \qquad \square
\end{aligned}$$

4.9　设 α, β, γ 是一个三角形的内角, 三角形的半周长为 s, 内切圆半径为 r, 外接圆半径为 R. 证明:

(1) $\tan\dfrac{\alpha}{2}, \tan\dfrac{\beta}{2}, \tan\dfrac{\gamma}{2}$ 是三次方程

$$sx^3 - (4R + r)x^2 + sx - r = 0$$

的根;

(2) $\tan\dfrac{\alpha}{2} + \tan\dfrac{\beta}{2} + \tan\dfrac{\gamma}{2} = \dfrac{4R + r}{s}$;

(3) $\tan\dfrac{\alpha}{2}\tan\dfrac{\beta}{2} + \tan\dfrac{\beta}{2}\tan\dfrac{\gamma}{2} + \tan\dfrac{\gamma}{2}\tan\dfrac{\alpha}{2} = 1$;

(4) $\tan\dfrac{\alpha}{2}\tan\dfrac{\beta}{2}\tan\dfrac{\gamma}{2} = \dfrac{r}{s}$;

(5) $\tan^2\dfrac{\alpha}{2} + \tan^2\dfrac{\beta}{2} + \tan^2\dfrac{\gamma}{2} = \dfrac{(4R + r)^2 - 2s^2}{s^2}$;

(6) $\left(\tan\dfrac{\alpha}{2} + \tan\dfrac{\beta}{2}\right)\left(\tan\dfrac{\beta}{2} + \tan\dfrac{\gamma}{2}\right)\left(\tan\dfrac{\gamma}{2} + \tan\dfrac{\alpha}{2}\right) = \dfrac{4R}{s}$.

证　(1) 我们有 $a = 2R\sin\alpha, s - a = r\cot\dfrac{\alpha}{2}$, 于是

$$2R\sin\alpha + r\cot\dfrac{\alpha}{2} = s.$$

此外, 我们知道

$$\sin\alpha = \frac{2\tan\dfrac{\alpha}{2}}{1 + \tan^2\dfrac{\alpha}{2}}, \cot\dfrac{\alpha}{2} = \frac{1}{\tan\dfrac{\alpha}{2}},$$

将这些公式代入到上述等式, 容易得到

$$s\tan^3\dfrac{\alpha}{2} - (4R + r)\tan^2\dfrac{\alpha}{2} + s\tan\dfrac{\alpha}{2} - r = 0,$$

即 $\tan\dfrac{\alpha}{2}$ 是所给方程的根, 同理 $\tan\dfrac{\beta}{2}, \tan\dfrac{\gamma}{2}$ 也是所给方程的根.　　□

(2)(3)(4) 这些等式可以由 (1) 中等式以及三次方程的 Vieta 定理得到.　　□

(5) 这个等式可以由等式

$$\tan^2\dfrac{\alpha}{2} + \tan^2\dfrac{\beta}{2} + \tan^2\dfrac{\gamma}{2}$$

$$= \left(\tan\dfrac{\alpha}{2} + \tan\dfrac{\beta}{2} + \tan\dfrac{\gamma}{2}\right)^2 - 2\left(\tan\dfrac{\alpha}{2}\tan\dfrac{\beta}{2} + \tan\dfrac{\beta}{2}\tan\dfrac{\gamma}{2} + \tan\dfrac{\gamma}{2}\tan\dfrac{\alpha}{2}\right)$$

和等式 (2)(3) 所得.　　□

(6) 容易验证

$$\left(\tan\dfrac{\alpha}{2} + \tan\dfrac{\beta}{2}\right)\left(\tan\dfrac{\beta}{2} + \tan\dfrac{\gamma}{2}\right)\left(\tan\dfrac{\gamma}{2} + \tan\dfrac{\alpha}{2}\right)$$

$$= \left(\tan \frac{\alpha}{2} + \tan \frac{\beta}{2} + \tan \frac{\gamma}{2} \right) \left(\tan \frac{\alpha}{2} \tan \frac{\beta}{2} + \tan \frac{\beta}{2} \tan \frac{\gamma}{2} + \tan \frac{\gamma}{2} \tan \frac{\alpha}{2} \right) -$$
$$\tan \frac{\alpha}{2} \tan \frac{\beta}{2} \tan \frac{\gamma}{2},$$

于是,待证不等式可由等式 (2)(3) 和 (4) 得到. □

4.10 证明:在任意边长为 a, b, c,内切圆半径为 r,外接圆半径为 R 的三角形中,成立以下不等式:

$$\frac{\sqrt{25Rr - 2r^2}}{4Rr} \leqslant \frac{1}{a} + \frac{1}{b} + \frac{1}{c} \leqslant \frac{1}{\sqrt{3}} \left(\frac{1}{r} + \frac{1}{R} \right).$$

证 利用等式 $ab + bc + ca = s^2 + r^2 + 4Rr$,我们得到

$$\frac{1}{a} + \frac{1}{b} + \frac{1}{c} = \frac{ab + bc + ca}{abc} - \frac{s^2 + r^2 + 4Rr}{4srR}.$$

要证明右边的不等式,我们就需要证明

$$s^2 - \frac{4(R + r)}{\sqrt{3}} s + r^2 + 4Rr \leqslant 0.$$

注意到,此二次方程的根为

$$s_1 = r\sqrt{3}, s_2 = \frac{4R + r}{\sqrt{3}},$$

于是,这个不等式等价于

$$r\sqrt{3} \leqslant s \leqslant \frac{4R + r}{\sqrt{3}},$$

这由例 4.1 的式 (4.19) 和 Euler 不等式 $R \geqslant 2r$ 即得. 要证明左边的不等式,我们令

$$\delta = 1 - \sqrt{1 - \frac{2r}{R}},$$

由 Euler 不等式可知 $0 < \delta < 1$. 进一步,利用等式

$$\frac{r}{R} = \delta - \frac{\delta^2}{2},$$

我们容易验证基本不等式可以写成以下形式:

$$\frac{\delta(4 - \delta)^3}{4} \leqslant \frac{s^2}{R^2} \leqslant \frac{(2 - \delta)(2 + \delta)^3}{4}. \tag{8.2}$$

过程冗长但是直接计算可以得到

$$\left(\frac{1}{a} + \frac{1}{b} + \frac{1}{c} \right)^2 - \frac{25Rr - 2r^2}{16R^2r^2}$$

$$= \frac{(s^2 + 4Rr + r^2)^2}{16s^2R^2r^2} - \frac{25Rr - 2r^2}{16R^2r^2}$$

$$= \frac{R^2}{16s^2r^2}\left[\frac{s^4}{R^4} - \left(-\delta^4 + 4\delta^3 - \frac{25}{2}\delta^2 + 17\delta\right)\frac{s^2}{R^2} + \frac{(4-\delta)^2(4-\delta^2)^2\delta^2}{16}\right].$$

考虑二次函数

$$f(x) = x^2 - \left(-\delta^4 + 4\delta^3 - \frac{25}{2}\delta^2 + 17\delta\right)x + \frac{(4-\delta)^2(4-\delta^2)^2\delta^2}{16},$$

容易看出此函数在区间

$$\left[\frac{1}{2}\left(-\delta^4 + 4\delta^3 - \frac{25}{2}\delta^2 + 17\delta\right), +\infty\right)$$

上单调递增, 那么由不等式 (8.2) 的左边以及

$$\frac{\delta(4-\delta)^3}{4} - \frac{1}{2}\left(-\delta^4 + 4\delta^3 - \frac{25}{2}\delta^2 + 17\delta\right) = \delta\left(\frac{15}{2} - \frac{23}{4}\delta\right) + \delta^3 + \frac{\delta^4}{4} > 0,$$

我们得到

$$f\left(\frac{s^2}{R^2}\right) > f\left(\frac{\delta(4-\delta)^3}{4}\right) = \frac{(4-\delta)^2(1-\delta)^2(6-\delta)\delta^3}{8} \geqslant 0,$$

这就证明了待证不等式. □

注 上述不等式还有诸多证明[31][43]. 右边表达式的最优结果是由 S. L. Chen[12] 在 1996 年证明的, $k = \dfrac{\sqrt[3]{2} - 1}{2}$ 是使得不等式

$$\frac{1}{a} + \frac{1}{b} + \frac{1}{c} \leqslant \frac{1}{\sqrt{3}}\left(\frac{1}{r} + \frac{1}{R} + k\left(\frac{2}{R} - \frac{1}{r}\right)\right)$$

对任意三角形都成立的最小常数. 至于左边的不等式, 目前尚不知道[57] 使得不等式

$$\frac{1}{a} + \frac{1}{b} + \frac{1}{c} \geqslant \frac{\sqrt{25Rr - 2r^2 + k\left(1 - \dfrac{2r}{R}\right)\dfrac{r^3}{R}}}{4Rr}$$

对任意三角形成立的最优 k 值是多少.

4.11 设 α, β, γ 是一个三角形的内角, 证明:

$$\left(\cot\frac{\alpha}{2} - 1\right)\left(\cot\frac{\beta}{2} - 1\right)\left(\cot\frac{\gamma}{2} - 1\right) \leqslant 6\sqrt{3} - 10.$$

证 在习题 4.9(1) 的三次方程中作代换 $x = \dfrac{1}{y}$, 我们可知 $\cot\dfrac{\alpha}{2}, \cot\dfrac{\beta}{2}, \cot\dfrac{\gamma}{2}$ 是三次方程

$$ry^3 - sy^2 + (4R + r)y - s = 0$$

的根. 于是, 由 Vieta 定理可得

$$
\begin{aligned}
A &= \left(\cot\frac{\alpha}{2}-1\right)\left(\cot\frac{\beta}{2}-1\right)\left(\cot\frac{\gamma}{2}-1\right) \\
&= \cot\frac{\alpha}{2}+\cot\frac{\beta}{2}+\cot\frac{\gamma}{2}-\left(\cot\frac{\alpha}{2}\cot\frac{\beta}{2}+\cot\frac{\beta}{2}\cot\frac{\gamma}{2}+\cot\frac{\gamma}{2}\cot\frac{\alpha}{2}\right)+ \\
&\quad \cot\frac{\alpha}{2}\cot\frac{\beta}{2}\cot\frac{\gamma}{2} \\
&= \frac{s}{r}-\frac{4R+r}{r}+\frac{s}{r}-1=\frac{2s-(4r+2r)}{r}.
\end{aligned}
$$

因此, 由例 4.2 中式 (4.22) 的右边不等式, 我们得到

$$
A \leqslant \frac{2\big(2R+(3\sqrt{3}-4)r\big)-(4R+2r)}{r}=6\sqrt{3}-10. \qquad \square
$$

4.12 设 α,β,γ 是一个三角形的内角, 其半周长为 s, 内切圆半径为 r, 外接圆半径为 R. 证明:

(1) $\cos\alpha,\cos\beta,\cos\gamma$ 是三次方程

$$
4R^2x^3-4R(R+r)x^2+(s^2+r^2-4R^2)x+(2R+r)^2-s^2=0
$$

的根;

(2) $\cos\alpha+\cos\beta+\cos\gamma=1+\dfrac{r}{R}$;

(3) $\cos\alpha\cos\beta+\cos\beta\cos\gamma+\cos\gamma\cos\alpha=\dfrac{s^2+r^2-4R^2}{4R^2}$;

(4) $\cos\alpha\cos\beta\cos\gamma=\dfrac{s^2-(2R+r)^2}{4R^2}$;

(5) $\cos^2\alpha+\cos^2\beta+\cos^2\gamma=\dfrac{6R^2+4Rr+r^2-s^2}{2R^2}$.

证 (1) 我们有 $a=2R\sin\alpha, s-a=r\cot\dfrac{\alpha}{2}$. 又有

$$
\sin\alpha=\sqrt{1-\cos^2\alpha}=\sqrt{(1-\cos\alpha)(1+\cos\alpha)},\cot\frac{\alpha}{2}=\sqrt{\frac{1+\cos\alpha}{1-\cos\alpha}},
$$

于是, 我们得到

$$
s=a+s-a=2R\sqrt{(1-\cos\alpha)(1+\cos\alpha)}+r\sqrt{\frac{1+\cos\alpha}{1-\cos\alpha}}.
$$

两边平方以后消去分母, 我们得到

$$
4R^2\cos^3\alpha-4R(R+r)\cos^2\alpha+(s^2+r^2-4R^2)\cos\alpha+(2R+r)^2-s^2=0. \quad \square
$$

(2)(3)(4) 这些等式可由 (1) 中等式以及三次方程的 Vieta 定理即得. $\qquad \square$

269

(5) 这个等式可以利用等式

$$\cos^2 \alpha + \cos^2 \beta + \cos^2 \gamma$$
$$= (\cos\alpha + \cos\beta + \cos\gamma)^2 - 2(\cos\alpha\cos\beta + \cos\beta\cos\gamma + \cos\gamma\cos\alpha)$$

以及 (1) 和 (2) 中等式得到. □

4.13　对任意高为 h_a, h_b, h_c, 角平分线为 l_a, l_b, l_c, 内切圆半径为 r, 外接圆半径为 R 的三角形, 证明以下不等式:

$$\frac{h_a^2}{l_a^2} + \frac{h_b^2}{l_b^2} + \frac{h_c^2}{l_c^2} \geq 1 + \frac{4r}{R}.$$

证　考虑一个 $\triangle ABC$. 首先, 注意到如果 AH 是高, 而 AL 是 $\angle CAB$ 的平分线, 那么 $\angle HAW = \frac{1}{2}|\angle B - \angle C|$, 因此

$$\frac{h_a}{l_a} = \cos\frac{B-C}{2}.$$

类似地, 有

$$\frac{h_b}{l_b} = \cos\frac{C-A}{2}, \frac{h_c}{l_c} = \cos\frac{A-B}{2}.$$

于是

$$\frac{h_a^2}{l_a^2} + \frac{h_b^2}{l_b^2} + \frac{h_c^2}{l_c^2} = \cos^2\frac{B-C}{2} + \cos^2\frac{C-A}{2} + \cos^2\frac{A-B}{2}$$
$$= \frac{3}{2} + \frac{1}{2}[\cos(B-C) + \cos(C-A) + \cos(A-B)].$$

利用习题 4.12 的等式 (2) 有

$$\cos A + \cos B + \cos C = 1 + 4\sin\frac{A}{2}\sin\frac{B}{2}\sin\frac{C}{2} = 1 + \frac{r}{R}$$

及

$$\cos(A-B) + \cos(B-C) + \cos(C-A) = 4\cos\frac{A-B}{2}\cos\frac{B-C}{2}\cos\frac{C-A}{2} - 1,$$

我们可知待证不等式等价于

$$8\sin\frac{A}{2}\sin\frac{B}{2}\sin\frac{C}{2} \leq \cos\frac{A-B}{2}\cos\frac{B-C}{2}\cos\frac{C-A}{2}.$$

令

$$\alpha = 90° - \frac{A}{2}, \beta = 90° - \frac{B}{2}, \gamma = 90° - \frac{C}{2},$$

那么 α,β,γ 是一个锐角三角形的内角,于是我们需要证明不等式

$$\cos(\alpha-\beta)\cos(\beta-\gamma)\cos(\gamma-\alpha)\geq 8\cos\alpha\cos\beta\cos\gamma. \tag{8.3}$$

不失一般性,我们可以假定 $\alpha\leq\beta\leq\gamma<90°$,那么

$$\sin\alpha\cos(\beta-\gamma)=\frac{\sin 2\gamma+\sin 2\beta}{2}\geq\sqrt{\sin 2\gamma\sin 2\beta}.$$

因此

$$\cos(\beta-\gamma)\geq\frac{\sqrt{\sin 2\gamma\sin 2\beta}}{\sin\alpha},$$

类似地

$$\cos(\alpha-\beta)\geq\frac{\sqrt{\sin 2\alpha\sin 2\beta}}{\sin\gamma},\cos(\gamma-\alpha)\geq\frac{\sqrt{\sin 2\gamma\sin 2\alpha}}{\sin\beta}.$$

将这些不等式相乘,就得到了式 (8.3). □

4.14 设 α,β,γ 是一个三角形的内角,证明:
(1) $\dfrac{1}{2-\cos\alpha}+\dfrac{1}{2-\cos\beta}+\dfrac{1}{2-\cos\gamma}\geq 2$;
(2) $\dfrac{1}{5-\cos\alpha}+\dfrac{1}{5-\cos\beta}+\dfrac{1}{5-\cos\gamma}\leq\dfrac{2}{3}$.

证 (1) 消去分母,我们可知原不等式等价于

$$4(\cos\alpha+\cos\beta+\cos\gamma)+2\cos\alpha\cos\beta\cos\gamma$$

$$\geq 4+3(\cos\alpha\cos\beta+\cos\beta\cos\gamma+\cos\gamma\cos\alpha).$$

利用习题 4.12 中的等式,我们将此不等式写成用 s,r,R 表示的形式:

$$4\left(1+\frac{r}{R}\right)+\frac{2(s^2-(2R+r)^2)}{4R^2}\geq 4+\frac{3(s^2+r^2-4R^2)}{4R^2}.$$

这个不等式等价于

$$s^2\leq 4R^2+8Rr-5r^2,$$

这由例 4.1 中式 (4.19) 右边的不等式以及 Euler 不等式 $R\geq 2r$ 即得. □

(2) 和 (1) 的方法一样,待证不等式等价于

$$5s^2\geq 72Rr-9r^2,$$

这由例 4.1 的式 (4.19) 左边的不等式以及 Euler 不等式 $R\geq 2r$ 即得. □

4.15 证明以下广义的 Hadwiger-Finsler 不等式 (习题 4.2):

$$a^2+b^2+c^2\geq 4K\sqrt{3+\frac{4(R-2r)}{4R+r}}+(a-b)^2+(b-c)^2+(c-a)^2.$$

271

证　首先, 注意到待证不等式可以写成

$$\left(\frac{a^2 + b^2 + c^2 - (a-b)^2 - (b-c)^2 - (c-a)^2}{4K}\right)^2 \geqslant 3 + \frac{4(R-2r)}{4R+r},$$

这等价于

$$\left(\frac{2(ab + bc + ca) - (a^2 + b^2 + c^2)}{4K}\right)^2 \geqslant \frac{16R - 5r}{4R+r}.$$

其次, 利用等式

$$ab + bc + ca = s^2 + r^2 + 4Rr, \quad a^2 + b^2 + c^2 = 2(s^2 - r^2 - 4Rr)$$

（见命题 2 的式 (4.4) 和 (4.5)）和面积公式 $K - rs$, 我们可得

$$\frac{2(ab + bc + ca) - (a^2 + b^2 + c^2)}{4K} = \frac{4R+r}{s}.$$

因此, 上述不等式可以写成

$$\left(\frac{4R+r}{s}\right)^2 \geqslant \frac{16R - 5r}{4R+r},$$

所以, 我们需要证明不等式

$$\frac{(4R+r)^3}{16R - 5r} \geqslant s^2.$$

这由例 4.1 的式 (4.19) 即得, 因为我们容易验证不等式

$$\frac{(4R+r)^3}{16R - 5r} \geqslant 4R^2 + 4Rr + 3r^2$$

等价于 $(R - 2r)^2 \geqslant 0$, 这是显然的.　　　　　□

4.16　证明: 在任意半周长为 s, 内切圆半径为 r, 外接圆半径为 R 的三角形中, 有

$$s^2 \leqslant \frac{27R^2(2R+r)^2}{27R^2 - 8r^2} \leqslant 4R^2 + 4Rr + 3r^2.$$

证　注意到, 在任意三角形中, 我们有恒等式

$$a\cos\alpha + b\cos\beta + c\cos\gamma = \frac{2sr}{R}.$$

由余弦定理可得

$$a\cos\alpha + b\cos\beta + c\cos\gamma$$
$$= \frac{a(b^2 + c^2 - a^2)}{2bc} + \frac{b(c^2 + a^2 - b^2)}{2ca} + \frac{c(a^2 + b^2 - c^2)}{2ab}$$

$$= \frac{a^2(b^2 + c^2 - a^2)}{2abc} + \frac{b^2(c^2 + a^2 - b^2)}{2bca} + \frac{c^2(a^2 + b^2 - c^2)}{2cab}$$

$$= \frac{2a^2b^2 + 2b^2c^2 + 2c^2a^2 - a^4 - b^4 - c^4}{2abc} = \frac{16K^2}{8KR} = \frac{2K}{R} = \frac{2sr}{R},$$

这里 K 是三角形的面积.

假定三角形是锐角三角形, 那么由 AM-GM 不等式可得

$$\frac{2sr}{R} = a\cos\alpha + b\cos\beta + c\cos\gamma \geqslant 3\sqrt[3]{abc\cos\alpha\cos\beta\cos\gamma}.$$

将此不等式结合习题 4.12 的式 (4) 和等式 $abc = 4Rrs$, 可得

$$\frac{s^2 - (2R + r)^2}{4R^2} = \cos\alpha\cos\beta\cos\gamma \leqslant \frac{2s^2r^2}{27R^4}.$$

注意到, 此不等式对钝角三角形也是成立的, 因为在这种情形下有

$$\cos\alpha\cos\beta\cos\gamma \leqslant 0 < \frac{2s^2r^2}{27R^4},$$

解这个关于 s^2 的不等式可得

$$s^2 \leqslant \frac{27R^2(2R + r)}{27R^2 - 8r^2}.$$

要证明右边的不等式, 我们注意到

$$(27R^2 - 8r^2)(4R^2 + 4Rr + 3r^2) - 27R^2(2R + r)^2 = (R - 2r)r^2(22R + 12r) \geqslant 0. \quad \square$$

4.17 证明: 在任意内角为 α, β, γ 的三角形内, 有

$$\tan^2\frac{\alpha}{2} + \tan^2\frac{\beta}{2} + \tan^2\frac{\gamma}{2} \geqslant 2 - 8\sin\frac{\alpha}{2}\sin\frac{\beta}{2}\sin\frac{\gamma}{2}.$$

证 熟知下面的等式:

$$\tan^2\frac{\alpha}{2} + \tan^2\frac{\beta}{2} + \tan^2\frac{\gamma}{2} = \frac{(4R + r)^2 - 2s^2}{s^2},$$
$$\sin\frac{\alpha}{2}\sin\frac{\beta}{2}\sin\frac{\gamma}{2} = \frac{r}{4R}.$$

因此, 我们需要证明不等式

$$s^2 \leqslant \frac{R(4R + r)^2}{4R - 2r}.$$

注意到, 这个不等式比例 4.1 的式 (4.19) 右边的不等式更强. 利用习题 4.16, 只需要证明

$$\frac{R(4R + r)^2}{4R - 2r} \geqslant \frac{27R^2(2R + r)^2}{27R^2 - 8r^2}.$$

273

此不等式可以由等式

$$\frac{R(4R+r)^2}{4R-2r} - \frac{27R^2(2R+r)^2}{27R^2-8r^2} = \frac{(R-2r)(7R+4r)}{(4R-2r)(27R^2-8r^2)}$$

及 Euler 不等式 $R \geqslant 2r$ 得到.　　　　　　　　　　　　　　　□

4.18　设 $\triangle ABC$ 的面积为 1, a 是顶点 A 所对的边长, 求表达式

$$a^2 + \frac{1}{\sin A}$$

的最小值.

解　设 $b = AC, c = AB$, 用 S 表示 $\triangle ABC$ 的面积. 由于 $S = \frac{1}{2}bc\sin A = 1$, 我们得到 $\frac{bc}{2} = \frac{1}{\sin A} \geqslant 1$. 由余弦定理, 我们有

$$
\begin{aligned}
a^2 + \frac{1}{\sin A} &= a^2 + \frac{bc}{2} = b^2 + c^2 - 2bc\cos A + \frac{bc}{2} \\
&= b^2 + c^2 - 2bc\sqrt{1 - \sin^2 A} + \frac{bc}{2} \\
&= b^2 + \frac{bc}{2} + c^2 - 2\sqrt{b^2c^2 - 4} \\
&\geqslant \frac{5bc}{2} - 4\sqrt{\left(\frac{bc}{2}\right)^2 - 1}.
\end{aligned}
$$

对 $x \geqslant 1$, 令 $y = 5x - 4\sqrt{x^2 - 1}$, 那么 y 是正的, 且由 $(5x - y)^2 = 16(x^2 - 1)$ 可得

$$9x^2 - 10xy + y^2 + 16 = 0.$$

由于 x 是实数, 上述二次多项式的判别式必定是非负的. 因此, $(-10y)^2 - 36(y^2 + 16) \geqslant 0$, 由此可得 $y \geqslant 3$. 由上面的证明, 容易得到 $y = 3$ 当且仅当

$$b = c = \sqrt{\frac{10}{3}}, a = 2\sqrt{\frac{5 - \sqrt{10}}{3}}.$$

因此, 所求表达式的最小值是 3.　　　　　　　　　　　　　　　□

4.19　设 α, β, γ 是一个三角形的内角, 证明: 表达式

$$\sin\frac{|\alpha - \beta|}{2} + \sin\frac{|\beta - \gamma|}{2} + \sin\frac{|\gamma - \alpha|}{2}$$

不存在最大值, 并求出其上确界.

证 不失一般性,我们可以假定 $\alpha \geqslant \beta \geqslant \gamma$. 令 $\alpha - \beta = 2y, \beta - \gamma = 2x$,那么

$$x, y \geqslant 0, x \leqslant \frac{\pi}{4}, 2x + y = \frac{\pi - 3\gamma}{2} \leqslant \frac{\pi}{2}.$$

因此

$$\sin \frac{|\alpha - \beta|}{2} + \sin \frac{|\beta - \gamma|}{2} + \sin \frac{|\gamma - \alpha|}{2}$$

$$\leqslant \sin \left(\frac{\pi}{2} - 2x \right) + \sin x + \sin \left(\frac{\pi}{2} - x \right)$$

$$= \sin x + \cos x + \cos 2x = \sqrt{1 + \sin 2x} + \sqrt{1 - \sin^2 2x}.$$

考虑函数

$$f(t) = \sqrt{1 + t} + \sqrt{1 - t^2}, t \in [0, 1],$$

其导数为

$$f'(t) = \frac{1}{2\sqrt{1 + t}} - \frac{t}{\sqrt{1 - t^2}} = \frac{\sqrt{1 - t} - 2t}{2\sqrt{1 - t^2}},$$

因此 $f(t)$ 在区间 $[0, 1]$ 上的最大值在点 $t = \dfrac{\sqrt{17} - 1}{8}$ 处取到. 所以,

$$\sin \frac{|\alpha - \beta|}{2} + \sin \frac{|\beta - \gamma|}{2} + \sin \frac{|\gamma - \alpha|}{2} \leqslant f \left(\frac{\sqrt{17} - 1}{8} \right)$$

$$= \sqrt{\frac{7 + \sqrt{17}}{8}} + \sqrt{\frac{23 + \sqrt{17}}{32}}$$

$$= \sqrt{\frac{71 + 17\sqrt{17}}{32}}.$$

注意到,在上述不等式中的等号是取不到的,但这个估计式是紧的,因为,如果 $\gamma \approx 0$ 且 $\beta \approx \arcsin \dfrac{\sqrt{17} - 1}{8}$,那么

$$\sin \frac{|\alpha - \beta|}{2} + \sin \frac{|\beta - \gamma|}{2} + \sin \frac{|\gamma - \alpha|}{2} \approx \sqrt{\frac{71 + 17\sqrt{17}}{32}}.$$

因此,所给的表达式没有最大值,且其上确界等于 $\sqrt{\dfrac{71 + 17\sqrt{17}}{32}}$.　　$\square$

8.5 Erdös-Mordell 不等式

5.1 证明:对边长为 a, b, c 的 $\triangle ABC$ 内任意一点 M,我们有

$$(R_a R_b)^2 + (R_b R_c)^2 + (R_c R_a)^2 \geqslant \frac{a^2 b^2 c^2}{a^2 + b^2 + c^2}.$$

证　由 Cauchy-Schwarz 不等式和例 2.19 可得

$$(R_aR_b)^2 + (R_bR_c)^2 + (R_cR_a)^2 \geqslant \frac{(aR_bR_c + bR_cR_a + cR_aR_b)^2}{a^2 + b^2 + c^2}$$
$$\geqslant \frac{a^2b^2c^2}{a^2 + b^2 + c^2}.$$ □

5.2　证明: 对任意内接圆半径为 r 的 $\triangle ABC$ 以及平面上的任意点 M, 我们有

$$R_a + R_b + R_c \geqslant 6r.$$

等号何时成立?

证法一　例 1.10 中的证法一说明我们可以假定点 M 在 $\triangle ABC$ 内或边界上. 设 h_a, h_b, h_c 是 $\triangle ABC$ 的高, 那么

$$R_a + d_a \geqslant h_a, R_b + d_b \geqslant h_b, R_c + d_c \geqslant h_c,$$

将这些不等式相加, 我们得到

$$R_a + R_b + R_c + d_a + d_b + d_c \geqslant h_a + h_b + h_c.$$

注意到, Erdös-Mordell 不等式意味着

$$\frac{3}{2}(R_a + R_b + R_c) \geqslant h_a + h_b + h_c,$$

那么就只需要证明在任意三角形中, 有

$$h_a + h_b + h_c \geqslant 9r.$$

这可由等式

$$\frac{1}{h_a} + \frac{1}{h_b} + \frac{1}{h_c} = \frac{a}{2[ABC]} + \frac{b}{2[ABC]} + \frac{c}{2[ABC]} = \frac{1}{r}$$

与不等式

$$(x + y + z)\left(\frac{1}{x} + \frac{1}{y} + \frac{1}{z}\right) \geqslant 9$$

得到. 等号成立当且仅当 $h_a = h_b = h_c$, 即 $\triangle ABC$ 是等边三角形, 且 M 是 $\triangle ABC$ 的中心. □

证法二　证明此不等式的一个自然的方法是利用 Fermat 问题 (例 1.10). 如果 $\triangle ABC$ 的所有内角都小于 $120°$, 那么 $R_a + R_b + R_c$ 的最小值在 Fermat-Torricelli 点处取到, 且在这种情形下有

$$R_a + R_b + R_c = \sqrt{\frac{1}{2}(a^2 + b^2 + c^2) + 2\sqrt{3}[ABC]}.$$

利用不等式 $a^2 + b^2 + c^2 \geq 36r^2$（例 4.3 的式 (4.29)）和 $[ABC] \geq 3\sqrt{3}r^2$，我们得到 $R_a + R_b + R_c \geq 6r$.

现在假定 $\angle ACB \geq 120°$. 那么由 Fermat 问题的证明过程可知，$R_a + R_b + R_c$ 的最小值在顶点 C 处取到，所以

$$R_a + R_b + R_c \geq CB + CA = a + b.$$

作为练习，我们留给读者去证明，在这种情形下，有 $a + b > 6r$. □

5.3 证明：对边长为 a, b, c 的 $\triangle ABC$ 内任意一点 M，我们有

$$\sqrt{R_a} + \sqrt{R_b} + \sqrt{R_c} < \frac{\sqrt{5}}{2}(\sqrt{a} + \sqrt{b} + \sqrt{c}),$$

并说明常数 $\dfrac{\sqrt{5}}{2}$ 是最优的.

证法一 注意到，如果 M 是一个凸四边形 $ABCD$ 的内点，那么

$$MB + MC < BA + AD + DC. \tag{8.4}$$

要证明这一点，需要先考虑直线 CM 与边 AB（或 AD）的交点，再利用广义的三角形不等式即可.

设 A', B', C' 分别是边 BC, CA, AB 的中点. 不失一般性，我们可以假定 M 在平行四边形 $AC'A'B'$ 内. 那么对四边形 $ABA'B'$ 和 $ACA'C'$ 应用不等式 (8.4) 可得

$$R_a + R_b < \frac{1}{2}(a + b + c), \quad R_a + R_c < \frac{1}{2}(a + b + c).$$

将这两个不等式相加，可得

$$2R_a + R_b + R_c < a + b + c. \tag{8.5}$$

再结合 AM-GM 不等式可得

$$\begin{aligned}
&\left(\sqrt{R_a} + \sqrt{R_b} + \sqrt{R_c}\right)^2 \\
&= R_a + R_b + R_c + 2\sqrt{R_a R_b} + 2\sqrt{R_b R_c} + 2\sqrt{R_c R_a} \\
&\leq R_a + R_b + R_c + \left(2R_a + \frac{1}{2}R_b\right) + \left(2R_a + \frac{1}{2}R_c\right) + (R_b + R_c) \\
&= \frac{5}{2}(2R_a + R_b + R_c) < \frac{5}{2}(a + b + c).
\end{aligned}$$

因此，只需要证明

$$\frac{5}{2}(a + b + c) < \frac{5}{4}\left(a + b + c + 2\sqrt{ab} + 2\sqrt{bc} + 2\sqrt{ca}\right),$$

这等价于

$$a + b + c < 2\sqrt{ab} + 2\sqrt{bc} + 2\sqrt{ca}.$$

不失一般性,假定 $a \geqslant b \geqslant c$,那么

$$2\sqrt{ab} + 2\sqrt{bc} + 2\sqrt{ca} > 2\sqrt{ab} + 2\sqrt{ca} \geqslant 2b + 2c > a + b + c,$$

于是不等式 (8.4) 得证.

下面我们来证明 $\dfrac{\sqrt{5}}{2}$ 是使得不等式 (8.4) 对任意 $\triangle ABC$ 和任意内点 M 都成立的最优常数. 要证明这一点,考虑一个等腰 $\triangle ABC$,其中 $AB = AC = 1, BC \approx 0$. 在底边 BC 的高上取一点 M,使得

$$R_a \approx \frac{1}{5}, R_b = R_c \approx \frac{4}{5}.$$

那么比值

$$\frac{\sqrt{R_a} + \sqrt{R_b} + \sqrt{R_c}}{\sqrt{a} + \sqrt{b} + \sqrt{c}}$$

可以任意接近

$$\frac{\sqrt{\dfrac{1}{5}} + \sqrt{\dfrac{4}{5}} + \sqrt{\dfrac{4}{5}}}{0 + \sqrt{1} + \sqrt{1}} = \frac{\sqrt{5}}{2}. \qquad \square$$

证法二　不失一般性,假定 $a \leqslant b, a \leqslant c$. 过 M 作一个以 B 和 C 为焦点的椭圆,它与边 AB, AC 分别交于点 E, F (图 8.43),那么我们有 $MA < \max(EA, FA)$.

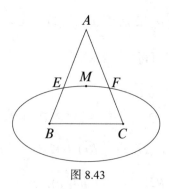

图 8.43

不失一般性,假定 $EA \geqslant FA$,那么 $R_a = MA \leqslant EA$. 进一步,有

$$\sqrt{R_b} + \sqrt{R_c} \leqslant \sqrt{2(R_b + R_c)} = \sqrt{2(EB + EC)},$$

所以

$$\sqrt{R_a} + \sqrt{R_b} + \sqrt{R_c} < \sqrt{EA} + \sqrt{2(EB + EC)}$$

$$< \left[5EA + \frac{5}{2}(EB + EC) \right]^{\frac{1}{2}}$$

$$= \left[5(EA + EB) + \frac{5}{2}(EC - EB) \right]^{\frac{1}{2}}$$

$$< \sqrt{5}\sqrt{c + \frac{a}{2}} < \frac{\sqrt{5}}{2}\left(\sqrt{a} + \sqrt{b} + \sqrt{c} \right). \qquad \Box$$

5.4 设 R_a, R_b, R_c 分别是从三角形内一点 M 到其顶点 A, B, C 的距离, $d_a, d_b,$ d_c 分别是点 M 到直线 BC, CA, AB 的距离. 证明不等式:

(1) $d_a R_a + d_b R_b + d_c R_c \geq 2(d_a d_b + d_b d_c + d_c d_a)$;

(2) $R_a R_b + R_b R_c + R_c R_a \geq 4(d_a d_b + d_b d_c + d_c d_a)$;

(3) $\dfrac{1}{d_a R_a} + \dfrac{1}{d_b R_b} + \dfrac{1}{d_c R_c} \geq 2\left(\dfrac{1}{R_a R_b} + \dfrac{1}{R_b R_c} + \dfrac{1}{R_c R_a} \right)$;

(4) $\dfrac{1}{d_a d_b} + \dfrac{1}{d_b d_c} + \dfrac{1}{d_c d_a} \geq 4\left(\dfrac{1}{R_a R_b} + \dfrac{1}{R_b R_c} + \dfrac{1}{R_c R_a} \right)$.

证 (1) 利用在例 5.1 中证明的不等式

$$aR_a \geq bd_b + cd_c,$$

我们有

$$d_a R_a \geq \frac{b}{a} d_a d_b + \frac{c}{a} d_a d_c.$$

类似地

$$d_b R_b \geq \frac{a}{b} d_a d_b + \frac{c}{b} d_c d_b, d_c R_c \geq \frac{a}{c} d_a d_c + \frac{b}{c} d_b d_c.$$

将以上不等式相加, 我们得到

$$d_a R_a + d_b R_b + d_c R_c \geq \left(\frac{a}{b} + \frac{b}{a} \right) d_a d_b + \left(\frac{b}{c} + \frac{c}{b} \right) d_b d_c + \left(\frac{c}{a} + \frac{a}{c} \right) d_c d_a,$$

利用不等式

$$\frac{x}{y} + \frac{y}{x} \geq 2, x, y > 0$$

就得到了待证不等式. $\qquad \Box$

(2) 此不等式由 (1) 和例 5.3 即得. $\qquad \Box$

(3) 和 (4): 这两个不等式分别由 (1) 和 (2) 得到, 只需要作代换

$$(R_a, R_b, R_c, d_a, d_b, d_c) \mapsto \left(\frac{1}{d_a}, \frac{1}{d_b}, \frac{1}{d_c}, \frac{1}{R_a}, \frac{1}{R_b}, \frac{1}{R_c} \right).$$

（见例 5.3 的注.） $\qquad \Box$

5.5　求最大的常数 λ, 使得

$$R_a^2 + R_b^2 + R_c^2 > \lambda(d_a^2 + d_b^2 + d_c^2)$$

对任意 $\triangle ABC$ 及其内一点 M 都成立.

解　首先, 我们来证明

$$R_a^2 + R_b^2 + R_c^2 > 2(d_a^2 + d_b^2 + d_c^2).$$

要证明这一点, 我们需要利用 Erdös-Mordell 不等式的第三个证明中的不等式

$$R_a \geqslant \frac{c}{a}d_b + \frac{b}{a}d_c,\ R_b \geqslant \frac{a}{b}d_c + \frac{c}{b}d_a,\ R_c \geqslant \frac{b}{c}d_a + \frac{a}{c}d_b,$$

那么有

$$R_a^2 \geqslant \frac{c^2}{a^2}d_b^2 + \frac{b^2}{a^2}d_c^2,\ R_b^2 \geqslant \frac{a^2}{b^2}d_c^2 + \frac{c^2}{b^2}d_a^2,\ R_c^2 \geqslant \frac{b^2}{c^2}d_a^2 + \frac{a^2}{c^2}d_b^2.$$

将这三个不等式相加, 并利用 $\dfrac{x}{y} + \dfrac{y}{x} \geqslant 2$, 我们得到

$$\begin{aligned}
R_a^2 + R_b^2 + R_c^2 &> \left(\frac{b^2}{c^2} + \frac{c^2}{b^2}\right)d_a^2 + \left(\frac{a^2}{c^2} + \frac{c^2}{a^2}\right)d_b^2 + \left(\frac{a^2}{b^2} + \frac{b^2}{a^2}\right)d_c^2 \\
&\geqslant 2(d_a^2 + d_b^2 + d_c^2).
\end{aligned}$$

其次, 证明 $\lambda = 2$ 是最优常数, 需要考虑等腰 $\triangle ABC$, 其中 $AC = BC = a,\ AB \approx 0$. 在底边 AB 的高上取非常接近顶点 C 的点 M, 那么有

$$R_c \approx 0,\ R_a \approx a,\ R_b \approx a,\ d_a = d_b \approx 0,\ d_c \approx h_c \approx a.$$

于是

$$R_a^2 + R_b^2 + R_c^2 \approx 2a^2,\ d_a^2 + d_b^2 + d_c^2 \approx a^2,$$

且比值

$$\frac{R_a^2 + R_b^2 + R_c^2}{d_a^2 + d_b^2 + d_c^2}$$

可以任意逼近 2. □

5.6　证明: 对 $\triangle ABC$ 内任意一点 M, 有

$$\frac{4R_a R_b R_c}{(d_a + d_b)(d_b + d_c)(d_c + d_a)} \geqslant \frac{R_a}{d_b + d_c} + \frac{R_b}{d_a + d_c} + \frac{R_c}{d_a + d_b} + 1.$$

证　先证明以下结论：如果 M, N 分别是 $\triangle ABC$ 的边 AB, AC 上的点，那么

$$R_a MN \geqslant d_c AM + d_b AN.$$

我们有

$$[AMPN] = \frac{1}{2} AP \cdot MN \cdot \sin\phi \leqslant \frac{1}{2} R_a \cdot MN,$$

其中 ϕ 是 AP 和 MN 之间的夹角. 但是

$$[AMPN] = [AMP] + [ANP] = \frac{1}{2} d_c AM + \frac{1}{2} d_b AN,$$

这就完成了证明.

现在考虑点 M, N，使得 $AM = AN = k$. 由简单计算可得 $MN = 2k \sin\frac{A}{2}$，上述不等式意味着

$$d_b + d_c \leqslant 2R_a \sin\frac{A}{2}.$$

类似地，我们有

$$d_c + d_a \leqslant 2R_b \sin\frac{B}{2}, d_a + d_b \leqslant 2R_c \sin\frac{C}{2}.$$

我们现在就可以证明最开始的不等式了. 将它改写为

$$4R_a R_b R_c \geqslant R_a(d_a + d_b)(d_a + d_c) + R_b(d_b + d_c)(d_b + d_a) +$$
$$R_c(d_c + d_b)(d_c + d_a) + (d_a + d_b)(d_b + d_c)(d_c + d_a).$$

由上述不等式，只需要证明

$$4R_a R_b R_c \geqslant 4R_a R_b R_c \sum_{\text{cyc}} \sin\frac{B}{2} \sin\frac{C}{2} + 8R_a R_b R_c \prod_{\text{cyc}} \sin\frac{A}{2},$$

这等价于

$$1 \geqslant \sum_{\text{cyc}} \sin\frac{B}{2} \sin\frac{C}{2} + 2 \prod_{\text{cyc}} \sin\frac{A}{2}.$$

利用熟知的等式

$$\sum_{\text{cyc}} \sin^2\frac{A}{2} + 2 \prod_{\text{cyc}} \sin\frac{A}{2} = 1,$$

可将上述不等式化为

$$\sum_{\text{cyc}} \sin^2\frac{A}{2} \geqslant \sum_{\text{cyc}} \sin\frac{B}{2} \sin\frac{C}{2},$$

这是显然成立的.　　　　　　　　　　　　　　　　　　　□

5.7　证明:对 $\triangle ABC$ 内任意一点 M,有

$$2(R_a + R_b + R_c) \geqslant \sqrt{a^2 + 4d_a^2} + \sqrt{b^2 + 4d_b^2} + \sqrt{c^2 + 4d_c^2},$$

等号成立当且仅当 M 是三角形的外心. 并说明此不等式比 Erdös-Mordell 不等式更强.

证　设 h_a, h_b, h_c 是 $\triangle ABC$ 的高,利用 Heron 公式可得

$$h_a = \frac{1}{2a}\sqrt{[(b+c)^2 - a^2][a^2 - (b-c)^2]} \leqslant \frac{1}{2}\sqrt{(b+c)^2 - a^2}.$$

因此,我们有

$$b + c \geqslant \sqrt{a^2 + 4h_a^2}, \tag{8.6}$$

等号成立当且仅当 $b = c$. 对 $\triangle MBC$ 应用不等式 (8.6),我们得到

$$R_b + R_c \geqslant \sqrt{a^2 + 4d_a^2},$$

其他两个类似的不等式也成立. 将这些不等式相加可得

$$2(R_a + R_b + R_c) \geqslant \sqrt{a^2 + 4d_a^2} + \sqrt{b^2 + 4d_b^2} + \sqrt{c^2 + 4d_c^2}, \tag{8.7}$$

等号成立当且仅当 M 是 $\triangle ABC$ 的外心.

要证明不等式 (8.7) 比 Erdös-Mordell 不等式更强,我们先证明对 $\triangle ABC$ 内任意点 M,有

$$\sqrt{a^2 + 4d_a^2} \geqslant \frac{cd_a + ad_c}{b} + \frac{ad_b + bd_a}{c}, \tag{8.8}$$

等号成立当且仅当直线 MO (O 是 $\triangle ABC$ 的外心) 与边 BC 平行. 设 K 表示 $\triangle ABC$ 的面积,由 Heron 公式容易得到

$$16K^2 = 2b^2c^2 + 2c^2a^2 + 2a^2b^2 - a^4 - b^4 - c^4.$$

由此,我们可以得到等式:

$$a^2 + \frac{16x^2K^2}{(ax + by + cz)^2} - \frac{4K^2}{(ax + by + cz)^2}\left(\frac{cx + az}{b} + \frac{ay + bx}{c}\right)^2$$
$$= \frac{[(2b^2c^2 + a^2b^2 + a^2c^2 - b^4 - c^4)x - a(b^2 + c^2 - a^2)(yb + zc)]^2}{4b^2c^2(ax + by + cz)^2},$$

其中实数 x, y, z 满足 $ax + by + cz \neq 0$. 所以有

$$a^2 + \frac{16x^2K^2}{(ax + by + cz)^2} - \frac{4K^2}{(ax + by + cz)^2}\left(\frac{cx + az}{b} + \frac{ay + bx}{c}\right)^2 \geqslant 0.$$

在上述不等式中,令 $x = d_a, y = d_b, z = d_c$,再利用等式

$$ad_a + bd_b + cd_c = 2K,$$

我们得到不等式 (8.8). 作为练习,我们留给读者去证明等号成立当且仅当 $MO \parallel BC$. 由式 (8.8),我们还有

$$\sqrt{b^2 + 4d_b^2} \geqslant \frac{bd_a + ad_b}{c} + \frac{bd_c + cd_b}{a},$$
$$\sqrt{c^2 + 4d_c^2} \geqslant \frac{ad_c + cd_a}{b} + \frac{cd_b + bd_c}{a}.$$

将上述不等式相加可得

$$\sqrt{a^2 + 4d_a^2} + \sqrt{b^2 + 4d_b^2} + \sqrt{c^2 + 4d_c^2}$$
$$\geqslant 2\left(\frac{c}{b} + \frac{b}{c}\right)d_a + 2\left(\frac{c}{a} + \frac{a}{c}\right)d_b + 2\left(\frac{a}{b} + \frac{b}{a}\right)d_c. \tag{8.9}$$

由于

$$\frac{c}{b} + \frac{b}{c} \geqslant 2, \frac{c}{a} + \frac{a}{c} \geqslant 2, \frac{a}{b} + \frac{b}{a} \geqslant 2,$$

再由不等式 (8.7) 和 (8.9) 就得到了 Erdös-Mordell 不等式. $\qquad\square$

5.8 证明:对任意 $\triangle ABC$ 及其平面上一点 M,我们有

$$\frac{R_b^2 + R_c^2 + \lambda d_a^2}{a^2} + \frac{R_c^2 + R_a^2 + \lambda d_b^2}{b^2} + \frac{R_a^2 + R_b^2 + \lambda d_c^2}{c^2} \geqslant \frac{8 + \lambda}{4},$$

其中常数 λ 满足 $-2 \leqslant \lambda \leqslant 2$. 等号何时成立?

证 由等式 (5.3)可得

$$\sum_{\text{cyc}} \frac{R_b^2 + R_c^2 - 2d_a^2}{a^2} + 4 \sum_{\text{cyc}} \frac{d_b d_c}{bc} - \frac{5}{2} \geqslant 0. \tag{8.10}$$

因此,如果 $\lambda \geqslant -2$,那么

$$\sum_{\text{cyc}} \frac{R_b^2 + R_c^2 - 2d_a^2}{a^2} + 4 \sum_{\text{cyc}} \frac{d_b d_c}{bc} - \frac{5}{2} + \frac{\lambda + 2}{2} \sum_{\text{cyc}} \left(\frac{d_b}{b} - \frac{d_c}{c}\right)^2 \geqslant 0,$$

这等价于

$$\sum_{\text{cyc}} \frac{R_b^2 + R_c^2 + \lambda d_a^2}{a^2} + (2 - \lambda) \sum_{\text{cyc}} \frac{d_b d_c}{bc} \geqslant \frac{5}{2}.$$

进一步,利用式 (5.4) 和 Euler 公式

$$\frac{d^2}{R^2} = 1 - \frac{4S_M}{S},$$

我们得到下面的不等式：

$$\frac{R_b^2 + R_c^2 + \lambda d_a^2}{a^2} + \frac{R_c^2 + R_a^2 + \lambda d_b^2}{b^2} + \frac{R_a^2 + R_b^2 + \lambda d_c^2}{c^2} \geqslant \frac{8 + \lambda}{4} + \frac{(2 - \lambda)d^2}{4R^2},$$

其中 $\lambda \geqslant -2$. 显然这意味着当 $\lambda \leqslant 2$ 时不等式也成立.

作为练习，我们留给读者去证明，如果 $\lambda = -2$，那么等号成立当且仅当 M 是 $\triangle ABC$ 的外心. 如果 $\lambda = 2$，那么等号成立当且仅当 M 是 $\triangle ABC$ 的 Lemoine 点. 如果 $-2 < \lambda < 2$，那么等号成立当且仅当 $\triangle ABC$ 是等边三角形，且 M 是其中心. □

5.9　设 M 是 $\triangle ABC$ 内任意一点，分别用 w_a, w_b, w_c 表示 $\triangle BMC, \triangle CMA,$ $\triangle AMB$ 过顶点 M 的角平分线的长. 证明：

$$R_a R_b + R_b R_c + R_c R_a$$
$$\geqslant \left(w_a + \frac{w_b + w_c}{2}\right) R_a + \left(w_b + \frac{w_c + w_a}{2}\right) R_b + \left(w_c + \frac{w_a + w_b}{2}\right) R_c,$$

等号成立当且仅当 $\triangle ABC$ 是等边三角形，且 M 是其中心.

证　对任意 $\triangle ABC$，我们先证明下面的加权三角不等式：

$$\sum_{\text{cyc}} \frac{yz(2x + y + z)}{y + z} \cos A \leqslant \sum_{\text{cyc}} yz, \tag{8.11}$$

其中 x, y, z 是任意正数.

要证明此不等式，首先，注意到由余弦定理，此不等式等价于

$$\sum_{\text{cyc}} \frac{yz(2x + y + z)(b^2 + c^2 - a^2)}{bc(y + z)} \leqslant \sum_{\text{cyc}} yz,$$

即

$$2abc(y + z)(z + x)(x + y) \sum_{\text{cyc}} yz -$$
$$\sum_{\text{cyc}} yz(z + x)(x + y)(2x + y + z)a(b^2 + c^2 - a^2) \geqslant 0. \tag{8.12}$$

其次，设 $a = v + w, b = w + u, c = u + v$，其中 $u, v, w > 0$. 经过冗长的计算可以证明不等式 (8.12) 等价于

$$4 \sum_{\text{cyc}} x \sum_{\text{cyc}} ux^2(vy - wz)^2 + 4xyz \sum_u (wy - vz)^2 \geqslant 0, \tag{8.13}$$

这对正数 x, y, z, u, v, w 是显然成立的. 由式 (8.13)，容易看出式 (8.11) 中等号成立当且仅当 $x = y = z$，且 $\triangle ABC$ 是等边三角形.

接下来，我们利用不等式 (8.11) 来导出待证的几何不等式. 设 $\angle BMC = 2\alpha$, $\angle CMA = 2\beta$, $\angle AMB = 2\gamma$, 我们有如下熟知的等式:

$$w_a = \frac{2R_bR_c}{R_b + R_c}\cos\alpha, \quad w_b = \frac{2R_cR_a}{R_c + R_a}\cos\beta, \quad w_c = \frac{2R_aR_b}{R_a + R_b}\cos\gamma. \tag{8.14}$$

由于 α, β, γ 是一个三角形的内角, 因此由式 (8.11) 和 (8.14) 可得

$$\sum_{\text{cyc}} R_bR_c \geqslant \sum_{\text{cyc}} (2R_a + R_b + R_c)\frac{R_bR_c}{R_b + R_c}\cos\alpha$$

$$= \sum_{\text{cyc}} \left(R_a + \frac{R_b + R_c}{2}\right)w_a = \sum_{\text{cyc}}\left(w_a + \frac{w_b + w_c}{2}\right)R_a,$$

这就证明了待证不等式. 由式 (8.11) 的取等条件, 我们得到上述不等式中等号成立当且仅当 $R_a = R_b = R_c$ 且 $\alpha = \beta = \gamma$, 即 $\triangle ABC$ 是等边三角形, 且点 M 是其中心. $\qquad\square$

5.10 证明: 对 $\triangle ABC$ 内任意一点 M, 成立以下不等式:

$$\sum_{\text{cyc}} R_bR_c \geqslant \sum_{\text{cyc}} R_a\left(d_a + \frac{d_b + d_c}{2}\right) \geqslant \sum_{\text{cyc}}(d_a + d_b)(d_a + d_c), \tag{$*$}$$

式 ($*$) 中等号成立当且仅当 $\triangle ABC$ 是等边三角形, 且 M 是其中心.

证 左边的不等式可以由习题 5.8 结合 $w_a \geqslant d_a$, $w_b \geqslant d_b$, $w_c \geqslant d_c$ 得到.

由 Erdös-Mordell 不等式与习题 5.4 的 (1), 我们有

$$\sum_{\text{cyc}} R_a\left(d_a + \frac{d_b + d_c}{2}\right) = \frac{1}{2}\sum_{\text{cyc}} R_a \sum_{\text{cyc}} d_a + \frac{1}{2}\sum_{\text{cyc}} d_aR_a$$

$$\geqslant \left(\sum_{\text{cyc}} d_a\right)^2 + \sum_{\text{cyc}} d_ad_b$$

$$= \sum_{\text{cyc}}(d_a + d_b)(d_a + d_c),$$

这就证明了式 ($*$) 右边的不等式. 显然, 式 ($*$) 中等号成立的条件与 Erdös-Mordell 不等式一致, 即当且仅当 $\triangle ABC$ 是等边三角形, 且 M 是其中心. $\qquad\square$

5.11 设 M, N 是 $\triangle A_1A_2A_3$ 内的点. 对 $i = 1, 2, 3$, 记 $MA_i = x_i$, $NA_i = y_i$, 分别设 M, N 到 A_i 所对边的距离为 p_i, q_i, 证明:

$$\sqrt{x_1y_1} + \sqrt{x_2y_2} + \sqrt{x_3y_3} \geqslant 2\left(\sqrt{p_1q_1} + \sqrt{p_2q_2} + \sqrt{p_3q_3}\right).$$

证 对 $i = 1, 2, 3$,用 a_i 表示顶点 A_i 的对边长,那么由 Erdös-Mordell 不等式的第三种证法可知

$$x_1 \geqslant \frac{a_2}{a_1}p_3 + \frac{a_3}{a_1}p_2, y_1 \geqslant \frac{a_2}{a_1}q_3 + \frac{a_3}{a_1}q_2.$$

接下来,我们利用著名的不等式

$$\sqrt{(u_1 + u_2)(v_1 + v_2)} \geqslant \sqrt{u_1 v_1} + \sqrt{u_2 v_2},$$

其中 $u_1, u_2, v_1, v_2 > 0$. 注意到,平方以后,利用二元的 AM-GM 不等式即证. 将上面的不等式综合起来有

$$\sqrt{x_1 y_1} \geqslant \sqrt{\left(\frac{a_2}{a_1}p_3 + \frac{a_3}{a_1}p_2\right)\left(\frac{a_2}{a_1}q_3 + \frac{a_3}{a_1}q_2\right)}$$
$$\geqslant \frac{a_2}{a_1}\sqrt{p_3 q_3} + \frac{a_3}{a_1}\sqrt{p_2 q_2}.$$

类似地,有

$$\sqrt{x_2 y_2} \geqslant \frac{a_1}{a_2}\sqrt{p_3 q_3} + \frac{a_3}{a_2}\sqrt{p_1 q_1}, \sqrt{x_3 y_3} \geqslant \frac{a_1}{a_3}\sqrt{p_2 q_2} + \frac{a_2}{a_3}\sqrt{p_1 q_1}.$$

将这些不等式相加,再利用不等式 $\frac{x}{y} + \frac{y}{x} \geqslant 2, x, y > 0$,我们就得到了待证不等式. □

注 习题 5.1 可以对 $\triangle A_1 A_2 A_3$ 中的 n 个点 $M_1, M_2, \cdots, M_n$ 进行一般化. 用 $x_i^{(j)}$ 表示从 M_i 到顶点 A_j 的距离,用 $d_i^{(j)}$ 表示从 M_i 到 A_j 所对的边的距离. 那么利用与习题 5.11 一样的证法以及不等式

$$\sqrt[n]{(a_1 + b_1)(a_2 + b_2) \cdots (a_n + b_n)} \geqslant \sqrt[n]{a_1 a_2 \cdots a_n} + \sqrt[n]{b_1 b_2 \cdots b_n},$$

对任意正数 $a_i, b_i, 1 \leqslant i \leqslant n$ 都成立,我们可以得到不等式

$$\sqrt[n]{x_1^{(1)} x_2^{(1)} \cdots x_n^{(1)}} + \sqrt[n]{x_1^{(2)} x_2^{(2)} \cdots x_n^{(2)}} + \sqrt[n]{x_1^{(3)} x_2^{(3)} \cdots x_n^{(3)}}$$
$$\geqslant 2\left(\sqrt[n]{d_1^{(1)} d_2^{(1)} \cdots d_n^{(1)}} + \sqrt[n]{d_1^{(2)} d_2^{(2)} \cdots d_n^{(2)}} + \sqrt[n]{d_1^{(3)} d_2^{(3)} \cdots d_n^{(3)}}\right).$$

5.12 (2001 年美国 TST)设点 P 在一个给定的 $\triangle ABC$ 内,证明:

$$\frac{PA}{BC^2} + \frac{PB}{CA^2} + \frac{PC}{AB^2} \geqslant \frac{1}{R},$$

其中 R 是 $\triangle ABC$ 的外接圆半径.

证 设 X, Y, Z 分别是 P 在边 BC, CA, AB 上的投影. 由 Erdös-Mordell 不等式的标准证明以及正弦定理,我们有

$$AP \geqslant PY \cdot \frac{AB}{BC} + PZ \cdot \frac{CA}{BC},$$

$$BP \geqslant PZ \cdot \frac{BC}{CA} + PX \cdot \frac{AB}{CA},$$

$$CP \geqslant PX \cdot \frac{CA}{AB} + PY \cdot \frac{BC}{AB},$$

因此

$$\frac{PA}{BC^2} + \frac{PB}{CA^2} + \frac{PC}{AB^2} \geqslant PX\left(\frac{AB}{CA^3} + \frac{CA}{AB^3}\right) + PY\left(\frac{AB}{BC^3} + \frac{BC}{AB^3}\right) +$$

$$PZ\left(\frac{CA}{BC^3} + \frac{BC}{CA^3}\right).$$

而由 AM-GM 不等式,我们有

$$\frac{x}{y^3} + \frac{y}{x^3} \geqslant \frac{2}{xy}$$

对任意正实数 x, y 成立. 所以

$$\frac{PA}{BC^2} + \frac{PB}{CA^2} + \frac{PC}{AB^2} \geqslant 2\left(\frac{PX}{bc} + \frac{PY}{ca} + \frac{PZ}{ab}\right)$$

$$= \frac{2(aPX + bPY + cPZ)}{abc} = \frac{4[ABC]}{abc} = \frac{1}{R},$$

这就证明了待证不等式. □

5.13 设 $A_1 A_2 \cdots A_n$ 是一个凸多边形,M 是其内部一点. 设 $R_1 = MA_1, R_2 = MA_2, \cdots, R_n = MA_n$,分别用 $d_1, d_2, \cdots, d_n$ 表示 M 到边 $A_1 A_2, A_2 A_3, \cdots, A_n A_1$ 的距离,那么

$$\prod_{i=1}^n R_i \geqslant \frac{1}{\left(\cos\dfrac{\pi}{n}\right)^n} \prod_{i=1}^n d_i,$$

等号成立当且仅当多边形是正多边形,且 M 是其重心.

证 设 w_i 表示 $\triangle A_i M A_{i+1}, 1 \leqslant i \leqslant n$ 的过顶点 M 的角平分线长,其中 $A_{n+1} = A_1$. 我们首先证明不等式

$$\prod_{i=1}^n R_i \geqslant \frac{1}{\left(\cos\dfrac{\pi}{n}\right)^n} \prod_{i=1}^n w_i. \tag{8.15}$$

由于 $w_i \geqslant d_i, 1 \leqslant i \leqslant n$,上述不等式显然意味着待证不等式成立.

设 $\angle A_i M A_{i+1}$ 的平分线交边 $A_i A_{i+1}$ 于点 B_i,且设

$$\alpha_i = \angle A_i M B_i = \angle B_i M A_{i+1}, 1 \leqslant i \leqslant n,$$

那么 $0 < \alpha_i < \dfrac{\pi}{2}$. 由于

$$[A_i M A_{i+1}] = [M A_i B_i] + [M B_i A_{i+1}],$$

我们有

$$\frac{1}{2} R_i \cdot R_{i+1} \sin 2\alpha_i = \frac{1}{2} R_i \cdot w_i \sin \alpha_i + \frac{1}{2} w_i \cdot R_{i+1} \sin \alpha_i,$$

由此可得

$$\frac{2 R_i R_{i+1}}{R_i + R_{i+1}} = \frac{w_i}{\cos \alpha_i}.$$

将此式结合 AM-GM 不等式可得

$$\sqrt{R_i R_{i+1}} \geqslant \frac{w_i}{\cos \alpha_i}.$$

于是,我们有

$$\prod_{i=1}^{n} R_i = \prod_{i=1}^{n} \sqrt{R_i R_{i+1}} \geqslant \prod_{i=1}^{n} w_i \prod_{i=1}^{n} \frac{1}{\cos \alpha_i}.$$

要完成式 (8.15) 的证明,我们需要证明不等式

$$\prod_{i=1}^{n} \cos \alpha_i \leqslant \left(\cos \frac{\pi}{n} \right)^n. \tag{8.16}$$

由于 $\alpha_i > 0$ 且 $\displaystyle\sum_{i=1}^{n} \alpha_i = \pi$,不失一般性,我们可以假定 $\alpha_1 \leqslant \dfrac{\pi}{n}, \alpha_2 \geqslant \dfrac{\pi}{n}$. 于是有

$$\alpha_1 \leqslant \frac{\pi}{n} \leqslant \alpha_1 + \alpha_2 - \frac{\pi}{n}$$

或

$$\alpha_1 \leqslant \alpha_1 + \alpha_2 - \frac{\pi}{n} \leqslant \frac{\pi}{n} \leqslant \alpha_2,$$

由此得到

$$\cos \alpha_1 \cos \alpha_2 \leqslant \cos \frac{\pi}{n} \cos \left(\alpha_1 + \alpha_2 - \frac{\pi}{n} \right).$$

对角 $\alpha_1 + \alpha_2 - \dfrac{\pi}{n}, \alpha_3, \cdots, \alpha_n$ 不断重复此过程,我们最终会得到不等式 (8.16). 显然,等号成立当且仅当多边形是正的,且 M 是其中心. $\qquad\square$

8.6 面积不等式

6.1 在一个给定的正方形中内接一个等边三角形,使得其面积是:

(1) 最小的;

(2) 最大的.

解 (1) 内接于正方形的等边三角形至少有两个顶点在此正方形的一组对边上,因此三角形的边长不小于正方形的边长. 于是,内接于正方形的等边三角形面积最小,当且仅当它的某一条边与正方形的边是平行的(图 8.44).

(2) 我们假定所给的正方形的边长为 1,我们来证明内接于正方形的最大的等边三角形有一个顶点恰好是正方形的顶点(图 8.45).

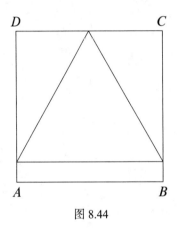

图 8.44

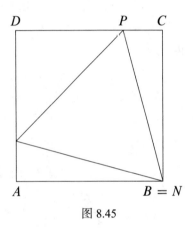

图 8.45

考虑正方形的任意一个内接等边三角形(图 8.46). 不妨假定 $NB < MA$,那么向下移动 $\triangle MNP$,直到点 N 与 B 重合. 设点 M 移动到了点 M',点 P 移动到了点 P'. 设 P'' 是直线 BP' 与 CD 的交点. 假定 $\alpha = \angle M'BA > 15°$.

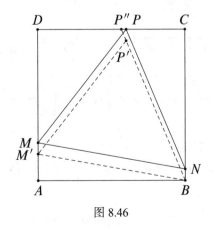

图 8.46

那么 $\angle P''BC = \beta < 15°$,且

$$BP'' = \frac{1}{\cos \beta} < \frac{1}{\cos \alpha} = BM' = BP',$$

即 $BP'' < BP'$,这是不可能的. 因此,$\alpha \leqslant 15°$,且

$$M'B = \frac{1}{\cos \alpha} \leqslant \frac{1}{\cos 15°},$$

这就说明了 $\triangle MNP$ 的面积小于 $\triangle MBP$ 的面积. □

6.2　在一个给定的直角三角形内求面积最小的内接等边三角形.

解　我们利用图 8.47 中的记号. 由 $\triangle LHA \backsim \triangle BCA$ 可得

$$\frac{b - x \sin \beta}{x \sin \gamma} = \frac{c}{a},$$

于是,我们有

$$x = \frac{ab}{a \sin \beta + c \sin \gamma}.$$

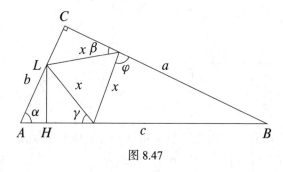

图 8.47

由于 $\beta = 120° - \varphi, \gamma = 30° + \varphi - \alpha$,我们得到

$$
\begin{aligned}
x &= \frac{ab}{c[\sin \alpha \cdot \sin(120° - \varphi) + \sin(30° + \varphi - \alpha)]} \\
&= \frac{ab}{c\left[\left(\dfrac{\sqrt{3}}{2} \cos \alpha + \sin \alpha\right) \sin \varphi + \left(\dfrac{1}{2} \cos \alpha\right) \cos \varphi\right]}.
\end{aligned}
$$

令

$$\frac{\sqrt{3}}{2} \cos \alpha + \sin \alpha = d \sin t, \quad \frac{1}{2} \cos \alpha = d \cos t,$$

其中

$$d^2 = 1 + \sqrt{3} \sin \alpha \cdot \cos \alpha.$$

那么

$$x = \frac{ab}{cd\cos(\varphi - t)},$$

且 x 的最小值当 $\varphi = t$ 时取到,此时 x 的最小值为

$$\frac{ab}{\sqrt{a^2 + b^2 + \sqrt{3}ab}}. \qquad \square$$

6.3 设 $\mathcal{P}$ 是一个凸 n 边形($n \geqslant 5$),且设 $\mathcal{M}$ 是以 $\mathcal{P}$ 的各边中点为顶点的 n 边形. 证明:

(1) $\mathrm{Area}(\mathcal{M}) \geqslant \dfrac{1}{2}\,\mathrm{Area}(\mathcal{P})$;

(2) $L(\mathcal{M}) \geqslant \dfrac{1}{2}L(\mathcal{P})$,其中 $L(\mathcal{M})$ 表示 $\mathcal{M}$ 的周长,$L(\mathcal{P})$ 表示 $\mathcal{P}$ 的周长.

证 (1) 证法一:分别记 $\mathcal{P}$ 和 $\mathcal{M}$ 的顶点为 $A_1, A_2, \cdots, A_n$ 和 $M_1, M_2, \cdots, M_n$. 设 $\mathcal{B} = B_1 B_2 \cdots B_n$ 表示由对角线 $A_n A_2$ 与 $A_1 A_3$,$A_1 A_3$ 与 $A_2 A_4$,$\cdots$,$A_{n-1} A_1$ 与 $A_n A_2$ 的交点所构成的 n 边形(图 8.48). 那么

$$\begin{aligned}
\mathrm{Area}(\mathcal{M}) &= \mathrm{Area}(\mathcal{P}) - [M_1 A_2 M_2] - [M_2 A_3 M_3] - \cdots - [M_n A_1 M_1] \\
&= \mathrm{Area}(\mathcal{P}) - \frac{1}{4}\big([A_1 A_2 A_3] + [A_2 A_3 A_4] + \cdots + [A_n A_1 A_2]\big) \\
&= \mathrm{Area}(\mathcal{P}) - \frac{1}{4}\big(2\,\mathrm{Area}(\mathcal{P}) - [B_1 A_2 B_2] - [B_2 A_3 B_3] - \cdots - \\
&\quad\ [B_n A_1 B_1] - 2\,\mathrm{Area}(\mathcal{B})\big) > \frac{1}{2}\,\mathrm{Area}(\mathcal{P}). \qquad \square
\end{aligned}$$

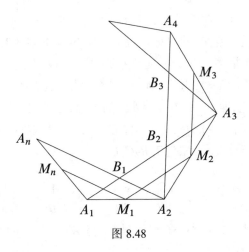

图 8.48

证法二:在 n 边形 $\mathcal{M}$ 内取一点 O 作为复平面的原点. 设 a_k 和 m_k,$1 \leqslant k \leqslant n$

分别表示 $\mathcal{P}$ 和 $\mathcal{M}$ 的顶点的复坐标,我们有 $m_k = \dfrac{1}{2}(a_k + a_{k+1}), k = 1, 2, \cdots, n$,且

$$
\begin{aligned}
\text{Area}(\mathcal{M}) &= \frac{1}{2}\text{Im}\left(\sum_{k=1}^{n}\overline{m}_k m_{k+1}\right) \\
&= \frac{1}{8}\text{Im}\sum_{k=1}^{n}(\overline{a}_k + \overline{a}_{k+1})(a_{k+1} + a_{k+2}) \\
&= \frac{1}{8}\text{Im}\left(\sum_{k=1}^{n}\overline{a}_k a_{k+1}\right) + \frac{1}{8}\text{Im}\left(\sum_{k=1}^{n}\overline{a}_{k+1} a_{k+2}\right) + \frac{1}{8}\text{Im}\left(\sum_{k=1}^{n}\overline{a}_k a_{k+2}\right) \\
&= \frac{1}{2}\text{Area}(\mathcal{P}) + \frac{1}{8}\sum_{k=1}^{n}\text{Im}(\overline{a}_k a_{k+2}) \geqslant \frac{1}{2}\text{Area}(\mathcal{P}),
\end{aligned}
$$

其中,最后的不等式是因为 $\text{Im}(\overline{a}_k a_{k+2}) \geqslant 0, k = 1, 2, \cdots, n$.

(2) 我们利用和 (1) 的证法一相同的记号. 如果 $n = 3$,那么三角形 $\mathcal{M}$ 的周长是三角形 $\mathcal{P}$ 的周长的一半. 如果 $n \geqslant 4$,那么

$$
\begin{aligned}
2L(\mathcal{M}) &= 2M_1M_2 + 2M_2M_3 + \cdots + 2M_nM_1 \\
&= \frac{1}{2}(A_1A_3 + A_2A_4) + \frac{1}{2}(A_2A_4 + A_3A_5) + \cdots + \frac{1}{2}(A_nA_2 + A_1A_3) \\
&> \frac{1}{2}(A_1A_2 + A_3A_4) + \frac{1}{2}(A_2A_3 + A_4A_5) + \cdots + \frac{1}{2}(A_nA_1 + A_2A_3) \\
&= A_1A_2 + A_2A_3 + \cdots + A_nA_1 = L(\mathcal{P}). \qquad \square
\end{aligned}
$$

6.4　求出包含于一个给定三角形的面积最大的中心对称的多边形.

解　设 M 是 $\triangle ABC$ 内的一个关于 O 中心对称的多边形. 对平面上的任意一点 X,用 X' 表示其关于点 O 的对称点,那么 M 包含于 $\triangle ABC$ 与 $\triangle A'B'C'$ 的公共部分 T. 注意到,O 是多边形 T 的对称中心. 由于 $AB \parallel A'B'$, $BC \parallel B'C'$, $CA \parallel C'A'$ 且 $AB = A'B'$, $BC = B'C'$, $CA = C'A'$,因此 $\triangle A'B'C'$ 中至少有两个顶点在 $\triangle ABC$ 之外. 首先,假定 A' 在 $\triangle ABC$ 的内部,那么 T 是一个平行四边形,由例 6.1 可知,$[M] \leqslant [T] \leqslant \dfrac{1}{2}[ABC]$. 其次,假定点 A', B', C' 都在 $\triangle ABC$ 之外（图 8.49）,那么 T 是一个六边形 $A_1A_2B_1B_2C_1C_2$.

令

$$
\frac{AC_1}{AB} = \frac{AB_2}{AC} = x, \quad \frac{BC_2}{AB} = \frac{BA_1}{BC} = y, \quad \frac{CA_2}{CB} = \frac{CB_1}{CA} = z.
$$

注意到 C_1' 在直线 $A'B'$ 和 BC 上,即 C_1' 与 A_2 重合. 类似地,C_2' 与 B_1 重合. 所以,$C_1C_2 = B_1A_2$,因此

$$
\frac{C_1C_2}{AB} = \frac{B_1A_2}{AB} = z,
$$

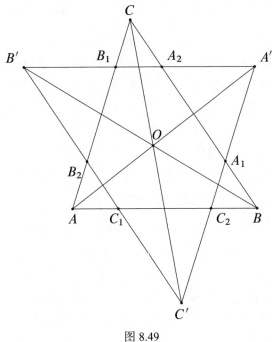

图 8.49

进一步就可以得到

$$x + y + z = \frac{AC_1}{AB} + \frac{BC_2}{AB} + \frac{C_1C_2}{AB} = 1.$$

此外,

$$[T] = [ABC] - [AC_1B_2] - [BA_1C_2] - [CB_1A_2] = [ABC](1 - x^2 - y^2 - z^2).$$

由 QM-AM 不等式,可得

$$x^2 + y^2 + z^2 \geqslant \frac{1}{3}(x + y + z)^2 = \frac{1}{3},$$

于是,我们得到 $[T] \leqslant \frac{2}{3}[ABC]$,等号成立当且仅当 $x = y = z = \frac{1}{3}$,即点 A_1 与 A_2,B_1 与 B_2,C_1 与 C_2 分别是边 BC,CA,AB 的三等分点. 因此,这个问题的解就是六边形 $A_1A_2B_1B_2C_1C_2$,其对称中心是 $\triangle ABC$ 的重心.　　　□

6.5　证明:任意三角形 $\mathcal{T}$ 包含于一个唯一的面积最小的椭圆 $\mathcal{E}$,且它们的面积关系为

$$[\mathcal{E}] = \frac{4\pi}{3\sqrt{3}}[\mathcal{T}].$$

提示:将 $\mathcal{T}$ 仿射变换为一个等边三角形 $\mathcal{T}^*$,且设 $\mathcal{E}^*$ 是 $\mathcal{T}^*$ 的外接圆. 那么所求的椭圆 $\mathcal{E}$ 是 $\mathcal{T}^*$ 在逆变换下的象.

6.6　证明:如果 $\mathcal{P}$ 是内接于椭圆 $\mathcal{E}$ 的面积最大的 n 边形,那么

$$[\mathcal{P}] = \frac{n}{2\pi} \sin \frac{2\pi}{n} [\mathcal{E}].$$

证　将 $\mathcal{E}$ 仿射变换为 $\mathcal{E}^*$. $\mathcal{E}$ 内的一个面积最大的 n 边形 $\mathcal{P}$ 必然内接于 $\mathcal{E}$(为什么?),所以 $\mathcal{P}$ 变换为内接于 $\mathcal{E}^*$ 的面积最大的 n 边形 $\mathcal{P}^*$,这一点来源于仿射变换的性质 (4). 因此由例 7.1 可知,$\mathcal{P}^*$ 是内接于 $\mathcal{E}^*$ 的一个正 n 边形,且我们有

$$\frac{[\mathcal{E}]}{[\mathcal{P}]} = \frac{[\mathcal{E}^*]}{[\mathcal{P}^*]} = \frac{n}{2\pi} \sin \frac{2\pi}{n}.$$

注意到,$\mathcal{P}^*$ 的重心与圆的中心重合,所以由仿射变换的性质 (2) 可知,椭圆内具有最大面积的 n 边形 $\mathcal{P}$ 的重心与椭圆的中心重合. □

6.7　给定一个椭圆 $\mathcal{E}$,求内接于 $\mathcal{E}$ 的面积最大的矩形 $\mathcal{R}$,并证明:$[\mathcal{R}] = \dfrac{2}{\pi}[\mathcal{E}]$.

解　要解决这个问题,我们首先证明内接于 $\mathcal{E}$ 的任意矩形 $\mathcal{R}$ 的边都平行于 $\mathcal{E}$ 的轴(假定 $\mathcal{E}$ 不是圆). 我们将利用仿射变换来证明这个结论. 假定 $\mathcal{R}$ 是内接于 $\mathcal{E}$ 的一个矩形,将 $\mathcal{E}$ 仿射变换为一个圆 $\mathcal{E}^*$. 那么在同样的仿射变换下,$\mathcal{R}$ 变换为内接于 $\mathcal{E}^*$ 的一个平行四边形 $\mathcal{R}^*$. 显然,内接于圆的任意一个平行四边形都是矩形. 而我们感兴趣的事实是 $\mathcal{R}^*$ 的中心与 $\mathcal{E}^*$ 的中心重合,因此 $\mathcal{R}$ 的中心与 $\mathcal{E}$ 的中心重合. 于是 $\mathcal{R}$ 的外接圆 $\mathcal{C}$ 的圆心也与 $\mathcal{E}$ 的中心重合. 现在显然的是这样一个圆 $\mathcal{C}$ 与 $\mathcal{E}$ 交于四个点,这四个点是一个各边与 $\mathcal{E}$ 的轴平行的矩形的四个顶点. 因此,$\mathcal{R}$ 就是这个矩形. 现在设 a, b 分别是 $\mathcal{E}$ 的半轴,且设 $\mathcal{R}$ 的顶点的坐标为 $(x, y), (-x, y), (-x, -y), (x, -y)$,其中 x, y 是正实数,并满足

$$\frac{x^2}{a^2} + \frac{y^2}{b^2} = 1.$$

那么 $\mathcal{R}$ 的边长为 $2x$ 和 $2y$,且 $[\mathcal{R}] = 4xy$. 由 AM-GM 不等式,我们得到

$$1 = \frac{x^2}{a^2} + \frac{y^2}{b^2} \geqslant \frac{2xy}{ab},$$

即 $xy \leqslant \dfrac{ab}{2}$. 因此 $[\mathcal{R}] = 4xy \leqslant 2ab$,等号成立当且仅当

$$x = \frac{\sqrt{2}a}{2}, y = \frac{\sqrt{2}b}{2}.$$

因此,内接于椭圆

$$\mathcal{E}: \frac{x^2}{a^2} + \frac{y^2}{b^2} = 1$$

的具有最大面积的矩形 $\mathcal{R}$ 的顶点坐标为

$$\left(\frac{\sqrt{2}a}{2}, \frac{\sqrt{2}b}{2} \right), \left(-\frac{\sqrt{2}a}{2}, \frac{\sqrt{2}b}{2} \right), \left(-\frac{\sqrt{2}a}{2}, -\frac{\sqrt{2}b}{2} \right), \left(\frac{\sqrt{2}a}{2}, -\frac{\sqrt{2}b}{2} \right),$$

且 $[\mathcal{R}] = 2ab$. 由于 $[\mathcal{E}] = \pi ab$,因此我们得到 $[\mathcal{R}] = \dfrac{2}{\pi}[\mathcal{E}]$. □

6.8 过椭圆 $\mathcal{E}$ 内给定的一点 M 作一条直线,使得从 $\mathcal{E}$ 中截出的面积最小.

解 考虑过 M 的任意一条直线 l,分别用 A, B 表示 l 与 $\mathcal{E}$ 的交点(图 8.50). 我们来证明 l 能截出最小面积,当且仅当 M 是 AB 的中点. 将 $\mathcal{E}$ 仿射变换为圆 $\mathcal{E}^*$, 且设 l^* 是 l 的象.

由仿射变换的性质 (4),l 从 $\mathcal{E}$ 中截出最小面积,当且仅当 l^* 从 $\mathcal{E}^*$ 中截出最小面积. 因此,我们不妨假定 $\mathcal{E}$ 是一个圆,而 O 是其中心(图 8.50). 设 A 和 B 是 l^* 与圆的交点,C 和 D 是此圆与过 M 的直线的交点,且 $CD \perp OM$. 那么 M 是线段 CD 的中点,于是由圆幂定理有

$$MA \cdot MB = MC \cdot MD = MC^2.$$

再由 AM-GM 不等式可得

$$AB = AM + MB \geq 2\sqrt{AM \cdot BM} = 2MC = CD.$$

所以线段 CD 所截出的面积小于线段 AB 所截出的面积. □

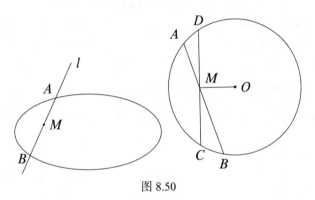

图 8.50

6.9 一个平行六面体满足性质:所有与固定的面 F 平行的截面的面积都和 F 的面积相等,是否存在其他多面体也具有这条性质?

解 首先,注意到满足条件的多面体必须是凸的,否则存在一对凹角的面,使得平行于这两个面之一的平行截面的面积不相等. 其次,我们来证明这样的多面体只能是平行六面体. 考虑三个平行的截面,它们到一个面的距离分别为 x, x_1, x_2, 其中 $x = \lambda x_1 + (1-\lambda)x_2, 0 < \lambda < 1$. 那么由 Brunn-Minkowski 不等式可知,这三个截面的面积满足 $A(x) \leq \lambda A(x_1) + (1-\lambda)A(x_2)$,且等号成立当且仅当在最外面的两个截面之间的区域是一个柱体. 由于我们已经有了取等的假设,因此该多面体必然关于每个面都是一个棱柱,从而它是一个平行六面体. □

6.10 在一个给定的正方形内求两个互不重叠的圆,使得:

(1) 它们的半径的乘积最大；

(2) 它们的半径的立方和最大.

解 与例 6.7 中的解法一样，我们只需要考虑当两圆半径 r_1 和 r_2 满足 $r_1 + r_2 = 2\sqrt{2}$ 且 $0 \leqslant r_1, r_2 \leqslant \dfrac{1}{2}$ 的情形.

(1) 由 AM-GM 不等式可得

$$r_1 r_2 \leqslant \frac{(r_1 + r_2)^2}{2} \leqslant \left(1 - \frac{1}{\sqrt{2}}\right)^2,$$

且 $r_1 r_2$ 的最大值在 $r_1 = r_2 = \dfrac{2 - \sqrt{2}}{2}$ 时取到.

(2) 我们有

$$r_1^3 + r_2^3 = \frac{r_1 + r_2}{2}[3(r_1^2 + r_2^2) - (r_1 + r_2)^2].$$

由于 $r_1 + r_2 = 2 - \sqrt{2}$，因此 $r_1^3 + r_2^3$ 取最大值当且仅当 $r_1^2 + r_2^2$ 取最大值. 例 6.7 说明此问题的解是正方形的内切圆以及正方形的一个角与内切圆相切的圆.   □

6.11 在一个给定的矩形内求两个互不重叠的圆, 使得:

(1) 它们的面积之和最大；

(2) 它们的面积之积最大；

(3) 它们的半径的立方和最大.

解 设所给矩形的边长为 a 和 b, 且假定 $a \leqslant b$. 如果 $b \geqslant 2a$, 那么我们可以在矩形内放置两个半径为 $\dfrac{a}{2}$ 的圆, 此时 (1) (2) (3) 中的和都会最大 (图 8.51).

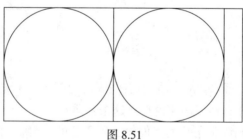

图 8.51

我们需要讨论的是 $a \leqslant b < 2a$ 的情形. 和例 6.7 一样, 我们注意到对 (1) (2) (3) 中的每个和式, 只需要考虑两个内切于对角且彼此相切的圆 (图 8.52). 设两圆的半径分别为 r_1 和 r_2, 那么容易证明

$$r_1 + r_2 = a + b - \sqrt{2ab}.$$

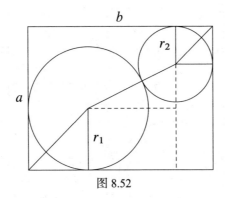

图 8.52

如果 $r_1 \geqslant r_2$,那么从例 6.7 中可以看出 (1) 的最大值当

$$r_1 - \frac{a}{2}, r_2 = \frac{a}{2} + b - \sqrt{2ab}$$

时取到（图 8.53）.

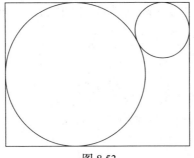

图 8.53

由习题 6.10 的解答,我们可以发现在 (2) 中,问题的解为

$$r_1 = r_2 = \frac{a + b - \sqrt{2ab}}{2}.$$

而在 (3) 中,问题的解为

$$r_1 = \frac{a}{2}, r_2 = \frac{a}{2} + b - \sqrt{2ab}. \qquad \square$$

6.12　求出包含三个半径为 $1, \sqrt{2}, 2$ 的互不重叠的圆的最小正方形的边长.

解　由例 6.9 可知,包含两个半径为 $\sqrt{2}$ 和 2 的不重叠圆的最小正方形的边长为 $3 + 2\sqrt{2}$. 这也是本题的解,因为我们可以将三个半径为 $1, \sqrt{2}, 2$ 的互不重叠的圆放在此三角形中（图 8.54）. $\qquad \square$

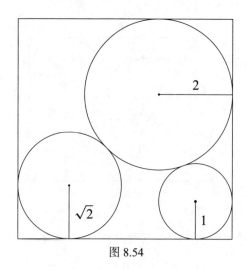

图 8.54

6.13 求出包含三个半径为 $2, 3, 4$ 的互不重叠的圆的最小等边三角形的边长.

解 由例 6.10 可知, 包含两个半径为 3 和 4 的不重叠圆的最小等边三角形的边长为 $11\sqrt{3}$. 这也是本问题的解, 因为我们可以将三个半径为 $2, 3, 4$ 的互不重叠的圆放在此三角形中 (图 8.55). □

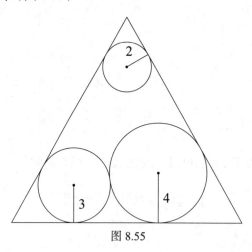

图 8.55

6.14 求出包含五个互不重叠的单位圆的最小正方形的边长.

解 考虑一个边长为 a 的正方形中有五个任意不重叠的单位圆, 那么 $a \geqslant 2$, 且这些圆的圆心包含在一个边长为 $a - 2$ 的正方形中 (图 8.56). 将这个正方形用两条过其中心的垂直直线分成四个边长为 $\dfrac{a-2}{2}$ 的小正方形, 那么这五个圆心中至少有两个在同一个小正方形中. 如果 O_1 和 O_2 在同一个小正方形中, 那么

$$O_1 O_2 \leqslant \frac{a-2}{2}\sqrt{2}.$$

由于任意两个单位圆之间没有内部公共点,因此 $O_1O_2 \geqslant 2$. 所以

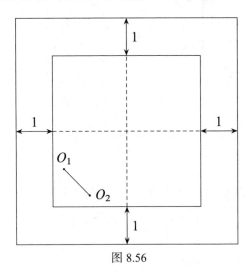

图 8.56

$$\frac{a-2}{2}\sqrt{2} \geqslant O_1O_2 \geqslant 2,$$

由此得到 $a \geqslant 2 + 2\sqrt{2}$.

最后,容易看到(图 8.57)边长为 $2 + 2\sqrt{2}$ 的正方形可以包含五个互不重叠的单位圆,所求答案就是 $2 + 2\sqrt{2}$. □

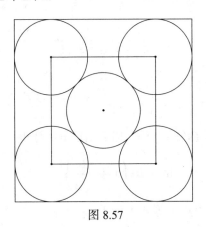

图 8.57

6.15 对一个正方形内的三个圆解决 Malfatti 问题.

解 我们将证明此问题的解是正方形的内切圆以及两个内切于正方形角上的且与此内切圆相切的圆(图 8.58). 我们不妨设正方形的边长为 1,假定它包含三个互不重叠的圆,其半径为 $a \geqslant b \geqslant c$.

299

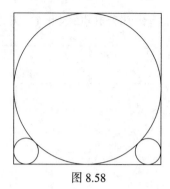

图 8.58

上面给出的三个圆的半径分别为

$$\frac{1}{2}, \frac{(\sqrt{2}-1)^2}{2}, \frac{(\sqrt{2}-1)^2}{2},$$

那么我们需要证明下面的不等式：

$$a^2 + b^2 + c^2 \leqslant \frac{1}{4} + \frac{(\sqrt{2}-1)^4}{2} = \frac{35 - 24\sqrt{2}}{4}. \tag{$*$}$$

要证明这一点，我们考虑两种情形.

情形 1 设 $a \geqslant (\sqrt{2}+1)^2 b$. 由于 $a \leqslant \frac{1}{2}$，因此

$$a^2 + b^2 + c^2 \leqslant a^2 + 2b^2 \leqslant a^2 + \frac{2a^2}{(\sqrt{2}+1)^4}$$
$$\leqslant \frac{1}{4} + \frac{1}{2(\sqrt{2}+1)^4} = \frac{35 - 24\sqrt{2}}{4},$$

等号成立当且仅当

$$a = \frac{1}{2}, b = c = \frac{(\sqrt{2}-1)^2}{2}.$$

情形 2 设 $b \leqslant a \leqslant (\sqrt{2}+1)^2 b$. 那么由例 6.9 可知

$$(a+b)\left(1 + \frac{1}{\sqrt{2}}\right) \leqslant 1.$$

令 $a = xb$，其中 $x > 0$. 上述不等式等价于

$$1 \leqslant x \leqslant (\sqrt{2}+1)^2, b \leqslant \frac{\sqrt{2}}{(x+1)(\sqrt{2}+1)}.$$

因此

$$a^2 + b^2 + c^2 \leqslant a^2 + 2b^2 = (x^2 + 2)b^2 \leqslant \frac{2(x^2 + 2)}{(x+1)^2(\sqrt{2}+1)^2},$$

于是,只需要证明

$$\frac{2(x^2 + 2)}{(x + 1)^2(\sqrt{2} + 1)^2} \le \frac{9 - 2\sqrt{2}}{8}$$

对 $1 \le x \le (\sqrt{2} + 1)^2$ 成立. 上述不等式等价于

$$(2\sqrt{2} - 1)x^2 - 2(9 - 2\sqrt{2})x + 7 + 2\sqrt{2} \le 0,$$

这是成立的,因为左边二次多项式的根 x_1 和 x_2 为

$$x_1 = \frac{18\sqrt{2} - 19}{7} < 1 < x_2 = (\sqrt{2} + 1)^2.$$

此时,式 (∗) 中等号成立当且仅当

$$r = (\sqrt{2} + 1)^2, b - c = \frac{\sqrt{2}}{(x + 1)(\sqrt{2} + 1)}, a - \frac{x\sqrt{2}}{(x + 1)(\sqrt{2} + 1)},$$

再次得到

$$a = \frac{1}{2}, b = c = \frac{(\sqrt{2} - 1)^2}{2}. \qquad\qquad \square$$

6.16　给定一个圆,求圆内两个互不重叠的三角形,使得其面积之和最大.

解　考虑所给圆中两个互不重叠的三角形 Δ_1 和 Δ_2. 存在一条弦 AB 分隔它们,即这两个三角形分别在弦 AB 的两侧. 分别用 C 和 D 表示由 AB 所分成的两段弧的中点 (图 8.59).

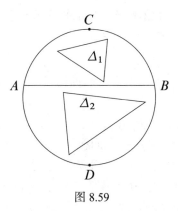

图 8.59

那么容易证明三角形 Δ_1 的面积不超过 $\triangle ABC$ 的面积,三角形 Δ_2 的面积不超过 $\triangle ABD$ 的面积. 因此,Δ_1 与 Δ_2 的面积之和不超过四边形 $ABCD$ 的面积,且例 3.14 说明 Δ_1 与 Δ_2 的面积之和不超过内接于此圆的一个正方形的面积. 因此,这里问题的解是任意一对内接于给定圆的等腰直角三角形,使得它们构成一个正方形 (图 8.60).

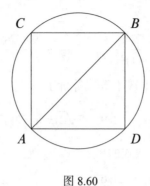

图 8.60

6.17　在一个给定的正方体内求两个互不相交的球,使得:

(1) 它们的体积之和最大;

(2) 它们的表面积之和最大.

解　两种情形下都只需要考虑这两个球内切于两个相对的三面角内且它们互相相切的情形（见例 6.10）. 现在这两个球的中心在此正方体的一个对角线平面上, 并且我们考虑此平面与这两个球相交的截面, 我们可以将问题 (1) 和 (2) 分别转化为习题 6.11 的 (3) 和 (1), 相当于是一个边长为 $a = 1$ 和 $b = \sqrt{2}$ 的矩形. 由于 $b < 2a$, 在两种情形下, 所求的答案对应的两个球的半径都是

$$r_1 = \frac{1}{2}, r_2 = \frac{1}{2} + \sqrt{2} - \sqrt{\sqrt{2}}.$$

6.18　求包含九个互不相交的半径为 1 的球的最小正方体的边长.

提示:利用习题 6.14 的解答中的方法.

答案:$4 + 2\sqrt{3}$.

6.19　一个边长为 a_1, b_1, c_1 的平行六面体 P_1 在一个边长为 a_2, b_2, c_2 的平行六面体内,证明:

$$a_1 + b_1 + c_1 \leqslant a_2 + b_2 + c_2.$$

证　设 P 是一个边长为 a, b, c, 表面积为 S, 体积为 $\mathrm{Vol}(P)$ 的平行六面体. 对任意 $r > 0$, 记 $P(r)$ 为空间中到点 P 的距离不超过 r 的点的集合. 那么 $P(r)$ 包含下面的对象:平行六面体 P, 六个以 P 的表面为底, 高为 r 的平行六面体, 十二个底面半径为 r, 高为 P 的边长的直圆柱, 八个半径为 r 的八分之一球体共同构成一个完整的球体. 因此, $P(r)$ 的体积为

$$\mathrm{Vol}(P(r)) = \mathrm{Vol}(P) + rS + \pi r^2 (a + b + c) + \frac{4\pi}{3} r^3.$$

由于 $P_1 \subseteq P_2$, 我们有 $P_1(r) \subseteq P_2(r)$, 所以

$$\mathrm{Vol}(P_1(r)) \leqslant \mathrm{Vol}(P_2(r)),$$

因此

$$\text{Vol}(P_1) + rS_1 + \pi r^2(a_1 + b_1 + c_1) \le \text{Vol}(P_2) + rS_2 + \pi r^2(a_2 + b_2 + c_2)$$

对任意 $r > 0$ 都成立. 两边同时除以 r^2, 令 $r \to \infty$, 我们得到

$$a_1 + b_1 + c_1 \le a_2 + b_2 + c_2. \qquad \square$$

注 上述证法的思想也可以用来证明以下著名的结论: 如果一个周长为 p_1 的凸多边形 P_1 在一个周长为 p_2 的凸多边形 P_2 内, 那么 $p_1 \le p_2$. 对任意凸多边形 P 和任意 $r > 0$, 用 $P(r)$ 表示平面上到 P 的距离不超过 r 的点的集合. 设 P 的周长为 p, 那么我们可以验证 $P(r)$ 的面积公式为

$$\text{Area}(P(r)) = \text{Area}(P) + pr + \pi r^2.$$

由于 $P_1 \subseteq P_2$, 因此 $P_1(r) \subseteq P_2(r)$, 所以

$$\text{Area}(P_1(r)) \le \text{Area}(P_2(r)).$$

于是

$$\text{Area}(P_1) + rp_1 \le \text{Area}(P_2) + rp_2$$

对任意 $r > 0$ 成立. 两边同时除以 r, 令 $r \to \infty$, 我们得到 $p_1 \le p_2$.

8.7 等周问题

7.1 证明: 在所有具有给定周长的平行四边形中, 正方形的面积最大.

证 设平行四边形的两边长为 a, b, 其夹角为 α, 则其面积为 $S = ab\sin\alpha$, 因此

$$S \le ab \le \left(\frac{a+b}{2}\right)^2,$$

等号成立当且仅当 $a = b$ 且 $\alpha = 90°$, 即此平行四边形为正方形. $\qquad \square$

7.2 证明: 在所有具有给定周长及其中一条对角线长度的平行四边形中, 菱形的面积最大.

证 这里的证明基于以下事实: 在所有给定一条边长 c 和半周长 s 的三角形中, 等腰三角形的面积最大. 利用 Heron 公式, 三角形的面积 A 可以表示为

$$A^2 = s(s-c)(c^2 - (a-b)^2).$$

因此

$$A^2 \le s(s-c)c^2,$$

等号成立当且仅当 $a = b$. $\qquad \square$

7.3 在所有面积为 1 的四边形中，求出其中最短三边之和最小的四边形.

解 设 $ABCD$ 是一个面积为 1 的四边形，AB 是其最长边. 分别用 D' 和 C' 表示 D 和 C 关于直线 AB 的对称点（图 8.61）.

那么六边形 $AD'C'BCD$ 的面积等于 2，由六边形的等周定理可得

$$BC + CD + DA = \frac{1}{2}(AD' + D'C' + C'B + BC + CD + DA)$$

$$\geq \frac{1}{2}\sqrt{4 \cdot 6 \cdot 2\tan\frac{\pi}{6}} = 2\sqrt[4]{3}.$$

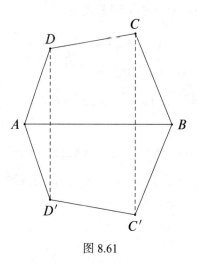

图 8.61

因此，和式 $BC + CD + DA$ 最小时，四边形 $ABCD$ 是满足 $AB /\!/ CD$ 的，其边长为

$$AB = \frac{4}{3}\sqrt[4]{3}, BC = CD = DA = \frac{2}{3}\sqrt[4]{3}. \qquad \square$$

7.4 四个全等且不相交的圆的圆心分别在一个正方形的顶点上，构造一个具有最大周长的四边形，使得其各个顶点分别在这些圆上.

解 设 $ABCD$ 是一个顶点在所给四个圆上的四边形，O 是正方形的中心. 假定四边形 $ABCD$ 不是凸的，比如 $\angle ABC > 180°$. 那么点 B 和包含点 B 的圆的圆心 O_b 在直线 AC 的两侧. 用 B' 表示过 B 且垂直于 AC 的直线与圆心为 O_b 的圆的交点，那么 $AB' > AB, CB' > CB$，于是 $AB'CD$ 的周长不小于 $ABCD$ 的周长. 因此，我们不妨假定 $ABCD$ 是凸四边形. 设 k 是以 O 为中心的一个圆，满足与所给的四个圆都内切. 分别用 A_1, B_1, C_1, D_1 表示 k 与射线 OA, OB, OC, OD 的交点. 由于四边形 $ABCD$ 是凸的，且在四边形 $A_1B_1C_1D_1$ 内，那么它的周长不超过 $A_1B_1C_1D_1$ 的周长.

由例 7.1 可知，$A_1 B_1 C_1 D_1$ 的周长不超过内接于 k 的正方形的周长. 因此，所求的四边形的顶点分别是 k 与所给四个圆的切点（图 8.62）.　　　　□

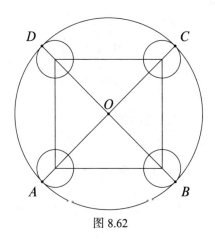

图 8.62

7.5　设 M 是凸 $n(n \geqslant 3)$ 边形 $A_1 A_2 \cdots A_n$ 内一点，证明：在

$$\angle M A_1 A_2, \angle M A_2 A_3, \cdots, \angle M A_{n-1} A_n, \angle M A_n A_1$$

中至少有一个角不超过 $\dfrac{\pi(n-2)}{2n}$.

证　设 $M A_k = x_k, A_k A_{k+1} = a_k, \angle M A_k A_{k+1} = \alpha_k, k = 1, 2, \cdots, n$，其中 $A_{n+1} = A_1$. 设 S 是 $A_1 A_2 \cdots A_n$ 的面积，那么

$$2S = \sum_{k=1}^{n} a_k x_k \sin \alpha_k.$$

对 $\triangle M A_k A_{k+1}$，由余弦定理，我们得到

$$x_{k+1}^2 = x_k^2 + a_k^2 - 2 x_k a_k \cos \alpha_k.$$

将这些不等式对 $k = 1, 2, \cdots, n$ 相加可得

$$\sum_{k=1}^{n} a_k^2 = 2 \sum_{k=1}^{n} a_k x_k \cos \alpha_k.$$

由 QM-AM 不等式结合 n 边形的等周不等式有

$$\sum_{k=1}^{n} a_k^2 \geqslant \frac{1}{n} \left(\sum_{k=1}^{n} a_k \right)^2 \geqslant 4S \tan \frac{\pi}{n}.$$

305

因此

$$\sum_{k=1}^{n} a_k x_k \cos \alpha_k \geqslant \sum_{k=1}^{n} a_k x_k \tan \frac{\pi}{n} \sin \alpha_k,$$

这个式子也可以写成

$$\sum_{k=1}^{n} a_k x_k \frac{\cos \left(\alpha_k + \dfrac{\pi}{n}\right)}{\cos \dfrac{\pi}{n}} \geqslant 0.$$

假定 $\alpha_k > \dfrac{n-2}{2n}, k = 1, 2, \cdots, n$,那么

$$\frac{3\pi}{2} > \alpha_k + \frac{\pi}{n} > \frac{\pi}{2},$$

所以 $\cos \left(\alpha_k + \dfrac{\pi}{n}\right) < 0, k = 1, 2, \cdots, n$. 因此

$$\sum_{k=1}^{n} a_k x_k \frac{\cos \left(\alpha_k + \dfrac{\pi}{n}\right)}{\cos \dfrac{\pi}{n}} < 0,$$

矛盾. 故至少存在一个 k,使得 $\alpha_k \leqslant \dfrac{\pi(n-2)}{2n}$. □

7.6 在一个单位圆中画三个面积为 1 的三角形, 证明: 其中至少有两个三角形有一个公共的内点.

证 用反证法, 假定结论不成立, 那么所给的三个三角形的面积之和为 3. 考虑过这些三角形顶点的半径的端点 (图 8.63), 它们构成一个至多有九个顶点的多边形.

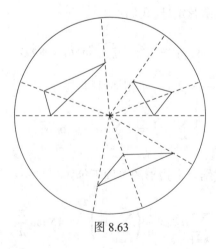

图 8.63

306

由例 7.1,这个多边形的面积不超过内接于单位圆的正九边形的面积. 因此,这三个三角形的面积之和小于内接于单位圆的正十二边形的面积,而正十二边形的面积恰好为 3,矛盾.

注意到,本题也可以用下面的事实来证明:如果一个面积为 1 的三角形在一个圆心为 O 的单位圆内,那么 O 在其内部或边界上. 我们将这个结论留给读者作为练习. □

7.7 设整数 $n \geqslant 3$,且 $a_1, a_2, \cdots, a_{n-1}$ 均为正数. 在所有满足 $A_i A_{i+1} = a_i, i = 1, 2, \cdots, n-1$ 的 n 边形中,求出面积最大的一个.

提示:利用习题 7.3 和例 7.3 的解题思想.

7.8 证明:对任意非正 n 边形,存在另一个具有相同周长的 n 边形,它具有更大的面积,且其边长相等.

提示:首先,证明只需要考虑凸 n 边形. 其次,利用适当的对称性,证明 n 边形的最短边和最长边可以假定为相邻的. 接下来,利用例 7.1 的解题思想.

7.9 一根绳索的两端分别系在一根棍子的两端,问绳索应该保持怎样的形状,才能使得其在地面上包围的区域的面积最大.

解 考虑当绳索的位置恰好构成圆的一段弧,而棍子是相应的圆内的弦(图 8.64),把此圆的另外一段弧也考虑进来(这已经在图 8.65 中标示出来了).

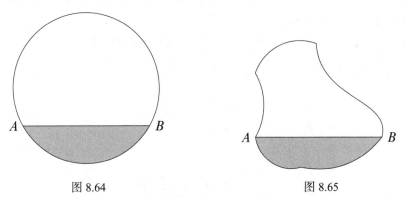

图 8.64   图 8.65

由等周定理可知,图 8.64 所示的绳索与棍子的位置围成的区域面积最大. □

7.10 一个城市的形状是边长为 5 km 的正方形,其中的街道将城市全部分成了边长为 200 m 的正方形城区,用一条长度为 10 km 的曲线包围城市的整条街道或者街道的一部分,它所围成的最大面积是多少?

解 设 $\mathcal{L}$ 是任意一条包含整条或者部分街道的封闭曲线,$\mathcal{R}$ 是包含 $\mathcal{L}$ 的最小矩形. 显然,$\mathcal{R}$ 的边是城市的街道或者街道的一部分,且 $\mathcal{R}$ 的周长不超过 $\mathcal{L}$ 的周长. 进一步,由 $\mathcal{L}$ 包围的面积不超过 $\mathcal{R}$ 的面积. 因此,只需要考虑闭曲线 $\mathcal{L}$ 是矩形的情形(图 8.66).

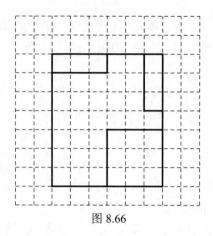

图 8.66

现在考虑一个周长为 10 km 的矩形 $\mathcal{R}$,其边界线由城市的街道或者街道的一部分组成.设矩形 $\mathcal{R}$ 的短边长为 x km,那么另一条边长是 $(5-x)$ km,且 $0 \leqslant x \leqslant \dfrac{5}{2}$.进一步,有 $k = 5x$ 是一个整数,且 $0 \leqslant k \leqslant 12$.因此,$[\mathcal{R}] = x(5-x)$,当 $x = \dfrac{5}{2}$ 时最大.函数 $x(5-x)$ 对 $x \in \left[0, \dfrac{5}{2}\right]$ 递增,所以对 $x = \dfrac{k}{5}$(其中 $k = 1, 2, \cdots, 12$),$[\mathcal{R}]$ 的最大值当 $k = 12$,即 $x = \dfrac{12}{5}$ 时取到.因此,所求的闭曲线的形状必然是边长为 $\dfrac{12}{5}$ km 和 $\dfrac{13}{5}$ km 的矩形. □

7.11　在所有表面积为 S 的正 n 棱锥中,求出面积最大的棱锥.

解　设 α 为底面与一个侧面的夹角,容易得到

$$V = \frac{S^{\frac{3}{2}}}{\sqrt[3]{n \tan \dfrac{180°}{n}}} f(\alpha),$$

其中

$$f(\alpha) = \frac{\sqrt{\cos \alpha (1 - \cos \alpha)}}{1 + \cos \alpha}.$$

令 $t = \cos \alpha$,我们需要对 $t \in (0, 1)$,求出函数

$$g(t) = \frac{\sqrt{t(1-t)}}{1+t}$$

的最大值.由于

$$g'(t) = \frac{1 - 3t}{2(1 + t^2)\sqrt{t(1-t)}},$$

容易看出在区间 $(0, 1)$ 上,$g(t)$ 在 $t = \dfrac{1}{3}$ 时取到最大值,即 $f(\alpha)$ 当 $\cos \alpha = \dfrac{1}{3}$ 时取

到最大值,且最大体积为

$$V_{\max} = \frac{\sqrt{2}}{12} \cdot \frac{S^{\frac{3}{2}}}{\sqrt[3]{n \tan \frac{180°}{n}}}. \qquad \square$$

7.12 在所有各边长之和给定的长方体中,求出体积最大的一个.

解 在所有具有给定边长的平行四边形中,矩形的面积最大. 同样地,在所有具有给定边长的平行六面体中,长方体的体积最大. 由 AM-GM 不等式可得

$$V = abc \leqslant \left(\frac{a+b+c}{3} \right)^3,$$

等号成立当且仅当 $a = b = c$. 因此,所有各边长之和给定的长方体中,正方体的体积最大. $\qquad \square$

7.13 设 a, b, c 是正数,四面体 $ABCD$ 中,M, K 分别是 AB, CD 的中点,且满足 $AB = a, CD = b, MK = c$,在所有这样的四面体中,求出其中:

(1) 表面积最大的四面体;

(2) 体积最大的四面体.

解 (1) 显然

$$[ABC] \leqslant \frac{1}{2} AB \cdot CM, [ABD] \leqslant \frac{1}{2} AB \cdot DM,$$

$$[CDA] \leqslant \frac{1}{2} CD \cdot AK, [CDB] \leqslant \frac{1}{2} CD \cdot BK.$$

因此,表面积 S 满足

$$S = [ABC] + [ABD] + [BCD] + [CAD]$$

$$\leqslant \frac{1}{2} AB(CM + DM) + \frac{1}{2} CD(AK + BK).$$

由于 MK 是 $\triangle AKB$ 与 $\triangle CMD$ 的中线,我们有

$$4MK^2 = 2(AK^2 + BK^2) - AB^2 = 2(CM^2 + DM^2) - CD^2,$$

这意味着

$$AK^2 + BK^2 = \frac{4c^2 + a^2}{2}, CM^2 + DM^2 = \frac{4c^2 + b^2}{2}.$$

现在由 QM-AM 不等式,我们有

$$\frac{CM + DM}{2} \leqslant \sqrt{\frac{CM^2 + DM^2}{2}} = \frac{1}{2} \sqrt{4c^2 + b^2},$$

$$\frac{AK + BK}{2} \leq \sqrt{\frac{AK^2 + BK^2}{2}} = \frac{1}{2}\sqrt{4c^2 + a^2}.$$

综合以上不等式可得

$$S \leq \frac{1}{2}(a\sqrt{4c^2 + b^2} + b\sqrt{4c^2 + a^2}),$$

等号成立当且仅当 $AB \perp MK, CD \perp MK$,且 $AB \perp CD$,此时 S 是最大的.

(2) 由于 K 是 CD 的中点,对四面体 $ABCD$ 的体积 V,我们有

$$V = 2V_{ABKC} = \frac{2}{3}[ABK] \cdot h_C,$$

其中 h_C 是四面休 $ABKC$ 中过 C 的高. 此外,$[ABK] \leq \frac{1}{2}AB \cdot MK$ 且 $h_C \leq \frac{b}{2}$. 这些不等式意味着 $V \leq \frac{abc}{6}$,等号成立当且仅当 $AB \perp CD, AB \perp MK$,且 $CD \perp MK$. 此时,体积 V 是最大的. □

7.14 在所有周长给定的空间四边形 $ABCD$ 中,求出使得四面体 $ABCD$ 面积最大的一个.

解 我们首先假定 $AB = a$ 是固定的. 设 α 是过 B 且垂直于 AB 的平面. $\triangle ACD$ 在平面 α 上的投影是 $\triangle BEF$(图 8.67). 那么对四面体 $ABCD$ 的体积 V,我们有 $V = \frac{1}{3}AB \cdot [BEF]$,这是因为四面体 $ABCD$ 和 $ABEF$ 的体积等于四面体 $ABCF$ 的体积.

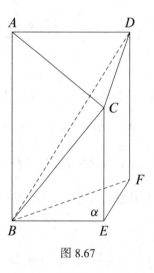

图 8.67

因此 V 最大当且仅当 $\triangle BEF$ 的面积最大. 由于在所有周长给定的三角形中,等边三角形的面积最大,因此只需要求出当 $\triangle BEF$ 的周长最大时的情形. 要解决这个问题,将平面 $FDCE$ 和 CEB 展开到平面 $ABFD$(图 8.68). 那么 $\triangle BEF$ 的

周长等于 B_1B_2, 而 B_1B_2 当线段 AD, CD, CB_2 与边 AB 成相同的角度 γ 时最大, 此时 $\cos\gamma = \dfrac{a}{2p-a}$, 其中 $2p$ 是四边形 $ABCD$ 的周长. □

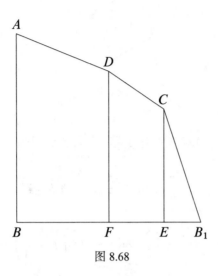

图 8.68

7.15 （Archimedes）在所有表面积给定的球形杯（用一个平面截一个球所得的形状）中, 求出体积最大的一个.

解 下面的证明来自 [54]. 考虑一个半径为 R 的球和一个高度为 h 的球形杯 ABC（图 8.69）.

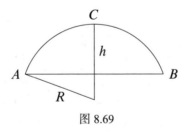

图 8.69

我们考虑一个具有相同球表面积的半球形杯 EFD（图 8.70）. 用 r 表示其半径, 此球形杯的体积 V 和表面积 S 分别为 $\pi h^2\left(R - \dfrac{h}{3}\right)$ 和 $2\pi Rh$, 而半球形杯的体积和表面积分别为 $\widetilde{V} = \dfrac{2}{3}\pi r^3$ 和 $\widetilde{S} = 2\pi r^2$. 因此 $r^2 = Rh$. 现在我们来对 $h \neq R$ 证明不等式 $(2R - r)r > (2R - h)h$.

要证明这一点, 令 $h = t^2R$, 其中 $0 < t \leqslant \sqrt{2}, t \neq 1$. 那么 $r = tR$, 且上述不等式变成 $2 - t > (2 - t^2)t$, 这等价于 $(t - 1)^2(t + 2) > 0$. 在上述不等式两边加上等

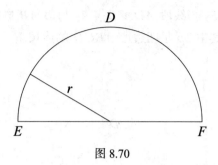

图 8.70

式 $r^2 = Rh$,然后在得到的不等式两边乘以 $\dfrac{\pi h}{3}$,我们得到

$$\frac{\pi h}{3} \cdot 2Rr > \frac{\pi}{3}(3R - h)h^2.$$

因此

$$\widetilde{V} = \frac{2}{3}\pi r^3 = \frac{\pi h}{3} \cdot 2Rr > \pi h^2 \left(R - \frac{h}{3} \right) = V. \qquad \square$$

参考文献

[1] C. Alsina, R. B. Nelsen, *A Visual Proof of the Erdös-Mordell Inequality*, Forum Geometricorum, 7(2007), 99–102.

[2] M. Andreatta, A. Bezdek, J. P. Boronski, *The Problem of Malfatti*: *Two Centuries of Debate*, Math. Intell., 33(2011), no. 1, 72–76.

[3] T. Andreescu, D. Andrica, *Complex numbers from A to...Z*, Birkhäuser, 2006.

[4] T. Andreescu, G. Dospinescu, *Problems from the Book*, XYZ Press, 2010.

[5] T. Andreescu, A. Ganesh, *109 Algebraic Inequalities*, XYZ Press, 2015.

[6] D. Andrica, C. Barbu, *A geometric proof of Blundon's inequalities*, Math. Inequal. Appl., 15(2012), no. 2, 361–370.

[7] D. Andrica, C. Barbu, N. Minculete, *A geometric way to generate Blundon type inequalities*, Acta Universitatis Apulensis, 31(2012), 93–106.

[8] L. Bankoff, *A simple proof of the Erdös-Mordell theorem*, Amer. Math. Monthly, 65(1958), 521.

[9] W. Blaschke, *Kreis and Kugel*, Walter de Gruyter and Co., Berlin, 1956.

[10] W. J. Blundon, *Inequalities associated with the triangle*, Canadian Mathematical Bulletin, B(1965), 615–626.

[11] D. Chakerian, L. H. Lange, *Geometric Extremum Problems*, Mathematics Magazine, 44(1971), no. 2, 57–69.

[12] S.-L. Chen, *Discussion about a geometric inequality again, Geometric inequalities in China* (in Chinese), Jiangsu Educational Press, 6(1996), 45–60.

[13] R. Courant, H. Robbins, *What Is Mathematics?*, Oxford University Press, London, 1941.

[14] H. S. M. Coxeter, *Introduction to Geometry* (2nd ed.), New York, Wiley, 1969.

313

[15] L. Danzer, D. Laugwitz, H. Lenz, *Über das Löwnersche Ellipsoid und sein Analogen unter den einem Eikörper einbeschriebenen Ellipsoiden*, Arch. Math., 8(1957), 214–219.

[16] S. Dar, S. Gueron, *A weighted Erdös-Mordell inequality*, Amer. Math. Monthly, 108(2001), 165–168.

[17] P. Erdös, *Problem 3740*, Amer. Math. Monthly, 42(1935), 396.

[18] L. Fejes Tóth, *Inequalities concerning Polygons and Polyhedra*, Duke Math. Journ., 15(1948), 817–822.

[19] L. Fejes Tóth, *Lagerungen in der Ebene, auf der Kugel, und in Raum*, Berlin, 1953.

[20] A. Fiocca, *Il problema di Malfatti nella letteratura matematica del'800*, Ann. Univ. Ferrara, sez VII., vol. XXVI, 1980.

[21] C. Fulton, S. Stein, *Parallelograms inscribed in convex curves*, Amer. Math. Monthly, 67(1960), 257–258.

[22] R. J. Gardner, *The Brunn-Minkowski inequality*, Bulletin of the American Mathematical Society, 39(2002), no. 3, 355–405.

[23] M. Garey, R. Graham, D. Johnson, *The complexity of computing Steiner minimal trees*, SIAM J. Appl. Math., 32(4)(1977), 835–859.

[24] I. M. Gel'fand, *Lectures on Linear Algebra*, Dover Publications INC, New York, 1989.

[25] M. Goldberg, *On the original Malfatti problem*, Math. Magazine, 5(40) (1967), 241–247.

[26] W. Gross, *Über affine Geometrie XIII: Eine Minimumeigenschaft der Ellipse und des Ellipsoids*, Leipziger Berichte, 70(1918), 38–54.

[27] S. Gueron, I. Shafrir, *A Weighted Erdös-Mordell Inequality for Polygons*, Amer. Math. Monthly, 112(2005), 257–263.

[28] G. H. Hardy, J. E. Littlewood, G. Pólya, *Inequalities*, Cambridge University Press, Cambridge, 1934.

[29] M. Herring, *The Euclidean Steiner Tree Problem*, Denson University, April 28, 2004, Google.

[30] R. Honsberger, *Episodes in Nineteenth and Twentieth Century Euclidean Geometry*, Mathematical Association of America, Washington, D.C., 1995.

[31] X.-L. Huang, *Discussion about a geometric inequality* (Third), Fujiam High-School Mathematics (in Chinese), Jiangsu Educational Press, 11(6) (1993).

[32] O. Jarnik, O. Kössler, *O minimalnich oratech obsakujicich u danych body* (in Czech), Casopis Pesk. Mat. Fyz., 63(1934), 223–235.

[33] N. D. Kazarinoff, *A simple proof of the Erdös-Mordell inequality for triangles*, Michigan Math. J., 2(1957), 97–98.

[34] N. D. Kazarinoff, *Geometric Inequalities*, Random House, New York, 1961.

[35] F. Lenenberger, *Zum Mordellschen Beweis einer Unglechung von Erdös*, Elemente der Mathemmatik, 17(62), 15–17.

[36] H.-C. Lenhard, *Verallgemeinerung und Verschärfung der Erdös-Mordellschen Satz fur Polygons*, Archiv der Mathematik, 12(1961), 311–314.

[37] J. Liu, *A geometric inequality with applications*, Journal of Mathematical Inequalities, 10, 3(2016), 641–648.

[38] H. Lob, H. W. Richmond, *On the solutions of Malfatti's problem for a triangle*, Proc. London Math. Soc., 2, 30(1930), 287–304.

[39] G. Malfatti, *Memoria sopra un problema sterotomico*, Memorie di matematica e fisica della Società Italiana delle Scienze, 10, 1(1803), 235–244.

[40] H. Mellisen, *Packing and covering with circles*, Thesis, Univ. of Utrecht, 1997.

[41] Z. A. Melzak, *On the problem of Steiner*, Canad. Math. Bull., 4(2)(1961), 143–150.

[42] D. S. Mitrinović, *Analytic Inequalities*, Springer-Verlag, Heidelberg, 1970.

[43] D. S. Mitrinović, J. E. Pecaric, V. Volenec, *Recent Advances in Geometric Inequalities*, Kluwer Academic Publishers, Dordrecht, 1989.

[44] L. J. Mordell, *Lösung eines geometrischen Problems*, Közepiskolai Matematikai Lapok, 11(1935), 146–148.

315

[45] O. Mushkarov, H. Lesov, *Sharp Polynomial estimates for the degree of the semiperimeter of a triangle*, Proceedings of the Seventeenth Spring Conference of The Union of Bulgarian Mathematicians, Sunny Beach, April 6–9, 1988, Sofia, BAN, 574–578.

[46] O. Mushkarov, N. Nikolov, *Semiregular Polygons*, Amer. Math. Monthly, 113(2006), no. 4, 339–344.

[47] A. Oppenheim, *The Erdös inequality and other inequalities for a triangle*, Amer. Math. Monthly, 68(1961), 226–230.

[48] G. Pólya, *Mathematics and Plausible Reasoning*, Vol. I, *Induction and Analogy in Mathematics*, Princeton University Press, Princeton, New Jersey, 1954.

[49] V. Prasolov, *Essays on Numbers and Figures*, Mathematical World, vol. 16, American Mathematical Society, 2000.

[50] W. Rudin, *Real and Complex Analysis* (3rd ed.), Singapore, McGraw Hill, 1987.

[51] H. Sedrakyan, N. Sedrakyan, *Geometric inequalities, Methods of Proving*, Problem Books in Mathematics, Springer, 2017.

[52] A. Shen, *Entrance examinations to the Mekh-mat*, Math. Intell., 16(1994), no. 4, 6–10.

[53] I. S. Shoenberg, *The finite Fourier series and elementary geometry*, Amer. Math. Monthly, 57(1950), no. 6, 390–404.

[54] V. M. Tihomirov, *Stories about Maxima and Minima*, AMS, Providence, RI, 1990.

[55] I. Vardy, *Mekh-Mat entrance examination problems*, IHES preprint, Janvier 2000, M/00/06.

[56] P. Winter, M. Zackariasen, *Large Euclidean Steiner Minimum Trees in an Hour*, ISMP 1997.

[57] S. Wu, M. Bencze, *An equivalent form of the Fundamental triangle inequality and its applications*, Journal of Inequalities in Pure and Applied Mathematics, 10(2009), no. 1, art. 16, 6.

[58] I. M. Yaglom, *Geometric Transformations*, Random House, New York, 1962.

[59] I. M. Yaglom, V. G. Boltyansky, *Convex Figures*, Holt, Rinehart and Winston, 1961.

[60] V. A. Zalgaller, G. A. Loss, *A solution of the Malfatti problem*, Ukrainskii Geomet-richeskii Sbornik, 35(1992), 14–33.

[61] V. A. Zalgaller, G. A. Loss, *The solution of Malfatti's problem*, Journal of Mathe-matical Sciences, 72(1994), no. 4, 3163–3177.

[62] http：//mathworld.wolfram.com/ChebyshevPolynomialoftheFirstKind.html, 2017.

刘培杰数学工作室
已出版(即将出版)图书目录——初等数学

书 名	出版时间	定 价	编号
新编中学数学解题方法全书(高中版)上卷(第2版)	2018—08	58.00	951
新编中学数学解题方法全书(高中版)中卷(第2版)	2018—08	68.00	952
新编中学数学解题方法全书(高中版)下卷(一)(第2版)	2018—08	58.00	953
新编中学数学解题方法全书(高中版)下卷(二)(第2版)	2018—08	58.00	954
新编中学数学解题方法全书(高中版)下卷(三)(第2版)	2018—08	68.00	955
新编中学数学解题方法全书(初中版)上卷	2008—01	28.00	29
新编中学数学解题方法全书(初中版)中卷	2010—07	38.00	75
新编中学数学解题方法全书(高考复习卷)	2010—01	48.00	67
新编中学数学解题方法全书(高考真题卷)	2010—01	38.00	62
新编中学数学解题方法全书(高考精华卷)	2011—03	68.00	118
新编平面解析几何解题方法全书(专题讲座卷)	2010—01	18.00	61
新编中学数学解题方法全书(自主招生卷)	2013—08	88.00	261
数学奥林匹克与数学文化(第一辑)	2006—05	48.00	4
数学奥林匹克与数学文化(第二辑)(竞赛卷)	2008—01	48.00	19
数学奥林匹克与数学文化(第二辑)(文化卷)	2008—07	58.00	36'
数学奥林匹克与数学文化(第三辑)(竞赛卷)	2010—01	48.00	59
数学奥林匹克与数学文化(第四辑)(竞赛卷)	2011—08	58.00	87
数学奥林匹克与数学文化(第五辑)	2015—06	98.00	370
世界著名平面几何经典著作钩沉——几何作图专题卷(共3卷)	2022—01	198.00	1460
世界著名平面几何经典著作钩沉(民国平面几何老课本)	2011—03	38.00	113
世界著名平面几何经典著作钩沉(建国初期平面三角老课本)	2015—08	38.00	507
世界著名解析几何经典著作钩沉——平面解析几何卷	2014—01	38.00	264
世界著名数论经典著作钩沉(算术卷)	2012—01	28.00	125
世界著名数学经典著作钩沉——立体几何卷	2011—02	28.00	88
世界著名三角学经典著作钩沉(平面三角卷Ⅰ)	2010—06	28.00	69
世界著名三角学经典著作钩沉(平面三角卷Ⅱ)	2011—01	38.00	78
世界著名初等数论经典著作钩沉(理论和实用算术卷)	2011—07	38.00	126
世界著名几何经典著作钩沉(解析几何卷)	2022—10	68.00	1564
发展你的空间想象力(第3版)	2021—01	98.00	1464
空间想象力进阶	2019—05	68.00	1062
走向国际数学奥林匹克的平面几何试题诠释.第1卷	2019—07	88.00	1043
走向国际数学奥林匹克的平面几何试题诠释.第2卷	2019—09	78.00	1044
走向国际数学奥林匹克的平面几何试题诠释.第3卷	2019—03	78.00	1045
走向国际数学奥林匹克的平面几何试题诠释.第4卷	2019—09	98.00	1046
平面几何证明方法全书	2007—08	48.00	1
平面几何证明方法全书习题解答(第2版)	2006—12	18.00	10
平面几何天天练上卷·基础篇(直线型)	2013—01	58.00	208
平面几何天天练中卷·基础篇(涉及圆)	2013—01	28.00	234
平面几何天天练下卷·提高篇	2013—01	58.00	237
平面几何专题研究	2013—07	98.00	258
平面几何解题之道.第1卷	2022—05	38.00	1494
几何学习题集	2020—10	48.00	1217
通过解题学习代数几何	2021—04	88.00	1301
圆锥曲线的奥秘	2022—06	88.00	1541

书　　名	出版时间	定　价	编号
最新世界各国数学奥林匹克中的平面几何试题	2007—09	38.00	14
数学竞赛平面几何典型题及新颖解	2010—07	48.00	74
初等数学复习及研究(平面几何)	2008—09	68.00	38
初等数学复习及研究(立体几何)	2010—06	38.00	71
初等数学复习及研究(平面几何)习题解答	2009—01	58.00	42
几何学教程(平面几何卷)	2011—03	68.00	90
几何学教程(立体几何卷)	2011—07	68.00	130
几何变换与几何证题	2010—06	88.00	70
计算方法与几何证题	2011—06	28.00	129
立体几何技巧与方法(第2版)	2022—10	168.00	1572
几何瑰宝——平面几何500名题暨1500条定理(上、下)	2021—07	168.00	1358
三角形的解法与应用	2012—07	18.00	183
近代的三角形几何学	2012—07	48.00	184
一般折线几何学	2015—08	48.00	503
三角形的五心	2009—06	28.00	51
三角形的六心及其应用	2015—10	68.00	542
三角形趣谈	2012—08	28.00	212
解三角形	2014—01	28.00	265
探秘三角形:一次数学旅行	2021—10	68.00	1387
三角学专门教程	2014—09	28.00	387
图天下几何新题试卷.初中(第2版)	2017—11	58.00	855
圆锥曲线习题集(上册)	2013—06	68.00	255
圆锥曲线习题集(中册)	2015—01	78.00	434
圆锥曲线习题集(下册·第1卷)	2016—10	78.00	683
圆锥曲线习题集(下册·第2卷)	2018—01	98.00	853
圆锥曲线习题集(下册·第3卷)	2019—10	128.00	1113
圆锥曲线的思想方法	2021—08	48.00	1379
圆锥曲线的八个主要问题	2021—10	48.00	1415
论九点圆	2015—05	88.00	645
近代欧氏几何学	2012—03	48.00	162
罗巴切夫斯基几何学及几何基础概要	2012—07	28.00	188
罗巴切夫斯基几何初步	2015—06	28.00	474
用三角、解析几何、复数、向量计算解数学竞赛几何题	2015—03	48.00	455
用解析法研究圆锥曲线的几何理论	2022—05	48.00	1495
美国中学几何教程	2015—04	88.00	458
三线坐标与三角形特征点	2015—04	98.00	460
坐标几何学基础.第1卷,笛卡儿坐标	2021—08	48.00	1398
坐标几何学基础.第2卷,三线坐标	2021—09	28.00	1399
平面解析几何方法与研究(第1卷)	2015—05	28.00	471
平面解析几何方法与研究(第2卷)	2015—06	38.00	472
平面解析几何方法与研究(第3卷)	2015—07	28.00	473
解析几何研究	2015—01	38.00	425
解析几何学教程.上	2016—01	38.00	574
解析几何学教程.下	2016—01	38.00	575
几何学基础	2016—01	58.00	581
初等几何研究	2015—02	58.00	444
十九和二十世纪欧氏几何学中的片段	2017—01	58.00	696
平面几何中考.高考.奥数一本通	2017—07	28.00	820
几何学简史	2017—08	28.00	833
四面体	2018—01	48.00	880
平面几何证明方法思路	2018—12	68.00	913
折纸中的几何练习	2022—09	48.00	1559
中学新几何学(英文)	2022—10	98.00	1562
线性代数与几何	2023—04	68.00	1633
四面体几何学引论	2023—06	68.00	1648

刘培杰数学工作室
已出版（即将出版）图书目录——初等数学

书　名	出版时间	定　价	编号
平面几何图形特性新析.上篇	2019—01	68.00	911
平面几何图形特性新析.下篇	2018—06	88.00	912
平面几何范例多解探究.上篇	2018—04	48.00	910
平面几何范例多解探究.下篇	2018—12	68.00	914
从分析解题过程学解题：竞赛中的几何问题研究	2018—07	68.00	946
从分析解题过程学解题：竞赛中的向量几何与不等式研究(全2册)	2019—06	138.00	1090
从分析解题过程学解题：竞赛中的不等式问题	2021—01	48.00	1249
二维、三维欧氏几何的对偶原理	2018—12	38.00	990
星形大观及闭折线论	2019—03	68.00	1020
立体几何的问题和方法	2019—11	58.00	1127
三角代换论	2021—05	58.00	1313
俄罗斯平面几何问题集	2009—08	88.00	55
俄罗斯立体几何问题集	2014—03	58.00	283
俄罗斯几何大师——沙雷金论数学及其他	2014—01	48.00	271
来自俄罗斯的5000道几何习题及解答	2011—03	58.00	89
俄罗斯初等数学问题集	2012—05	38.00	177
俄罗斯函数问题集	2011—03	38.00	103
俄罗斯组合分析问题集	2011—01	48.00	79
俄罗斯初等数学万题选——三角卷	2012—11	38.00	222
俄罗斯初等数学万题选——代数卷	2013—01	68.00	225
俄罗斯初等数学万题选——几何卷	2014—01	68.00	226
俄罗斯《量子》杂志数学征解问题100题选	2018—08	48.00	969
俄罗斯《量子》杂志数学征解问题又100题选	2018—08	48.00	970
俄罗斯《量子》杂志数学征解问题	2020—05	48.00	1138
463个俄罗斯几何老问题	2012—01	28.00	152
《量子》数学短文精粹	2018—09	38.00	972
用三角、解析几何等计算解来自俄罗斯的几何题	2019—11	88.00	1119
基谢廖夫平面几何	2022—01	48.00	1461
基谢廖夫立体几何	2023—04	48.00	1599
数学：代数、数学分析和几何(10—11年级)	2021—01	48.00	1250
直观几何学：5—6年级	2022—04	58.00	1508
几何学：第2版.7—9年级	2023—08	68.00	1684
平面几何：9—11年级	2022—10	48.00	1571
立体几何.10—11年级	2022—01	58.00	1472

谈谈素数	2011—03	18.00	91
平方和	2011—03	18.00	92
整数论	2011—05	38.00	120
从整数谈起	2015—10	28.00	538
数与多项式	2016—01	38.00	558
谈谈不定方程	2011—05	28.00	119
质数漫谈	2022—07	68.00	1529

解析不等式新论	2009—06	68.00	48
建立不等式的方法	2011—03	98.00	104
数学奥林匹克不等式研究(第2版)	2020—07	68.00	1181
不等式研究(第三辑)	2023—08	198.00	1673
不等式的秘密(第一卷)(第2版)	2014—02	38.00	286
不等式的秘密(第二卷)	2014—01	38.00	268
初等不等式的证明方法	2010—06	38.00	123
初等不等式的证明方法(第二版)	2014—11	38.00	407
不等式·理论·方法(基础卷)	2015—07	38.00	496
不等式·理论·方法(经典不等式卷)	2015—07	38.00	497
不等式·理论·方法(特殊类型不等式卷)	2015—07	48.00	498
不等式探究	2016—03	38.00	582
不等式探秘	2017—01	88.00	689
四面体不等式	2017—01	68.00	715
数学奥林匹克中常见重要不等式	2017—09	38.00	845

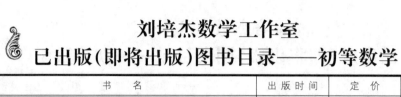

刘培杰数学工作室
已出版(即将出版)图书目录——初等数学

书 名	出版时间	定 价	编号
三正弦不等式	2018—09	98.00	974
函数方程与不等式:解法与稳定性结果	2019—04	68.00	1058
数学不等式.第1卷,对称多项式不等式	2022—05	78.00	1455
数学不等式.第2卷,对称有理不等式与对称无理不等式	2022—05	88.00	1456
数学不等式.第3卷,循环不等式与非循环不等式	2022—05	88.00	1457
数学不等式.第4卷,Jensen不等式的扩展与加细	2022—05	88.00	1458
数学不等式.第5卷,创建不等式与解不等式的其他方法	2022—05	88.00	1459
不定方程及其应用.上	2018—12	58.00	992
不定方程及其应用.中	2019—01	78.00	993
不定方程及其应用.下	2019—02	98.00	994
Nesbitt不等式加强式的研究	2022—06	128.00	1527
最值定理与分析不等式	2023—02	78.00	1567
一类积分不等式	2023—02	88.00	1579
邦费罗尼不等式及概率应用	2023—05	58.00	1637
同余理论	2012—05	38.00	163
[x]与{x}	2015—04	48.00	476
极值与最值.上卷	2015—06	28.00	486
极值与最值.中卷	2015—06	38.00	487
极值与最值.下卷	2015—06	28.00	488
整数的性质	2012—11	38.00	192
完全平方数及其应用	2015—08	78.00	506
多项式理论	2015—10	88.00	541
奇数、偶数、奇偶分析法	2018—01	98.00	876
历届美国中学生数学竞赛试题及解答(第一卷)1950—1954	2014—07	18.00	277
历届美国中学生数学竞赛试题及解答(第二卷)1955—1959	2014—04	18.00	278
历届美国中学生数学竞赛试题及解答(第三卷)1960—1964	2014—06	18.00	279
历届美国中学生数学竞赛试题及解答(第四卷)1965—1969	2014—04	28.00	280
历届美国中学生数学竞赛试题及解答(第五卷)1970—1972	2014—06	18.00	281
历届美国中学生数学竞赛试题及解答(第六卷)1973—1980	2017—07	18.00	768
历届美国中学生数学竞赛试题及解答(第七卷)1981—1986	2015—01	18.00	424
历届美国中学生数学竞赛试题及解答(第八卷)1987—1990	2017—05	18.00	769
历届国际数学奥林匹克试题集	2023—09	158.00	1701
历届中国数学奥林匹克试题集(第3版)	2021—10	58.00	1440
历届加拿大数学奥林匹克试题集	2012—08	38.00	215
历届美国数学奥林匹克试题集	2023—08	98.00	1681
历届波兰数学竞赛试题集.第1卷,1949～1963	2015—03	18.00	453
历届波兰数学竞赛试题集.第2卷,1964～1976	2015—03	18.00	454
历届巴尔干数学奥林匹克试题集	2015—05	38.00	466
保加利亚数学奥林匹克	2014—10	38.00	393
圣彼得堡数学奥林匹克试题集	2015—01	38.00	429
匈牙利奥林匹克数学竞赛题解.第1卷	2016—05	28.00	593
匈牙利奥林匹克数学竞赛题解.第2卷	2016—05	28.00	594
历届美国数学邀请赛试题集(第2版)	2017—10	78.00	851
普林斯顿大学数学竞赛	2016—06	38.00	669
亚太地区数学奥林匹克竞赛题	2015—07	18.00	492
日本历届(初级)广中杯数学竞赛试题及解答.第1卷(2000～2007)	2016—05	28.00	641
日本历届(初级)广中杯数学竞赛试题及解答.第2卷(2008～2015)	2016—05	38.00	642
越南数学奥林匹克题选:1962—2009	2021—07	48.00	1370
360个数学竞赛问题	2016—08	58.00	677
奥数最佳实战题.上卷	2017—06	38.00	760
奥数最佳实战题.下卷	2017—05	58.00	761
哈尔滨市早期中学数学竞赛试题汇编	2016—07	28.00	672
全国高中数学联赛试题及解答:1981—2019(第4版)	2020—07	138.00	1176
2024年全国高中数学联合竞赛模拟题集	2024—01	38.00	1702

刘培杰数学工作室
已出版(即将出版)图书目录——初等数学

书　名	出版时间	定　价	编号
20 世纪 50 年代全国部分城市数学竞赛试题汇编	2017—07	28.00	797
国内外数学竞赛题及精解:2018～2019	2020—08	45.00	1192
国内外数学竞赛题及精解:2019～2020	2021—11	58.00	1439
许康华竞赛优学精选集.第一辑	2018—08	68.00	949
天问叶班数学问题征解 100 题. Ⅰ,2016—2018	2019—05	88.00	1075
天问叶班数学问题征解 100 题. Ⅱ,2017—2019	2020—07	98.00	1177
美国初中数学竞赛:AMC8 准备(共 6 卷)	2019—07	138.00	1089
美国高中数学竞赛:AMC10 准备(共 6 卷)	2019—08	158.00	1105
王连笑教你怎样学数学:高考选择题解题策略与客观题实用训练	2014—01	48.00	262
王连笑教你怎样学数学:高考数学高层次讲座	2015—02	48.00	432
高考数学的理论与实践	2009—08	38.00	53
高考数学核心题型解题方法与技巧	2010—01	28.00	86
高考思维新平台	2014—03	38.00	259
高考数学压轴题解题诀窍(上)(第 2 版)	2018—01	58.00	874
高考数学压轴题解题诀窍(下)(第 2 版)	2018—01	48.00	875
北京市五区文科数学三年高考模拟题详解:2013～2015	2015—08	48.00	500
北京市五区理科数学三年高考模拟题详解:2013～2015	2015—09	68.00	505
向量法巧解数学高考题	2009—08	28.00	54
高中数学课堂教学的实践与反思	2021—11	48.00	791
数学高考参考	2016—01	78.00	589
新课程标准高考数学解答题各种题型解法指导	2020—08	78.00	1196
全国及各省市高考数学试题审题要津与解法研究	2015—02	48.00	450
高中数学章节起始课的教学研究与案例设计	2019—05	28.00	1064
新课标高考数学——五年试题分章详解(2007～2011)(上、下)	2011—10	78.00	140,141
全国中考数学压轴题审题要津与解法研究	2013—04	78.00	248
新编全国及各省市中考数学压轴题审题要津与解法研究	2014—05	58.00	342
全国及各省市 5 年中考数学压轴题审题要津与解法研究(2015 版)	2015—04	58.00	462
中考数学专题总复习	2007—04	28.00	6
中考数学较难题常考题型解题方法与技巧	2016—09	48.00	681
中考数学难题常考题型解题方法与技巧	2016—09	48.00	682
中考数学中档题常考题型解题方法与技巧	2017—08	68.00	835
中考数学选择填空压轴好题妙解 365	2024—01	80.00	1698
中考数学:三类重点考题的解法例析与习题	2020—04	48.00	1140
中小学数学的历史文化	2019—11	48.00	1124
初中平面几何百题多思创新解	2020—01	58.00	1125
初中数学中考备考	2020—01	58.00	1126
高考数学之九章演义	2019—08	68.00	1044
高考数学之难题谈笑间	2022—06	68.00	1519
化学可以这样学:高中化学知识方法智慧感悟疑难辨析	2019—07	58.00	1103
如何成为学习高手	2019—09	58.00	1107
高考数学:经典真题分类解析	2020—04	78.00	1134
高考数学解答题破解策略	2020—11	58.00	1221
从分析解题过程学解题:高考压轴题与竞赛题之关系探究	2020—08	88.00	1179
教学新思考:单元整体视角下的初中数学教学设计	2021—03	58.00	1278
思维再拓展:2020 年经典几何题的多解探究与思考	即将出版		1279
中考数学小压轴汇编初讲	2017—07	48.00	788
中考数学大压轴专题微言	2017—09	48.00	846
怎么解中考平面几何探索题	2019—06	48.00	1093
北京中考数学压轴题解题方法突破(第 9 版)	2024—01	78.00	1645
助你高考成功的数学解题智慧:知识是智慧的基础	2016—01	58.00	596
助你高考成功的数学解题智慧:错误是智慧的试金石	2016—04	58.00	643
助你高考成功的数学解题智慧:方法是智慧的推手	2016—04	68.00	657
高考数学奇思妙解	2016—04	38.00	610
高考数学解题策略	2016—05	48.00	670
数学解题泄天机(第 2 版)	2017—10	48.00	850

刘培杰数学工作室

已出版(即将出版)图书目录——初等数学

书　名	出版时间	定　价	编号
高中物理教学讲义	2018—01	48.00	871
高中物理教学讲义:全模块	2022—03	98.00	1492
高中物理答疑解惑65篇	2021—11	48.00	1462
中学物理基础问题解析	2020—08	48.00	1183
初中数学、高中数学脱节知识补缺教材	2017—06	48.00	766
高考数学客观题解题方法和技巧	2017—10	38.00	847
十年高考数学精品试题审题要津与解法研究	2021—10	98.00	1427
中国历届高考数学试题及解答.1949—1979	2018—01	38.00	877
历届中国高考数学试题及解答.第二卷,1980—1989	2018—10	28.00	975
历届中国高考数学试题及解答.第三卷,1990—1999	2018—10	48.00	976
跟我学解高中数学题	2018—07	58.00	926
中学数学研究的方法及案例	2018—05	58.00	869
高考数学抢分技能	2018—07	68.00	934
高一新生常用数学方法和重要数学思想提升教材	2018—06	38.00	921
高考数学全国卷六道解答题常考题型解题诀窍:理科(全2册)	2019—07	78.00	1101
高考数学全国卷16道选择、填空题常考题型解题诀窍.理科	2018—09	88.00	971
高考数学全国卷16道选择、填空题常考题型解题诀窍.文科	2020—01	88.00	1123
高中数学一题多解	2019—06	58.00	1087
历届中国高考数学试题及解答:1917—1999	2021—08	98.00	1371
2000～2003年全国及各省市高考数学试题及解答	2022—05	88.00	1499
2004年全国及各省市高考数学试题及解答	2023—08	78.00	1500
2005年全国及各省市高考数学试题及解答	2023—08	78.00	1501
2006年全国及各省市高考数学试题及解答	2023—08	88.00	1502
2007年全国及各省市高考数学试题及解答	2023—08	98.00	1503
2008年全国及各省市高考数学试题及解答	2023—08	88.00	1504
2009年全国及各省市高考数学试题及解答	2023—08	88.00	1505
2010年全国及各省市高考数学试题及解答	2023—08	98.00	1506
2011～2017年全国及各省市高考数学试题及解答	2024—01	78.00	1507
2018～2023年全国及各省市高考数学试题及解答	2024—03	78.00	1709
突破高原:高中数学解题思维探究	2021—08	48.00	1375
高考数学中的"取值范围"	2021—10	48.00	1429
新课程标准高中数学各种题型解法大全.必修一分册	2021—06	58.00	1315
新课程标准高中数学各种题型解法大全.必修二分册	2022—01	68.00	1471
高中数学各种题型解法大全.选择性必修一分册	2022—06	68.00	1525
高中数学各种题型解法大全.选择性必修二分册	2023—01	58.00	1600
高中数学各种题型解法大全.选择性必修三分册	2023—04	48.00	1643
历届全国初中数学竞赛经典试题详解	2023—04	88.00	1624
孟祥礼高考数学精刷精解	2023—06	98.00	1663

书　名	出版时间	定　价	编号
新编640个世界著名数学智力趣题	2014—01	88.00	242
500个最新世界著名数学智力趣题	2008—06	48.00	3
400个最新世界著名数学最值问题	2008—09	48.00	36
500个世界著名数学征解问题	2009—06	48.00	52
400个中国最佳初等数学征解老问题	2010—01	48.00	60
500个俄罗斯数学经典老题	2011—01	28.00	81
1000个国外中学物理好题	2012—04	48.00	174
300个日本高考数学题	2012—05	38.00	142
700个早期日本高考数学试题	2017—02	88.00	752
500个前苏联早期高考数学试题及解答	2012—05	28.00	185
546个早期俄罗斯大学生数学竞赛题	2014—03	38.00	285
548个来自美苏的数学好问题	2014—11	28.00	396
20所苏联著名大学早期入学试题	2015—02	18.00	452
161道德国工科大学生必做的微分方程习题	2015—05	28.00	469
500个德国工科大学生必做的高数习题	2015—06	28.00	478
360个数学竞赛问题	2016—08	58.00	677
200个趣味数学故事	2018—02	48.00	857
470个数学奥林匹克中的最值问题	2018—10	88.00	985
德国讲义日本考题.微积分卷	2015—04	48.00	456
德国讲义日本考题.微分方程卷	2015—04	38.00	457
二十世纪中叶中、英、美、日、法、俄高考数学试题精选	2017—06	38.00	783

刘培杰数学工作室
已出版（即将出版）图书目录——初等数学

书　名	出版时间	定　价	编号
中国初等数学研究　2009卷（第1辑）	2009—05	20.00	45
中国初等数学研究　2010卷（第2辑）	2010—05	30.00	68
中国初等数学研究　2011卷（第3辑）	2011—07	60.00	127
中国初等数学研究　2012卷（第4辑）	2012—07	48.00	190
中国初等数学研究　2014卷（第5辑）	2014—02	48.00	288
中国初等数学研究　2015卷（第6辑）	2015—06	68.00	493
中国初等数学研究　2016卷（第7辑）	2016—04	68.00	609
中国初等数学研究　2017卷（第8辑）	2017—01	98.00	712
初等数学研究在中国.第1辑	2019—03	158.00	1024
初等数学研究在中国.第2辑	2019—10	158.00	1116
初等数学研究在中国.第3辑	2021—05	158.00	1306
初等数学研究在中国.第4辑	2022—06	158.00	1520
初等数学研究在中国.第5辑	2023—07	158.00	1635
几何变换（Ⅰ）	2014—07	28.00	353
几何变换（Ⅱ）	2015—06	28.00	354
几何变换（Ⅲ）	2015—01	38.00	355
几何变换（Ⅳ）	2015—12	38.00	356
初等数论难题集（第一卷）	2009—05	68.00	44
初等数论难题集（第二卷）（上、下）	2011—02	128.00	82,83
数论概貌	2011—03	18.00	93
代数数论（第二版）	2013—08	58.00	94
代数多项式	2014—06	38.00	289
初等数论的知识与问题	2011—02	28.00	95
超越数论基础	2011—03	28.00	96
数论初等教程	2011—03	28.00	97
数论基础	2011—03	18.00	98
数论基础与维诺格拉多夫	2014—03	18.00	292
解析数论基础	2012—08	28.00	216
解析数论基础（第二版）	2014—01	48.00	287
解析数论问题集（第二版）（原版引进）	2014—05	88.00	343
解析数论问题集（第二版）（中译本）	2016—04	88.00	607
解析数论基础（潘承洞，潘承彪著）	2016—07	98.00	673
解析数论导引	2016—07	58.00	674
数论入门	2011—03	38.00	99
代数数论入门	2015—03	38.00	448
数论开篇	2012—07	28.00	194
解析数论引论	2011—03	48.00	100
Barban Davenport Halberstam 均值和	2009—01	40.00	33
基础数论	2011—03	28.00	101
初等数论100例	2011—05	18.00	122
初等数论经典例题	2012—07	18.00	204
最新世界各国数学奥林匹克中的初等数论试题（上、下）	2012—01	138.00	144,145
初等数论（Ⅰ）	2012—01	18.00	156
初等数论（Ⅱ）	2012—01	18.00	157
初等数论（Ⅲ）	2012—01	28.00	158

书　名	出版时间	定　价	编号
平面几何与数论中未解决的新老问题	2013—01	68.00	229
代数数论简史	2014—11	28.00	408
代数数论	2015—09	88.00	532
代数、数论及分析习题集	2016—11	98.00	695
数论导引提要及习题解答	2016—01	48.00	559
素数定理的初等证明.第2版	2016—09	48.00	686
数论中的模函数与狄利克雷级数(第二版)	2017—11	78.00	837
数论:数学导引	2018—01	68.00	849
范氏大代数	2019—02	98.00	1016
解析数学讲义.第一卷,导来式及微分、积分、级数	2019—04	88.00	1021
解析数学讲义.第二卷,关于几何的应用	2019—04	68.00	1022
解析数学讲义.第三卷,解析函数论	2019—04	78.00	1023
分析·组合·数论纵横谈	2019—04	58.00	1039
Hall 代数:民国时期的中学数学课本:英文	2019—08	88.00	1106
基谢廖夫初等代数	2022—07	38.00	1531
数学精神巡礼	2019—01	58.00	731
数学眼光透视(第2版)	2017—06	78.00	732
数学思想领悟(第2版)	2018—01	68.00	733
数学方法溯源(第2版)	2018—08	68.00	734
数学解题引论	2017—05	58.00	735
数学史话览胜(第2版)	2017—01	48.00	736
数学应用展观(第2版)	2017—08	68.00	737
数学建模尝试	2018—04	48.00	738
数学竞赛采风	2018—01	68.00	739
数学测评探营	2019—05	58.00	740
数学技能操握	2018—03	48.00	741
数学欣赏拾趣	2018—02	48.00	742
从毕达哥拉斯到怀尔斯	2007—10	48.00	9
从迪利克雷到维斯卡尔迪	2008—01	48.00	21
从哥德巴赫到陈景润	2008—05	98.00	35
从庞加莱到佩雷尔曼	2011—08	138.00	136
博弈论精粹	2008—03	58.00	30
博弈论精粹.第二版(精装)	2015—01	88.00	461
数学 我爱你	2008—01	28.00	20
精神的圣徒　别样的人生——60位中国数学家成长的历程	2008—09	48.00	39
数学史概论	2009—06	78.00	50
数学史概论(精装)	2013—03	158.00	272
数学史选讲	2016—01	48.00	544
斐波那契数列	2010—02	28.00	65
数学拼盘和斐波那契魔方	2010—07	38.00	72
斐波那契数列欣赏(第2版)	2018—08	58.00	948
Fibonacci 数列中的明珠	2018—06	58.00	928
数学的创造	2011—02	48.00	85
数学美与创造力	2016—01	48.00	595
数海拾贝	2016—01	48.00	590
数学中的美(第2版)	2019—04	68.00	1057
数论中的美学	2014—12	38.00	351

刘培杰数学工作室
已出版(即将出版)图书目录——初等数学

书　名	出版时间	定　价	编号
数学王者　科学巨人——高斯	2015—01	28.00	428
振兴祖国数学的圆梦之旅:中国初等数学研究史话	2015—06	98.00	490
二十世纪中国数学史料研究	2015—10	48.00	536
数字谜、数阵图与棋盘覆盖	2016—01	58.00	298
数学概念的进化:一个初步的研究	2023—07	68.00	1683
数学发现的艺术:数学探索中的合情推理	2016—07	58.00	671
活跃在数学中的参数	2016—07	48.00	675
数海趣史	2021—05	98.00	1314
玩转幻中之幻	2023—08	88.00	1682
数学艺术品	2023—09	98.00	1685
数学博弈与游戏	2023—10	68.00	1692
数学解题——靠数学思想给力(上)	2011—07	38.00	131
数学解题——靠数学思想给力(中)	2011—07	48.00	132
数学解题——靠数学思想给力(下)	2011—07	38.00	133
我怎样解题	2013—01	48.00	227
数学解题中的物理方法	2011—06	28.00	114
数学解题的特殊方法	2011—06	48.00	115
中学数学计算技巧(第2版)	2020—10	48.00	1220
中学数学证明方法	2012—01	58.00	117
数学趣题巧解	2012—03	28.00	128
高中数学教学通鉴	2015—05	58.00	479
和高中生漫谈:数学与哲学的故事	2014—08	28.00	369
算术问题集	2017—03	38.00	789
张教授讲数学	2018—07	38.00	933
陈永明实话实说数学教学	2020—04	68.00	1132
中学数学学科知识与教学能力	2020—06	58.00	1155
怎样把课讲好:大罕数学教学随笔	2022—03	58.00	1484
中国高考评价体系下高考数学探秘	2022—03	48.00	1487
数苑漫步	2024—01	58.00	1670
自主招生考试中的参数方程问题	2015—01	28.00	435
自主招生考试中的极坐标问题	2015—04	28.00	463
近年全国重点大学自主招生数学试题全解及研究.华约卷	2015—02	38.00	441
近年全国重点大学自主招生数学试题全解及研究.北约卷	2016—05	38.00	619
自主招生数学解证宝典	2015—09	48.00	535
中国科学技术大学创新班数学真题解析	2022—03	48.00	1488
中国科学技术大学创新班物理真题解析	2022—03	58.00	1489
格点和面积	2012—07	18.00	191
射影几何趣谈	2012—04	28.00	175
斯潘纳尔引理——从一道加拿大数学奥林匹克试题谈起	2014—01	28.00	228
李普希兹条件——从几道近年高考数学试题谈起	2012—10	18.00	221
拉格朗日中值定理——从一道北京高考试题的解法谈起	2015—10	18.00	197
闵科夫斯基定理——从一道清华大学自主招生试题谈起	2014—01	28.00	198
哈尔测度——从一道冬令营试题的背景谈起	2012—08	28.00	202
切比雪夫逼近问题——从一道中国台北数学奥林匹克试题谈起	2013—04	38.00	238
伯恩斯坦多项式与贝齐尔曲面——从一道全国高中数学联赛试题谈起	2013—03	38.00	236
卡塔兰猜想——从一道普特南竞赛试题谈起	2013—06	18.00	256
麦卡锡函数和阿克曼函数——从一道前南斯拉夫数学奥林匹克试题谈起	2012—08	18.00	201
贝蒂定理与拉姆贝克莫斯尔定理——从一个拣石子游戏谈起	2012—08	18.00	217
皮亚诺曲线和豪斯道夫分球定理——从无限集谈起	2012—08	18.00	211
平面凸图形与凸多面体	2012—10	28.00	218
斯坦因豪斯问题——从一道二十五省市自治区中学数学竞赛试题谈起	2012—07	18.00	196

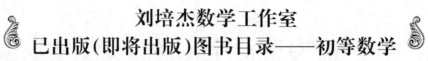

书　名	出版时间	定　价	编号
纽结理论中的亚历山大多项式与琼斯多项式——从一道北京市高一数学竞赛试题谈起	2012—07	28.00	195
原则与策略——从波利亚"解题表"谈起	2013—04	38.00	244
转化与化归——从三大尺规作图不能问题谈起	2012—08	28.00	214
代数几何中的贝祖定理(第一版)——从一道IMO试题的解法谈起	2013—08	18.00	193
成功连贯理论与约当块理论——从一道比利时数学竞赛试题谈起	2012—04	18.00	180
素数判定与大数分解	2014—08	18.00	199
置换多项式及其应用	2012—10	18.00	220
椭圆函数与模函数——从一道美国加州大学洛杉矶分校(UCLA)博士资格考题谈起	2012—10	28.00	219
差分方程的拉格朗日方法——从一道2011年全国高考理科试题的解法谈起	2012—08	28.00	200
力学在几何中的一些应用	2013—01	38.00	240
从根式解到伽罗华理论	2020—01	48.00	1121
康托洛维奇不等式——从一道全国高中联赛试题谈起	2013—03	28.00	337
西格尔引理——从一道第18届IMO试题的解法谈起	即将出版		
罗斯定理——从一道前苏联数学竞赛试题谈起	即将出版		
拉克斯定理和阿廷定理——从一道IMO试题的解法谈起	2014—01	58.00	246
毕卡大定理——从一道美国大学数学竞赛试题谈起	2014—07	18.00	350
贝齐尔曲线——从一道全国高中联赛试题谈起	即将出版		
拉格朗日乘子定理——从一道2005年全国高中联赛试题的高等数学解法谈起	2015—05	28.00	480
雅可比定理——从一道日本数学奥林匹克试题谈起	2013—04	48.00	249
李天岩—约克定理——从一道波兰数学竞赛试题谈起	2014—06	28.00	349
受控理论与初等不等式:从一道IMO试题的解法谈起	2023—03	48.00	1601
布劳维不动点定理——从一道前苏联数学奥林匹克试题谈起	2014—01	38.00	273
伯恩赛德定理——从一道英国数学奥林匹克试题谈起	即将出版		
布查特—莫斯特定理——从一道上海市初中竞赛试题谈起	即将出版		
数论中的同余数问题——从一道普林南竞赛试题谈起	即将出版		
范·德蒙行列式——从一道美国数学奥林匹克试题谈起	即将出版		
中国剩余定理:总数法构建中国历史年表	2015—01	28.00	430
牛顿程序与方程求根——从一道全国高考试题解法谈起	即将出版		
库默尔定理——从一道IMO预选试题谈起	即将出版		
卢丁定理——从一道冬令营试题的解法谈起	即将出版		
沃斯滕霍姆定理——从一道IMO预选试题谈起	即将出版		
卡尔松不等式——从一道莫斯科数学奥林匹克试题谈起	即将出版		
信息论中的香农熵——从一道近年高考压轴题谈起	即将出版		
约当不等式——从一道希望杯竞赛试题谈起	即将出版		
拉比诺维奇定理	即将出版		
刘维尔定理——从一道《美国数学月刊》征解问题的解法谈起	即将出版		
卡塔兰恒等式与级数求和——从一道IMO试题的解法谈起	即将出版		
勒让德猜想与素数分布——从一道爱尔兰竞赛试题谈起	即将出版		
天平称重与信息论——从一道基辅市数学奥林匹克试题谈起	即将出版		
哈密尔顿—凯莱定理:从一道高中数学联赛试题的解法谈起	2014—09	18.00	376
艾思特曼定理——从一道CMO试题的解法谈起	即将出版		

刘培杰数学工作室
已出版(即将出版)图书目录——初等数学

书　　名	出版时间	定　价	编号
阿贝尔恒等式与经典不等式及应用	2018—06	98.00	923
迪利克雷除数问题	2018—07	48.00	930
幻方、幻立方与拉丁方	2019—08	48.00	1092
帕斯卡三角形	2014—03	18.00	294
蒲丰投针问题——从2009年清华大学的一道自主招生试题谈起	2014—01	38.00	295
斯图姆定理——从一道"华约"自主招生试题的解法谈起	2014—01	18.00	296
许瓦兹引理——从一道加利福尼亚大学伯克利分校数学系博士生试题谈起	2014—08	18.00	297
拉姆塞定理——从王诗宬院士的一个问题谈起	2016—04	48.00	299
坐标法	2013—12	28.00	332
数论三角形	2014—04	38.00	341
毕克定理	2014—07	18.00	352
数林掠影	2014—09	48.00	389
我们周围的概率	2014—10	38.00	390
凸函数最值定理:从一道华约自主招生题的解法谈起	2014—10	28.00	391
易学与数学奥林匹克	2014—10	38.00	392
生物数学趣谈	2015—01	18.00	409
反演	2015—01	28.00	420
因式分解与圆锥曲线	2015—01	18.00	426
轨迹	2015—01	28.00	427
面积原理:从常庚哲命的一道CMO试题的积分解法谈起	2015—01	48.00	431
形形色色的不动点定理:从一道28届IMO试题谈起	2015—01	38.00	439
柯西函数方程:从一道上海交大自主招生的试题谈起	2015—02	28.00	440
三角恒等式	2015—02	28.00	442
无理性判定:从一道2014年"北约"自主招生试题谈起	2015—01	38.00	443
数学归纳法	2015—03	18.00	451
极端原理与解题	2015—04	28.00	464
法雷级数	2014—08	18.00	367
摆线族	2015—01	38.00	438
函数方程及其解法	2015—05	38.00	470
含参数的方程和不等式	2012—09	28.00	213
希尔伯特第十问题	2016—01	38.00	543
无穷小量的求和	2016—01	28.00	545
切比雪夫多项式:从一道清华大学金秋营试题谈起	2016—01	38.00	583
泽肯多夫定理	2016—03	38.00	599
代数等式证题法	2016—01	28.00	600
三角等式证题法	2016—01	28.00	601
吴大任教授藏书中的一个因式分解公式:从一道美国数学邀请赛试题的解法谈起	2016—06	28.00	656
易卦——类万物的数学模型	2017—08	68.00	838
"不可思议"的数与数系可持续发展	2018—01	38.00	878
最短线	2018—01	38.00	879
数学在天文、地理、光学、机械力学中的一些应用	2023—03	88.00	1576
从阿基米德三角形谈起	2023—01	28.00	1578
幻方和魔方(第一卷)	2012—05	68.00	173
尘封的经典——初等数学经典文献选读(第一卷)	2012—07	48.00	205
尘封的经典——初等数学经典文献选读(第二卷)	2012—07	38.00	206
初级方程式论	2011—03	28.00	106
初等数学研究(Ⅰ)	2008—09	68.00	37
初等数学研究(Ⅱ)(上、下)	2009—05	118.00	46,47
初等数学专题研究	2022—10	68.00	1568

书　　名	出版时间	定　价	编号
趣味初等方程妙题集锦	2014—09	48.00	388
趣味初等数论选美与欣赏	2015—02	48.00	445
耕读笔记(上卷):一位农民数学爱好者的初数探索	2015—04	28.00	459
耕读笔记(中卷):一位农民数学爱好者的初数探索	2015—05	28.00	483
耕读笔记(下卷):一位农民数学爱好者的初数探索	2015—05	28.00	484
几何不等式研究与欣赏.上卷	2016—01	88.00	547
几何不等式研究与欣赏.下卷	2016—01	48.00	552
初等数列研究与欣赏·上	2016—01	48.00	570
初等数列研究与欣赏·下	2016—01	48.00	571
趣味初等函数研究与欣赏.上	2016—09	48.00	684
趣味初等函数研究与欣赏.下	2018—09	48.00	685
三角不等式研究与欣赏	2020—10	68.00	1197
新编平面解析几何解题方法研究与欣赏	2021—10	78.00	1426
火柴游戏(第2版)	2022—05	38.00	1493
智力解谜.第1卷	2017—07	38.00	613
智力解谜.第2卷	2017—07	38.00	614
故事智力	2016—07	48.00	615
名人们喜欢的智力问题	2020—01	48.00	616
数学大师的发现、创造与失误	2018—01	48.00	617
异曲同工	2018—09	48.00	618
数学的味道(第2版)	2023—10	68.00	1686
数学千字文	2018—10	68.00	977
数贝偶拾——高考数学题研究	2014—04	28.00	274
数贝偶拾——初等数学研究	2014—04	38.00	275
数贝偶拾——奥数题研究	2014—04	48.00	276
钱昌本教你快乐学数学(上)	2011—12	48.00	155
钱昌本教你快乐学数学(下)	2012—03	58.00	171
集合、函数与方程	2014—01	28.00	300
数列与不等式	2014—01	38.00	301
三角与平面向量	2014—01	28.00	302
平面解析几何	2014—01	38.00	303
立体几何与组合	2014—01	28.00	304
极限与导数、数学归纳法	2014—01	38.00	305
趣味数学	2014—03	28.00	306
教材教法	2014—04	68.00	307
自主招生	2014—05	58.00	308
高考压轴题(上)	2015—01	48.00	309
高考压轴题(下)	2014—10	68.00	310
从费马到怀尔斯——费马大定理的历史	2013—10	198.00	I
从庞加莱到佩雷尔曼——庞加莱猜想的历史	2013—10	298.00	II
从切比雪夫到爱尔特希(上)——素数定理的初等证明	2013—07	48.00	III
从切比雪夫到爱尔特希(下)——素数定理100年	2012—12	98.00	III
从高斯到盖尔方特——二次域的高斯猜想	2013—10	198.00	IV
从库默尔到朗兰兹——朗兰兹猜想的历史	2014—01	98.00	V
从比勃巴赫到德布朗斯——比勃巴赫猜想的历史	2014—02	298.00	VI
从麦比乌斯到陈省身——麦比乌斯变换与麦比乌斯带	2014—02	298.00	VII
从布尔到豪斯道夫——布尔方程与格论漫谈	2013—10	198.00	VIII
从开普勒到阿诺德——三体问题的历史	2014—05	298.00	IX
从华林到华罗庚——华林问题的历史	2013—10	298.00	X

刘培杰数学工作室
已出版(即将出版)图书目录——初等数学

书　　名	出版时间	定价	编号
美国高中数学竞赛五十讲.第 1 卷(英文)	2014—08	28.00	357
美国高中数学竞赛五十讲.第 2 卷(英文)	2014—08	28.00	358
美国高中数学竞赛五十讲.第 3 卷(英文)	2014—09	28.00	359
美国高中数学竞赛五十讲.第 4 卷(英文)	2014—09	28.00	360
美国高中数学竞赛五十讲.第 5 卷(英文)	2014—10	28.00	361
美国高中数学竞赛五十讲.第 6 卷(英文)	2014—11	28.00	362
美国高中数学竞赛五十讲.第 7 卷(英文)	2014—12	28.00	363
美国高中数学竞赛五十讲.第 8 卷(英文)	2015—01	28.00	364
美国高中数学竞赛五十讲.第 9 卷(英文)	2015—01	28.00	365
美国高中数学竞赛五十讲.第 10 卷(英文)	2015—02	38.00	366
三角函数(第 2 版)	2017—04	38.00	626
不等式	2014—01	38.00	312
数列	2014—01	38.00	313
方程(第 2 版)	2017—04	38.00	624
排列和组合	2014—01	28.00	315
极限与导数(第 2 版)	2016—04	38.00	635
向量(第 2 版)	2018—08	58.00	627
复数及其应用	2014—08	28.00	318
函数	2014—01	38.00	319
集合	2020—01	48.00	320
直线与平面	2014—01	28.00	321
立体几何(第 2 版)	2016—04	38.00	629
解三角形	即将出版		323
直线与圆(第 2 版)	2016—11	38.00	631
圆锥曲线(第 2 版)	2016—09	48.00	632
解题通法(一)	2014—07	38.00	326
解题通法(二)	2014—07	38.00	327
解题通法(三)	2014—05	38.00	328
概率与统计	2014—01	28.00	329
信息迁移与算法	即将出版		330
IMO 50 年.第 1 卷(1959—1963)	2014—11	28.00	377
IMO 50 年.第 2 卷(1964—1968)	2014—11	28.00	378
IMO 50 年.第 3 卷(1969—1973)	2014—09	28.00	379
IMO 50 年.第 4 卷(1974—1978)	2016—04	38.00	380
IMO 50 年.第 5 卷(1979—1984)	2015—04	38.00	381
IMO 50 年.第 6 卷(1985—1989)	2015—04	58.00	382
IMO 50 年.第 7 卷(1990—1994)	2016—01	48.00	383
IMO 50 年.第 8 卷(1995—1999)	2016—06	38.00	384
IMO 50 年.第 9 卷(2000—2004)	2015—04	58.00	385
IMO 50 年.第 10 卷(2005—2009)	2016—01	48.00	386
IMO 50 年.第 11 卷(2010—2015)	2017—03	48.00	646

刘培杰数学工作室
已出版(即将出版)图书目录——初等数学

书　　名	出版时间	定　价	编号
数学反思(2006—2007)	2020—09	88.00	915
数学反思(2008—2009)	2019—01	68.00	917
数学反思(2010—2011)	2018—05	58.00	916
数学反思(2012—2013)	2019—01	58.00	918
数学反思(2014—2015)	2019—03	78.00	919
数学反思(2016—2017)	2021—03	58.00	1286
数学反思(2018—2019)	2023—01	88.00	1593
历届美国大学生数学竞赛试题集.第一卷(1938—1949)	2015—01	28.00	397
历届美国大学生数学竞赛试题集.第二卷(1950—1959)	2015—01	28.00	398
历届美国大学生数学竞赛试题集.第三卷(1960—1969)	2015—01	28.00	399
历届美国大学生数学竞赛试题集.第四卷(1970—1979)	2015—01	18.00	400
历届美国大学生数学竞赛试题集.第五卷(1980—1989)	2015—01	28.00	401
历届美国大学生数学竞赛试题集.第六卷(1990—1999)	2015—01	28.00	402
历届美国大学生数学竞赛试题集.第七卷(2000—2009)	2015—08	18.00	403
历届美国大学生数学竞赛试题集.第八卷(2010—2012)	2015—01	18.00	404
新课标高考数学创新题解题诀窍:总论	2014—09	28.00	372
新课标高考数学创新题解题诀窍:必修1~5分册	2014—08	38.00	373
新课标高考数学创新题解题诀窍:选修2—1,2—2,1—1,1—2分册	2014—09	38.00	374
新课标高考数学创新题解题诀窍:选修2—3,4—4,4—5分册	2014—09	18.00	375
全国重点大学自主招生英文数学试题全攻略:词汇卷	2015—07	48.00	410
全国重点大学自主招生英文数学试题全攻略:概念卷	2015—01	28.00	411
全国重点大学自主招生英文数学试题全攻略:文章选读卷(上)	2016—09	38.00	412
全国重点大学自主招生英文数学试题全攻略:文章选读卷(下)	2017—01	58.00	413
全国重点大学自主招生英文数学试题全攻略:试题卷	2015—07	38.00	414
全国重点大学自主招生英文数学试题全攻略:名著欣赏卷	2017—03	48.00	415
劳埃德数学趣题大全.题目卷.1:英文	2016—01	18.00	516
劳埃德数学趣题大全.题目卷.2:英文	2016—01	18.00	517
劳埃德数学趣题大全.题目卷.3:英文	2016—01	18.00	518
劳埃德数学趣题大全.题目卷.4:英文	2016—01	18.00	519
劳埃德数学趣题大全.题目卷.5:英文	2016—01	18.00	520
劳埃德数学趣题大全.答案卷:英文	2016—01	18.00	521
李成章教练奥数笔记.第1卷	2016—01	48.00	522
李成章教练奥数笔记.第2卷	2016—01	48.00	523
李成章教练奥数笔记.第3卷	2016—01	38.00	524
李成章教练奥数笔记.第4卷	2016—01	38.00	525
李成章教练奥数笔记.第5卷	2016—01	38.00	526
李成章教练奥数笔记.第6卷	2016—01	38.00	527
李成章教练奥数笔记.第7卷	2016—01	38.00	528
李成章教练奥数笔记.第8卷	2016—01	48.00	529
李成章教练奥数笔记.第9卷	2016—01	28.00	530

刘培杰数学工作室
已出版(即将出版)图书目录——初等数学

书　名	出版时间	定价	编号
第19～23届"希望杯"全国数学邀请赛试题审题要津详细评注(初一版)	2014—03	28.00	333
第19～23届"希望杯"全国数学邀请赛试题审题要津详细评注(初二、初三版)	2014—03	38.00	334
第19～23届"希望杯"全国数学邀请赛试题审题要津详细评注(高一版)	2014—03	28.00	335
第19～23届"希望杯"全国数学邀请赛试题审题要津详细评注(高二版)	2014—03	38.00	336
第19～25届"希望杯"全国数学邀请赛试题审题要津详细评注(初一版)	2015—01	38.00	416
第19～25届"希望杯"全国数学邀请赛试题审题要津详细评注(初二、初三版)	2015—01	58.00	417
第19～25届"希望杯"全国数学邀请赛试题审题要津详细评注(高一版)	2015—01	48.00	418
第19～25届"希望杯"全国数学邀请赛试题审题要津详细评注(高二版)	2015—01	48.00	419
物理奥林匹克竞赛大题典——力学卷	2014—11	48.00	405
物理奥林匹克竞赛大题典——热学卷	2014—04	28.00	339
物理奥林匹克竞赛大题典——电磁学卷	2015—07	48.00	406
物理奥林匹克竞赛大题典——光学与近代物理卷	2014—06	28.00	345
历届中国东南地区数学奥林匹克试题集(2004～2012)	2014—06	18.00	346
历届中国西部地区数学奥林匹克试题集(2001～2012)	2014—07	18.00	347
历届中国女子数学奥林匹克试题集(2002～2012)	2014—08	18.00	348
数学奥林匹克在中国	2014—06	98.00	344
数学奥林匹克问题集	2014—01	38.00	267
数学奥林匹克不等式散论	2010—06	38.00	124
数学奥林匹克不等式欣赏	2011—09	38.00	138
数学奥林匹克超级题库(初中卷上)	2010—01	58.00	66
数学奥林匹克不等式证明方法和技巧(上、下)	2011—08	158.00	134,135
他们学什么:原民主德国中学数学课本	2016—09	38.00	658
他们学什么:英国中学数学课本	2016—09	38.00	659
他们学什么:法国中学数学课本.1	2016—09	38.00	660
他们学什么:法国中学数学课本.2	2016—09	28.00	661
他们学什么:法国中学数学课本.3	2016—09	38.00	662
他们学什么:苏联中学数学课本	2016—09	28.00	679
高中数学题典——集合与简易逻辑·函数	2016—07	48.00	647
高中数学题典——导数	2016—07	48.00	648
高中数学题典——三角函数·平面向量	2016—07	48.00	649
高中数学题典——数列	2016—07	58.00	650
高中数学题典——不等式·推理与证明	2016—07	38.00	651
高中数学题典——立体几何	2016—07	48.00	652
高中数学题典——平面解析几何	2016—07	78.00	653
高中数学题典——计数原理·统计·概率·复数	2016—07	48.00	654
高中数学题典——算法·平面几何·初等数论·组合数学·其他	2016—07	68.00	655

刘培杰数学工作室
已出版(即将出版)图书目录——初等数学

书　　名	出版时间	定　价	编号
台湾地区奥林匹克数学竞赛试题.小学一年级	2017—03	38.00	722
台湾地区奥林匹克数学竞赛试题.小学二年级	2017—03	38.00	723
台湾地区奥林匹克数学竞赛试题.小学三年级	2017—03	38.00	724
台湾地区奥林匹克数学竞赛试题.小学四年级	2017—03	38.00	725
台湾地区奥林匹克数学竞赛试题.小学五年级	2017—03	38.00	726
台湾地区奥林匹克数学竞赛试题.小学六年级	2017—03	38.00	727
台湾地区奥林匹克数学竞赛试题.初中一年级	2017—03	38.00	728
台湾地区奥林匹克数学竞赛试题.初中二年级	2017—03	38.00	729
台湾地区奥林匹克数学竞赛试题.初中三年级	2017—03	28.00	730
不等式证题法	2017—04	28.00	747
平面几何培优教程	2019—08	88.00	748
奥数鼎级培优教程.高一分册	2018—09	88.00	749
奥数鼎级培优教程.高二分册.上	2018—04	68.00	750
奥数鼎级培优教程.高二分册.下	2018—04	68.00	751
高中数学竞赛冲刺宝典	2019—04	68.00	883
初中尖子生数学超级题典.实数	2017—07	58.00	792
初中尖子生数学超级题典.式、方程与不等式	2017—08	58.00	793
初中尖子生数学超级题典.圆、面积	2017—08	38.00	794
初中尖子生数学超级题典.函数、逻辑推理	2017—08	48.00	795
初中尖子生数学超级题典.角、线段、三角形与多边形	2017—07	58.00	796
数学王子——高斯	2018—01	48.00	858
坎坷奇星——阿贝尔	2018—01	48.00	859
闪烁奇星——伽罗瓦	2018—01	58.00	860
无穷统帅——康托尔	2018—01	48.00	861
科学公主——柯瓦列夫斯卡娅	2018—01	48.00	862
抽象代数之母——埃米·诺特	2018—01	48.00	863
电脑先驱——图灵	2018—01	58.00	864
昔日神童——维纳	2018—01	48.00	865
数坛怪侠——爱尔特希	2018—01	68.00	866
传奇数学家徐利治	2019—09	88.00	1110
当代世界中的数学.数学思想与数学基础	2019—01	38.00	892
当代世界中的数学.数学问题	2019—01	38.00	893
当代世界中的数学.应用数学与数学应用	2019—01	38.00	894
当代世界中的数学.数学王国的新疆域(一)	2019—01	38.00	895
当代世界中的数学.数学王国的新疆域(二)	2019—01	38.00	896
当代世界中的数学.数林撷英(一)	2019—01	38.00	897
当代世界中的数学.数林撷英(二)	2019—01	48.00	898
当代世界中的数学.数学之路	2019—01	38.00	899

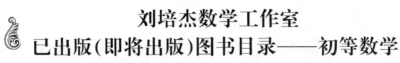

书 名	出版时间	定 价	编号
105 个代数问题：来自 AwesomeMath 夏季课程	2019—02	58.00	956
106 个几何问题：来自 AwesomeMath 夏季课程	2020—07	58.00	957
107 个几何问题：来自 AwesomeMath 全年课程	2020—07	58.00	958
108 个代数问题：来自 AwesomeMath 全年课程	2019—01	68.00	959
109 个不等式：来自 AwesomeMath 夏季课程	2019—04	58.00	960
110 个几何问题：选自各国数学奥林匹克竞赛	2024—04	58.00	961
111 个代数和数论问题	2019—05	58.00	962
112 个组合问题：来自 AwesomeMath 夏季课程	2019—05	58.00	963
113 个几何不等式：来自 AwesomeMath 夏季课程	2020—08	58.00	964
114 个指数和对数问题：来自 AwesomeMath 夏季课程	2019—09	48.00	965
115 个三角问题：来自 AwesomeMath 夏季课程	2019—09	58.00	966
116 个代数不等式：来自 AwesomeMath 全年课程	2019—04	58.00	967
117 个多项式问题：来自 AwesomeMath 夏季课程	2021—09	58.00	1409
118 个数学竞赛不等式	2022—08	78.00	1526
紫色彗星国际数学竞赛试题	2019—02	58.00	999
数学竞赛中的数学：为数学爱好者、父母、教师和教练准备的丰富资源. 第一部	2020—04	58.00	1141
数学竞赛中的数学：为数学爱好者、父母、教师和教练准备的丰富资源. 第二部	2020—07	48.00	1142
和与积	2020—10	38.00	1219
数论：概念和问题	2020—12	68.00	1257
初等数学问题研究	2021—03	48.00	1270
数学奥林匹克中的欧几里得几何	2021—10	68.00	1413
数学奥林匹克题解新编	2022—01	58.00	1430
图论入门	2022—09	58.00	1554
新的、更新的、最新的不等式	2023—07	58.00	1650
数学竞赛中奇妙的多项式	2024—01	78.00	1646
120 个奇妙的代数问题及 20 个奖励问题	2024—04	48.00	1647
澳大利亚中学数学竞赛试题及解答(初级卷)1978～1984	2019—02	28.00	1002
澳大利亚中学数学竞赛试题及解答(初级卷)1985～1991	2019—02	28.00	1003
澳大利亚中学数学竞赛试题及解答(初级卷)1992～1998	2019—02	28.00	1004
澳大利亚中学数学竞赛试题及解答(初级卷)1999～2005	2019—02	28.00	1005
澳大利亚中学数学竞赛试题及解答(中级卷)1978～1984	2019—03	28.00	1006
澳大利亚中学数学竞赛试题及解答(中级卷)1985～1991	2019—03	28.00	1007
澳大利亚中学数学竞赛试题及解答(中级卷)1992～1998	2019—03	28.00	1008
澳大利亚中学数学竞赛试题及解答(中级卷)1999～2005	2019—03	28.00	1009
澳大利亚中学数学竞赛试题及解答(高级卷)1978～1984	2019—05	28.00	1010
澳大利亚中学数学竞赛试题及解答(高级卷)1985～1991	2019—05	28.00	1011
澳大利亚中学数学竞赛试题及解答(高级卷)1992～1998	2019—05	28.00	1012
澳大利亚中学数学竞赛试题及解答(高级卷)1999～2005	2019—05	28.00	1013
天才中小学生智力测验题. 第一卷	2019—03	38.00	1026
天才中小学生智力测验题. 第二卷	2019—03	38.00	1027
天才中小学生智力测验题. 第三卷	2019—03	38.00	1028
天才中小学生智力测验题. 第四卷	2019—03	38.00	1029
天才中小学生智力测验题. 第五卷	2019—03	38.00	1030
天才中小学生智力测验题. 第六卷	2019—03	38.00	1031
天才中小学生智力测验题. 第七卷	2019—03	38.00	1032
天才中小学生智力测验题. 第八卷	2019—03	38.00	1033
天才中小学生智力测验题. 第九卷	2019—03	38.00	1034
天才中小学生智力测验题. 第十卷	2019—03	38.00	1035
天才中小学生智力测验题. 第十一卷	2019—03	38.00	1036
天才中小学生智力测验题. 第十二卷	2019—03	38.00	1037
天才中小学生智力测验题. 第十三卷	2019—03	38.00	1038

书　名	出版时间	定　价	编号
重点大学自主招生数学备考全书:函数	2020—05	48.00	1047
重点大学自主招生数学备考全书:导数	2020—08	48.00	1048
重点大学自主招生数学备考全书:数列与不等式	2019—10	78.00	1049
重点大学自主招生数学备考全书:三角函数与平面向量	2020—08	68.00	1050
重点大学自主招生数学备考全书:平面解析几何	2020—07	58.00	1051
重点大学自主招生数学备考全书:立体几何与平面几何	2019—08	48.00	1052
重点大学自主招生数学备考全书:排列组合·概率统计·复数	2019—09	48.00	1053
重点大学自主招生数学备考全书:初等数论与组合数学	2019—08	48.00	1054
重点大学自主招生数学备考全书:重点大学自主招生真题.上	2019—04	68.00	1055
重点大学自主招生数学备考全书:重点大学自主招生真题.下	2019—04	58.00	1056
高中数学竞赛培训教程:平面几何问题的求解方法与策略.上	2018—05	68.00	906
高中数学竞赛培训教程:平面几何问题的求解方法与策略.下	2018—06	78.00	907
高中数学竞赛培训教程:整除与同余以及不定方程	2018—01	88.00	908
高中数学竞赛培训教程:组合计数与组合极值	2018—04	48.00	909
高中数学竞赛培训教程:初等代数	2019—02	78.00	1042
高中数学讲座:数学竞赛基础教程(第一册)	2019—06	48.00	1094
高中数学讲座:数学竞赛基础教程(第二册)	即将出版		1095
高中数学讲座:数学竞赛基础教程(第三册)	即将出版		1096
高中数学讲座:数学竞赛基础教程(第四册)	即将出版		1097
新编中学数学解题方法 1000 招丛书.实数(初中版)	2022—05	58.00	1291
新编中学数学解题方法 1000 招丛书.式(初中版)	2022—05	48.00	1292
新编中学数学解题方法 1000 招丛书.方程与不等式(初中版)	2021—04	58.00	1293
新编中学数学解题方法 1000 招丛书.函数(初中版)	2022—05	38.00	1294
新编中学数学解题方法 1000 招丛书.角(初中版)	2022—05	48.00	1295
新编中学数学解题方法 1000 招丛书.线段(初中版)	2022—05	48.00	1296
新编中学数学解题方法 1000 招丛书.三角形与多边形(初中版)	2021—04	48.00	1297
新编中学数学解题方法 1000 招丛书.圆(初中版)	2022—05	48.00	1298
新编中学数学解题方法 1000 招丛书.面积(初中版)	2021—07	28.00	1299
新编中学数学解题方法 1000 招丛书.逻辑推理(初中版)	2022—06	48.00	1300
高中数学题典精编.第一辑.函数	2022—01	58.00	1444
高中数学题典精编.第一辑.导数	2022—01	68.00	1445
高中数学题典精编.第一辑.三角函数·平面向量	2022—01	68.00	1446
高中数学题典精编.第一辑.数列	2022—01	58.00	1447
高中数学题典精编.第一辑.不等式·推理与证明	2022—01	58.00	1448
高中数学题典精编.第一辑.立体几何	2022—01	58.00	1449
高中数学题典精编.第一辑.平面解析几何	2022—01	68.00	1450
高中数学题典精编.第一辑.统计·概率·平面几何	2022—01	58.00	1451
高中数学题典精编.第一辑.初等数论·组合数学·数学文化·解题方法	2022—01	58.00	1452
历届全国初中数学竞赛试题分类解析.初等代数	2022—09	98.00	1555
历届全国初中数学竞赛试题分类解析.初等数论	2022—09	48.00	1556
历届全国初中数学竞赛试题分类解析.平面几何	2022—09	38.00	1557
历届全国初中数学竞赛试题分类解析.组合	2022—09	38.00	1558

刘培杰数学工作室
已出版(即将出版)图书目录——初等数学

书　名	出版时间	定　价	编号
从三道高三数学模拟题的背景谈起:兼谈傅里叶三角级数	2023—03	48.00	1651
从一道日本东京大学的入学试题谈起:兼谈 π 的方方面面	即将出版		1652
从两道 2021 年福建高三数学测试题谈起:兼谈球面几何学与球面三角学	即将出版		1653
从一道湖南高考数学试题谈起:兼谈有界变差数列	2024—01	48.00	1654
从一道高校自主招生试题谈起:兼谈詹森函数方程	即将出版		1655
从一道上海高考数学试题谈起:兼谈有界变差函数	即将出版		1656
从一道北京大学金秋营数学试题的解法谈起:兼谈伽罗瓦理论	即将出版		1657
从一道北京高考数学试题的解法谈起:兼谈毕克定理	即将出版		1658
从一道北京大学金秋营数学试题的解法谈起:兼谈帕塞瓦尔恒等式	即将山版		1059
从一道高三数学模拟测试题的背景谈起:兼谈等周问题与等周不等式	即将出版		1660
从一道 2020 年全国高考数学试题的解法谈起:兼谈斐波那契数列和纳卡穆拉定理及奥斯图达定理	即将出版		1661
从一道高考数学附加题谈起:兼谈广义斐波那契数列	即将出版		1662
代数学教程.第一卷,集合论	2023—08	58.00	1664
代数学教程.第二卷,抽象代数基础	2023—08	68.00	1665
代数学教程.第三卷,数论原理	2023—08	58.00	1666
代数学教程.第四卷,代数方程式论	2023—08	48.00	1667
代数学教程.第五卷,多项式理论	2023—08	58.00	1668

联系地址:哈尔滨市南岗区复华四道街 10 号　哈尔滨工业大学出版社刘培杰数学工作室
邮　编:150006
联系电话:0451—86281378　　13904613167
E-mail:lpj1378@163.com